普通高等教育“十二五”规划教材·应用型本科系列

高等数学(上册)

(第二版)

主　编　徐玉民　王增富

科学出版社

北　京

内 容 简 介

本书分上、下两册.上册内容包括函数、极限、连续，导数与微分，中值定理与导数的应用，不定积分，定积分，定积分的应用、广义积分初步.下册内容包括空间解析几何与向量代数、多元函数及其微分法、重积分、曲线积分与曲面积分、无穷级数、微分方程.书中每章都配有习题和本章学习要点.

本书是作者多年教学经验的总结，可用作独立学院非数学各专业学生的教材，也可作为相关人员的参考书.

图书在版编目 CIP 数据

高等数学.上册/徐玉民，王增富主编.2版.—北京：科学出版社，2015
普通高等教育“十二五”规划教材·应用型本科系列

ISBN 978-7-03-045363-1

Ⅰ.高… Ⅱ.①徐…②王… Ⅲ.高等数学-高等学校-教材 Ⅳ.013

中国版本图书馆 CIP 数据核字(2015)第 189560 号

责任编辑：滕亚帆 / 责任校对：钟 洋
责任印制：徐晓晨 / 封面设计：华路天然工作室

科 学 出 版 社 出版
北京东黄城根北街 16 号
邮政编码：100717
http://www.sciencep.com

北京中石油彩色印刷有限责任公司 印刷

科学出版社发行 各地新华书店经销

*

2011 年 8 月第 一 版 开本：787×1092 1/16
2015 年 8 月第 二 版 印张：21
2018 年 7 月第八次印刷 字数：500 000

定价：49.00 元

（如有印装质量问题，我社负责调换）

总　　序

独立学院作为高等教育创新的产物，经过十余年的快速发展，已经取得了令人瞩目的成绩，为高等教育大众化和深化高等教育改革发挥了重要作用.同时，也应看到独立学院在办学定位、培养目标、培养过程等诸多方面与公办一般本科院校存在着“同质化”倾向.

根据教育部关于独立学院培养适应地方、区域经济和社会发展需要的“本科应用型高级专门人才”指示精神，河北省独立学院进行了长期的调研和研究，从社会需求入手，对办学定位、培养目标、培养规格进行论证，明确了各自的人才培养目标，完成了人才培养的顶层设计，为推进教育教学改革奠定了基础；并定期召开独立学院专题研讨会，共同交流和探讨教育教学研究与改革问题.

2010 年 7 月在河北工业大学城市学院召开了“河北省独立学院教材建设研讨会”，会议达成了“以校际间合作课题组的形式，合力打造‘应用型本科’系列教材”的共识.由河北省独立学院教材编委会组织编写、科学出版社出版的“应用型本科系列”教材终于陆续正式出版，这既是河北省独立学院优化课程内容和课程体系的研究成果，也是推动教师改革教学方法，改变“同质化”教学状况，培养基础扎实，专业能力较强，适应社会发展需求的高素质应用型人才的一项基础性工作.

本系列教材的主参编人员由独立学院教学经验丰富、治学严谨、教学效果好的优秀教师组成；他们来自不同的学校，以课题组研究的形式和高度的社会责任感，发挥各自的教学专长，分工协作，研究和讨论编写大纲、体例和书稿.

正式出版的教材是经部分独立学院试用并根据教学效果修改书稿后出版的.教材是体现教学内容和教学要求的知识载体，是保障和提高教学质量的重要基础.以教材建设为抓手，改革和完善人才培养方案，优化课程体系，整合课程内容，稳步推进和深化教育教学改革，是保证独立学院健康持续发展，办出特色，培养高素质“应用型”本科人才的重要手段.因此，我们将继续加强校际间合作，根据独立学院的专业特点和培养规格，深入研究，不断完善，努力编写出在国内有影响、特色鲜明的应用型本科系列教材.

河北省独立学院教材编委会

2011 年 8 月

再版前言

本书第一版经过四年的使用，收到了很好的使用效果，也收到了一些很好的建议．随着社会的发展，终身学习能力已成为人们生存的基本能力．培养学生的学习能力，越来越引起高等教育工作者的关注．

2014 年，燕山大学里仁学院《〈高等数学〉“翻转课堂”教学模式的研究与实践》在河北省教育厅教学改革项目中立项，对 2014 级学生进行了改革实践．改革的要点是引导学生完成以知识学习在课前、问题解决在课上的学习模式的转变．通过这种学习模式，培养学生的学习能力，为学生形成终身学习的能力打下基础．

改革实践使编者认识到：一本有助于培养学习能力的教材，会促进学生学习能力的提升．

基于此，编者对第一版的教材进行了修订．

为引导学生课前学习、提出问题，在每节的教学内容前，本书增加了学习指导．从学习要求、学习目标、学习提示三个方面引导学生完成“学习”的过程．学习有两个主要环节，一个是学，教师对学生“学”的环节予以相应的指导；另一个是“习”，学生要通过“习”的过程，加深与完善已经形成的认识，进而提升对知识的理解、形成分析问题、解决问题的能力．在这个过程中，步骤与细节是必须注意的．抓不住细节，就不可能真正理解问题，也不可能有效的利用方法．

为引导学生学会梳理知识点，从整体的角度理解知识，形成知识结构，在一元函数微分学、一元函数积分学、多元函数微分学、多元函数积分学部分安排有内容总结的指导．

为引导学生深化思考，在习题部分，安排有一题多解的练习，以帮助学生理解基本方法，形成分析问题的能力．

为形成学生学会主动评价学习效果，在相应的内容后，安排有检测题．在学生独立完成后，教师会提供检测题的评分参考，从细节上帮助学生及时了解自己对知识与方法的掌握程度、存在的问题，及时改进自己的学习．

里仁学院数学教研室的教师参加了第二版的修订工作，对他们的付出，表示感谢．

参加上册修订工作的有张波（第一章）、李秀菊（第二章）、鄂成国（第三章）、負小青（第四章）、于颖（第五章）、牛燕影（第六章），上册由王增富统稿．

参加下册修订工作的有樊剑武（第七章）、王增富（第八章）、陆瑶（第九章）、张洁（第十章）、杨洋（第十一章）、肖晓丹（第十二章），下册由张波统稿．

全书由徐玉民、王增富、张波统稿．

编　者

2015 年 7 月

前　言

作者按照高等学校本科高等数学的教学基本要求，结合十余年来在燕山大学里仁学院开展的高等数学“适应性教学”实践的基础、吸收了河北工业大学城市学院高等数学教学的经验，面对独立学院学生的学习需求和学习能力编写了本书.希望能够为本科三批学生的学习和发展提供一本适用的教材.

本书的编写，力图实现：

1. 满足不同学习基础和不同层次学习目标的需求.教学内容分为三个层次：基本教学要求、较高教学要求、发展教学要求.前二者在教学内容中体现，其中较高教学要求用“ * ”予以区分；发展教学要求在习题中(四)体现.同时，为扩大知识视野，增加了选读内容，用“ # ”标明.

2. 促使学生独立完成学习过程.课后完成的学习任务分为四个层次，①帮助学生从基本概念上理解学过的知识；②供学生在课后复习时同步完成，指明具体使用的方法并给出参考答案；③要求学生完成的作业，学生应运用学过的知识进行分析，选择方法，不提供参考答案，培养学生的独立思考能力；④发展教学要求，供学有余力的学生完成.结合教学进程为实现进一步深造的学习目标奠定一个坚实的数学基础.

3. 激发学生自主学习的积极性.通过设置单元检测题，由学生自己及时检测学习效果，检查学习中的问题，调整学习安排，养成自主学习的习惯.

燕山大学里仁学院和河北工业大学城市学院的部分教师结合教学实践经验，参加了教材编写.

参加上册编写的有：张波(第一章)、李秀菊(第二章)、鄂成国(第三章)、贠小青(第四章)、于颖(第五章)、牛燕影(第六章、习题答案)，上册书由于颖统稿.

参加下册编写的有：张丽超(第七章)、秦雅玲(第八章)、陆瑶(第九章)、张洁(第十章)、杨洋(第十一章)、肖晓丹(第十二章)，下册书由张洁统稿.

全书由徐玉民、于新凯统稿.

编　者

2014 年 7 月

目　　录

上　册

第一章　函数　极限　连续

本章所研究的概念是微积分的理论基础.函数是微积分的研究对象,极限方法是微积分的研究方法,是高等数学的基石,连续函数是微积分的主要研究对象.由此可见,函数、极限和连续是高等数学中重要的概念.

第一节　函　　数

【学习要求】

(1)理解函数、复合函数及分段函数、初等函数的构成概念,应用求函数的定义域、函数值域和复合函数分解为基本形式的方法.

(2)认知函数的奇偶性、周期性、增减性、有界性等概念.

【学习目标】

(1)通过本节的学习,学生建立初等函数的构成概念,形成将初等函数研究转化为基本初等函数思考并研究的科学思考模式.

(2)具有熟练完成拆分初等函数为基本初等函数的能力.

函数是微积分的研究对象,所谓函数关系就是变量之间的依赖关系.本节是在中学已学知识的基础上,进一步研究函数概念,总结中学里已经学过的一些函数,并介绍函数的简单性质.

一、变量及其变化区间

1.常量与变量

自然界的现象无一不在变化之中,在研究过程中会遇到各种各样的量,例如长度、面积、体积、时间、速度、温度等.这些量一般分为两类:一类在研究过程中保持不变数值,称为常量;另一类在研究过程中可以取不同数值,称为变量.常量用 a,b,c,α,β 等字母表示,变量用 x,y,z,u,v 等字母表示.例如,研究圆的面积 A 与半径 r 的关系时,圆面积 A 和半径 r 看做变量,而圆周率 π 看做常量.又如,在研究自由落体运动时,路程 S 和时间 t 看做变量,而重力加速度 g 则看做常量.

值得注意的是,一个量是常量或变量不是一成不变的,是有条件的,这要看所研究的具体问题而定.例如,速度在匀速运动中是常量,而在匀加速运动中是变量.

2.区间

我们研究变量,就是要研究变量的变化范围,称为变域.变域一般表现为一个区间,所谓区间就是介于两个实数 a 与 b 之间的一切实数,在数轴上就是从 a 到 b 的线段,a 与 b 称为区间的端点.当 $a<b$ 时,a 称为左端点,b 称为右端点.

区间可以分为以下几种:

(1)闭区间.包括 a 和 b 两个端点在内的一切实数,记作 $[a,b]$,即 $[a,b]=\{x|a\leqslant x\leqslant b\}$.

(2)开区间.不包括 a 和 b 两个端点的一切实数,记作 (a,b),即 $(a,b)=\{x|a<x<b\}$.

(3)半开半闭区间.只包括一个端点的一切实数,记作 $[a,b)$ 或 $(a,b]$,即 $[a,b)=\{x|a\leqslant x<b\}$ 或 $(a,b]=\{x|a<x\leqslant b\}$.

除上述有限区间外,还有下列无限区间:

(4)小于 c 的一切实数记作 $(-\infty,c)$,即 $(-\infty,c)=\{x|x<c\}$.

(5)大于 c 的一切实数记作 $(c,+\infty)$,即 $(c,+\infty)=\{x|x>c\}$.

(6)全体实数,记作 $(-\infty,+\infty)$,即 $(-\infty,+\infty)=\{x|-\infty<x<+\infty\}$.

读者不难把无穷区间 $[c,+\infty)$ 和 $(-\infty,c]$ 的定义表述出来.

3.邻域

设 a 和 δ 是两个实数,且 $\delta>0$,称开区间 $(a-\delta,a+\delta)$ 为点 a 的 δ 邻域,记作 $U(a,\delta)$,a 叫邻域中心,δ 叫半径.用不等式表示,点 a 的 δ 邻域为集合 $\{x||x-a|<\delta\}$.有时需要考虑把中心去掉的邻域,称之为开心邻域,记作 $\mathring{U}(a,\delta)$,即 $(a-\delta,a)\cup(a,a+\delta)=\{x|0<|x-a|<\delta\}$.

二、函数概念

在微积分中所讨论的函数,其定义域和值域都是实数,记 $\mathbf{R}$ 为全体实数的集合.为了叙述的方便,引进下列符号:

$\mathbf{R}$ 实数集合; $\mathbf{N}$ 自然数集合;

$\mathbf{C}$ 复数集合; $\mathbf{Z}$ 整数集合;

$\mathbf{Q}$ 有理数集合; $\mathbf{J}$ 无理数集合;

$x\in A$ x 是 A 的元素;

$A\subset B$ 集合 A 是集合 B 的子集;

$\exists$ “存在”或“找到”;

$\forall$ “任意”或“给定”;

$A\cup B$ 集合 A 与集合 B 的并集;

$A\cap B$ 集合 A 与集合 B 的交集.

为了引进函数概念,下面举几个例子.

例 1-1-1 自由落体运动.设 $t=0$(s)开始,经过 t(s)后落下的距离为 s(m).如果不计空气的阻力,则 s 与 t 之间有如下关系:

$$s=\frac{1}{2}gt^2,$$

式中 $g=9.8\mathrm{m/s^2}$.

设物体从开始到着地所需时间为 $T(\mathrm{s})$，则变量 t 的变化范围为 $0\leqslant t\leqslant T$. 当 t 在这个范围内每取一个值时，都可以从依存关系确定 s 的一个唯一确定的对应值.例如：

$$t=1\mathrm{s}\text{ 时}, s=\frac{1}{2}g\times 1^2=4.9(\mathrm{m});$$

$$t=2\mathrm{s}\text{ 时}, s=\frac{1}{2}g\times 2^2=19.6(\mathrm{m}).$$

在该例中，变量之间的依存关系由一个确定的公式给出.应当指出，变量之间的依存关系并不一定由公式给出，下面两例则说明依存关系也可以由表格和图像给出.

例 1-1-2 下面表格中记录了某河流在 40 年内的平均月流量 $q(10^8\mathrm{m}^3)$ 和时间 t(月)之间的依存关系：

t/月	1	2	3	4	5	6
平均月流量 $q/10^8\mathrm{m}^3$	0.39	0.30	0.75	0.44	0.35	0.72
t/月	7	8	9	10	11	12
平均月流量 $q/10^8\mathrm{m}^3$	4.3	4.4	1.8	1.0	0.72	0.50

由上表可见，当月份 t 每取一个值时，月流量 q 就由表可确定唯一的对应值.

例 1-1-3 图 1-1 是某气象站自动温度记录仪描出的某一天气温变化曲线，它给出了时间 t 和气温 t_1 之间的依存关系.

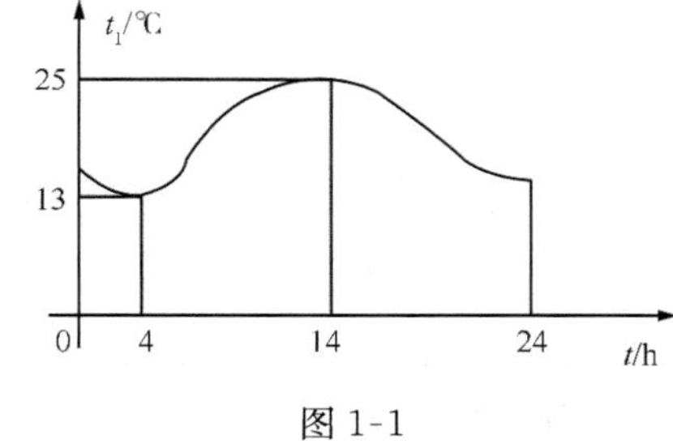

图 1-1

时间 t 的变化区间是 $0\leqslant t\leqslant 24(\mathrm{h})$，当 t 在这个范围内每取一个值时，由曲线可唯一确定温度 t_1(℃)的一个对应值.例如 $t=14\mathrm{h}$，$t_1=25$℃，这是一天的最高气温.

由以上各例可以看到，虽然它们所描述的问题中所考虑的量实际意义不同，但它们都表达了两个变量之间存在着依存关系，这种依存关系给出了一种确定的对应法则，依着这个法则，当一个变量在其变化范围内任取一个值时，另一个变量就按对应法则有一个确定值与之对应，两个变量之间的这种对应关系就是函数关系的实质.下面给出函数概念的定义.

1.函数定义

定义 1-1-1 设有两个变量 x、y 和非空集合 $D\subset\mathbf{R}$，$R\subset\mathbf{R}$，若存在一个对应规则 f，使得对每一 $x\in D$，都有唯一的 $y\in R$ 与之对应，则称 f 是定义在 D 上的函数，或称 f 是从 D 到 R 的一个映射，通常将函数简记为

$$y=f(x),\quad x\in D,$$

其中 x 称为自变量，y 称为因变量，D 称为函数的定义域，记作 D_f，即 $D_f=D$.

按照定义，对每个 $x\in D$，由对应法则 f，总有唯一确定的值 $y\in R$ 与之对应，该值称为函数在点 x 处的函数值，记作 $f(x)$.函数值 $f(x)$ 的全体所构成的集合称为函数的值域，记作 R_f，即 $R_f=\{y\,|\,y=f(x),x\in D\}$.

函数的记号“f”也可以改用其他字母，如“φ”、“F”等.

在函数定义中主要有两个要素，即函数的定义域和对应法则.关于对应法则，在定义中用 f 表示.如果同时讨论几个不同函数，应该用不同的字母表示不同的对应法则.例如用 F,φ,g 等.如果两个函数的定义域和对应法则相同，尽管它们是用不同字母表示的，但它们仍表示是同一函数.关于定义域，如果考虑的是实际问题，应由问题的实际意义而定.如例 1-1-1 中的定义域是 $D_f=[0,T]$，例 1-1-2中的定义域是 $D_f=\{1,2,\cdots,12\}$，例 1-1-3中的定义域是 $D_f=[0,24]$.如果不考虑函数的实际意义，我们规定函数的定义域，应是使函数算式有意义的自变量所能取的值的全体.例如，$y=\sqrt{1-x^2}$ 的定义域是 $[-1,1]$，$y=\dfrac{1}{\sqrt{1-x^2}}$的定义域是$(-1,1)$，$y=\lg(x-1)$的定义域是$(1,+\infty)$.

最后指出几点：

(1)根据函数的定义，对于定义域中的每一 x 值，函数仅有一个确定值与之对应.有时为了讨论问题方便，我们可以把定义放宽，如果对于定义域内的任一x 值，函数的对应值有几个，这时称函数为多值函数.例如，圆的方程 $x^2+y^2=r^2$，对于$x\in(-r,r)$，可以确定 y 的对应值有两个，即 $y=\pm\sqrt{r^2-x^2}$，这是多值函数.

在遇到多值函数时，总是分成几个单值函数，称为单值支.例如，$y=\pm\sqrt{r^2-x^2}$ 可以分成 $y=\sqrt{r^2-x^2}$.和 $y=-\sqrt{r^2-x^2}$ 两个单值支.今后，如无特别声明，所讨论的函数均指单值函数.

(2)函数的定义域不能是空集.

(3)如果所研究的变量多于两个，则称所确定的函数为多元函数.关于多元函数，将在下册第八章中研究.

2.函数的表示法

由上面所举的三个例子可见，函数有三种表示法：

(1)解析法.函数的对应法则用一个公式或解析式子表示.如例 1-1-1 中的$s=\dfrac{1}{2}gt^2$，解析法的优点是便于作理论研究与数值计算，但不直观.

(2)表格法.如例 1-1-2 中的依存关系表.表格法的优点是便于直观查找，但不便于作理论研究，也不直观.

(3)图示法.如例 1-1-3 中的图 1-1.图示法的优点是直观，但不便于作理论研究.

在实际应用中，往往是三种方法配合使用，对于用公式法表示的函数，我们常作出它的图形.

3.分段函数

有时由于变量之间的函数关系较为复杂，需用几个式子来表示，这时不能把它们理解为几个函数，而应理解为由几个式子表示的一个函数.例如，1g 冰由-10℃上升到 10℃，它所吸收的热量 Q 与温度 t 之间存在着函数关系.由于冰的比热容为 0.5×4.18 J/(g·K)，水的比热容为 1×4.18J/(g·K)，1g 0℃的冰变成 0℃的水的溶解热为 80×4.18J，所以 Q 与 t 的函数关系为

$$Q=\begin{cases}0.5\times 4.18(t+10), & -10\leqslant t\leqslant 0,\\ 1\times 4.18(t+85), & 0<t\leqslant 10,\end{cases}$$

上面的函数称为分段函数.

4.函数的图形

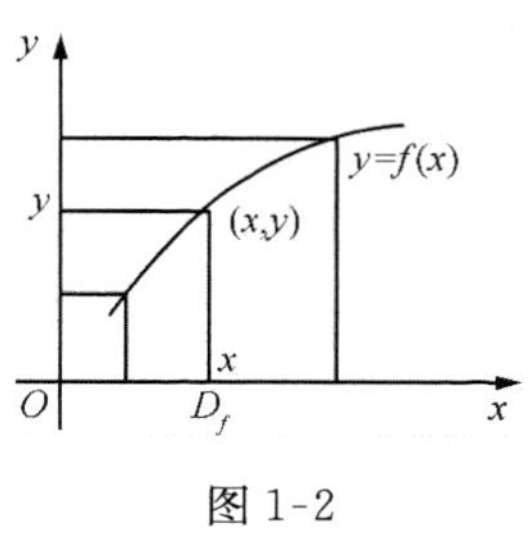

图 1-2

设函数 $y=f(x)$ 的定义域是 D_f.对于任一 $x\in D_f$,对应的函数值为 y,这样就确定了平面上一点 (x,y),当 x 遍取 D_f 的所有数值时,点 (x,y) 就确定了平面上一个集合 C,即

$$C=\{(x,y)\mid y=f(x),x\in D_f\},$$

点集 C 称为函数 $y=f(x)$ 的图形(图 1-2).

下面举几个常见的函数的例子.

例 1-1-4　常数 $y=c$ 可以看成是一个特殊的函数,定义域 $D_f=(-\infty,+\infty)$,值域 $R_f=\{c\}$,其图形是一条平行于 x 轴的直线(图 1-3).

例 1-1-5　函数 $y=|x|=\begin{cases}x, & x\geqslant 0,\\ -x, & x<0\end{cases}$ 的定义域 $D_f=(-\infty,+\infty)$,值域 $R_f=[0,+\infty)$,它的图形如图 1-4 所示.

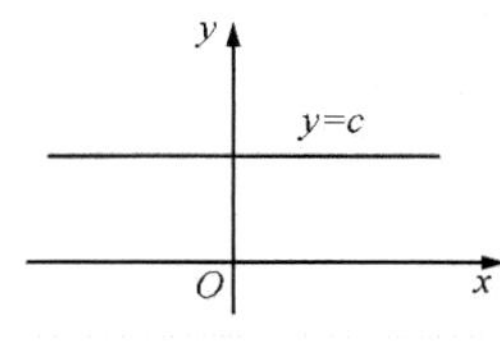

图 1-3

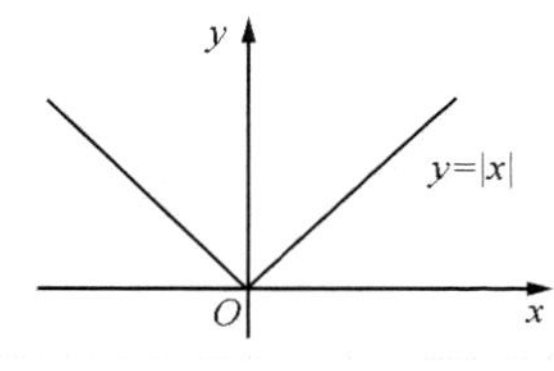

图 1-4

例 1-1-6　函数 $y=\operatorname{sgn}x=\begin{cases}1, & x>0,\\ 0, & x=0,\\ -1, & x<0\end{cases}$ 称为符号函数,它的定义域 $D_f=(-\infty,+\infty)$,值域是 $R_f=\{-1,0,1\}$,其图形如图 1-5 所示.

例 1-1-7　函数 $y=[x]$ 称为取整函数,其中 $[x]$ 表示不超过实数 x 的最大整数.显然 $D_f=(-\infty,+\infty)$,$R_f=\{0,\pm1,\pm2,\cdots\}$,其函数图形为阶梯曲线,如图 1-6 所示.

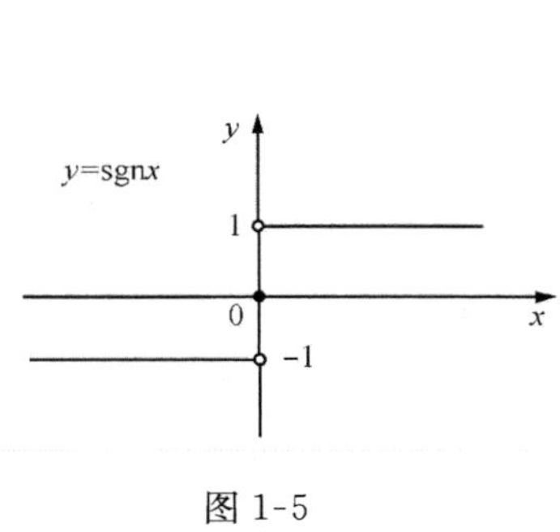

图 1-5

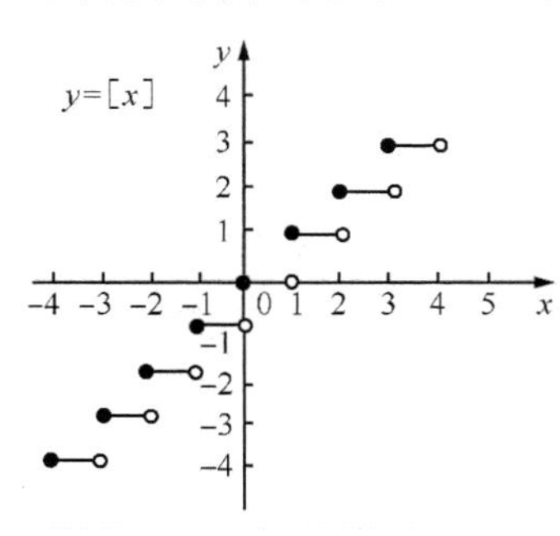

图 1-6

例 1-1-8　求 $y=\dfrac{1}{1-x^2}+\sqrt{x+2}$ 的定义域.

解　若使函数有意义,x 必须满足

$$\begin{cases}1-x^2\neq 0,\\x+2\geqslant 0,\end{cases}$$

解此不等式组,得 $x\geqslant -2$ 和 $x\neq\pm 1$.函数的定义域 $D_f=[-2,-1)\cup(-1,1)\cup(1,+\infty)$.

例 1-1-9 求函数 $y=\arcsin(3x-1)+\lg(1-x)$ 的定义域.

解 若使函数有意义,x 必须满足

$$\begin{cases}|3x-1|\leqslant 1,\\1-x>0,\end{cases}$$

解此联立不等式,得 $x<1$ 和 $0\leqslant x\leqslant\frac{2}{3}$,函数的定义域为 $D_f=\left[0,\frac{2}{3}\right]$.

例 1-1-10 已知 $f(x)=x4^{x-2}$,求 $f(2)$,$f(-2)$,$f(t^2)$,$f\left(\frac{1}{t}\right)$.

解 $f(2)=2$,$f(-2)=-2\times 4^{-4}$,$f(t^2)=t^2 4^{t^2-2}$,$f\left(\frac{1}{t}\right)=\frac{1}{t}4^{\frac{1}{t}-2}$.

例 1-1-11 已知 $f(x)=x^3+1$,求 $f(x^2)$,$[f(x)]^2$.

解 $f(x^2)=(x^2)^3+1=x^6+1$,$[f(x)]^2=(x^3+1)^2$.

例 1-1-12 已知 $f(x-1)=x^2+2x+4$,求 $f(x)$.

解 令 $x-1=t$,$x=t+1$,$f(t)=(t+1)^2+2(t+1)+4=t^2+4t+7$,所以

$$f(x)=x^2+4x+7.$$

例 1-1-13 判断函数 $f(x)$ 和 $\varphi(x)$ 是否表示同一函数.说明理由,并指出在哪个区间上是相同的.

(1) $f(x)=x$,$\varphi(x)=\sqrt{x^2}$; (2) $f(x)=2\lg x$,$\varphi(x)=\lg x^2$.

解 (1)显然 $D_f=D_\varphi=(-\infty,+\infty)$,但对应法则不同,因为 $\varphi(x)=|x|$,当 $x<0$ 时,$\varphi(x)=-x$,$f(x)=x$.两个函数在 $[0,+\infty)$ 上是相同的.

(2)因为 $D_f=(0,+\infty)$,$D_\varphi=(-\infty,0)\cup(0,+\infty)$,定义域不同,故不是同一函数.两个函数在 $(0,+\infty)$ 上是相同的.

例 1-1-14 求函数

$$y=f(x)=\begin{cases}2x+1, & x\geqslant 0,\\x^2+4, & x<0\end{cases}$$

的定义域,试计算 $f(0)$,$f(1)$,$f(-1)$,$f(x-1)$ 并画出 $y=f(x)$ 的图形.

解 $D_f=(-\infty,+\infty)$,

$f(0)=1$, $f(1)=3$, $f(-1)=5$,

$$f(x-1)=\begin{cases}2(x-1)+1, & x-1\geqslant 0,\\(x-1)^2+4, & x-1<0,\end{cases}$$

即

$$f(x-1)=\begin{cases}2x-1, & x\geqslant 1,\\x^2-2x+5, & x<1,\end{cases}$$

函数的图形如图 1-7 所示.

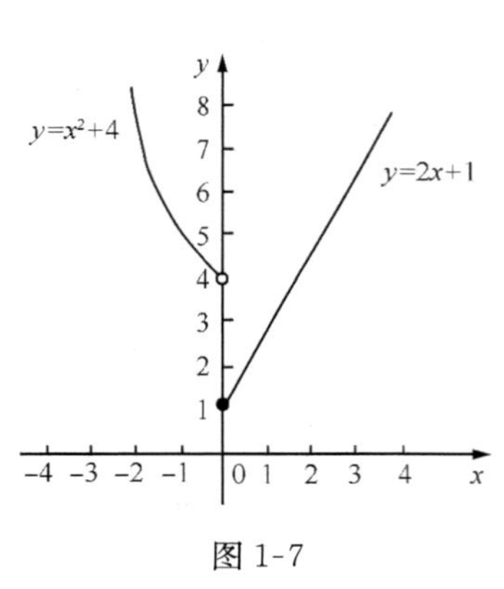

图 1-7

三、函数的简单性质

1.函数的有界性

如果存在正数 M，使对一切 $x\in I$，恒有不等式 $|f(x)|\leqslant M$ 成立，其中 $I\subset D_f$，则称 $y=f(x)$ 在 I 上有界；否则，称 $f(x)$ 在 I 上无界.

例如，函数 $f(x)=\sin x$ 在 $(-\infty,+\infty)$ 上有界，因为 $|\sin x|\leqslant 1$，对一切 $x\in(-\infty,+\infty)$ 成立.又如 $f(x)=\dfrac{1}{x}$ 在 $(0,1)$ 上是无界的，但在 $(1,2)$ 上是有界的.因为 $\left|\dfrac{1}{x}\right|\leqslant 1$，对一切 $x\in(1,2)$ 成立.而在 $(0,1)$ 上，无论 M 多么大，在 $(0,1)$ 上总可以找到 $x_1=\dfrac{1}{2M}$，$f(x_1)=\dfrac{1}{x_1}=2M>M$.

2.函数的单调性

设 $f(x)$ 的定义域为 D_f，区间 $I\subset D_f$.如果对于区间 I 内任意两点 x_1,x_2，当 $x_1<x_2$ 时，恒有

$$f(x_1)<f(x_2)$$

成立，则称 $f(x)$ 在区间 I 上是单调增加的(图 1-8)；如果对于区间 I 上任意两点 x_1 及 x_2，当 $x_1<x_2$ 时，恒有

$$f(x_1)>f(x_2)$$

成立，则称 $f(x)$ 在区间 I 上是单调减少的(图 1-9).单调增加和单调减少的函数统称为单调函数，I 称为单调区间.

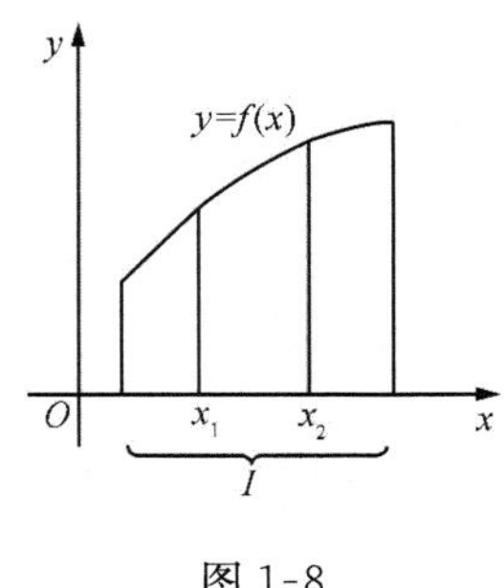

图 1-8

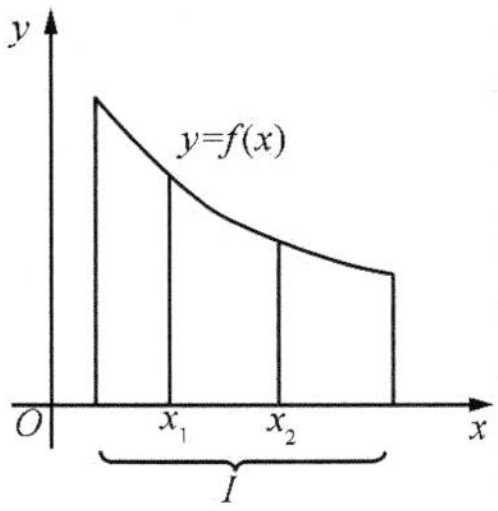

图 1-9

例 1-1-15 确定下列函数的单调性.

(1) $y=x^3$； (2) $y=x^2$.

解 (1)容易验证 $y=x^3$ 在 $(-\infty,+\infty)$ 上是单调增加的.因为，对于任取 $x_1,x_2\in(-\infty,+\infty)$，当 $x_1<x_2$ 时，恒有 $x_1^3<x_2^3$(图 1-10).

(2) $f(x)=x^2$ 在 $(-\infty,0]$ 上是单调减少的，在 $[0,+\infty)$ 上是单调增加的，而在 $(-\infty,+\infty)$ 上不是单调函数(图 1-11).

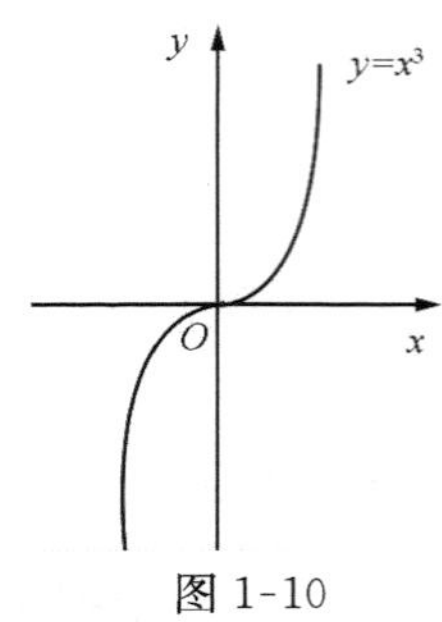

图 1-10

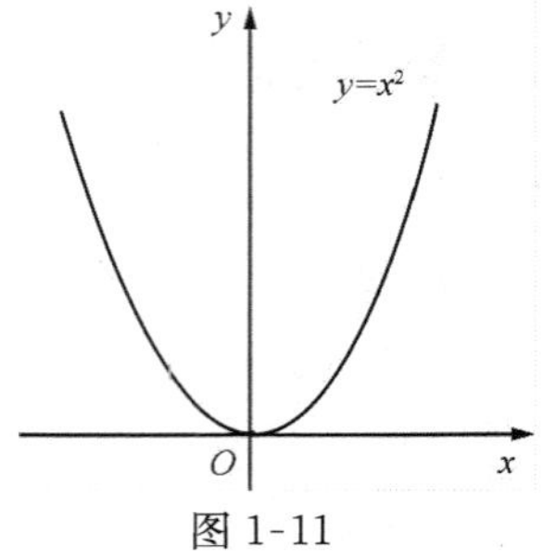

图 1-11

3.函数的奇偶性

设 $y=f(x)$ 的定义域 D_f 是关于原点对称的,如果对于任意 $x\in D_f$,恒有

$$f(-x)=f(x),$$

则称 $f(x)$ 为偶函数.如果对任意 $x\in D_f$,恒有 $f(-x)=-f(x)$,则称 $f(x)$ 为奇函数.

奇函数的图形对称于原点(图 1-12),偶函数的图形对称于 y 轴(图 1-13).

显然,例 1-1-15 中的 $y=x^3$ 为奇函数,$y=x^2$ 为偶函数.

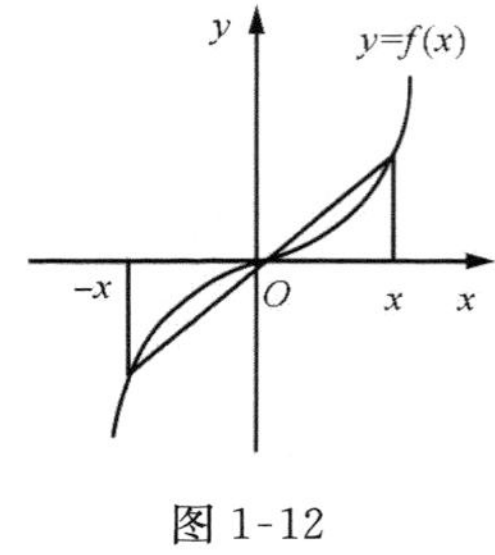

图 1-12

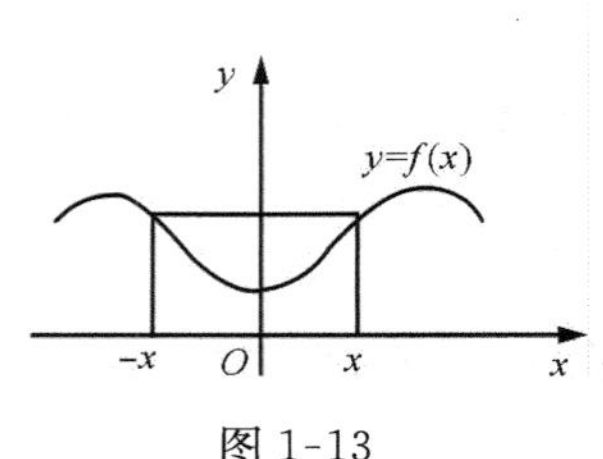

图 1-13

例 1-1-16 判断下列函数的奇偶性.

(1) $f(x)=\dfrac{a^x+a^{-x}}{2}$;　　(2) $f(x)=\dfrac{a^x-a^{-x}}{2}$.

解 (1)因为 $f(-x)=\dfrac{a^{-x}+a^x}{2}=f(x)$,所以 $f(x)$ 为偶函数.

(2)因为 $f(-x)=\dfrac{a^{-x}-a^x}{2}=-\dfrac{a^x-a^{-x}}{2}=-f(x)$,所以 $f(x)$ 为奇函数.

例 1-1-17 设 $f(x)$ 在 $(-l,l)$ 上有定义,令

$$\varphi(x)=\frac{f(x)+f(-x)}{2},\quad \psi(x)=\frac{f(x)-f(-x)}{2},$$

证明 $\varphi(x)$ 为偶函数,$\psi(x)$ 为奇函数.

证 因为

$$\varphi(-x)=\frac{f(-x)+f(x)}{2}=\varphi(x),$$

$$\psi(-x)=\frac{f(-x)-f(x)}{2}=-\psi(x),$$

所以,$\varphi(x)$ 为偶函数,$\psi(x)$ 为奇函数.

4.函数的周期性

如果存在正数 l，使得对任一 $x\in D_f$，恒有

$$f(x+l)=f(x),$$

则称 $f(x)$ 为周期函数，其中 l 称为周期.通常我们说周期函数的周期是指最小正周期.例如 $\sin x$ 和 $\cos x$ 的周期都是 2π.

例 1-1-18　求 $f(x)=\sin\omega x$ 的周期 T.

解　因为 $f(x+T)=f(x)$，即

$$\sin\omega(x+T)=\sin\omega x,$$

所以 $\omega T=2\pi$，即 $T=\dfrac{2\pi}{\omega}$.

四、反函数及其图形

我们知道，自由落体运动的路程 s 和时间 t 的关系是 $s=\dfrac{1}{2}gt^2$，该函数的定义域 $D_f=[0,T]$，值域是 $R_f=\left[0,\dfrac{1}{2}gT^2\right]$.对于给定的时间 $t\in[0,T]$，可求得路程 $s\in R_f$.如果我们提出相反的问题，若已知 $s\in R_f$，求出时间 $t\in D_f$，则 t 可确定为 s 的函数 $t=\sqrt{\dfrac{2s}{g}}$，我们称它是 $s=\dfrac{1}{2}gt^2$ 的反函数.一般地，可以给出如下定义.

1.反函数的定义

定义 1-1-2　设 $y=f(x)$ 的定义域为 D_f，值域为 R_f，其中 x 是自变量，y 是因变量.如果对于任一 $y\in R_f$，恰有一个 $x\in D_f$ 与之对应，使得 $f(x)=y$，则可确定 x 是 y 的函数，该函数用 $x=\varphi(y)$ 表示，称其为 $y=f(x)$ 的反函数，而 $y=f(x)$ 叫直接函数.习惯上总是用 x 表示自变量，用 y 表示因变量，所以 $y=f(x)$ 的反函数又可记成 $y=\varphi(x)$.

显然，若 $y=\varphi(x)$ 是 $y=f(x)$ 的反函数，则 $y=f(x)$ 也是 $y=\varphi(x)$ 的反函数，它们互为反函数.

$y=f(x)$ 的反函数有时也记成 $x=f^{-1}(y)$，改变自变量 x 和因变量 y 的位置后，成为 $y=f^{-1}(x)$.

例 1-1-19　求 $y=f(x)=2x-3$ 的反函数.

解　由 $y=2x-3$ 可解出 $x=\dfrac{y+3}{2}=\varphi(y)$，如果改用 x 表示自变量，y 表示因变量，则有 $y=f(x)=2x-3$ 的反函数 $y=\varphi(x)=\dfrac{x+3}{2}$.

例 1-1-20　验证 $y=\dfrac{ax-b}{bx-a}$ 的反函数仍是它本身.

解　由直接函数式中解出 x，得

$$x=\frac{ay-b}{by-a},$$

这就是所求的反函数，用 x 表示自变量，y 表示因变量，该反函数可表示为

$$y=\frac{ax-b}{bx-a},$$

它和直接函数是一样的.

应当指出，并不是任何一个函数都有反函数. 例如，若 $y=x^2$ 的定义域为 $(-\infty,+\infty)$，就没有反函数，因为对于值域 $[0,+\infty)$ 内每一个 y 值，在 $(-\infty,+\infty)$ 中有两个 x 值与之对应，即 $x=\pm\sqrt{y}$，它已不是单值函数. 如前所述，我们所定义的函数皆指单值函数. 如果 $y=x^2$ 的定义域限定为 $[0,+\infty)$，则存在反函数 $x=\sqrt{y}$. 如果 $y=x^2$ 的定义域限定为 $(-\infty,0]$，则存在反函数 $x=-\sqrt{y}$.

一般地，若 $y=f(x)$ 在定义域 D_f 上为单调函数，则它一定存在单值反函数. 事实上，由单调性可知，对于 $x_1,x_2\in D_f$，$x_1\neq x_2$，必有 $f(x_1)\neq f(x_2)$. 所以，对任一 $y_0\in R_f$ 不可能有两个 $x_1,x_2\in D_f$，使得 $f(x_1)=f(x_2)=y_0$，否则将与单调性矛盾.

但是，单调性并不是一个函数存在反函数的必要条件，读者不难举出非单调函数存在反函数的实例，作为思考题留给读者自己考虑.

2.反函数的图形

由例 1-1-19 可知，$y=2x-3$ 的反函数为 $x=\dfrac{y+3}{2}$，它们所表示的是变量 x 与 y 的同一个方程，所以在同一坐标系中是同一个图形. 如果把反函数记成 $y=\dfrac{x+3}{2}$，它的图形与 $y=2x-3$ 的图形是关于 $y=x$ 对称的，如图 1-14 所示.

一般地，我们有如下结论：

$y=f(x)$ 与反函数 $x=\varphi(y)$ 在同一直角坐标系中的图形是一个，而 $y=f(x)$ 与 $y=\varphi(x)$ 的图形则关于 $y=x$ 对称.

事实上，如设 $M(a,b)$ 为 $y=f(x)$ 上一点，即 $b=f(a)$，于是 $a=\varphi(b)$. 用 x 表示自变量，y 表示因变量，则 $M'(b,a)$ 为 $y=\varphi(x)$ 图形上一点. 反之，若 $M'(b,a)$ 为 $y=\varphi(x)$ 图形上一点，即 $a=\varphi(b)$. 于是 $M(a,b)$ 为 $x=\varphi(y)$ 上一点，也就是 $M(a,b)$ 为 $y=f(x)$ 图形上一点. 因为 $M(a,b)$ 和 $M'(b,a)$ 两点是关于直线 $y=x$ 对称的，所以 $y=f(x)$ 和 $y=\varphi(x)$ 关于直线 $y=x$ 对称，如图 1-15 所示.

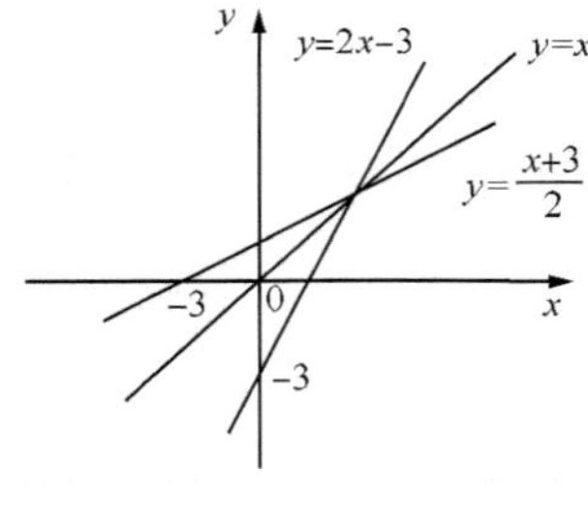

图 1-14

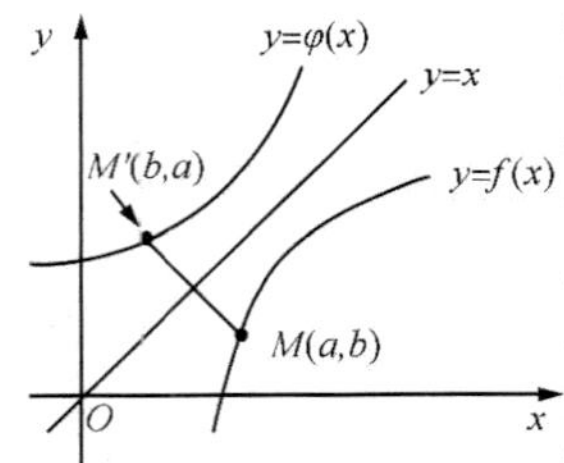

图 1-15

五、复合函数

在某一研究过程中，有时两个变量之间的函数关系不是直接给出，而是通过某一中间变量把它们联系起来.例如，以初速 v_0 上抛质量为 m 的物体，物体的动能 E 是时间 t 的函数.由物理学知，E 是速度 v 的函数

$$E=\frac{1}{2}mv^2=f(v),$$

而速度 v 又是时间 t 的函数 $v=v_0-gt=\varphi(t)$，则 E 是 t 的函数，即

$$E=\frac{1}{2}m(v_0-gt)^2=F(t).$$

我们说 $E=F(t)$是由 $E=f(v)$和 $v=\varphi(t)$复合而成的复合函数，其中 v 叫中间变量.一般地，我们可给出如下定义.

定义 1-1-3 设 y 是 u 的函数，$y=f(u)$，而 u 又是 x 的函数，$u=\varphi(x)$，且当 $x\in I\subset D_\varphi$时，相应地，$u\in D_f$，因此有确定的 y 值与之对应，从而确定了以 x 为自变量，y 为因变量的函数，称为由 $y=f(u)$和 $u=\varphi(x)$复合而成的复合函数，记作 $y=f[\varphi(x)]$，其中 u 称为中间变量.

由定义可知，复合函数 $y=f[\varphi(x)]$的定义域是 $u=\varphi(x)$的定义域的一个子集，但不能是空集，否则将不构成复合函数.还应注意的是，一般来说复合函数$y=f[\varphi(x)]$是与$y=f(u)$和 $u=\varphi(x)$两个函数都不相同的新的函数.

复合函数也可以由两个以上的函数复合而成，如 $y=f(u)$，$u=\varphi(v)$，$v=\psi(x)$，则有复合函数 $y=f(\varphi[\psi(x)])$.

例 1-1-21 $y=f(u)=\sqrt{u}$，$u=\varphi(x)=1-x^2$，则有复合函数 $y=f[\varphi(x)]=\sqrt{1-x^2}$.因为 $D_f=[0,+\infty)$，$D_\varphi=(-\infty,+\infty)$，$R_\varphi=(-\infty,1]$，$R_\varphi\cap D_f=[0,1]$，所以 x 应满足

$$0\leqslant 1-x^2\leqslant 1,$$

解得$|x|\leqslant 1$，复合函数定义域为$[-1,1]$.

例 1-1-22 $y=f(u)=\sqrt{1-u^2}$和 $u=\varphi(x)=2+x^2$ 是无法复合成函数的.因为 $D_f=[-1,1]$，$R_\varphi=[2,+\infty)$，显然 $D_f\cap R_\varphi=\varnothing$.

例 1-1-23 设 $f(x)=2^x$，$\varphi(x)=x^2$，求复合函数 $f[\varphi(x)]$，$\varphi[f(x)]$，$f[f(x)]$，$\varphi[\varphi(x)]$.

解

$$f[\varphi(x)]=2^{\varphi(x)}=2^{x^2},\quad \varphi[f(x)]=[f(x)]^2=2^{2x},$$
$$f[f(x)]=2^{f(x)}=2^{2^x},\quad \varphi[\varphi(x)]=[\varphi(x)]^2=x^4.$$

六、基本初等函数 初等函数

1.基本初等函数及其图形

在中学的数学课中，曾介绍过基本初等函数，下面只是进行一次总结，着重从函数的角度来讨论它们的性质.所谓基本初等函数是指如下五种函数：

幂函数 $y=x^{\mu}$(μ 为实数).

指数函数 $y=a^{x}$($a>0$,且 $a\neq1$).

对数函数 $y=\log_{a}x$($a>0$,且 $a\neq1$).

三角函数 $y=\sin x$,$y=\cos x$,$y=\tan x$,$y=\cot x$,$y=\sec x$,$y=\csc x$.

反三角函数 $y=\arcsin x$,$y=\arccos x$,$y=\arctan x$,$y=\mathrm{arccot}\,x$.

下面分别进行讨论.

(1)幂函数 $y=x^{\mu}$(μ 为实数).

幂函数的定义域应视 μ 而定.但无论 μ 取何值,幂函数总是在$(0,+\infty)$上有定义.幂函数的图形一定通过(1,1)点.当 $\mu>0$ 时,$y=x^{\mu}$ 的图形称为 μ 次抛物线;当 $\mu<0$ 时,$y=x^{\mu}$的图形称为$-\mu$ 次双曲线.

下面将常见的幂函数 $y=x^{\mu}\left(\mu=1,2,3,\dfrac{1}{2},-1\right)$的图形画在图 1-16 中.

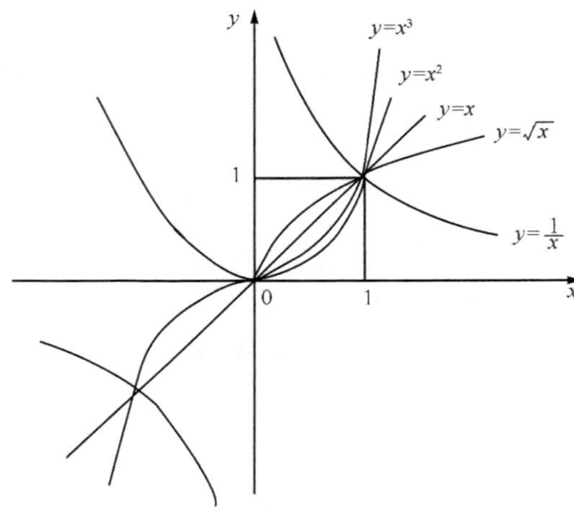

图 1-16

(2)指数函数 $y=a^{x}$($a>0$,且 $a\neq1$).

指数函数的定义域为$(-\infty,+\infty)$,因为 $a^{x}>0$,$a^{0}=1$,所以指数函数的图形总在 x 轴上方,且通过(0,1)点.

指数函数在定义域上是单调函数.当 $a>1$ 时,指数函数 $y=a^{x}$ 是单调增加的,并且由图形 1-17 可见,图形向左逐渐与 x 轴靠近以 x 轴为渐近线;当 $0<a<1$ 时,指数函数 $y=a^{x}$是单调减少的,并且图形向右逐渐与 x 轴靠近以 x 轴为渐近线.

在实际中常用以常数 $\mathrm{e}=2.7182818\cdots$为底的指数函数 $y=\mathrm{e}^{x}$.在图 1-17 中画出了 $y=\mathrm{e}^{x}$和 $y=\left(\dfrac{1}{\mathrm{e}}\right)^{x}$ 的图形.

(3)对数函数 $y=\log_{a}x$($a>0$,且 $a\neq1$).

对数函数的定义域是$(0,+\infty)$,它是指数函数 $y=a^{x}$ 的反函数.对数函数的图形位于 y 轴的右方,且通过(1,0)点.

对数函数在定义域上是单调函数.当 $a>1$ 时,对数函数在定义域上单调增加,在$(1,+\infty)$内函数值为正,在(0,1)内函数值为负,图形向左逐渐接近 y 轴且以 y 轴为渐近线;

当 $0<a<1$ 时,对数函数在定义域上单调减少,在(0,1)内函数值为正,在$(1,+\infty)$内函数值为负,图形向左逐渐接近 y 轴且以 y 轴为渐近线.

在实际中经常用到以 e 为底的对数,称为自然对数,记作 $y=\ln x$.

在图 1-18 中画出了 $y=\ln x$ 和 $y=\log_{\frac{1}{e}} x$ 的图形.

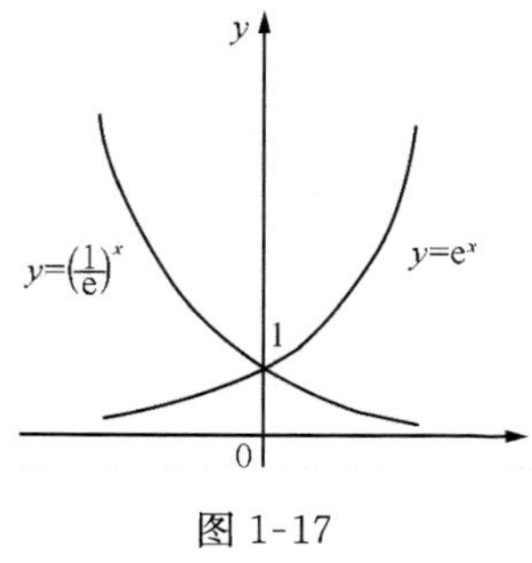

图 1-17

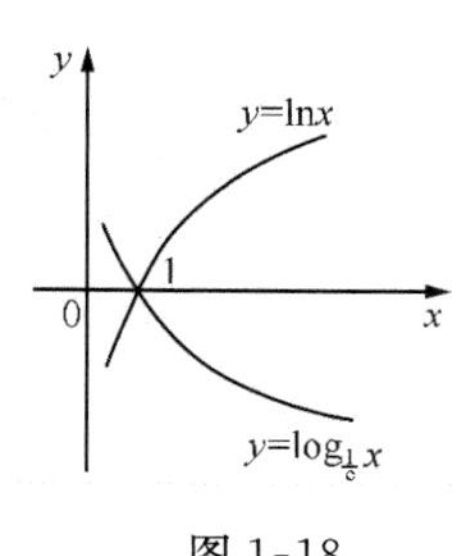

图 1-18

(4)三角函数.

正弦函数　$y=\sin x$.

$y=\sin x$ 的定义域是$(-\infty,+\infty)$,值域是$[-1,1]$.正弦函数是奇函数,它是以 2π 为周期的周期函数,在$\left[-\frac{\pi}{2},\frac{\pi}{2}\right]$上单调增加,其图形如图 1-19 所示.

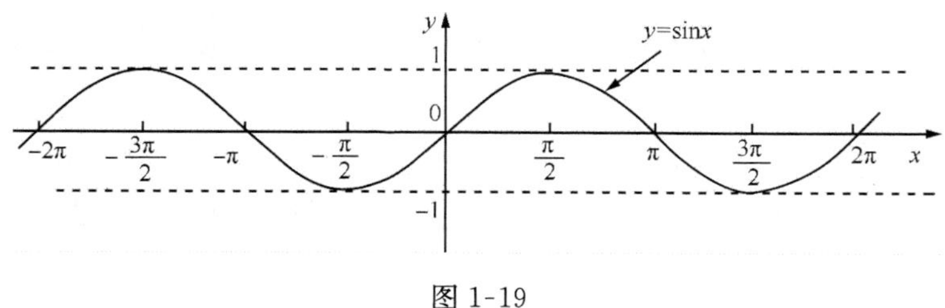

图 1-19

余弦函数　$y=\cos x$.

$y=\cos x$ 的定义域是$(-\infty,+\infty)$,值域是$[-1,1]$,余弦函数是偶函数,它是以 2π 为周期的周期函数,在$[0,\pi]$上单调减小,其图形如图 1-20 所示.

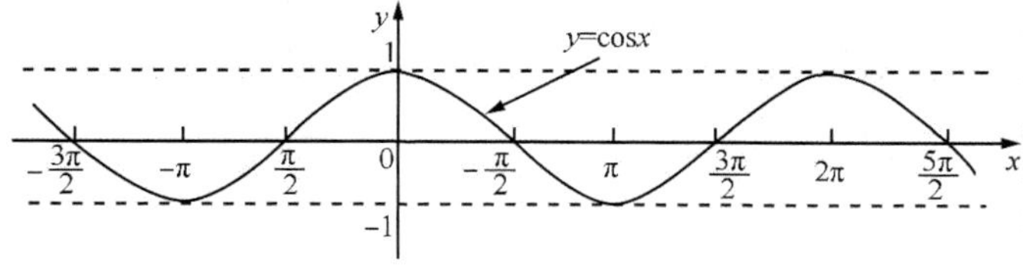

图 1-20

正切函数　$y=\tan x$.

$y=\tan x$ 的定义域 $D_f=\left\{x \mid x\neq\frac{\pi}{2}+n\pi, n=0,\pm1,\cdots\right\}$,值域是$(-\infty,+\infty)$,正切函数是奇函数,它是以 π 为周期的周期函数,在$\left(-\frac{\pi}{2},\frac{\pi}{2}\right)$上单调增加,其图形如图 1-21 所示.

余切函数　$y=\cot x$.

$y=\cot x$ 的定义域为 $D_f=\{x\mid x\neq n\pi(n=0,\pm1,\cdots)\}$ 值域为 $(-\infty,+\infty)$，余切函数是奇函数，它是以 π 为周期的周期函数，在 $(0,\pi)$ 上单调减小，其图形如图 1-22 所示.

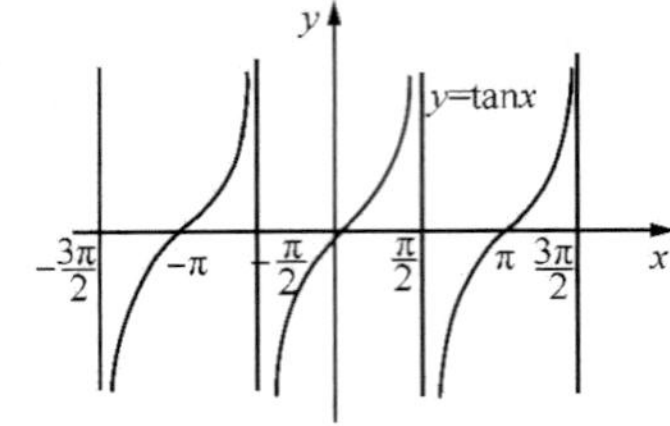

图 1-21

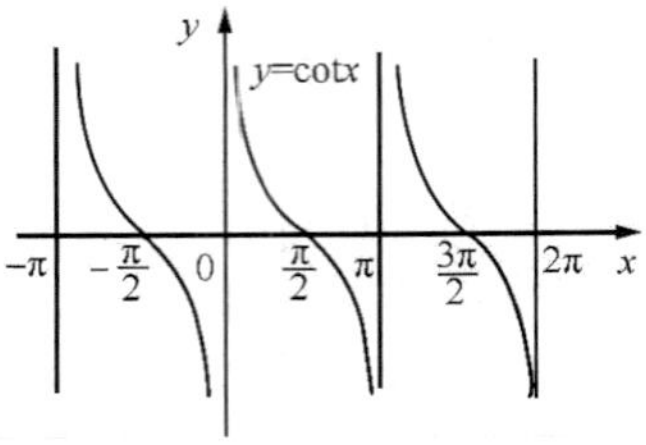

图 1-22

关于正割函数和余割函数，我们只给出它们的定义：

正割函数　$y=\sec x=\dfrac{1}{\cos x}$.

余割函数　$y=\csc x=\dfrac{1}{\sin x}$.

(5)反三角函数.

反正弦函数(主值)　$y=\arcsin x$

$y=\arcsin x$ 的定义域是 $[-1,1]$，值域是 $\left[-\dfrac{\pi}{2},\dfrac{\pi}{2}\right]$，它是奇函数，在定义域上单调增加(图 1-23).

反余弦函数(主值)　$y=\arccos x$.

$y=\arccos x$ 的定义域是 $[-1,1]$，值域是 $[0,\pi]$，在定义域上单调减少(图1-24).

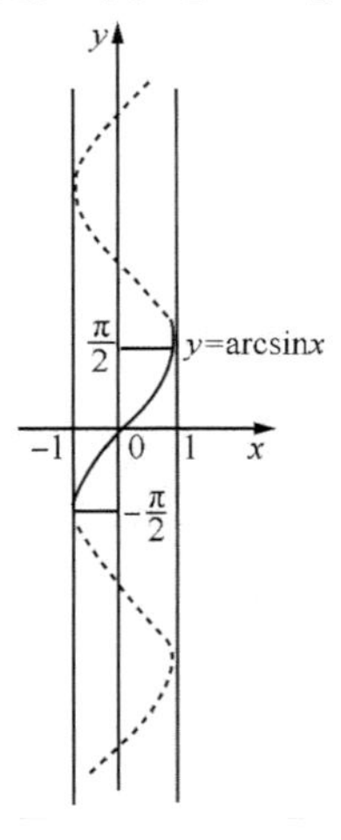

图 1-23

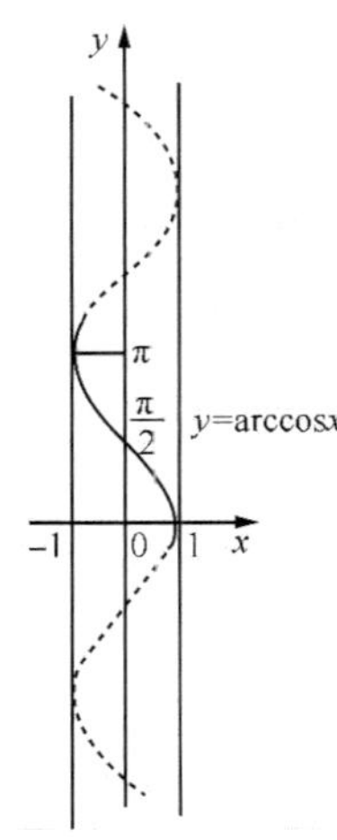

图 1-24

反正切函数(主值)　$y=\arctan x$.

$y=\arctan x$ 的定义域是 $(-\infty,+\infty)$，值域是 $\left(-\dfrac{\pi}{2},\dfrac{\pi}{2}\right)$，它是奇函数，在定义域上单调增加(图 1-25).

反余切函数(主值) $y=\operatorname{arccot}x$.

$y=\operatorname{arccot}x$ 的定义域是$(-\infty,+\infty)$，值域是$(0,\pi)$，在定义域上单调减少(图 1-26).

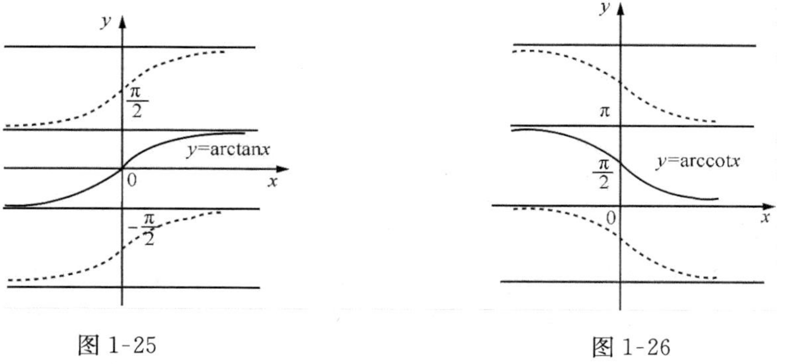

图 1-25　　图 1-26

2.初等函数

由基本初等函数和常数经过有限次四则运算和有限次复合运算所产生的并且用一个式子表示的函数，称为初等函数.例如

$$y=\sin^2(3x+1),\quad y=\frac{\lg x+\sqrt[3]{x}+2\tan x}{10^x-x+10},$$

都是初等函数，而分段函数一般不是初等函数.

在初等函数中，有一类函数称为简单函数，即由基本初等函数经过有限次四则运算而得到的函数，例如

$$P(x)=a_0x^n+a_1x^{n-1}+\cdots+a_n$$

和

$$R(x)=\frac{a_0x^n+a_1x^{n-1}+\cdots+a_n}{b_0x^m+b_1x^{m-1}+\cdots+b_m}\quad(a_0\neq 0,b_0\neq 0)$$

就是简单函数.$P(x)$和$R(x)$又特别称为有理整函数(多项式)和有理分式函数.

以后经常要将一个函数分解为基本初等函数或简单函数，请看下例.

例 1-1-24　分解下列函数：

(1)$y=\sqrt{1+\sin^2x}$；　　(2)$y=\cos^3\lg(1+\sqrt{x})$；

(3)$y=\arcsin\sqrt{\frac{1+\sin x}{1-\sin x}}$；　　(4)$y=2^{\sin^2\frac{1}{x}}$.

解　(1)$y=\sqrt{u},u=1+v^2,v=\sin x$.

(2)$y=u^3,u=\cos v,v=\lg t,t=1+\sqrt{x}$.

(3)$y=\arcsin u,u=\sqrt{v},v=\frac{1+t}{1-t},t=\sin x$.

(4)$y=2^u,u=v^2,v=\sin t,t=\frac{1}{x}$.

*七、双曲函数

双曲函数是工程上常用的一种初等函数，它是由指数函数 e^x 和 e^{-x}构成的.

1.双曲函数的定义

双曲正弦 $y=\operatorname{sh}x=\dfrac{e^x-e^{-x}}{2}$.

双曲余弦 $y=\operatorname{ch}x=\dfrac{e^x+e^{-x}}{2}$.

双曲正切 $y=\operatorname{th}x=\dfrac{\operatorname{sh}x}{\operatorname{ch}x}=\dfrac{e^x-e^{-x}}{e^x+e^{-x}}$.

2.双曲函数的性质

(1)$y=\operatorname{sh}x$ 的定义域为$(-\infty,+\infty)$,值域是$(-\infty,+\infty)$.它是奇函数,其图形关于原点对称.在$(-\infty,+\infty)$上单调增加.当$|x|$很大时,它的图形在第一象限接近于曲线$y=\frac{1}{2}e^x$,在第三象限接近于曲线$y=-\frac{1}{2}e^{-x}$(图 1-27).

(2)$y=\operatorname{ch}x$ 的定义域为$(-\infty,+\infty)$,值域为$[1,+\infty)$.它是偶函数,其图形对称于 y 轴.在$(-\infty,0)$上单调减少,在$(0,+\infty)$上单调增加.当$|x|$很大时,它的图形在第一象限接近于曲线$y=\frac{1}{2}e^x$,在第二象限接近于曲线$y=\frac{1}{2}e^{-x}$(图1-28).

(3)$y=\operatorname{th}x$ 的定义域是$(-\infty,+\infty)$,值域是$(-1,1)$.它是奇函数,其图形关于原点对称.在$(-\infty,+\infty)$内是单调增加的,其图形夹在直线 $y=-1$ 与 $y=1$ 之间.当$|x|$很大时,在第一象限内接近于直线 $y=1$;在第三象限内接近于直线 $y=-1$(图 1-29).

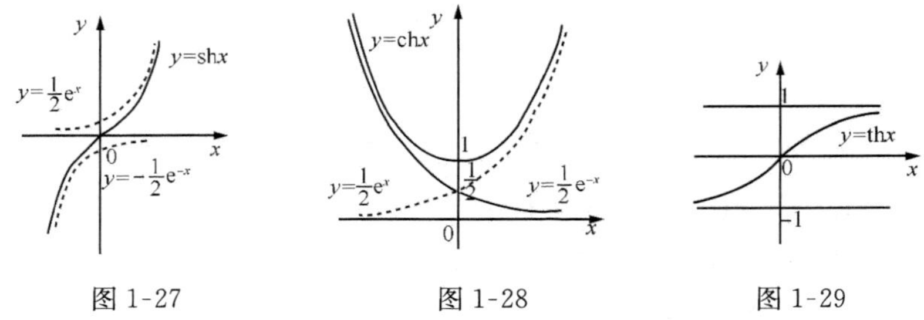

图 1-27　　图 1-28　　图 1-29

3.双曲函数公式

根据双曲函数的定义,可证明下列公式:

$\operatorname{sh}(x\pm y)=\operatorname{sh}x\operatorname{ch}y\pm\operatorname{ch}x\operatorname{sh}y$;

$\operatorname{ch}(x\pm y)=\operatorname{ch}x\operatorname{ch}y\pm\operatorname{sh}x\operatorname{sh}y$;

$\operatorname{ch}^2x-\operatorname{sh}^2x=1$;

$\operatorname{sh}2x=2\operatorname{sh}x\operatorname{ch}x$,$\operatorname{ch}2x=\operatorname{ch}^2x+\operatorname{sh}^2x$.

双曲函数与三角函数有很多相似之处,重要的区别是双曲函数都不是周期函数,而三角函数是周期函数.

4.反双曲函数

双曲函数 $y=\operatorname{sh}x$,$y=\operatorname{ch}x$,$y=\operatorname{th}x$ 的反函数分别记为:

反双曲正弦 $y=\operatorname{arsh}x$;反双曲余弦 $y=\operatorname{arch}x$;反双曲正切 $y=\operatorname{arth}x$.

反双曲函数可通过自然对数表示出来，具体表达式为

$$y=\operatorname{arsh}x=\ln(x+\sqrt{x^2+1}),$$

$$y=\operatorname{arch}x=\ln(x+\sqrt{x^2-1})\text{（主值）},\quad x\geqslant 1,$$

$$y=\operatorname{arth}x=\frac{1}{2}\ln\frac{1+x}{1-x},\quad -1<x<1.$$

下面仅以反双曲正弦为例，讨论如下：

$$y=\operatorname{arsh}x,\text{且 } x=\operatorname{sh}y=\frac{e^y-e^{-y}}{2},$$

化简后得

$$e^{2y}-2xe^y-1=0,$$

解出

$$e^y=\frac{2x\pm\sqrt{4x^2+4}}{2}=x\pm\sqrt{x^2+1}.$$

因为 $e^y>0$，所以，上式取正号，即

$$e^y=x+\sqrt{x^2+1},$$

故

$$y=\ln(x+\sqrt{x^2+1}).$$

根据反函数图形与直接函数图形的关系，我们不难通过双曲函数的图形，关于 $y=x$ 对称得到反双曲函数的图形，这里留给读者自己去画.

练习题 1-1　（见习题一）
（二）2，3（1）（6），4，5，13（2）.

作业题 1-1　（见习题一）
（三）1（1）（2），2，3，4，5（1）（2）（3）.

第二节　极　　限

数列的极限

【学习要求】

（1）理解数列极限的概念，理解有界性、唯一性的证明.

（2）理解收敛准则 1.

（3）认知利用定义证明的思路、极限的保号性、不等式取极限的性质.

【学习目标】

（1）清楚利用定义证明数列极限要解决的关键问题是什么？能完成具体问题的证明.

（2）了解收敛数列有界性的证明思路.

（3）应用数列 $a_n=\left(1+\frac{1}{n}\right)^n$ 单调性与有界的证明方法.

（4）清楚收敛数列的性质.

【学习提示】

例 1-2-5 证明中采用了什么方法,效果是什么?

函数的极限

【学习要求】

(1)理解函数极限的概念、左右极限概念.

(2)应用左右极限与极限的关系求极限.

【学习目标】

(1)清楚利用定义证明极限要解决的关键问题是什么?能完成具体问题的证明.

(2)应用求分段函数在连接点处的极限的方法.

【学习提示】

(1)例 1-2-14 与例 1-2-11 证明中要解决的问题是否相同?表达形式是否相同?

(2)分析极限部分利用定义证明极限存在的例题,会得出怎样的认识?

极限概念是微积分的理论基础,极限方法是微积分的基本分析方法.导数和定积分就是两种不同类型的极限.掌握和运用好极限方法,是学好高等数学的关键.

一、极限概念导引

下面介绍在微分学和积分学中的两个典型极限问题,作为极限概念的引例.

例 1-2-1 在直角坐标系中计算 $y=x^2$,x 轴和直线 $x=1$ 所围成的"曲边三角形"的面积.

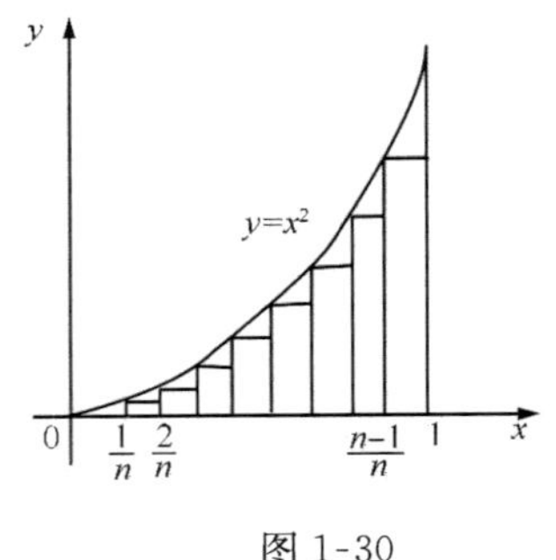

图 1-30

我们用分点

$$\frac{1}{n},\frac{2}{n},\cdots,\frac{n-1}{n}\quad(n\geqslant1)$$

分$[0,1]$为 n 个相等的小段,以每一小段为下底作出 n 个小矩形(图 1-30).

显然,每个小矩形的底边长都是$\frac{1}{n}$,高分别为

$$0,\left(\frac{1}{n}\right)^2,\left(\frac{2}{n}\right)^2,\cdots,\left(\frac{n-1}{n}\right)^2,$$

这样就得到图 1-30 给出的台阶形面积 S_n 为

$$\begin{aligned}S_n&=0\times\frac{1}{n}+\left(\frac{1}{n}\right)^2\frac{1}{n}+\left(\frac{2}{n}\right)^2\frac{1}{n}+\cdots+\left(\frac{n-1}{n}\right)^2\frac{1}{n}\\&=\frac{1^2+2^2+\cdots+(n-1)^2}{n^3}\\&=\frac{n(n-1)(2n-1)}{6n^3}\\&=\frac{1}{3}-\frac{1}{2n}+\frac{1}{6n^2}.\end{aligned}$$

由图 1-30 可见，当 n 增大时，台阶形面积 S_n 也随 n 增大.当 n 无限增大时，S_n 将无限接近于$\frac{1}{3}$，因此，我们就确认“曲边三角形”的面积为$\frac{1}{3}$.

但是，在上述的讨论中，我们还应确切地表述：何谓 n 无限增大时，S_n 将无限接近$\frac{1}{3}$的确切含义.这就是极限方法所要回答的问题.

例 1-2-2 研究自由落体的运动速度问题.

我们知道，自由落体运动方程为

$$s=\frac{1}{2}gt^2,$$

物体在下落中速度不是常量，这是非匀速运动问题.下面研究某一时刻 t_0 的速度(瞬时速度).

什么叫瞬时速度，我们应做如下的描述：

物体由时刻 t_0 到 t 之间的平均速度为

$$\bar{v}=\frac{\frac{1}{2}gt^2-\frac{1}{2}gt_0^2}{t-t_0}=\frac{1}{2}g(t+t_0),$$

从运动的过程看，平均速度 $\bar{v}$ 随时间 t 变化而变化.当 t 越接近 t_0 时，平均速度 $\bar{v}$ 就越反映 t_0 时刻的速度(我们确认这一时刻的速度是存在的)，因此当 t 无限接近 t_0 时，$\bar{v}$ 趋向一个确定的值，这个值就称之为 t_0 时刻的瞬时速度.由 $\bar{v}$ 的表达式可见，当 t 无限接近 t_0 时，$\bar{v}$ 无限接近 gt_0.因此 t_0 时刻的瞬时速度为 gt_0.

如同例 1-2-1 一样，例 1-2-2 中 t 无限接近 t_0 时，$\bar{v}$ 无限接近 gt_0 这句话的确切含义，应该给出定义.

总之，上面两个例子的具体意义虽然互不相同，但它们都是研究一个共同的问题：在自变量的某种变化过程中，函数值趋向一个确定的值的问题.这就是极限问题.

二、数列的极限

1.数列的概念及简单性质

如果函数的定义域是全体正整数，我们就确定了以正整数 n 为自变量的整标函数 $y=f(n)$，整标函数值就是一串有序的数，即

$$f(1),f(2),\cdots,f(n),\cdots$$

称为数列，记作$\{a_n\}$或数列 a_n，即 $a_n=f(n)$.数列中的第 n 项 a_n 称为一般项或通项.

例 1-2-3 写出下列数列的一般项：

(1)$2,\frac{3}{2},\frac{4}{3},\cdots$； (2)$2,4,8,\cdots$；

(3)$\frac{1}{2},\frac{1}{4},\frac{1}{8},\cdots$； (4)$1,-1,1,-1,\cdots$；

(5)$1,0,1,0,\cdots$ ； (6)$2,\frac{1}{2},\frac{4}{3},\frac{3}{4},\cdots$.

解 (1)$a_n=\frac{n+1}{n}$. (2)$a_n=2^n$. (3)$a_n=\frac{1}{2^n}$. (4)$a_n=(-1)^{n-1}$.

(5)$a_n=\frac{1}{2}[1+(-1)^{n-1}]$. (6)$a_n=\frac{1}{n}[n+(-1)^{n-1}]$.

在几何上,数列 a_n 可以看做数轴上一个动点,它依次取数轴上的点 $a_1,a_2,\cdots,a_n,\cdots$(图 1-31).

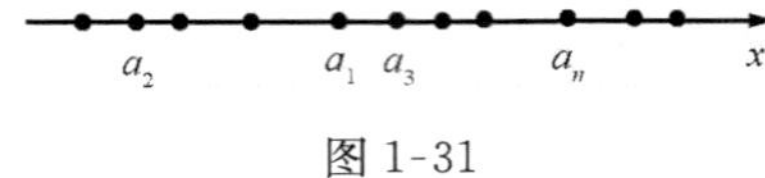

图 1-31

下面介绍数列的两个简单性质.

1)数列的有界性

如果存在正数 M,使得对一切 a_n 恒有

$$|a_n|\leqslant M,$$

则称数列 a_n 是有界的;否则称数列 a_n 是无界的.在数轴上,有界数列的点都落入区间 $[-M,M]$上.

2)数列的单调性

如果数列 a_n 满足

$$a_1\leqslant a_2\leqslant a_3\leqslant\cdots\leqslant a_n\leqslant\cdots,$$

则称数列 a_n 是单调增加的数列;如果数列 a_n 满足

$$a_1\geqslant a_2\geqslant a_3\geqslant\cdots\geqslant a_n\geqslant\cdots,$$

则称数列 a_n 是单调减少的数列.单调增加的数列和单调减少的数列统称为单调数列.

单调数列在数轴上表示点 a_n 朝一个方向移动.单调增加数列朝 x 轴正方向移动,单调减少数列朝 x 轴负方向移动.

2.数列的极限

由例 1-2-3 可见,有些数列当 n 无限增大时与一个常数无限接近.例如 $a_n=\frac{n}{n+1}$,当 n 无限增大时,a_n 无限接近于 1.这里有两句话,一句是"n 无限增大",另一句是"a_n 无限接近于 1".所谓 a_n 无限接近于 1,就是$|a_n-1|$可以无限变小,亦即$|a_n-1|$ 可以任意地小.我们说$|a_n-1|$可以任意地小,就是可以小于预先给定的无论多么小的正数.但$|a_n-1|$可以任意地小是有条件的,是在 n 无限增大的过程中实现的.比如,给定正数 $\frac{1}{100}$,由于

$$|a_n-1|=\frac{1}{n+1},$$

要使$|a_n-1|<\frac{1}{100}$,只要 $n>99$ 成立.又如给定正数$\frac{1}{10^4}$,要使$|a_n-1|<\frac{1}{10^4}$,只要 $n>9999$成立.对预先给定的无论怎样小的正数 ε,要使$|a_n-1|<\varepsilon$,只要 $n>\frac{1}{\varepsilon}-1$ 成立.说得更具体些,就是对于任意给定的 $\varepsilon>0$,无论它多么小,相应地总能找到一个正整数

$N\left(N\geqslant\frac{1}{\varepsilon}-1\right)$，使得当 $n>N$ 时的一切 a_n，恒有 $|a_n-1|<\varepsilon$ 成立.

由于 ε 的任意性，上面的描述精确地刻画了数列 a_n. 当 n 无限增大(记作 $n\to\infty$)时，a_n 无限接近 1 这一变化趋势.

一般地，我们可以给出数列的极限定义如下：

定义 1-2-1 如果对于任意给定的正数 ε(不论多么小)，总有正整数 N 存在，使当 $n>N$的一切 a_n，不等式

$$|a_n-A|<\varepsilon$$

恒成立，则称常数 A 为数列 a_n 当 $n\to\infty$时的极限，或者说数列 a_n 当 $n\to\infty$收敛于 A，记作 $\lim\limits_{n\to\infty}a_n=A$ 或 $a_n\to A(n\to\infty)$.

如果数列没有极限，则称数列是发散的.

在数列极限的定义中，ε 是任意给定的，这一点是很重要的. 因为只有这样，不等式 $|a_n-A|<\varepsilon$才能刻划出 a_n 无限接近 A 的意思. 另外定义中的正整数 N 是与任意给定的正数 ε 有关的，当 ε 给定后，N 也就相应地确定下来，但 N 不应该看做是唯一确定的. 例如，给定 ε 后，N 是由定义确定的一个正整数，则 $N+1$，$N+2$ 也都可以作为定义中的正整数. 有时为了表明 N 与 ε 有关而记成 $N=N(\varepsilon)$，但这并不意味着 N 是 ε 的函数.

下面给出数列极限的几何解释：

将数列 a_n 和极限 A 在数轴上的对应点表示出来，给定正数 ε 后，在数轴上作出点 A 的 ε 邻域 $(A-\varepsilon,A+\varepsilon)$(图 1-32).

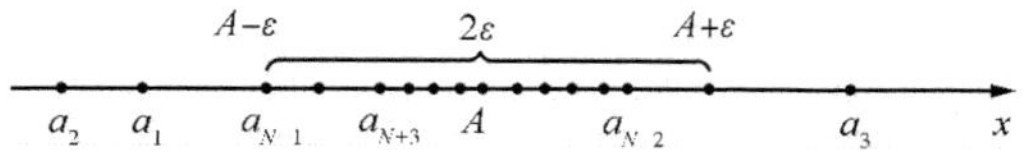

图 1-32

因为不等式 $|a_n-A|<\varepsilon$ 与不等式 $A-\varepsilon<a_n<A+\varepsilon$ 等价，所以当 $n>N$ 时，所有点 a_n 都落在开区间 $(A-\varepsilon,A+\varepsilon)$内，而数列中只有有限项在该区间之外.

下面举几个例子，以熟悉数列极限的定义.

例 1-2-4 证明数列

$$2,\frac{1}{2},\frac{4}{3},\frac{3}{4},\cdots,\frac{n+(-1)^{n-1}}{n},\cdots$$

的极限是 1.

证 由于 $|a_n-1|=\frac{1}{n}$，对于任意给定的正数 ε，要使不等式 $|a_n-1|<\varepsilon$ 成立，只要不等式 $n>\frac{1}{\varepsilon}$成立. 所以，对任意给定的 $\varepsilon>0$，取正整数 $N=\left[\frac{1}{\varepsilon}\right]$或 $N\geqslant\frac{1}{\varepsilon}$，则当 $n>N$ 时，恒有 $|a_n-1|<\varepsilon$ 成立，故

$$\lim_{n\to\infty}\frac{n+(-1)^{n-1}}{n}=1.$$

例 1-2-5 证明数列 $a_n=\frac{1}{n}\cos\frac{n\pi}{2}$的极限是 0.

证 因为$|a_n-0|=\frac{1}{n}\left|\cos\frac{n\pi}{2}\right|\leqslant\frac{1}{n}$,对于任意给定的正数 ε,为了使$|a_n-0|<\varepsilon$ 成立,即$\frac{1}{n}\left|\cos\frac{n\pi}{2}\right|<\varepsilon$ 成立,只要$\frac{1}{n}<\varepsilon$ 成立,即 $n>\frac{1}{\varepsilon}$成立.

所以,对任给 $\varepsilon>0$,取正整数 $N=\left[\frac{1}{\varepsilon}\right]$,当 $n>N$ 时,就有$|a_n-0|=\frac{1}{n}\left|\cos\frac{n\pi}{2}\right|<\varepsilon$成立,故

$$\lim_{n\to\infty}\frac{1}{n}\cos\frac{n\pi}{2}=0.$$

例 1-2-6 设$|q|<1$,证明等比数列 $1,q,q^2,\cdots,q^{n-1},\cdots$的极限是 0.

证 由于$|a_n-0|=|q|^{n-1}$,对于任意给定的正数 ε,为了使$|a_n-0|<\varepsilon$ 成立,即$|q|^{n-1}<\varepsilon$成立,只要$(n-1)\ln|q|<\ln\varepsilon$ 成立,解此不等式得

$$n>1+\frac{\ln\varepsilon}{\ln|q|}.$$

因此,对任给的 $\varepsilon>0$,取正整数

$$N=\left[1+\frac{\ln\varepsilon}{\ln|q|}\right].$$

当 $n>N$ 时,恒有$|q^{n-1}-0|<\varepsilon$ 成立,故 $\lim\limits_{n\to\infty}q^{n-1}=0$.

3.数列极限的性质

定理 1-2-1(收敛数列的有界性) 如果数列 a_n 收敛,则数列 a_n 一定有界.

证 设 $\lim\limits_{n\to\infty}a_n=A$,由极限定义,对于给定的一个正数 ε_0,存在正整数 N,使当$n>N$的一切 a_n,不等式

$$|a_n-A|<\varepsilon_0$$

恒成立.于是,当 $n>N$ 时

$$|a_n|=|a_n-A+A|\leqslant|a_n-A|+|A|<\varepsilon_0+|A|,$$

取 $M=\max\{|a_1|,|a_2|,\cdots,|a_N|,\varepsilon_0+|A|\}$,则对所有的 a_n 都满足不等式

$$|a_n|\leqslant M.$$

这就证明了收敛数列的有界性.

定理 1-2-1 的逆定理是不成立的,即有界数列不一定收敛,例如,数列 $1,-1,1,-1,\cdots,(-1)^{n-1},\cdots$有界,但数列是发散的.然而我们却由定理可知,无界数列一定是发散的.

总之,数列有界是数列收敛的必要条件,但不是充分条件.

例 1-2-7 判别数列 $a_n=n^2$ 的敛散性.

解 因为数列 $a_n=n^2$ 无界,所以数列是发散的.

定理 1-2-2(收敛数列极限的唯一性) 若数列 a_n 有极限,则其极限是唯一的.

证 用反证法.设 $\lim\limits_{n\to\infty}a_n=A$,$\lim\limits_{n\to\infty}a_n=B$,$A\neq B$,不妨设 $A<B$.对于 $\varepsilon=\frac{B-A}{2}$,因为$\lim\limits_{n\to\infty}a_n=A$,存在正整数 N_1,当 $n>N_1$ 时的一切 a_n,不等式

$$|a_n - A| < \varepsilon = \frac{B-A}{2}$$

恒成立.又因为 $\lim\limits_{n\to\infty} a_n = B$,故存在正整数 N_2,使当 $n > N_2$ 时的一切 a_n,不等式

$$|a_n - B| < \varepsilon = \frac{B-A}{2}$$

恒成立,取 $N = \max\{N_1, N_2\}$,则当 $n > N$ 时的一切 a_n,上面的两个不等式同时成立.

这是不可能的,因为由两个不等式推得

$$a_n < A + \frac{B-A}{2} = \frac{A+B}{2}$$

和

$$a_n > B - \frac{B-A}{2} = \frac{A+B}{2}.$$

得出矛盾的结果.这矛盾就证明了本定理的断言.

由极限定义和定理 1-2-2 可知,若数列 a_n 以 A 为极限,则 a_n 密集在 A 的附近,即 A 的无论怎样小的邻域内,都含有数列 a_n 的无穷个点,而在该邻域的外面仅含有数列 a_n 的有限个点.因此,如果两个不同点附近都密集着数列 a_n 的无穷多个点,则此数列一定是发散的.

例 1-2-8 数列

$$a_n = \begin{cases} \dfrac{1}{n}, & \text{当 } n \text{ 为奇数}, \\ 1 + \dfrac{1}{3n}, & \text{当 } n \text{ 为偶数} \end{cases}$$

是发散的,因为 0,1 附近都密集着 a_n 的无穷个点.

定理 1-2-3(收敛数列的保号性) 若 $\lim\limits_{n\to\infty} a_n = A$,且 $A > 0$(或 $A < 0$),则存在正整数 N,当 $n > N$ 时,都有 $a_n > 0$(或 $a_n < 0$).

证 以 $A > 0$ 的情形为例证明.由数列极限定义,对 $\varepsilon = \dfrac{A}{2}$,$\exists$ 正整数 N,当 $n > N$ 时,有 $|a_n - A| < \dfrac{A}{2}$,从而 $a_n > A - \dfrac{A}{2} = \dfrac{A}{2} > 0$.

定理 1-2-4(不等式取极限) 若 $\lim\limits_{n\to\infty} a_n = A$,$\lim\limits_{n\to\infty} b_n = B$,且 $A > B$,则存在一个正整数 N,当 $n > N$ 时,不等式 $a_n > b_n$ 恒成立.反之,若存在正整数 N,当 $n > N$ 时,不等式 $a_n > b_n$ 恒成立,且有 $\lim\limits_{n\to\infty} a_n = A$,$\lim\limits_{n\to\infty} b_n = B$,则有 $A \geqslant B$.

定理的前一部分证明和定理 1-2-2 的证明是类似的,这里省略了.定理后一部分证明可用反证法及前一部分的结论而得到,现证明如下.

如果在所设条件下结论不成立,即 $A < B$,则存在正整数 N,当 $n > N$ 时,不等式 $a_n < b_n$ 恒成立,这与假设相矛盾,从而有 $A \geqslant B$.

还应注意的是,定理后一部分的结论只能是 $A \geqslant B$,而不能是 $A > B$.例如:

$$a_n = 1 + \frac{1}{n}, \quad b_n = 1 - \frac{1}{n}$$

满足 $a_n > b_n (n=1,2,\cdots)$，但却有 $\lim\limits_{n\to\infty} a_n = \lim\limits_{n\to\infty} b_n = 1$.

定理 1-2-5(极限存在的一条准则) 单调有界数列一定有极限.

这个定理的证明，已超出了本书的要求，故从略.下面仅从几何上作一说明.

如果一个数列 a_n 是单调增加的，则该数列在数轴上的点朝数轴的正方向移动.这种移动只有两种可能，一种是沿数轴无限远移，另一种是无限接近某一定点 A 而又不能越过 A，终于要密集在 A 的附近.但前一种是不可能的，因为数列是有界的.所以只能是后者，也就是数列以 A 为极限.对于单调减少的数列，亦可作类似说明.

4.数 e

下面利用极限存在的准则，证明数列

$$a_n = \left(1+\frac{1}{n}\right)^n$$

的极限是存在的.

首先说明数列 a_n 是单调增加的.由牛顿二项式定理可得

$$\begin{aligned} a_n &= \left(1+\frac{1}{n}\right)^n \\ &= 1+\frac{n}{1!}\frac{1}{n}+\frac{n(n-1)}{2!}\left(\frac{1}{n}\right)^2+\frac{n(n-1)(n-2)}{3!}\left(\frac{1}{n}\right)^3+\cdots \\ &\quad +\frac{n(n-1)\cdots(n-n+1)}{n!}\left(\frac{1}{n}\right)^n \\ &= 1+1+\frac{1}{2!}\left(1-\frac{1}{n}\right)+\frac{1}{3!}\left(1-\frac{1}{n}\right)\left(1-\frac{2}{n}\right)+\cdots \\ &\quad +\frac{1}{n!}\left(1-\frac{1}{n}\right)\left(1-\frac{2}{n}\right)\cdots\left(1-\frac{n-1}{n}\right). \end{aligned}$$

同样，我们有

$$\begin{aligned} a_{n+1} &= \left(1+\frac{1}{n+1}\right)^{n+1} \\ &= 1+1+\frac{1}{2!}\left(1-\frac{1}{n+1}\right)+\frac{1}{3!}\left(1-\frac{1}{n+1}\right)\left(1-\frac{2}{n+1}\right)+\cdots \\ &\quad +\frac{1}{n!}\left(1-\frac{1}{n+1}\right)\left(1-\frac{2}{n+1}\right)\cdots\left(1-\frac{n-1}{n+1}\right) \\ &\quad +\frac{1}{(n+1)!}\left(1-\frac{1}{n+1}\right)\left(1-\frac{2}{n+1}\right)\cdots\left(1-\frac{n}{n+1}\right). \end{aligned}$$

比较上述两个式子，a_n 的每一项都小于或等于 a_{n+1} 的对应项，a_{n+1} 还多了最后一项(大于零)，由此可知

$$a_n < a_{n+1} \quad (n=1,2,\cdots).$$

这就证明了数列 a_n 是单调增加的.

其次，证明数列 a_n 是有界的.由于

$$a_n = \left(1+\frac{1}{n}\right)^n \leqslant 1+\frac{1}{1!}+\frac{1}{2!}+\cdots+\frac{1}{n!}$$

$$\leqslant 1+1+\frac{1}{2}+\frac{1}{2^2}+\cdots+\frac{1}{2^{n-1}}=1+\frac{1-\frac{1}{2^n}}{1-\frac{1}{2}}=3-\frac{1}{2^{n-1}}<3.$$

这就证明了数列 a_n 是有界的.由极限存在的准则可知,极限

$$\lim_{n\to\infty}\left(1+\frac{1}{n}\right)^n$$

是存在的,记此极限为 e,即

$$\lim_{n\to\infty}\left(1+\frac{1}{n}\right)^n=\mathrm{e}.$$

可以证明 e 是一个无理数,e=2.718 281 828 459 045…,在实际计算中常用 e≈2.718.数 e 无论是在理论研究中或是在实际应用中都起着重要作用.例如,研究镭的衰变、物体温度的冷却、细菌的繁殖等问题,都会遇到以 e 为底的指数函数.

三、函数的极限

上一节我们讨论了数列的极限,也就是整标函数 $f(n)$ 当 $n\to\infty$ 时的极限.在这一节中,我们考虑函数的极限,分两种情形讨论:

(1)自变量绝对值无限增大时函数的极限.

(2)自变量趋向有限值时函数的极限.

1.自变量绝对值无限增大时函数的极限

设 $f(x)$ 为定义于无限区间上的函数,所谓 x 无限增大,实际上是指如下三种情形:

(1)x 取正值无限增大,记作 $x\to+\infty$.

(2)x 取负值而 $|x|$ 无限增大,记作 $x\to-\infty$.

(3)x 不限定正负而 $|x|$ 无限增大,记作 $x\to\infty$.

当 $x\to+\infty$ 时函数 $f(x)$ 的极限与当 $n\to\infty$ 时 $f(n)$ 的极限十分类似,所不同的是数列 $f(n)$ 的自变量只能取正整数,而函数 $f(x)$ 的自变量 x 可以取任何正实数连续的变化,下面给出定义.

定义 1-2-2 如果对任意给定的正数 ε(不论多么小),总存在一个正数 X,使当 $x>X$ 时,恒有 $|f(x)-A|<\varepsilon$ 成立,则称 A 为 $f(x)$ 当 $x\to+\infty$ 时的极限,记作

$$\lim_{x\to+\infty}f(x)=A \text{ 或 } f(x)\to A(x\to+\infty).$$

这个定义的几何意义是:

对于任意给定的 $\varepsilon>0$,作两条平行线 $y=A-\varepsilon$ 和 $y=A+\varepsilon$,总存在一个正数 X,使当 $x>X$ 时,函数 $f(x)$ 的图形全部落在两条平行线之间(图 1-33).

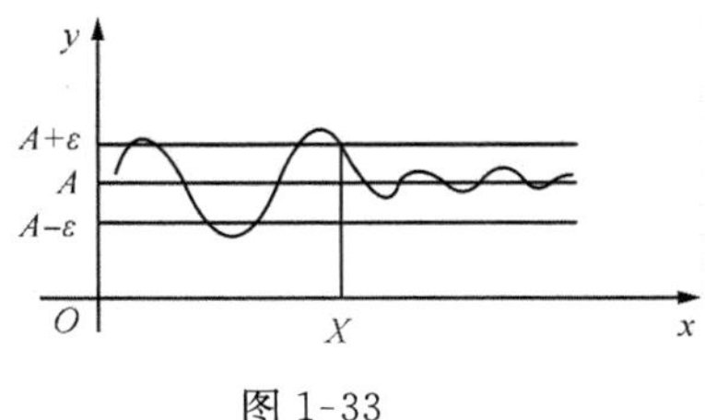

图 1-33

类似地可定义 $x\to-\infty$ 和 $x\to\infty$ 时函数的极限.

定义 1-2-3 如果对于任意给定的正数 ε,总存在一个正数 X,使当 $x<-X$ 时,恒有 $|f(x)-A|<\varepsilon$

成立，则称当 $x\to-\infty$ 时，$f(x)$ 以 A 为极限，记作

$$\lim_{x\to-\infty} f(x)=A \text{ 或 } f(x)\to A(x\to-\infty).$$

定义 1-2-4 如果对于任意给定的正数 ε，总存在一个正数 X，使当 $|x|>X$ 时，恒有 $|f(x)-A|<\varepsilon$ 成立，则称当 $x\to\infty$ 时 $f(x)$ 以 A 为极限，记作

$$\lim_{x\to\infty} f(x)=A \text{ 或 } f(x)\to A(x\to\infty).$$

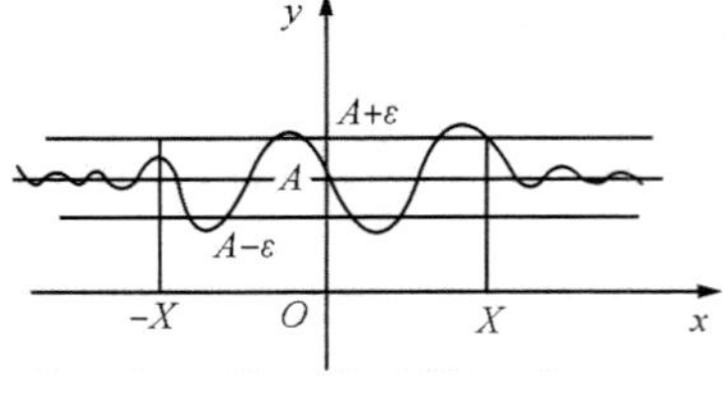

图 1-34

$\lim\limits_{x\to\infty} f(x)=A$ 的几何解释如下：对于给定的 $\varepsilon>0$，作两条平行线 $y=A-\varepsilon$ 和 $y=A+\varepsilon$，总有一个正数 X 存在，当 $x\in(-\infty,-X)\cup(X,+\infty)$ 时，$y=f(x)$ 的图形全部落在这两条平行线之间(图 1-34).

对于 $\lim\limits_{x\to-\infty} f(x)=A$ 亦可作类似的几何解释.

例 1-2-9 用定义证明 $\lim\limits_{x\to\infty}\dfrac{x-2}{x+1}=1$.

证 由于 $|f(x)-1|=\left|\dfrac{x-2}{x+1}-1\right|=\dfrac{3}{|x+1|}$，所以，对于任意给定的 $\varepsilon>0$，要使

$$|f(x)-1|<\varepsilon$$

成立，即

$$\frac{3}{|x+1|}<\varepsilon$$

成立，只要 $|x+1|>\dfrac{3}{\varepsilon}$ 成立.解此不等式可得

$$x>\frac{3}{\varepsilon}-1 \text{ 或 } x<-\left(\frac{3}{\varepsilon}+1\right).$$

因此，对任意给定的 $\varepsilon>0$，取 $X=\dfrac{3}{\varepsilon}+1$，当 $|x|>X$ 时，恒有 $|f(x)-1|<\varepsilon$ 成立，这就证明了 $\lim\limits_{x\to\infty}\dfrac{x-2}{x+1}=1$.

例 1-2-10 证明 $\lim\limits_{x\to+\infty}\dfrac{1}{\sqrt{x}}=0$.

证 对于任意给定的正数 ε，要使

$$\left|\frac{1}{\sqrt{x}}-0\right|=\frac{1}{\sqrt{x}}<\varepsilon$$

成立，只要 $\sqrt{x}>\dfrac{1}{\varepsilon}$ 成立，即 $x>\dfrac{1}{\varepsilon^2}$ 成立.所以，对于任意给定的 $\varepsilon>0$，取 $X=\dfrac{1}{\varepsilon^2}$，当 $x>X$ 时，恒有

$$\left|\frac{1}{\sqrt{x}}-0\right|<\varepsilon$$

成立，故

$$\lim_{x\to+\infty}\frac{1}{\sqrt{x}}=0.$$

例 1-2-11　证明 $\lim\limits_{x\to\infty}\dfrac{\sin x}{x}=0$.

证　由于 $\left|\dfrac{\sin x}{x}-0\right|=\left|\dfrac{\sin x}{x}\right|\leqslant\dfrac{1}{|x|}$，所以，对任意给定的正数 ε，要使

$$\left|\frac{\sin x}{x}-0\right|<\varepsilon$$

成立，只要 $\dfrac{1}{|x|}<\varepsilon$ 成立，即 $|x|>\dfrac{1}{\varepsilon}$ 成立.

因此，对于任意给定的 $\varepsilon>0$，取 $X=\dfrac{1}{\varepsilon}$，当 $|x|>X$ 时，恒有 $\left|\dfrac{\sin x}{x}-0\right|<\varepsilon$ 成立.这就证明了 $\lim\limits_{x\to\infty}\dfrac{\sin x}{x}=0$.

利用定义不难推出如下定理成立.

定理 1-2-6　$\lim\limits_{x\to\infty}f(x)=A$ 的充要条件是

$$\lim_{x\to+\infty}f(x)=\lim_{x\to-\infty}f(x)=A.$$

例 1-2-12　根据上述定义和定理，我们不难确信下列各式的正确性：

$$\lim_{x\to-\infty}\mathrm{e}^{x}=0,\quad \lim_{x\to+\infty}\mathrm{e}^{-x}=0,$$

$$\lim_{x\to+\infty}\arctan x=\frac{\pi}{2},\quad \lim_{x\to-\infty}\arctan x=-\frac{\pi}{2},$$

所以 $\lim\limits_{x\to\infty}\mathrm{e}^{x}$，$\lim\limits_{x\to\infty}\arctan x$ 不存在.

2.自变量趋向于有限值时函数的极限

下面研究当 x 无限接近 x_0 时(记作 $x\to x_0$)，函数 $f(x)$ 无限接近常数 A 的情形.例如，当 x 无限接近 1 时，$f(x)=\dfrac{x^2-1}{x-1}$ 无限接近 2.如同前面所讲的一样，$f(x)$ 无限接近 2，即 $|f(x)-2|$ 可以任意地小，可以小于任意给定的无论怎样小的正数，但这是有条件的，是在 x 无限接近 1 的过程中实现的.所以，对于任意给定的正数 ε，只有 x 充分接近 1(不包括 $x=1$)就有 $|f(x)-2|<\varepsilon$.对于 x 充分接近 1，我们用不等式 $0<|x-1|<\delta$ 来刻画，其中 δ 是某个正数.

一般地，可给出如下定义.

定义 1-2-5　如果对于任意给定的正数 ε(不论它多么小)，总存在一个正数 δ，使当 $0<|x-x_0|<\delta$ 时，恒有 $|f(x)-A|<\varepsilon$ 成立，则称当 $x\to x_0$ 时 $f(x)$ 以 A 为极限，记作

$$\lim_{x\to x_0}f(x)=A \text{ 或 } f(x)\to A(x\to x_0).$$

对于上述定义，有两点说明：

(1)当 $x\to x_0$ 时，$f(x)$ 是否有极限与 $f(x)$ 在 x_0 点的函数值无关，甚至无定义也不影响其极限.所以定义中的不等式 $0<|x-x_0|<\delta$ 不能写成 $|x-x_0|<\delta$.

(2)δ 是由给定的 ε 和不等式 $|f(x)-A|<\varepsilon$ 而确定的，故 δ 与 ε 有关，且 ε 越小 δ 也就越小. 但 δ 的值不是唯一的（如果 δ 满足要求，比 δ 更小的 δ_1 也满足要求）.

下面给出 $\lim\limits_{x\to x_0}f(x)=A$ 的几何解释：

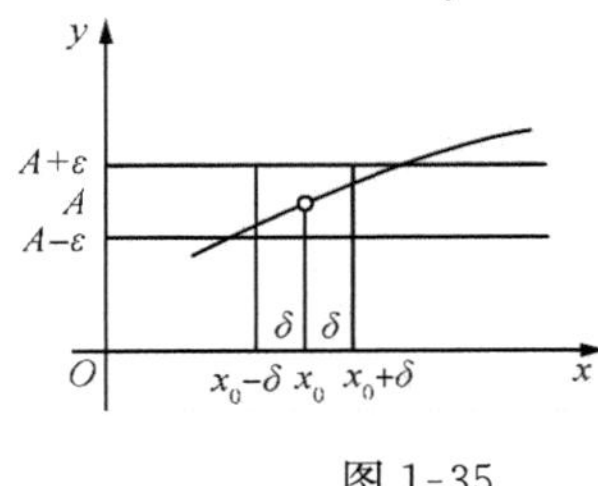

图 1-35

对于任意给定的 $\varepsilon>0$，作两条平行线 $y=A+\varepsilon$ 和 $y=A-\varepsilon$，总存在 x_0 的 δ 邻域（x_0 除外），在此邻域上函数 $f(x)$ 的图形全部落在两条平行线之间（图 1-35）.

例 1-2-13 证明 $\lim\limits_{x\to 1}(2x-1)=1$.

证 由于 $|f(x)-1|=2|x-1|$，对于任意给定的正数 ε，要使 $|f(x)-1|<\varepsilon$ 成立，只要 $|x-1|<\dfrac{\varepsilon}{2}$ 成立.

所以，对于任意给定的正数 ε，取 $\delta=\dfrac{\varepsilon}{2}$，当 $0<|x-1|<\delta$ 时，恒有 $|f(x)-1|<\varepsilon$ 成立，故 $\lim\limits_{x\to 1}(2x-1)=1$.

例 1-2-14 证明 $\lim\limits_{x\to 5}\dfrac{x^2-6x+5}{x-5}=4$.

证 由于 $|f(x)-4|=\left|\dfrac{x^2-6x+5}{x-5}-4\right|=|x-5|\ (x\neq 5)$. 所以，对任给的 $\varepsilon>0$，取 $\delta=\varepsilon$，当 $0<|x-5|<\delta$ 时，恒有 $|f(x)-4|<\varepsilon$ 成立，故 $\lim\limits_{x\to 5}\dfrac{x^2-6x+5}{x-5}=4$.

例 1-2-15 证明 $\lim\limits_{x\to x_0}\sin x=\sin x_0$.

证 由于

$$|\sin x-\sin x_0|=\left|2\cos\frac{x+x_0}{2}\sin\frac{x-x_0}{2}\right|\leqslant 2\left|\sin\frac{x-x_0}{2}\right|\leqslant|x-x_0|.$$

（利用不等式：$|\sin\alpha|\leqslant|\alpha|$，后面将给出证明），所以，对任给的 $\varepsilon>0$，取 $\delta=\varepsilon$，当 $0<|x-x_0|<\delta$ 时，恒有 $|\sin x-\sin x_0|<\varepsilon$ 成立，故

$$\lim_{x\to x_0}\sin x=\sin x_0.$$

类似可证明

$$\lim_{x\to x_0}\cos x=\cos x_0.$$

***例 1-2-16** 设 $x_0>0$，证明 $\lim\limits_{x\to x_0}\sqrt{x}=\sqrt{x_0}$.

证 由于 $|\sqrt{x}-\sqrt{x_0}|=\dfrac{|x-x_0|}{\sqrt{x}+\sqrt{x_0}}\leqslant\dfrac{|x-x_0|}{\sqrt{x_0}}$（因 $\sqrt{x}>0$）. 所以，对任给的 $\varepsilon>0$，要使 $|\sqrt{x}-\sqrt{x_0}|<\varepsilon$ 成立. 只要 $|x-x_0|<\sqrt{x_0}\,\varepsilon$ 成立. 由此可见，对任给 $\varepsilon>0$，取 $\delta=\sqrt{x_0}\,\varepsilon$，当 $0<|x-x_0|<\delta$ 时，恒有 $|\sqrt{x}-\sqrt{x_0}|<\varepsilon$ 成立，故 $\lim\limits_{x\to x_0}\sqrt{x}=\sqrt{x_0}$.

***例 1-2-17** 证明 $\lim\limits_{x\to 0}e^x=1$.

证 由于 $|e^x-1|<\varepsilon\ (\varepsilon<1)$ 成立，即

$$1-\varepsilon<e^x<1+\varepsilon$$

成立，亦即

$$-\ln\frac{1}{1-\varepsilon}<x<\ln(1+\varepsilon)$$

成立.所以，对任给的 $\varepsilon>0$，取

$$\delta=\min\left\{\ln\frac{1}{1-\varepsilon},\ln(1+\varepsilon)\right\},$$

当 $0<|x|<\delta$ 时，恒有 $|e^x-1|<\varepsilon$ 成立，故 $\lim\limits_{x\to0}e^x=1$.

由极限定义，同样可以推得下列极限的正确性：

$$\lim_{x\to x_0}e^x=e^{x_0},\quad \lim_{x\to x_0}\ln x=\ln x_0\quad (x_0>0).$$

证明留给读者自己.

利用函数极限定义，可证明如下定理：

定理 1-2-7(局部保号性) 如果 $\lim\limits_{x\to x_0}f(x)=A$，而且 $A>0$(或 $A<0$)，则存在点 x_0 的去心邻域，当 x 在该邻域时，就有 $f(x)>0$(或 $f(x)<0$).

证 设 $A>0$，由 $\lim\limits_{x\to x_0}f(x)=A$ 的定义，对于 $\varepsilon=\dfrac{A}{2}$，存在 $\delta>0$，当 $0<|x-x_0|<\delta$ 时，恒有

$$|f(x)-A|<\varepsilon=\frac{A}{2}$$

成立，即$\dfrac{A}{2}<f(x)<\dfrac{3}{2}A$，因 $A>0$，故 $f(x)>0$ 成立.

类似地，可以证明 $A<0$ 的情形.

定理 1-2-8 如果在 x_0 的某一去心邻域内，恒有 $f(x)>0$(或 $f(x)<0$)，且 $\lim\limits_{x\to x_0}f(x)=A$，则有 $A\geqslant0$(或 $A\leqslant0$).

证 设 $f(x)>0$.如果定理的论断不成立，即 $A<0$，则由定理 1-2-7 可知，存在 x_0 的某一去心邻域，在该邻域内恒有 $f(x)<0$，这与题设矛盾，所以 $A\geqslant0$ 成立.

3.函数的左、右极限

上面给出的当 $x\to x_0$ 时函数极限定义中，x 趋近于 x_0 的方式是任意的.但是，有些问题我们仅需要考虑 x 从 x_0 的一侧趋近于 x_0 的情形，为此给出如下定义：

定义 1-2-6 如果对任意给定的正数 ε，总有正数 δ 存在，使当 $0<x-x_0<\delta$ $(0<x_0-x<\delta)$时，恒有 $|f(x)-A|<\varepsilon$ 成立，则称 A 为 $f(x)$ 当 $x\to x_0$ 时的右(左)极限.记作

$$\lim_{x\to x_0^+}f(x)=A\quad\left(\lim_{x\to x_0^-}f(x)=A\right)$$

或

$$f(x_0+0)=A\quad(f(x_0-0)=A).$$

由定义可推得如下定理：

定理 1-2-9 $\lim\limits_{x\to x_0}f(x)=A$ 的充要条件是 $f(x_0+0)$和 $f(x_0-0)$存在而且相等，即

$$\lim_{x\to x_0^+} f(x)=\lim_{x\to x_0^-} f(x)=A.$$

证 略.

对于分段函数求连接点的极限,一般需要考虑左、右极限并利用定理 1-2-9.

例 1-2-18 函数 $f(x)=\begin{cases} x-1, & x<0, \\ 0, & x=0, \\ x+1, & x>0, \end{cases}$ 当 $x\to 0$ 时,极限是否存在?

解 因为

$$\lim_{x\to 0^+} f(x)=\lim_{x\to 0^+}(x+1)=1,$$
$$\lim_{x\to 0^-} f(x)=\lim_{x\to 0^-}(x-1)=-1,$$

故 $\lim\limits_{x\to 0} f(x)$ 不存在(图 1-36).

例 1-2-19 设 $f(x)=\begin{cases} x^2, & x<1, \\ x, & x>1, \end{cases}$ 求 $\lim\limits_{x\to 1} f(x)$.

解 因为

$$\lim_{x\to 1^-} f(x)=\lim_{x\to 1^-} x^2=1, \quad \lim_{x\to 1^+} f(x)=\lim_{x\to 1^+} x=1,$$

所以

$$\lim_{x\to 1} f(x)=1 (\text{图 1-37}).$$

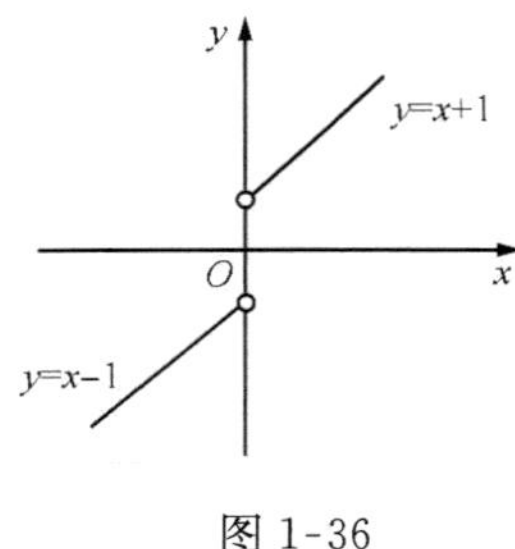

图 1-36

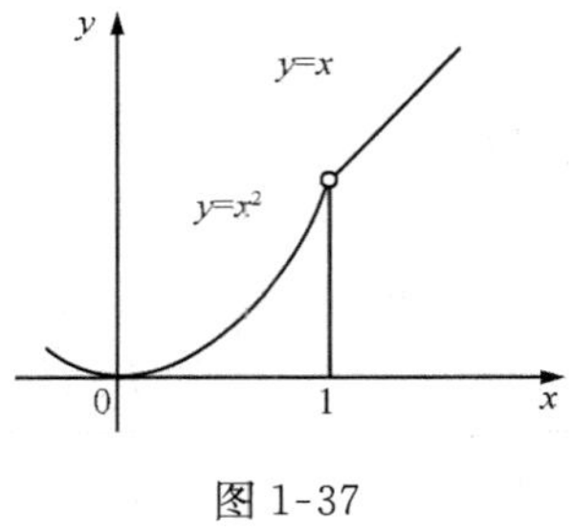

图 1-37

例 1-2-20 由函数的性质和左右极限的定义,再利用定理 1-2-9,我们可推出下面各极限:

因为 $\lim\limits_{x\to 0^+}\arctan\dfrac{1}{x}=\dfrac{\pi}{2}$, $\lim\limits_{x\to 0^-}\arctan\dfrac{1}{x}=-\dfrac{\pi}{2}$,所以 $\lim\limits_{x\to 0}\arctan\dfrac{1}{x}$ 不存在.

因为 $\lim\limits_{x\to 0^-} e^{\frac{1}{x}}=0$, $\lim\limits_{x\to 0^+} e^{\frac{1}{x}}$ 不存在,所以 $\lim\limits_{x\to 0} e^{\frac{1}{x}}$ 不存在.

练习题 1-2 (见习题一)
(二)18(2),21(2),22(1),23.

作业题 1-2 (见习题一)
(三)6(1),(2),7(1),(2).

第三节　无穷小量与无穷大量

【学习要求】

(1)理解无穷小与无穷大的概念.

(2)应用无穷小的运算法则、极限的四则运算法则.

【学习目标】

(1)应用无穷小运算的关系理解极限运算的四则运算法则.

(2)正确判断极限问题的类型,具有选择适当解法的能力.

(3)梳理出应用四则法则计算的类型及相应的解法.

【学习提示】

(1)例 1-4-4、例 1-4-5、例 1-4-6 中如何应用的四则法则?

(2)例 1-4-6、例 1-4-7、例 1-4-8 中如何应用的四则法则?

(3)注意学习通过特殊(例 1-4-9、例 1-4-10)归纳出一般结论的方法,理解为什么.

(4)归纳梳理第四节例题的类型.

在极限存在和极限不存在的变量中,各有一种重要情形,一种叫无穷小变量,另一种叫无穷大变量.这两种变量特别是无穷小变量,在理论上和应用上都是比较重要的.

一、无穷小量

定义 1-3-1　在自变量的一定趋向下,如果 $f(x)$以零为极限,则称 $f(x)$是在 x 指定趋向下的无穷小量,简称无穷小.

例 1-3-1　由上节的讨论,可判别下列无穷小量:

$\lim\limits_{x\to\infty}\dfrac{1}{x}=0$,当 $x\to\infty$时,$\dfrac{1}{x}$为无穷小;

$\lim\limits_{x\to 0}\sin x=0$,当 $x\to 0$ 时,$\sin x$ 是无穷小;

$\lim\limits_{x\to+\infty}\mathrm{e}^{-x}=0$,当 $x\to+\infty$时,e^{-x}是无穷小;

$\lim\limits_{x\to 0^+}\sqrt{x}=0$,当 $x\to 0^+$时,$\sqrt{x}$是无穷小.

关于无穷小,我们还需要说明两点:

(1)无穷小是一个变量,而不是一个很小的数,例如,百万分之一也不是无穷小.也不能说无穷小就是零,但是零可以看成是无穷小量.

(2)说一个函数是无穷小,必须指出自变量的变化过程.例如,当 $x\to\infty$时,$\dfrac{1}{x}$是无穷小量,而当 $x\to 1$ 时,$\dfrac{1}{x}$就不是无穷小量了.

无穷小量与函数极限之间有着重要关系,这一关系在微积分的某些定理的证明中,起着重要作用.

定理 1-3-1 $\lim\limits_{\substack{x\to x_0\\(x\to\infty)}} f(x)=A$ 的充要条件是

$$f(x)=A+\alpha(x),\quad \lim_{\substack{x\to x_0\\(x\to\infty)}} \alpha(x)=0.$$

证明 必要性 设 $\lim\limits_{x\to x_0} f(x)=A$，由极限定义，对任意给定的正数 ε，存在正数 δ，当 $0<|x-x_0|<\delta$ 时，恒有 $|f(x)-A|<\varepsilon$ 成立.令 $\alpha(x)=f(x)-A$，则 $\lim\limits_{x\to x_0}\alpha(x)=0$，于是

$$f(x)=A+\alpha(x).$$

充分性 设 $f(x)=A+\alpha(x)$，$\lim\limits_{x\to x_0}\alpha(x)=0$，由极限定义，对任给的正数 ε，存在 $\delta>0$，当 $0<|x-x_0|<\delta$ 时，恒有 $|\alpha(x)|<\varepsilon$ 成立，即 $|f(x)-A|<\varepsilon$ 成立，于是 $\lim\limits_{x\to x_0} f(x)=A$.

对于 $x\to\infty$ 时的情形，亦可类似证明.

二、无穷大量

在自变量的一定趋向之下（如 $x\to x_0$ 或 $x\to\infty$）如果对应的函数值的绝对值无限增大，这是极限不存在的情形，这样的变量称为无穷大量，确切定义如下：

定义 1-3-2 如果对于任意给定的正数 M（不论它多么大），总有正数 δ（或 X）存在，使当 $0<|x-x_0|<\delta$（或 $|x|>X$）时，恒有 $|f(x)|>M$ 成立，则称当 $x\to x_0$（或 $x\to\infty$）时，$f(x)$ 是无穷大量，简称无穷大，记作

$$\lim_{x\to x_0} f(x)=\infty\text{（或 }\lim_{x\to\infty} f(x)=\infty\text{）}.$$

如果在上述定义中，将不等式 $|f(x)|>M$ 改为 $f(x)>M$ 或 $f(x)<-M$，则称当 $x\to x_0$（或 $x\to\infty$）时，$f(x)$ 为正无穷大或负无穷大，记为

$$\lim_{\substack{x\to x_0\\(x\to\infty)}} f(x)=+\infty\text{（或 }\lim_{\substack{x\to x_0\\(x\to\infty)}} f(x)=-\infty\text{）}.$$

关于无穷大，我们也有几点说明：

(1)无穷大是极限不存在的情形，这里借用了极限的记号，但并不表示极限存在.

(2)无穷大不是一个数，一个数不论多大也不是无穷大.

(3)说一个函数是无穷大量，同样要指出自变量的变化过程.

例 1-3-2 根据函数的性质和无穷大的定义，不难推得下列各式：

$\lim\limits_{x\to 0}\dfrac{1}{x}=\infty\left(\text{当 } x\to 0 \text{ 时，} \dfrac{1}{x}\text{是无穷大}\right)$.

$\lim\limits_{x\to 0^+}\ln x=-\infty$（当 $x\to 0^+$ 时，$\ln x$ 为负无穷大）.

$\lim\limits_{x\to+\infty} e^x=+\infty$（当 $x\to+\infty$ 时，e^x 为正无穷大）.

$\lim\limits_{x\to\frac{\pi}{2}^-}\tan x=+\infty\left(\text{当 } x\to\dfrac{\pi}{2}^- \text{ 时，}\tan x \text{ 为正无穷大}\right)$.

$\lim\limits_{x\to\frac{\pi}{2}^+}\tan x=-\infty\left(\text{当 } x\to\dfrac{\pi}{2}^+ \text{ 时，}\tan x \text{ 为负无穷大}\right)$.

$\lim\limits_{x\to\frac{\pi}{2}}\tan x=\infty\left(\text{当 } x\to\dfrac{\pi}{2}\text{时，}\tan x \text{ 为无穷大}\right)$.

三、无穷小量与无穷大量的关系

在自变量的一定趋向之下，无穷小量和无穷大量互为倒数关系.例如，当 $x\to 1$ 时，$x-1$是无穷小量，而$\frac{1}{x-1}$是无穷大量.当 $x\to\infty$时，x^2 是无穷大量，而$\frac{1}{x^2}$是无穷小量.一般地，我们有如下定理.

定理 1-3-2 在自变量的一定趋向之下，如果 $f(x)$是无穷小量，且 $f(x)\neq 0$，则$\frac{1}{f(x)}$是无穷大量；反之，若 $f(x)$是无穷大量，则$\frac{1}{f(x)}$是无穷小量.

***证** 以 $x\to x_0$ 为例讨论.

设 $\lim\limits_{x\to x_0}f(x)=0$，且 $f(x)\neq 0$；对于任意给定的充分大的正数 M，而对于 $\varepsilon=\frac{1}{M}$，存在 $\delta>0$，使当$0<|x-x_0|<\delta$时，恒有 $|f(x)|<\frac{1}{M}$成立.由于 $f(x)\neq 0$，故$\left|\frac{1}{f(x)}\right|>M$ 成立，所以$\lim\limits_{x\to x_0}\frac{1}{f(x)}=\infty$.

设 $\lim\limits_{x\to x_0}f(x)=\infty$，对于任意给定的充分小的正数 ε，而对于 $M=\frac{1}{\varepsilon}$，存在 $\delta>0$，使当 $0<|x-x_0|<\delta$时，恒有$|f(x)|>\frac{1}{\varepsilon}$ 成立，即$\left|\frac{1}{f(x)}\right|<\varepsilon$ 成立，所以 $\lim\limits_{x\to x_0}\frac{1}{f(x)}=0$.

四、无穷小量运算定理

定理 1-3-3 在自变量的一定趋向下，有限个无穷小的代数和为无穷小.

证 以 $x\to x_0$，两个无穷小为例说明.

设 $\lim\limits_{x\to x_0}\alpha(x)=0$，$\lim\limits_{x\to x_0}\beta(x)=0$，由无穷小定义，对于任给的 $\varepsilon>0$，总有正数 δ_1，δ_2 存在，使得

$$\text{当 } 0<|x-x_0|<\delta_1 \text{ 时，恒有} |\alpha(x)|<\frac{\varepsilon}{2},$$

$$\text{当 } 0<|x-x_0|<\delta_2 \text{ 时，恒有} |\beta(x)|<\frac{\varepsilon}{2}.$$

取 $\delta=\min(\delta_1,\delta_2)$，则当 $0<|x-x_0|<\delta$ 时，恒有

$$|\alpha\pm\beta|\leqslant|\alpha|+|\beta|<\frac{\varepsilon}{2}+\frac{\varepsilon}{2}=\varepsilon$$

成立，故

$$\lim_{x\to x_0}[\alpha(x)\pm\beta(x)]=0.$$

定理 1-3-4 在自变量的一定趋向之下，有界函数乘无穷小是无穷小.

证 仍以 $x\to x_0$ 为例讨论.

设 $\lim\limits_{x\to x_0}\alpha(x)=0$，$f(x)$为有界函数.因 $f(x)$为有界函数，故存在正数 M 和 δ_1，使当

$0<|x-x_0|<\delta_1$时，恒有

$$|f(x)|<M$$

成立.对于任意给定的正数ε，对于$\frac{\varepsilon}{M}$，存在$\delta_2>0$，使当$0<|x-x_0|<\delta_2$时，恒有

$$|\alpha(x)|<\frac{\varepsilon}{M}$$

成立.取$\delta=\min(\delta_1,\delta_2)$，则当$0<|x-x_0|<\delta$时，恒有

$$|\alpha(x)f(x)|<M\cdot\frac{\varepsilon}{M}=\varepsilon$$

成立.这就证明了

$$\lim_{x\to x_0}\alpha(x)f(x)=0.$$

例 1-3-3 因为$\lim\limits_{x\to\infty}\frac{1}{x}=0$，$|\sin x|\leqslant 1$，所以

$$\lim_{x\to\infty}\frac{\sin x}{x}=0.$$

同理，可说明$\lim\limits_{x\to 0}x\sin\frac{1}{x}=0$.

推论 1-3-1 常数乘无穷小是无穷小.

推论 1-3-2 有限个无穷小的乘积是无穷小.

练习题 1-3 （见习题一）
（二）25(3)，27.

第四节 极限的运算法则

下面各定理的极限符号 lim 没有注明自变量的变化趋向，是指对$x\to x_0$或$x\to\infty$都是成立的.

定理 1-4-1 设$\lim f(x)=A$，$\lim g(x)=B$，则有

(1)$\lim[f(x)\pm g(x)]=A\pm B$；

(2)$\lim f(x)g(x)=AB$；

(3)$\lim\frac{f(x)}{g(x)}=\frac{A}{B}(B\neq 0)$.

证 由第一章第三节定理 1-3-1，因$\lim f(x)=A$，$\lim g(x)=B$，则有

$$f(x)=A+\alpha(x),\quad \lim\alpha(x)=0,$$
$$g(x)=B+\beta(x),\quad \lim\beta(x)=0.$$

(1)$f(x)\pm g(x)=A\pm B+[\alpha(x)\pm\beta(x)]$.

根据无穷小运算定理可知

$$\lim[\alpha(x)\pm\beta(x)]=0.$$

再由定理 1-3-1 可得

$$\lim[f(x)\pm g(x)]=A\pm B.$$

(2) $f(x)g(x)=AB+[A\beta+B\alpha+\alpha\beta]$.

根据无穷小运算定理可知

$$\lim[A\beta+B\alpha+\alpha\beta]=0,$$

再由定理 1-3-1 可得

$$\lim f(x)g(x)=AB.$$

(3) $\dfrac{f(x)}{g(x)}=\dfrac{A+\alpha}{B+\beta}=\dfrac{A}{B}+\dfrac{B\alpha(x)-A\beta(x)}{B[B+\beta(x)]}$.

根据无穷小运算定理可得

$$\lim[B\alpha(x)-A\beta(x)]=0,$$

由本定理(2)可知

$$\lim B[B+\beta(x)]=B^2.$$

容易证明:在自变量的一定趋向之下,$\dfrac{1}{B(B+\beta(x))}$是有界函数,所以

$$\lim\frac{B\alpha(x)-A\beta(x)}{B[B+\beta(x)]}=0.$$

由定理 1-3-1 可得

$$\lim\frac{f(x)}{g(x)}=\frac{A}{B}.$$

推论 1-4-1 若 $\lim f(x)=A$,c 为常数,则

$$\lim cf(x)=c\lim f(x)=cA.$$

推论 1-4-2 若 $\lim f(x)=A$,n 为正整数,则

$$\lim[f(x)]^n=[\lim f(x)]^n=A^n.$$

定理 1-4-2 设 $y=f[\varphi(x)]$是由 $y=f(u)$,$u=\varphi(x)$复合而成,如果 $\lim\limits_{x\to x_0}\varphi(x)=u_0$,且在 x_0 的一个邻域内(除 x_0 外)$\varphi(x)\neq u_0$,$\lim\limits_{u\to u_0}f(u)=A$,则有

$$\lim_{x\to x_0}f[\varphi(x)]=A.$$

****证** 设 δ'是题设的邻域半径,当 $0<|x-x_0|<\delta'$时,有

$$|\varphi(x)-u_0|>0\text{ 或写成 }|u-u_0|>0.$$

由于 $\lim\limits_{u\to u_0}f(u)=A$,所以对任给的正数 ε,存在 $\delta_1>0$,当 $0<|u-u_0|<\delta_1$ 时,恒有 $|f(u)-A|<\varepsilon$成立.又因 $\lim\limits_{x\to x_0}\varphi(x)=u_0$,所以对 $\delta_1>0$,存在 $\delta''>0$,当 $0<|x-x_0|<\delta''$ 时,恒有$|\varphi(x)-u_0|<\delta_1$ 成立,即$|u-u_0|<\delta_1$.

取 $\delta=\min(\delta',\delta'')$,根据上述讨论,对于任意给定的正数 ε,存在 $\delta>0$,当 $0<|x-x_0|<\delta$ 时,有 $0<|u-u_0|<\delta_1$,从而有$|f(u)-A|<\varepsilon$ 成立,即$|f[\varphi(x)]-A|<\varepsilon$ 成立.所以 $\lim\limits_{x\to x_0}f[\varphi(x)]=A$.

例 1-4-1 证明 $\lim\limits_{x\to 0}\sin e^x=\sin 1$.

证 因为 $\lim\limits_{x\to 0}e^x=1$,$\lim\limits_{x\to 1}\sin x=\sin 1$,所以,由定理 1-4-2 可得 $\lim\limits_{x\to 0}\sin e^x=\sin 1$.

例 1-4-2 设 $x_0>0$, $n>0$ 为任何实数,证明

$$\lim_{x\to x_0}x^n=x_0^n.$$

证 因为 $x^n=\mathrm{e}^{n\ln x}$.前面我们已经指出

$$\lim_{x\to x_0}\ln x=\ln x_0\ (x_0>0),$$

$$\lim_{x\to x_0}\mathrm{e}^x=\mathrm{e}^{x_0},$$

由定理 1-4-2 可得 $\lim\limits_{x\to x_0}x^n=\lim\limits_{x\to x_0}\mathrm{e}^{n\ln x}=\mathrm{e}^{n\ln x_0}=x_0^n$.

利用极限的运算法则,我们可以求出一些函数的极限.下面举几例.

例 1-4-3 求 $\lim\limits_{x\to x_0}(3x^3-2x^2+1)$.

解 由极限的四则运算法则

$$\lim_{x\to x_0}(3x^3-2x^2+1)=\lim_{x\to x_0}3x^3-\lim_{x\to x_0}2x^2+\lim_{x\to x_0}1=3x_0^3-2x_0^2+1.$$

一般地,设 $P(x)=a_0x^n+a_1x^{n-1}+\cdots+a_n$,则有

$$\lim_{x\to x_0}P(x)=P(x_0).$$

例 1-4-4 求 $\lim\limits_{x\to 1}\dfrac{x-3}{x^2-2}$.

解 由极限的四则运算法则,有

$$\lim_{x\to 1}\frac{x-3}{x^2-2}=\frac{\lim\limits_{x\to 1}(x-3)}{\lim\limits_{x\to 1}(x^2-2)}=\frac{-2}{-1}=2.$$

一般地,对于有理函数

$$\frac{P(x)}{Q(x)}=\frac{a_0x^n+a_1x^{n-1}+\cdots+a_n}{b_0x^m+b_1x^{m-1}+\cdots+b_m}.$$

如果 $Q(x_0)\neq 0$,则有

$$\lim_{x\to x_0}\frac{P(x)}{Q(x)}=\frac{P(x_0)}{Q(x_0)}.$$

例 1-4-5 求 $\lim\limits_{x\to 3}\dfrac{x+1}{x^2-9}$.

解 因为 $\lim\limits_{x\to 3}(x^2-9)=0$,故不能用商的极限运算法则,而 $\lim\limits_{x\to 3}(x+1)=4$,所以

$$\lim_{x\to 3}\frac{x^2-9}{x+1}=\frac{0}{4}=0.$$

由无穷小与无穷大的关系可得

$$\lim_{x\to 3}\frac{x+1}{x^2-9}=\infty.$$

例 1-4-6 求 $\lim\limits_{x\to 1}\dfrac{x^2-1}{x^3-1}$.

解 由于 $\lim\limits_{x\to 1}(x^3-1)=0$,故不能用商的极限运算法则.又因 $\lim\limits_{x\to 1}(x^2-1)=0$,这是分子和分母的极限都是零的情形,称其为"$\dfrac{0}{0}$"型.但是应注意到分子和分母是在 $x\to 1$ 时极

限是零.而在 $x\to1$ 的过程中,可以约去分母和分子公共的"零因子"然后再利用极限的运算法则求极限

$$\lim_{x\to1}\frac{x^2-1}{x^3-1}=\lim_{x\to1}\frac{(x-1)(x+1)}{(x-1)(x^2+x+1)}=\lim_{x\to1}\frac{x+1}{x^2+x+1}=\frac{2}{3}.$$

例 1-4-7　求 $\lim\limits_{x\to0}\frac{\sin2x}{\sin x}$.

解　这是"$\frac{0}{0}$"型.

$$\lim_{x\to0}\frac{\sin2x}{\sin x}=\lim_{x\to0}\frac{2\sin x\cos x}{\sin x}=\lim_{x\to0}\frac{2\cos x}{1}=2.$$

例 1-4-8　求 $\lim\limits_{x\to0}\frac{\sqrt{x+4}-2}{x}$.

解　这是"$\frac{0}{0}$"型.

$$\lim_{x\to0}\frac{\sqrt{x+4}-2}{x}=\lim_{x\to0}\frac{x+4-4}{(\sqrt{x+4}+2)x}=\frac{1}{4}.$$

例 1-4-9　求 $\lim\limits_{x\to\infty}\frac{3x^3+1}{x^3+2}$.

解　当 $x\to\infty$时,分子、分母都是无穷大量,称其为"$\frac{\infty}{\infty}$"型.这类极限也不能直接利用极限的四则运算法则,可利用如下方法求解:

$$\lim_{x\to\infty}\frac{3x^3+1}{x^3+3}=\lim_{x\to\infty}\frac{3+\frac{1}{x^3}}{1+\frac{3}{x^3}}=\frac{3}{1}=3.$$

例 1-4-10　求 $\lim\limits_{x\to\infty}\frac{2x^2-2x-1}{2x^3-x^2+5},\lim\limits_{x\to\infty}\frac{2x^3-x^2+5}{2x^2-2x-1}$.

解　这是"$\frac{\infty}{\infty}$"型,用 x^3 除分子和分母,有

$$\lim_{x\to\infty}\frac{2x^2-2x-1}{2x^3-x^2+5}=\lim_{x\to\infty}\frac{\frac{2}{x}-\frac{2}{x^2}-\frac{1}{x^3}}{2-\frac{1}{x}+\frac{5}{x^3}}=\frac{\lim\limits_{x\to\infty}\left(\frac{2}{x}-\frac{2}{x^2}-\frac{1}{x^3}\right)}{\lim\limits_{x\to\infty}\left(2-\frac{1}{x}+\frac{5}{x^3}\right)}=\frac{0}{2}=0.$$

由无穷小与无穷大的关系,可得

$$\lim_{x\to\infty}\frac{2x^3-x^2+5}{2x^2-2x-1}=\infty.$$

一般地,我们有如下结论:

$$\lim_{x\to\infty}\frac{a_0x^n+a_1x^{n-1}+\cdots+a_n}{b_0x^m+b_1x^{m-1}+\cdots+b_m}=\begin{cases}\frac{a_0}{b_0}, & \text{当 } m=n \text{ 时},\\ 0, & \text{当 } m>n \text{ 时},\\ \infty, & \text{当 } m<n \text{ 时}.\end{cases}$$

例 1-4-11 求 $\lim\limits_{x\to+\infty}\dfrac{e^x-e^{-x}}{e^x+e^{-x}}$.

解 这是“$\dfrac{\infty}{\infty}$”型，分子、分母用 e^x 除后，得

$$\lim_{x\to+\infty}\frac{e^x-e^{-x}}{e^x+e^{-x}}=\lim_{x\to+\infty}\frac{1-e^{-2x}}{1+e^{-2x}}=1.$$

例 1-4-12 求 $\lim\limits_{x\to-1}\left(\dfrac{1}{x+1}-\dfrac{3}{x^3+1}\right)$.

解 这是“$\infty-\infty$”型，采用通分的方法可计算：

$$\begin{aligned}\lim_{x\to-1}\left(\frac{1}{x+1}-\frac{3}{x^3+1}\right)&=\lim_{x\to-1}\frac{x^2-x+1-3}{x^3+1}\\&=\lim_{x\to-1}\frac{(x+1)(x-2)}{(x+1)(x^2-x+1)}=\lim_{x\to-1}\frac{x-2}{x^2-x+1}=\frac{-3}{3}=-1.\end{aligned}$$

例 1-4-13 求 $\lim\limits_{x\to+\infty}(\sqrt{x^2+x}-\sqrt{x^2+1})$.

解 这是“$\infty-\infty$”型，采用有理化方法计算：

$$\begin{aligned}\lim_{x\to+\infty}(\sqrt{x^2+x}-\sqrt{x^2+1})&=\lim_{x\to+\infty}\frac{x-1}{\sqrt{x^2+x}+\sqrt{x^2+1}}\\&=\lim_{x\to+\infty}\frac{1-\dfrac{1}{x}}{\sqrt{1+\dfrac{1}{x}}+\sqrt{1+\dfrac{1}{x^2}}}=\frac{1}{2}.\end{aligned}$$

例 1-4-14 求 $\lim\limits_{x\to\infty}\dfrac{x}{x^2+1}(3\cos x+1)$.

解 因为

$$\lim_{x\to\infty}\frac{x}{x^2+1}=0,\ |3\cos x+1|\leqslant 4,$$

所以

$$\lim_{x\to\infty}\frac{x}{x^2+1}(3\cos x+1)=0.$$

练习题 1-4 （见习题一）
（二）28(3)(6)(7)(9)(14)(15)(17).

作业题 1-4 （见习题一）
（三）8(1)(2)(3)(4).

第五节 两个重要极限

【学习要求】

(1)理解极限存在的准则.

(2)应用两个重要极限.

【学习目标】

(1)具有独立完成两个重要极限证明的能力.

(2)具有应用两个重要极限的一般形式

$\lim\limits_{\square\to 0}\dfrac{\sin\square}{\square}=1$;$\lim\limits_{\square\to\infty}\left(1+\dfrac{1}{\square}\right)^{\square}=\mathrm{e}$;$\lim\limits_{\square\to 0}(1+\square)^{\frac{1}{\square}}=\mathrm{e}$ 解决问题的能力.

(3)问题归类的能力.

【学习提示】

(1)寻找例 1-5-1～1-5-3 的共同之处.

(2)寻找例 1-5-4～1-5-6 的共同之处.

(3)例 1-5-7 的解法与前面为什么不同?

(4)理解例 1-5-8 是重要极限 1 的问题,进而理解此类问题的一般形式 $\lim\limits_{\square\to 0}\dfrac{\sin\square}{\square}=1$.

(5)例 1-5-10～1-5-12 的解题特点是什么?

进而理解此类问题的一般形式 $\lim\limits_{\square\to\infty}(1+\dfrac{1}{\square})^{\square}=\mathrm{e}$;$\lim\limits_{\square\to 0}(1+\square)^{\frac{1}{\square}}=\mathrm{e}$.

(6)例 1-5-13、例 1-5-14 的求解过程特点是什么?

在本章第二节定理 1-2-5 中,我们已经给出了极限存在的一条准则,现在给出极限存在的另一条准则,然后证明两个重要极限.

一、夹逼定理(极限存在的准则)

设在 x_0 的某去心邻域内有 $G(x)\leqslant f(x)\leqslant F(x)$ 且 $\lim\limits_{x\to x_0}G(x)=A$, $\lim\limits_{x\to x_0}F(x)=A$,则有 $\lim\limits_{x\to x_0}f(x)=A$.

证　设 $0<|x-x_0|<\delta_1$ 时,有

$$G(x)\leqslant f(x)\leqslant F(x).\tag{1-1}$$

对任给 $\varepsilon>0$,因 $\lim\limits_{x\to x_0}G(x)=A$,故存在 $\delta_2>0$,使当 $0<|x-x_0|<\delta_2$ 时,恒有

$$|G(x)-A|<\varepsilon$$

成立,即

$$A-\varepsilon<G(x)<A+\varepsilon.\tag{1-2}$$

又因 $\lim\limits_{x\to x_0}F(x)=A$,故存在 $\delta_3>0$,当 $0<|x-x_0|<\delta_3$ 时,恒有

$$|F(x)-A|<\varepsilon$$

成立,即

$$A-\varepsilon<F(x)<A+\varepsilon.\tag{1-3}$$

取 $\delta=\min(\delta_1,\delta_2,\delta_3)$,则当 $0<|x-x_0|<\delta$ 时,式(1-1)、式(1-2)、式(1-3)同时成立,则有

$$A-\varepsilon<G(x)\leqslant f(x)\leqslant F(x)<A+\varepsilon.$$

从而有

$$|f(x)-A|<\varepsilon$$

成立.这就证明了

$$\lim_{x\to x_0} f(x)=A.$$

夹逼定理同样适用于 $x\to\infty$ 的情形.

二、重要极限 $\lim\limits_{x\to 0}\frac{\sin x}{x}=1$

因 $x\to 0$,设 $0<|x|<\frac{\pi}{2}$.作单位圆(图 1-38),当 $0<x<\frac{\pi}{2}$ 时,取 $\angle AOB=x$,由图可见 $\triangle AOB$ 面积<扇形 OAB 面积< $\triangle OBD$ 面积,即

$$\frac{1}{2}\sin x<\frac{1}{2}x<\frac{1}{2}\tan x.$$

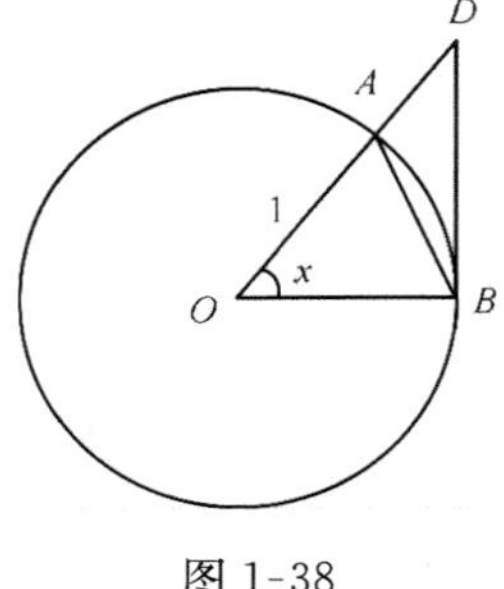

图 1-38

因 $\sin x>0$,所以

$$1<\frac{x}{\sin x}<\frac{1}{\cos x},$$

亦即

$$\cos x<\frac{\sin x}{x}<1.$$

当 $-\frac{\pi}{2}<x<0$ 时,不等式仍成立.事实上

$$\cos(-x)<\frac{\sin(-x)}{-x}<1,$$

即

$$\cos x<\frac{\sin x}{x}<1.$$

由于 $\lim\limits_{x\to 0}\cos x=1$,利用夹逼定理可得

$$\lim_{x\to 0}\frac{\sin x}{x}=1.$$

注 在上面的证明过程中,我们实际上已证明了不等式:当 $0<|x|<\frac{\pi}{2}$ 时,

$$\frac{|\sin x|}{|x|}<1,$$

即 $|\sin x|<|x|$ 成立.

例 1-5-1 求 $\lim\limits_{x\to 0}\frac{\tan x}{x}$.

解
$$\lim_{x\to 0}\frac{\tan x}{x}=\lim_{x\to 0}\frac{\sin x}{x}\frac{1}{\cos x}=\lim_{x\to 0}\frac{\sin x}{x}\lim_{x\to 0}\frac{1}{\cos x}=1.$$

例 1-5-2 求 $\lim\limits_{x\to 0}\frac{\sin 5x}{x}$.

解　令 $u=5x$，当 $x\to 0$ 时，$u\to 0$，

$$\lim_{x\to 0}\frac{\sin 5x}{x}=\lim_{u\to 0}\frac{5\sin u}{u}=5.$$

也可以省略 u，用下面的方法计算：

$$\lim_{x\to 0}\frac{\sin 5x}{x}=\lim_{x\to 0}\frac{\sin 5x}{5x}5=5\lim_{x\to 0}\frac{\sin 5x}{5x}=5.$$

例 1-5-3　求 $\lim\limits_{x\to 0}\dfrac{\arcsin x}{x}=1.$

解　令 $y=\arcsin x$，则 $x=\sin y$，$x\to 0$ 时，$y\to 0$.

故
$$\text{原式}=\lim_{y\to 0}\frac{y}{\sin y}=1.$$

例 1-5-4　求 $\lim\limits_{x\to 0}\dfrac{1-\cos x}{x^2}$.

解
$$\lim_{x\to 0}\frac{1-\cos x}{x^2}=\lim_{x\to 0}\frac{2\sin^2\frac{x}{2}}{x^2}=\frac{1}{2}\lim_{x\to 0}\left(\frac{\sin\frac{x}{2}}{\frac{x}{2}}\right)^2=\frac{1}{2}.$$

例 1-5-5　求 $\lim\limits_{x\to 0}\dfrac{\tan x-\sin x}{x^3}$.

解
$$\lim_{x\to 0}\frac{\tan x-\sin x}{x^3}=\lim_{x\to 0}\frac{\tan x(1-\cos x)}{x^3}=\lim_{x\to 0}\left(\frac{\tan x}{x}\,\frac{1-\cos x}{x^2}\right)=\frac{1}{2}.$$

例 1-5-6　求 $\lim\limits_{x\to 0}\dfrac{\cos x-\cos 3x}{x^2}$.

解
$$\lim_{x\to 0}\frac{\cos x-\cos 3x}{x^2}=\lim_{x\to 0}\frac{2\sin 2x\sin x}{x^2}=4\lim_{x\to 0}\left(\frac{\sin 2x}{2x}\right)\left(\frac{\sin x}{x}\right)=4.$$

例 1-5-7　求 $\lim\limits_{x\to \pi}\dfrac{\sin x}{\tan x}$.

解　下面的作法是错误的：

$$\lim_{x\to\pi}\frac{\sin x}{\tan x}=\lim_{x\to\pi}\left(\frac{\sin x}{x}\right)\left(\frac{x}{\tan x}\right)=1.$$

错在用错了公式，公式$\dfrac{\sin x}{x}\to 1$ 和$\dfrac{\tan x}{x}\to 1$ 都是在 $x\to 0$ 时成立，而这里是 $x\to\pi$. 正确的作法是：令 $t=x-\pi$，当 $x\to\pi$ 时 $t\to 0$，于是

$$\lim_{x\to\pi}\frac{\sin x}{\tan x}=\lim_{t\to 0}\frac{\sin(\pi+t)}{\tan(\pi+t)}=\lim_{t\to 0}\frac{-\sin t}{\tan t}=-\lim_{t\to 0}\frac{\sin t}{t}\frac{t}{\tan t}=-1.$$

例 1-5-8　求 $\lim\limits_{x\to\infty}x\sin\dfrac{1}{x}$.

解　令 $u=\dfrac{1}{x}$，则有

$$\lim_{x\to\infty}x\sin\frac{1}{x}=\lim_{u\to 0}\frac{\sin u}{u}=1.$$

最后，我们把这一重要极限表述成如下形式：

$$\lim_{\square\to 0}\frac{\sin\square}{\square}=1.$$

由该公式推出的下面结果最好也要记住，以便于求极限时使用.

$$\lim_{x\to 0}\frac{1-\cos x}{x^2}=\frac{1}{2},\quad \lim_{x\to 0}\frac{\tan x}{x}=1.$$

三、重要极限 $\lim\limits_{x\to\infty}\left(1+\frac{1}{x}\right)^x=\mathrm{e}$

在本章第二节中，我们已证明了极限

$$\lim_{n\to\infty}\left(1+\frac{1}{n}\right)^n=\mathrm{e}.$$

下面先证明 $x\to+\infty$ 的情形：

对任何正实数 x，总可以找到正整数 n，使 $n\leqslant x<n+1$，当 $x\to+\infty$ 时有 $n\to+\infty$，因为

$$1+\frac{1}{n+1}<1+\frac{1}{x}\leqslant 1+\frac{1}{n},$$

所以

$$\left(1+\frac{1}{n+1}\right)^n<\left(1+\frac{1}{x}\right)^x<\left(1+\frac{1}{n}\right)^{n+1}.$$

而

$$\lim_{n\to\infty}\left(1+\frac{1}{n}\right)^{n+1}=\lim_{n\to\infty}\left(1+\frac{1}{n}\right)^n\lim_{n\to\infty}\left(1+\frac{1}{n}\right)=\mathrm{e},$$

$$\lim_{n\to\infty}\left(1+\frac{1}{n+1}\right)^n=\lim_{n\to\infty}\left(1+\frac{1}{n+1}\right)^{n+1}\cdot\lim_{n\to\infty}\left(1+\frac{1}{n+1}\right)^{-1}=\mathrm{e},$$

所以，由夹逼定理可得

$$\lim_{x\to+\infty}\left(1+\frac{1}{x}\right)^x=\mathrm{e}.$$

对于 $x\to-\infty$ 的情形，令 $x=-(t+1)$，当 $x\to-\infty$ 时 $t\to+\infty$，则

$$\lim_{x\to-\infty}\left(1+\frac{1}{x}\right)^x=\lim_{t\to+\infty}\left(1-\frac{1}{t+1}\right)^{-t-1}=\lim_{t\to+\infty}\left(\frac{t+1}{t}\right)^{t+1}$$

$$=\lim_{t\to+\infty}\left(1+\frac{1}{t}\right)^t\left(1+\frac{1}{t}\right)=\mathrm{e}.$$

综上所述，可得

$$\lim_{x\to\infty}\left(1+\frac{1}{x}\right)^x=\mathrm{e}.$$

例 1-5-9 求 $\lim\limits_{x\to 0}(1+x)^{\frac{1}{x}}$.

解 令 $x=\frac{1}{u}$，当 $x\to 0$ 时 $u\to\infty$，则

$$\lim_{x\to 0}(1+x)^{\frac{1}{x}}=\lim_{u\to\infty}\left(1+\frac{1}{u}\right)^u=\mathrm{e}.$$

例 1-5-10　求 $\lim\limits_{x\to\infty}\left(1+\frac{k}{x}\right)^{x}$　($k\neq0$,实数).

解　因为

$$\lim_{x\to\infty}\left(1+\frac{k}{x}\right)^{x}=\lim_{x\to\infty}\left[\left(1+\frac{k}{x}\right)^{\frac{x}{k}}\right]^{k}.$$

令$\frac{x}{k}=u$,当 $x\to\infty$时 $u\to\infty$,则

$$\lim_{x\to\infty}\left(1+\frac{k}{x}\right)^{x}=\lim_{u\to\infty}\left[\left(1+\frac{1}{u}\right)^{u}\right]^{k}=\left[\lim_{u\to\infty}\left(1+\frac{1}{u}\right)^{u}\right]^{k}=\mathrm{e}^{k}.$$

在熟练了之后,可省略引进新的变量的步骤.

例 1-5-11　求 $\lim\limits_{x\to\infty}\left(1-\frac{1}{x}\right)^{x}$.

解
$$\lim_{x\to\infty}\left(1-\frac{1}{x}\right)^{x}=\lim_{x\to\infty}\left[\left(1+\frac{1}{-x}\right)^{-x}\right]^{-1}=\mathrm{e}^{-1}.$$

例 1-5-12　求 $\lim\limits_{x\to\infty}\left(\frac{x+1}{x+2}\right)^{x}$.

解
$$\lim_{x\to\infty}\left(\frac{x+1}{x+2}\right)^{x}=\lim_{x\to\infty}\frac{\left(1+\frac{1}{x}\right)^{x}}{\left(1+\frac{2}{x}\right)^{x}}=\frac{\lim\limits_{x\to\infty}\left(1+\frac{1}{x}\right)^{x}}{\lim\limits_{x\to\infty}\left(1+\frac{2}{x}\right)^{x}}=\frac{\mathrm{e}}{\mathrm{e}^{2}}=\mathrm{e}^{-1}.$$

综上所述,我们所研究的问题是求$[f(x)]^{g(x)}$的极限问题,其中 $\lim\limits_{x\to\infty}f(x)=1$, $\lim\limits_{x\to\infty}g(x)=\infty$,称为“$1^{\infty}$”型.这一重要极限可以表示成如下形式:

$$\lim_{\square\to\infty}\left(1+\frac{1}{\square}\right)^{\square}=\mathrm{e},$$

$$\lim_{\square\to0}(1+\square)^{\frac{1}{\square}}=\mathrm{e}.$$

有些函数虽然不是“1^{∞}”型,但我们可以通过适当地运算化为该形式.

例 1-5-13　求 $\lim\limits_{x\to0}\frac{\ln(1+x)}{x}$.

解
$$\lim_{x\to0}\frac{\ln(1+x)}{x}=\lim_{x\to0}\ln(1+x)^{\frac{1}{x}}=\ln\mathrm{e}=1.$$

例 1-5-14　求 $\lim\limits_{x\to0}\frac{\mathrm{e}^{x}-1}{x}$.

解　令 $\mathrm{e}^{x}-1=u$,$x=\ln(1+u)$,当 $x\to0$ 时 $u\to0$,于是

$$\lim_{x\to0}\frac{\mathrm{e}^{x}-1}{x}=\lim_{u\to0}\frac{u}{\ln(1+u)}=1.$$

例 1-5-13 和例 1-5-14 的极限可作为公式使用,即

$$\lim_{x\to0}\frac{\ln(1+x)}{x}=1,\quad \lim_{x\to0}\frac{\mathrm{e}^{x}-1}{x}=1.$$

练习题 1-5 （见习题一）
（二）29(6)(7)(8)，30(3)(4)(8)，31(1).

作业题 1-5 （见习题一）
（三）8(5)(6)(7)(8).

第六节 无穷小的比较

【学习要求】

(1)理解高阶、低阶和等价无穷小的概念.

(2)理解无穷小的性质.

(3)应用等价无穷小代换求极限的方法.

【学习目标】

(1)具有正确判断无穷小的阶的能力.

(2)建立极限计算的思维模式.

(3)正确应用等价无穷小简化极限计算的方法.

【学习提示】

(1)归纳 $x \to 0$ 时，与 x 等价的常用的等价无穷小的函数.

(2)明确 $x \to 0$ 时，无穷小阶数判断的步骤.

(3)例 1-6-8 的解题过程引起的思考是什么？

一、无穷小的比较

无穷小量的比较在高等数学中占有重要地位，它是研究无穷小量趋于零的快慢问题.关于无穷小的比较，可以利用两个无穷小的比值的极限来衡量，给出如下定义.

定义 1-6-1 设 $\lim\limits_{\substack{x\to x_0\\(x\to\infty)}} \alpha(x)=0$，$\lim\limits_{\substack{x\to x_0\\(x\to\infty)}} \beta(x)=0$.

如果 $\lim\limits_{\substack{x\to x_0\\(x\to\infty)}} \dfrac{\alpha(x)}{\beta(x)}=0$，则称当 $x\to x_0$（或 $x\to\infty$）时，$\alpha(x)$是比 $\beta(x)$高阶的无穷小，记作 $\alpha=o(\beta)$.

如果 $\lim\limits_{\substack{x\to x_0\\(x\to\infty)}} \dfrac{\alpha(x)}{\beta(x)}=\infty$，则称当 $x\to x_0$（或 $x\to\infty$）时，$\alpha(x)$是比 $\beta(x)$低阶的无穷小.

如果 $\lim\limits_{\substack{x\to x_0\\(x\to\infty)}} \dfrac{\alpha(x)}{\beta(x)}=A\neq 0$，则称当 $x\to x_0$（或 $x\to\infty$）时，$\alpha(x)$与 $\beta(x)$是同阶无穷小.特别地，当 $A=1$ 时，则称 $\alpha(x)$与 $\beta(x)$是等价无穷小，记作 $\alpha\sim\beta$.

如果 $\lim\limits_{\substack{x\to x_0\\(x\to\infty)}} \dfrac{\alpha(x)}{[\beta(x)]^k}=A\neq 0(k>0)$，则称当 $x\to x_0$（或 $x\to\infty$）时，$\alpha(x)$是关于$\beta(x)$的 k 阶无穷小.

下面举一些例子.

例 1-6-1　因为

$$\lim_{x\to 0}\frac{1-\cos x}{x}=0,$$

所以，当 $x\to 0$ 时 $1-\cos x$ 是比 x 高阶的无穷小，$1-\cos x=o(x)(x\to 0)$.

例 1-6-2　因为

$$\lim_{x\to 0}\frac{1-\cos x}{x^2}=\frac{1}{2},$$

所以，当 $x\to 0$ 时，$1-\cos x$ 与 x^2 是同阶无穷小.

例 1-6-3　因为

$$\lim_{x\to 0}\frac{\sin x}{x}=1,$$

所以，当 $x\to 0$ 时，$\sin x$ 与 x 是等价无穷小.

例 1-6-4　当 $x\to 0$ 时，我们有如下一些等价无穷小：

$$\sin x\sim x,\quad \tan x\sim x,\quad \arcsin x\sim x,\quad \arctan x\sim x,$$

$$1-\cos x\sim\frac{1}{2}x^2,\quad \ln(1+x)\sim x,\quad e^x-1\sim x,\quad \sqrt[n]{1+x}-1\sim\frac{1}{n}x.$$

我们只证明最后一个：

$$\begin{aligned}&\lim_{x\to 0}\frac{\sqrt[n]{1+x}-1}{\frac{1}{n}x}\\&=\lim_{x\to 0}\frac{(\sqrt[n]{1+x})^n-1}{\frac{1}{n}x[(\sqrt[n]{1+x})^{n-1}+(\sqrt[n]{1+x})^{n-2}+\cdots+1]}\\&=\lim_{x\to 0}\frac{nx}{x[(\sqrt[n]{1+x})^{n-1}+(\sqrt[n]{1+x})^{n-2}+\cdots+1]}=\frac{n}{n}=1.\end{aligned}$$

例 1-6-5　在半径为 R 的圆周上取 3 点 A、B 和 C，且$\overset{\frown}{AC}=\overset{\frown}{CB}$，$CO\perp AB$，$\angle AOC=\angle BOC=\alpha$（图 1-39）. 显然，当 $\alpha\to 0$ 时，$\overset{\frown}{AB}$、$\overline{AB}$和$\overline{CD}$都是无穷小，试证：

(1)$\overset{\frown}{AB}$与$\overline{AB}$是等价无穷小；

(2)$\overline{CD}$是$\overline{AB}$高阶无穷小.

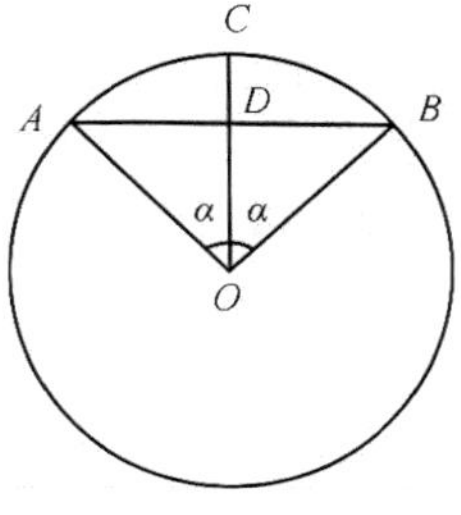

图 1-39

解　由图 1-39 可见

$$\overset{\frown}{AB}=2R\alpha,\quad \overline{AB}=2\,\overline{AD}=2R\sin\alpha,$$

$$\overline{CD}=R-\overline{OD}=R-R\cos\alpha.$$

(1)因为

$$\lim_{\alpha\to 0}\frac{\overset{\frown}{AB}}{\overline{AB}}=\lim_{\alpha\to 0}\frac{2R\alpha}{2R\sin\alpha}=1,$$

故，当 $\alpha\to 0$ 时，$\overset{\frown}{AB}$ 与 $\overline{AB}$ 是等价无穷小.

(2)因为

$$\lim_{\alpha\to 0}\frac{\overline{CD}}{\overline{AB}}=\lim_{\alpha\to 0}\frac{R(1-\cos\alpha)}{2R\sin\alpha}=\lim_{\alpha\to 0}\frac{1-\cos\alpha}{2\sin\alpha}$$
$$=\lim_{\alpha\to 0}\frac{2\sin^2\frac{\alpha}{2}}{4\sin\frac{\alpha}{2}\cos\frac{\alpha}{2}}=\lim_{\alpha\to 0}\frac{\sin\frac{\alpha}{2}}{2\cos\frac{\alpha}{2}}=0,$$

所以，当 $\alpha\to 0$ 时，$\overline{CD}$ 是比 $\overline{AB}$ 高阶的无穷小.

例 1-6-6 当 $x\to 0$ 时，试判别下列无穷小是 x 的几阶无穷小？

(1) $1-\cos x$； (2) $\tan x-\sin x$； (3) $\sqrt{x}-3x^2+x^5$.

解 (1)因为 $\lim\limits_{x\to 0}\frac{1-\cos x}{x^2}=\frac{1}{2}$，所以当 $x\to 0$ 时，$1-\cos x$ 是 x 的 2 阶无穷小.

(2) $\lim\limits_{x\to 0}\frac{\tan x-\sin x}{x^3}=\frac{1}{2}$，所以当 $x\to 0$ 时，$\tan x-\sin x$ 是 x 的 3 阶无穷小.

(3)因为 $\lim\limits_{x\to 0}\frac{\sqrt{x}-3x^2+x^5}{\sqrt{x}}=\lim\limits_{x\to 0}(1-3x^{\frac{3}{2}}+x^{\frac{9}{2}})=1$，所以，当 $x\to 0$ 时，$\sqrt{x}-3x^2+x^5$ 是 x 的 $\frac{1}{2}$ 阶无穷小.

二、等价无穷小的性质

定理 1-6-1 在自变量的一定趋向下，设 $\alpha\sim\alpha'$，$\beta\sim\beta'$，且 $\lim\frac{\alpha'}{\beta'}$ 存在(或∞)，则

$$\lim\frac{\alpha}{\beta}=\lim\frac{\alpha'}{\beta'}\ (\text{或}\infty).$$

证 因为 $\lim\frac{\alpha}{\alpha'}=1,\lim\frac{\beta'}{\beta}=1$，所以，若 $\lim\frac{\alpha'}{\beta'}$ 存在，则 $\lim\frac{\alpha}{\beta}=\lim\frac{\alpha}{\alpha'}\frac{\alpha'}{\beta'}\frac{\beta'}{\beta}=\lim\frac{\alpha'}{\beta'}$.

若 $\lim\frac{\alpha'}{\beta'}=\infty$，则 $\lim\frac{\beta'}{\alpha'}=0$，于是 $\lim\frac{\beta}{\alpha}=\lim\frac{\beta'}{\alpha'}=0$，所以 $\lim\frac{\alpha}{\beta}=\infty$.

推论 1-6-1 若 $\lim\frac{\alpha'}{\beta'}f(x)$ 存在(或∞)，则 $\lim\frac{\alpha}{\beta}f(x)$ 也存在(或∞)，且有

$$\lim\frac{\alpha}{\beta}f(x)=\lim\frac{\alpha'}{\beta'}f(x),$$

其中 $\alpha\sim\alpha'$，$\beta\sim\beta'$.

推论 1-6-2 若 $\lim\alpha' f(x)$ 存在，则 $\lim\alpha f(x)=\lim\alpha' f(x)$，其中 $\alpha\sim\alpha'$.

这些推论说明，在乘积或商的极限运算中，无穷小因子可用等价无穷小代换，能使运算简化.

例 1-6-7 求 $\lim\limits_{x\to 0}\frac{\tan 2x}{\sin 5x}$.

解 当 $x\to 0$ 时，$\tan 2x\sim 2x$，$\sin 5x\sim 5x$，所以

$$\lim_{x\to 0}\frac{\tan 2x}{\sin 5x}=\lim_{x\to 0}\frac{2x}{5x}=\frac{2}{5}.$$

例 1-6-8 求 $\lim\limits_{x\to 0}\dfrac{e^{\alpha x}-e^{\beta x}}{\sin\alpha x-\sin\beta x}$.

解

$$\lim_{x\to 0}\frac{e^{\alpha x}-e^{\beta x}}{\sin\alpha x-\sin\beta x}=\lim_{x\to 0}\frac{e^{\beta x}[e^{(\alpha-\beta)x}-1]}{2\cos\dfrac{\alpha+\beta}{2}x\sin\dfrac{\alpha-\beta}{2}x}$$

$$=\lim_{x\to 0}\frac{e^{\beta x}(\alpha-\beta)x}{2\cos\dfrac{\alpha+\beta}{2}x\cdot\dfrac{\alpha-\beta}{2}x}=\lim_{x\to 0}\frac{e^{\beta x}}{\cos\dfrac{\alpha+\beta}{2}x}=1.$$

例 1-6-9 求 $\lim\limits_{x\to+\infty}\ln(1+2^x)\ln\left(1+\dfrac{3}{x}\right)$.

解 当 $x\to+\infty$ 时，$\ln\left(1+\dfrac{3}{x}\right)\sim\dfrac{3}{x}$，所以

$$\lim_{x\to+\infty}\ln(1+2^x)\ln\left(1+\frac{3}{x}\right)=\lim_{x\to+\infty}\frac{3\ln(1+2^x)}{x}$$

$$=3\lim_{x\to+\infty}\frac{\ln 2^x(1+2^{-x})}{x}$$

$$=3\lim_{x\to+\infty}\left[\ln 2+\frac{\ln(1+2^{-x})}{x}\right]=3\ln 2.$$

定理 1-6-2 如果 $\alpha\sim\beta$，则 $\alpha-\beta$ 是比 α(或 β)高阶的无穷小.反之，如果 $\alpha-\beta$ 是比 α(或 β)高阶的无穷小，则 $\alpha\sim\beta$.

证 设 $\alpha\sim\beta$，则

$$\lim\frac{\alpha-\beta}{\alpha}=\lim\left(1-\frac{\beta}{\alpha}\right)=0.$$

同理可证

$$\lim\frac{\alpha-\beta}{\beta}=0.$$

设 $\lim\dfrac{\alpha-\beta}{\alpha}=0$，则

$$\lim\frac{\beta}{\alpha}=\lim\frac{\alpha-(\alpha-\beta)}{\alpha}=\lim\left(1-\frac{\alpha-\beta}{\alpha}\right)=1.$$

练习题 1-6 (见习题一)
(二)35(2)(4),36(3)(4).

作业题 1-6 (见习题一)
(三)8(9)(10)(11)(12),9,10.

第七节 函数的连续性与间断点

【学习要求】

(1)理解函数在一点连续与连续函数的概念.

(2)应用分段函数连接点处连续性的判断方法.

(3)应用求函数的间断点及分类的方法.

【学习目标】

(1)理解连续与极限的关系,理解连续是满足特定条件的极限.

(2)应用求分段函数连续性的方法.

(3)从初等函数结构特点上理解初等函数的连续性.

(4)具有正确判断间断点类型的能力,正确应用去掉间断点的方法.

【学习提示】

(1)给出例 1-7-4 在一点处连续的判断步骤.

(2)对例 1-7-5～1-7-10 进行间断点的分类,说明原因.

一、函数连续性的概念

自然界不少现象都是连续变化的,例如,一天气温的变化,植物的生长等,这些现象反映在函数关系上就是函数的连续性.所谓连续性,就是当自变量发生微小变化时,因变量相应地变化也很微小.下面我们首先引进增量的概念,然后再给出连续性定义.

定义 1-7-1 设变量 u 从初值 u_1 变到终值 u_2,则称 u_2-u_1 为变量 u 的增量,记作 Δu,即

$$\Delta u=u_2-u_1,\quad u_2=u_1+\Delta u.$$

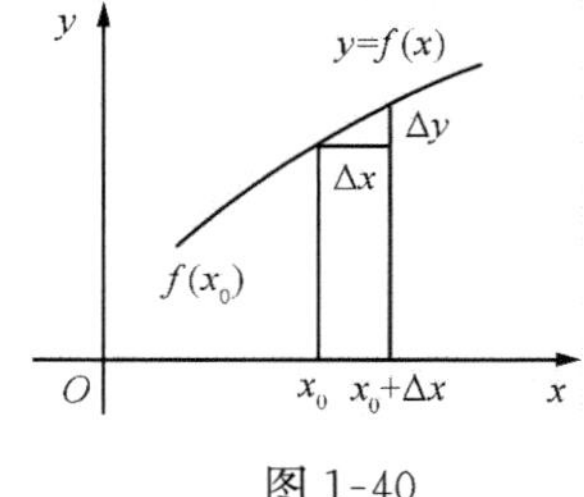

图 1-40

增量 Δu 可正可负,当 $\Delta u>0$ 时,$u_2>u_1$,当 $\Delta u<0$ 时,$u_2<u_1$.增量也叫改变量.

设 $y=f(x)$在 x_0 点的某邻域内有定义.当自变量 x 从 x_0 变到 $x_0+\Delta x$ 时,函数 y 由 $f(x_0)$变到 $f(x_0+\Delta x)$,所以 y 的增量 Δy 为

$$\Delta y=f(x_0+\Delta x)-f(x_0)$$

(图 1-40).

例 1-7-1 一块金属圆板受热后膨胀,半径与面积都在增大,当半径 r 在 r_0 值有一增量 Δr 时,则面积的增量 ΔA 为

$$\Delta A=\pi(r_0+\Delta r)^2-\pi r_0^2=\pi[r_0^2+2r_0\Delta r+(\Delta r)^2-r_0^2]=2\pi r_0\Delta r+\pi(\Delta r)^2.$$

定义 1-7-2 设 $y=f(x)$在点 x_0 的一个邻域内有定义,如果

$$\lim_{\Delta x\to 0}\Delta y=0$$

成立,则称 $y=f(x)$在 x_0 点是连续的.

如记 $x=x_0+\Delta x$,则 $\Delta y=f(x)-f(x_0)$,所以,$\lim\limits_{\Delta x\to 0}\Delta y=0$ 等价于 $\lim\limits_{x\to x_0}f(x)=f(x_0)$.因此,连续性定义可改写成如下形式:

定义 1-7-3 如果 $\lim\limits_{x\to x_0}f(x)=f(x_0)$,则称 $f(x)$在 x_0 点是连续的.

说得更明确一些应是:函数在一点连续应满足 3 个条件,即 $f(x)$在 x_0 点有定义,$\lim\limits_{x\to x_0}f(x)$存在,且极限值等于函数值 $f(x_0)$.

如果用极限定义的 ε-δ 语言，连续性定义可表述如下：

设函数 $y=f(x)$ 在 x_0 点的某一邻域内有定义，如果对于任给的正数 ε，总存在正数 δ，使当 $|x-x_0|<\delta$ 时，恒有

$$|f(x)-f(x_0)|<\varepsilon$$

成立，则称 $f(x)$ 在 x_0 点连续.

定义 1-7-4　若 $\lim\limits_{x\to x_0^+}f(x)=f(x_0)$，则称 $f(x)$ 在 x_0 点右连续. 若 $\lim\limits_{x\to x_0^-}f(x)=f(x_0)$，则称 $f(x)$ 在 x_0 点左连续.

由极限定理，不难推出：

定理 1-7-1　$y=f(x)$ 在点 x_0 连续的充要条件是 $f(x)$ 在 x_0 点左连续和右连续.

定义 1-7-5　如果 $f(x)$ 在 (a,b) 内每一点连续，则称 $f(x)$ 在 (a,b) 内连续. 如果 $f(x)$ 在 (a,b) 内连续，且在 a 点右连续、在 b 点左连续，则称 $f(x)$ 在 $[a,b]$ 上连续.

为了熟悉连续性定义，下面举一些例子.

例 1-7-2　讨论有理分式函数 $R(x)=\dfrac{P(x)}{Q(x)}$ 的连续性.

解　设 $Q(x_0)\neq 0$，则 $R(x)$ 在 x_0 点有定义，即

$$\lim_{x\to x_0}R(x)=\lim_{x\to x_0}\frac{P(x)}{Q(x)}=\frac{P(x_0)}{Q(x_0)}=R(x_0),$$

所以，有理分式函数在定义域内连续.

例 1-7-3　证明 $y=\sin x$ 在 $(-\infty,+\infty)$ 内是连续的.

证　任取 $x_0\in(-\infty,+\infty)$，当 x 在 x_0 点有增量 Δx 时，y 的增量 Δy，即

$$\Delta y=f(x_0+\Delta x)-f(x_0)=\sin(x_0+\Delta x)-\sin x_0=2\cos\left(x_0+\frac{\Delta x}{2}\right)\sin\frac{\Delta x}{2}.$$

于是

$$\lim_{\Delta x\to 0}\Delta y=\lim_{\Delta x\to 0}2\cos\left(x_0+\frac{\Delta x}{2}\right)\sin\frac{\Delta x}{2}=\lim_{\Delta x\to 0}\Delta x\cos\left(x_0+\frac{\Delta x}{2}\right)=0$$

（有界函数乘无穷小仍为无穷小），所以 $y=\sin x$ 在 x_0 点是连续的. 由于 x_0 是 $(-\infty,+\infty)$ 内任取的，所以 $y=\sin x$ 在 $(-\infty,+\infty)$ 内连续.

类似地可证明 $y=\cos x$ 也在 $(-\infty,+\infty)$ 内连续.

例 1-7-4　讨论

$$f(x)=\begin{cases} x\sin\dfrac{1}{x}, & x\neq 0, \\ 0, & x=0 \end{cases}$$

在 $x=0$ 点是连续的.

证　因 $f(0)=0$，且 $\lim\limits_{x\to 0}f(x)=\lim\limits_{x\to 0}x\sin\dfrac{1}{x}=0=f(0)$，所以，$f(x)$ 在 $x=0$ 点是连续的.

在本章第二、四节，我们已经证得

$$\lim_{x \to x_0} \ln x = \ln x_0 \quad (x_0 > 0),$$

$$\lim_{x \to x_0} e^x = e^{x_0},$$

$$\lim_{x \to x_0} x^n = x_0^n \quad (n > 0, x_0 > 0),$$

所以，$y=\ln x$，$y=e^x$ 和 $y=x^n$ 在定义域上都是连续的.

二、函数的间断点

定义 1-7-6 设函数 $f(x)$在 x_0 点的一个邻域内有定义(x_0 可除外)，如果$f(x)$在 x_0 点不连续，则称 x_0 为 $f(x)$的间断点.

$f(x)$在 x_0 点间断，下列三种情况至少发生其一：

(1)$f(x)$在 x_0 点无定义；

(2)$f(x)$在 x_0 点有定义，但 $\lim\limits_{x \to x_0} f(x)$不存在；

(3)$f(x)$在 x_0 有定义，且 $\lim\limits_{x \to x_0} f(x)$存在，但 $\lim\limits_{x \to x_0} f(x) \neq f(x_0)$.

下面举例说明函数间断点的几种常见类型.

例 1-7-5 $f(x)=\dfrac{1}{x}$在 $x=0$ 点无定义，所以 $f(x)$在 $x=0$ 点间断，而

$$\lim_{x \to 0} \frac{1}{x} = \infty,$$

称 $x=0$ 是 $f(x)=\dfrac{1}{x}$的无穷型间断点.

例 1-7-6 设

$$f(x)=\begin{cases} x-1, & x<0, \\ 0, & x=0, \\ x+1, & x>0, \end{cases}$$

讨论 $f(x)$在点 $x=0$ 处的连续性.

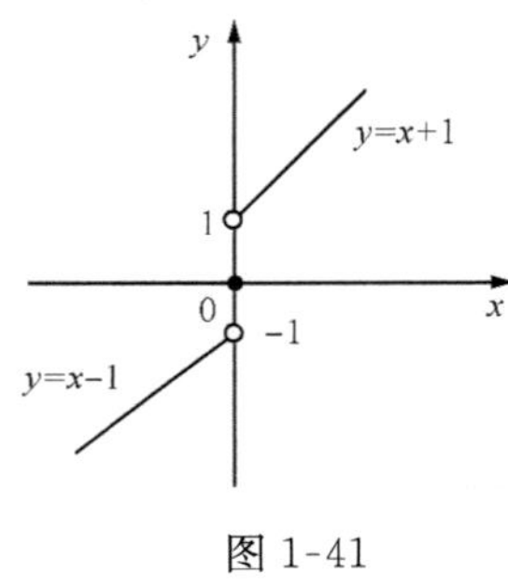

图 1-41

解 因为

$$f(0)=0,$$

$$\lim_{x \to 0^-} f(x) = \lim_{x \to 0^-} (x-1) = -1,$$

$$\lim_{x \to 0^+} f(x) = \lim_{x \to 0^+} (x+1) = 1,$$

所以，$\lim\limits_{x \to 0} f(x)$不存在，故 $f(x)$在 $x=0$ 点间断(图1-41). 函数图形在 $x=0$ 点产生跳跃情形，称 $x=0$ 为跳跃型间断点.

例 1-7-7 函数 $f(x)=\dfrac{x^2-1}{x-1}$在 $x=1$ 没有定义，所以在 $x=1$间断，但

$$\lim_{x \to 1} f(x) = \lim_{x \to 1} \frac{x^2-1}{x-1} = \lim_{x \to 1} (x+1) = 2,$$

如果补充定义 $f(1)=2$，则 $f(x)$在 $x=1$ 点连续(图 1-42)，称 $x=1$ 为可去型间断点.

例 1-7-8　函数

$$f(x)=\begin{cases} x, & x\neq 1, \\ \frac{1}{2}, & x=1 \end{cases}$$

在 $x=1$ 间断，因为 $\lim\limits_{x\to 1}f(x)=\lim\limits_{x\to 1}x=1\neq f(1)=\frac{1}{2}$，如果改变函数 $f(x)$ 在 $x=1$ 的函数值，令 $f(x)=1$，则 $f(x)$ 在 $x=1$ 连续，所以 $x=1$ 是 $f(x)$ 的可去间断点(图 1-43).

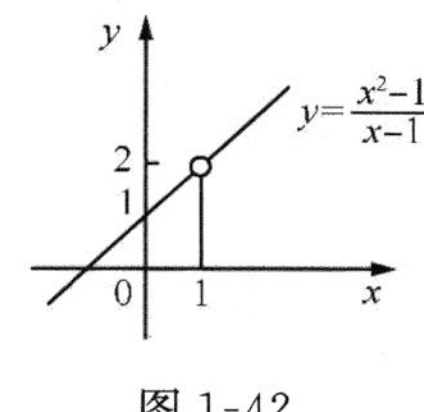

图 1-42

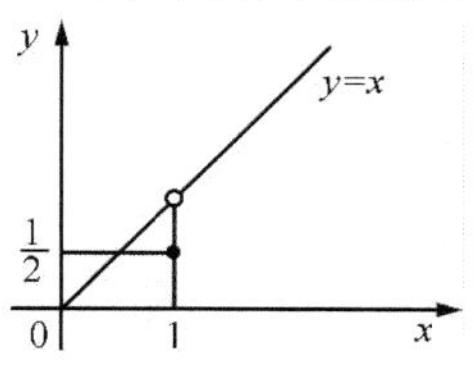

图 1-43

例 1-7-9　函数 $f(x)=\sin\frac{1}{x}$ 在 $x=0$ 点没有定义，故 $x=0$ 是 $f(x)$ 的间断点.又因为当 $x\to 0$ 时，$\sin\frac{1}{x}$ 的值在 -1 到 $+1$ 之间变化无限多次，我们称 $x=0$ 是 $f(x)=\sin\frac{1}{x}$ 的振荡型间断点(图 1-44).

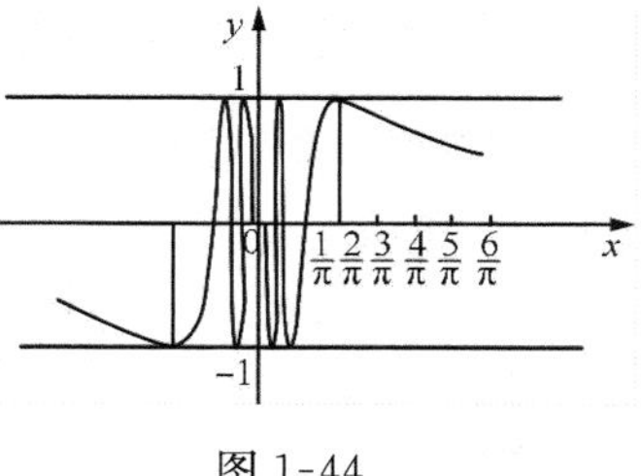

图 1-44

在实际研究中，我们常把间断点分为两类，分别称为第一类间断点和第二类间断点.所谓第一类间断点，即在该点的左、右极限都存在的情形，如跳跃型间断点和可去型间断点.不是第一类间断点的任何其他间断点都叫第二类间断点，如无穷型间断点和振荡型间断点.

例 1-7-10　函数 $f(x)=\frac{x}{\tan x}$ 在 $x=n\pi$ 和 $x=\frac{\pi}{2}+n\pi(n=0,\pm1,\pm2,\cdots)$ 间断，因为 $f(x)$ 在这些点没有定义.又因为

$$\lim_{x\to\frac{\pi}{2}+n\pi}f(x)=\lim_{x\to\frac{\pi}{2}+n\pi}\frac{x}{\tan x}=0,$$

所以 $x=\frac{\pi}{2}+n\pi(n=0,\pm1,\cdots)$ 是第一类可去间断点，又

$$\lim_{x\to 0}f(x)=\lim_{x\to 0}\frac{x}{\tan x}=1,$$

所以 $x=0$ 也是第一类可去间断点.而

$$\lim_{x\to n\pi}f(x)=\lim_{x\to n\pi}\frac{x}{\tan x}=\infty\quad(n=\pm1,\pm2,\cdots),$$

所以 $x=n\pi(n=\pm1,\pm2,\cdots)$ 是第二类无穷型间断点.

练习题 1-7　(见习题一)
(二)40(2),41(4)(6).

作业题 1-7　(见习题一)
(三)11(1)(2)(3).

第八节　连续函数的运算与初等函数的连续性

一、连续函数的四则运算

定理 1-8-1　若 $f(x),g(x)$皆在点 x_0 处连续,则 $f(x)\pm g(x),f(x)g(x),\dfrac{f(x)}{g(x)}(g(x_0)\neq 0)$ 也在点 x_0 处连续.

定理的证明是很简单的,实际上由连续性定义及极限的四则运算法则可立刻推出.证明留给读者自己.

例 1-8-1　因为 $\sin x$ 和 $\cos x$ 皆在$(-\infty,+\infty)$上是连续的,所以 $\tan x$ 和 $\cot x$ 在定义域上连续,$\sec x$ 和 $\csc x$ 也在定义域上是连续的.

二、复合函数的连续性

定理 1-8-2　设 $u=\varphi(x)$在点 x_0 处连续,$y=f(u)$在点 u_0 处连续,$u_0=\varphi(x_0)$,则 $y=f[\varphi(x)]$在点 x_0 处连续.

该定理的证明与本章第四节定理 1-4-2 的证明类似,这里略去.

例 1-8-2　$y=\sin(3x+1)$在$(-\infty,+\infty)$上是连续的.这是因为 $u=3x+1$ 在$(-\infty,+\infty)$内连续,任取 $x_0\in(-\infty,+\infty)$,$u_0=3x_0+1$,$y=\sin u$ 在点 u_0 处连续,所以 $y=\sin(3x+1)$在点 x_0 处连续,从而 $y=\sin(3x+1)$在$(-\infty,+\infty)$内是连续的.

例 1-8-3　$y=x^{\alpha}$(α 实数)在 $x>0$ 上是连续的.这是因为 $y=x^{\alpha}=\mathrm{e}^{\alpha\ln x}$,$y=\mathrm{e}^{u}$,$u=\alpha\ln x$.$u=\alpha\ln x$ 在$(0,+\infty)$上连续,$y=\mathrm{e}^{u}$ 在$(-\infty,+\infty)$内连续,所以 $y=x^{\alpha}$ 在$(0,+\infty)$内是连续的.

三、反函数的连续性

定理 1-8-3　设 $y=f(x)$在$[a,b]$上单调增加(或单调减少)且连续,则它的反函数 $x=\varphi(y)$在对应区间$[\alpha,\beta]$或$[\beta,\alpha]$上也是单调增加(或单调减少)且连续,其中 $f(a)=\alpha,f(b)=\beta$.

证明略.

例 1-8-4　由定理 1-8-3 立刻推出反三角函数的连续性如下:

因为 $y=\sin x$ 在$\left[-\dfrac{\pi}{2},\dfrac{\pi}{2}\right]$上单调增加且连续,所以反函数 $x=\arcsin y$ 在$[-1,1]$上也是单调增加且连续,即 $y=\arcsin x$ 在$[-1,1]$上单调增加且连续.

同样可说明:$y=\arccos x$ 在$[-1,1]$上单调减少且连续;$y=\arctan x$ 在$(-\infty,+\infty)$内单调增加且连续;$y=\mathrm{arccot}\,x$ 在$(-\infty,+\infty)$内单调减少且连续.

总之,反三角函数在定义域上是连续的.

四、初等函数的连续性

定理 1-8-4　初等函数在定义区间上是连续的.

所谓定义区间就是包含在定义域内的区间.

由本节和上一节的例题,我们已经证明了基本初等函数在定义域内是连续的,再根据本节定理 1-8-1 至定理 1-8-3 及初等函数的定义便知定理 1-8-4 是正确的.

由定理 1-8-4 可得,若 $f(x)$是初等函数,且 x_0 是定义区间内一点,则有

$$\lim_{x\to x_0} f(x)=f(x_0).$$

例 1-8-5　求 $\lim\limits_{x\to\frac{1}{2}}\ln\arcsin x$.

解

$$\lim_{x\to\frac{1}{2}}\ln\arcsin x=\ln\arcsin\frac{1}{2}=\ln\frac{\pi}{6}.$$

例 1-8-6　求 $\lim\limits_{x\to 1}\dfrac{x^2+\ln(2-x)}{4\arctan x}$.

解

$$\lim_{x\to 1}\frac{x^2+\ln(2-x)}{4\arctan x}=\frac{1^2+\ln(2-1)}{4\arctan 1}=\frac{1}{\pi}.$$

第九节　闭区间上连续函数的性质

【学习要求】

(1)理解闭区间上连续函数的最值定理、有界定理.

(2)应用介值定理和零点定理的方法.

【学习目标】

(1)具有证明闭区间上连续函数的有界性定理的能力.

(2)具有构造辅助函数、应用零点定理证明问题的能力.

(3)具有应用介值定理证明问题的能力.

【学习提示】

写出例 1-9-1 的具体具体步骤,理解如何构造辅助函数、应用零点定理证明问题的方法.

对于在闭区间$[a,b]$上的连续函数,有如下几个重要性质,这些性质的证明已超出本书的要求.这里我们仅从几何上给出解释.

一、最大值定理和最小值定理

定理 1-9-1　设 $f(x)$在$[a,b]$上连续,则 $f(x)$在$[a,b]$上一定能取到最大值和最小值,也就是存在 ξ_1、$\xi_2\in[a,b]$,使对一切 $x\in[a,b]$,有

$$f(\xi_2)\leqslant f(x)\leqslant f(\xi_1),$$

其中 $f(\xi_1)$和 $f(\xi_2)$分别称为 $f(x)$在$[a,b]$上的最大值和最小值(图 1-45).

下面两点值得注意:

(1)如果 $f(x)$ 在 (a,b) 内连续,定理的结论不一定成立.例如,$y=\tan x$ 在

$\left(-\frac{\pi}{2},\frac{\pi}{2}\right)$内连续，但在$\left(-\frac{\pi}{2},\frac{\pi}{2}\right)$内不能取到最大值和最小值.

(2)如果 $f(x)$在$[a,b]$上有间断点，定理的结论也不一定成立.例如

$$f(x)=\begin{cases}-x+1, & 0\leqslant x<1,\\ 1, & x=1,\\ -x+3, & 1<x\leqslant 2\end{cases}$$

在闭区间$[0,2]$上有间断点 $x=1$，该函数在闭区间$[0,2]$上不能取到最大值和最小值(图1-46).

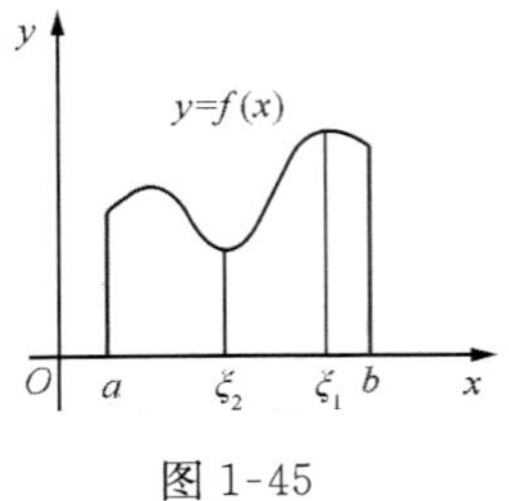

图 1-45

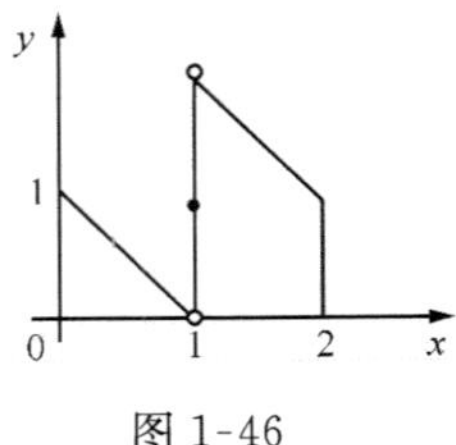

图 1-46

二、有界性定理

定理 1-9-2 设 $f(x)$在$[a,b]$上连续，则 $f(x)$在$[a,b]$上有界.

证 $f(x)$在$[a,b]$上连续，由定理 1-9-1 可知，$f(x)$在$[a,b]$上存在最大值 M 和最小值 m，使对一切 $x\in[a,b]$有 $m\leqslant f(x)\leqslant M$.取 $K=\max\{|M|,|m|\}$，则有

$$|f(x)|\leqslant K,\quad x\in[a,b],$$

所以 $f(x)$在$[a,b]$上有界.

三、介值定理(中间值定理)

定理 1-9-3 设 $f(x)$在$[a,b]$上连续，且 $f(a)\neq f(b)$，那么，对于介于 $f(a)$和$f(b)$之间的任何数 μ，在开区间(a,b)内至少存在一点 ξ，使得

$$f(\xi)=\mu\ .$$

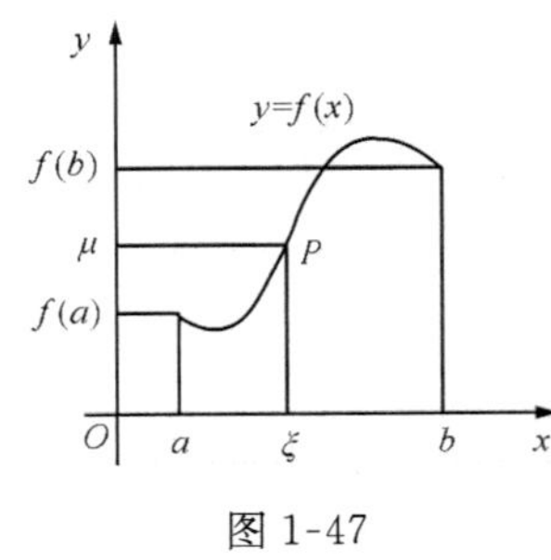

图 1-47

该定理的几何意义是明显的.在$[a,b]$上一条连续曲线与平行于 x 轴的直线 $y=\mu$ 至少有一个交点$P(\xi,f(\xi))$，其中 $\xi\in(a,b)$，$f(\xi)=\mu$(图 1-47).

由这个定理我们还可以得到两个推论：

推论 1-9-1 在闭区间$[a,b]$上的连续函数 $f(x)$，必取得最大值和最小值之间的任何值.

证 设 $f(x_1)=M$，$f(x_2)=m$ 且有 $M\neq m$(M 和 m 分别为最大值和最小值).应用定理 1-9-3，存在$\xi\in(x_1,x_2)\subset[a,b]$，使得 $f(\xi)=\mu(m<\mu<M)$.

推论 1-9-2 设 $f(x)$在$[a,b]$上连续，且 $f(a)f(b)<0$，那么在(a,b)内至少存在一点 ξ，使 $f(\xi)=0$.

证 因 $\mu=0$ 介于 $f(a)$与 $f(b)$之间，由介值定理可证结论.

该推论又称零点存在定理.

例 1-9-1 证明方程 $x^5-5x-1=0$ 在(1,2)内至少有一个根.

证 令 $f(x)=x^5-5x-1$, $f(x)$在$[1,2]$上连续,且 $f(1)=-5<0$, $f(2)=21>0$,故 $f(1)f(2)<0$,由推论 2 可知,至少存在一点 $\xi\in(1,2)$使 $f(\xi)=0$,即 ξ 是 $x^5-5x-1=0$ 的一个根$(1<\xi<2)$.

练习题 1-9 (见习题一)
(二)45,46.

作业题 1-9 (见习题一)
(三)12,13.

习 题 一

(一)

1.判别下列函数是否表示同一函数,并说明理由:

(1)$f(x)=x+1,\varphi(x)=\dfrac{x^2-1}{x-1}$;

(2)$f(x)=x,\varphi(x)=(\sqrt{x})^2$;

(3)$f(x)=\sqrt[3]{x^4-x^3},\varphi(x)=x\sqrt[3]{x-1}$;

(4)$f(x)=\sqrt{1-\cos^2 x},\varphi(x)=\sin x$.

2.单调函数必存在单值的反函数,不是单调的函数是否一定没有单值的反函数?举例说明.

3.如果 $f(x)$在 I 上满足不等式 $f(x)\leqslant M$,其中 M 是与 x 无关的常数,那么称 $f(x)$在 I 上上方有界;如果满足不等式 $f(x)\geqslant m$,其中 m 是与 x 无关的常数,那么称 $f(x)$在 I 上下方有界.试说明:若 $f(x)$在 I 上有界,则 $f(x)$在 I 上既上方有界又下方有界.反之也是成立的.

4.两个函数是否一定能复合成一个函数?为什么?

5.判断下列函数,哪些是奇函数,哪些是偶函数,哪些是非奇非偶的函数:

(1)$y=x^2(1-x^2)$; (2)$y=3x^2-x^3$;

(3)$y=\lg\dfrac{1+x}{1-x}$; (4)$y=x\dfrac{a^x-1}{a^x+1}$;

(5)$y=x(x-1)(x+1)$; (6)$y=\sin x-\cos x+1$;

(7)$y=\ln(x+\sqrt{x^2+a^2})-\ln a\quad(a>0)$.

6.判断下列函数在指定区间上的单调性:

(1)$y=x^2$, $(-1,0)$; (2)$y=\tan x$, $(0,+\infty)$;

(3)$y=\lg x$, $(10,+\infty)$; (4)$y=\sin x$, $\left(-\dfrac{\pi}{2},\dfrac{\pi}{2}\right)$.

7.下列函数哪些是周期函数?对于周期函数指出其周期:

(1)$y=\cos(x-2)$; (2)$y=\cos 4x$;

(3)$y=\sin^2 x$; (4)$y=x\cos x$.

8.回答下列问题(可举例说明):

(1)如果当 n 无限增大时,数列 a_n 越来越接近 a,那么 a_n 是否一定收敛于 a?

(2)设在常数 a 的无论怎样小的 ε 邻域内都密集着数列 a_n 的无穷多个点,那么,a_n 是否一定收敛于 a?

(3)有界数列是否一定收敛?无界数列是否一定发散?

(4)单调数列是否一定收敛?摆动数列是否一定发散?

(5)如果数列 a_n 和 b_n 都发散,问 $a_n\pm b_n, a_nb_n, \dfrac{a_n}{b_n}$ 是否一定发散?

(6)若 $\lim\limits_{n\to\infty}a_n=a$,则有 $\lim\limits_{n\to\infty}a_{n+1}=a$,于是

$$\lim_{n\to\infty}\frac{a_{n+1}}{a_n}=\frac{\lim\limits_{n\to\infty}a_{n+1}}{\lim\limits_{n\to\infty}a_n}=1.$$

这样分析对吗?

(7)设 $x_1=1, x_{n+1}=1+2x_n(n=1,2,\cdots)$,求 $\lim\limits_{n\to\infty}x_n$.有人求解如下:记 $\lim\limits_{n\to\infty}x_n=a$,对等式 $x_{n+1}=1+2x_n$ 两边取极限,得 $a=1+2a$,于是 $a=-1$,所以 $\lim\limits_{n\to\infty}x_n=-1$.这显然是不对的,因为 $x_n>1(n=1,2,\cdots)$,故 $\lim\limits_{n\to\infty}x_n=-1$ 是不可能的,错在哪里?

9.下列说法是否正确?为什么?

(1)无穷小是很小的数,无穷大是很大的数;

(2)无穷小与任意常数乘积是无穷小;

(3)无穷大与任一非零常数乘积是无穷大.

10.回答下列问题,并说明理由:

(1)当 $f(x)$在点 x_0 处无定义时,$\lim\limits_{x\to x_0}f(x)$必不存在;当 $f(x)$在点 x_0 处有定义时,$\lim\limits_{x\to x_0}f(x)$必存在;在有极限时,一定有 $\lim\limits_{x\to x_0}f(x)=f(x_0)$,以上说法对吗?

(2)在自变量的某一变化过程中,若 $f(x)$有极限,$g(x)$无极限,$f(x)+g(x)$是否必无极限?

(3)有界变量与无穷大量乘积一定是无穷大量吗?

(4)若数列趋向于∞,则该数列无界.反之,若数列无界,则该数列趋向∞,对吗?

11.下列各题的解法对不对?结果对不对?

(1)$\lim\limits_{x\to3}\dfrac{x^2-3}{x-3}=\dfrac{\lim\limits_{x\to3}(x^2-3)}{\lim\limits_{x\to3}(x-3)}=\dfrac{6}{0}=\infty$;

(2)$\lim\limits_{x\to+\infty}(\sqrt{x+1}-\sqrt{x})=\lim\limits_{x\to+\infty}\sqrt{x+1}-\lim\limits_{x\to+\infty}\sqrt{x}=+\infty-(+\infty)=0$;

(3)$\lim\limits_{x\to0}x^5\sin\dfrac{1}{x}=\lim\limits_{x\to0}x^5\lim\limits_{x\to0}\sin\dfrac{1}{x}=0$;

(4)
$$\begin{aligned}&\lim_{n\to\infty}\left[\frac{1}{\sqrt{n^2+1}}+\frac{1}{\sqrt{n^2+2}}+\cdots+\frac{1}{\sqrt{n^2+n}}\right]\\&=\lim_{n\to\infty}\frac{1}{\sqrt{n^2+1}}+\lim_{n\to\infty}\frac{1}{\sqrt{n^2+2}}+\cdots+\lim_{n\to\infty}\frac{1}{\sqrt{n^2+n}}\\&=0+0+\cdots+0=0;\end{aligned}$$

(5) $\lim\limits_{x\to\pi}\dfrac{\tan x}{\sin x}=\lim\limits_{x\to\pi}\left(\dfrac{\tan x}{x}\dfrac{x}{\sin x}\right)=\lim\limits_{x\to\pi}\dfrac{\tan x}{x}\cdot\lim\limits_{x\to\pi}\dfrac{x}{\sin x}=1$；

(6) $\lim\limits_{x\to0}x\sin\dfrac{1}{x}=\lim\limits_{x\to0}\dfrac{\sin\dfrac{1}{x}}{\dfrac{1}{x}}=1$；

(7) $\lim\limits_{x\to0}\dfrac{\tan x-\sin x}{x^3}=\lim\limits_{x\to0}\dfrac{x-x}{x^3}=0$.

12.下列说法是否正确？为什么？

(1)若 $f(x)$在 x_0 点有定义，$f(x)$在点 x_0 的左、右极限存在且相等，则 $f(x)$在 x_0 点连续；

(2)若 $f(x)$在点 x_0 处连续，则$|f(x)|$也在 x_0 点连续(注意不等式$||f(x)|-|f(x_0)||\leqslant|f(x)-f(x_0)|$)；

(3)若$|f(x)|$在点 x_0 连续，则 $f(x)$也在点 x_0 连续；

(4)若 $f(x)$在点 x_0 连续，$g(x)$在点 x_0 间断，则 $f(x)+g(x)$也在点 x_0 间断；

(5)若 $f(x)$在点 x_0 间断，$g(x)$也在点 x_0 间断，则 $f(x)+g(x)$也在点 x_0 间断；

(6)若 $f(x)$和 $g(x)$皆在点 x_0 间断，则 $f(x)\cdot g(x)$也在点 x_0 间断.

13.在开区间上间断的函数一定没有最大值和最小值吗？

14.选择题：

(1)下面函数是同一函数的是(　　).

(A) $f(x)=\dfrac{x^2+2x-3}{x+3},\varphi(x)=x-1$　　(B) $f(x)=\lg x^3,\varphi(x)=3\lg x$

(C) $f(x)=\lg x^{10},\varphi(x)=10\lg x$　　(D) $f(x)=(1-\sin^2x)^{\frac{1}{2}},\varphi(x)=\cos x$

(2)下面函数是奇函数的是(　　).

(A) $f(x)=(1-x)^{\frac{2}{3}}+(1+x)^{\frac{2}{3}}$　　(B) $f(x)=x^3+4$

(C) $f(x)=2^x-2^{-x}$　　(D) $f(x)=\sin\left(x+\dfrac{\pi}{4}\right)$

(3)极限定义中 ε 与 δ 的关系是(　　).

(A)先给定 ε 后唯一确定 δ　　(B)先给定 ε 后确定 δ，但 δ 不唯一

(C)先给定 δ 后确定 ε　　(D) ε 与 δ 无关

(4) $f(x)$在点 x_0 处左、右极限存在并且相等是 $f(x)$在点 x_0 处有极限的(　　).

(A)充分条件　　(B)必要条件　　(C)充要条件

(5)数列单调有界是数列收敛的(　　).

(A)充分条件　　(B)必要条件　　(C)充要条件

(6)下列说法不正确的是(　　).

(A)无穷大量必为无界函数

(B)无界函数必为无穷大量

(C)在自变量的同一变化过程中，无穷大量的倒数为无穷小量

(7)下面结果不正确的是( ).

(A)$\lim\limits_{x\to 0}\frac{\sin x}{x}=1$ (B)$\lim\limits_{x\to\infty}\frac{\sin x}{x}=0$

(C)$\lim\limits_{x\to 0}x\sin\frac{1}{x}=0$ (D)$\lim\limits_{x\to\infty}x\sin\frac{1}{x}=0$

(8)$f(x)$在点x_0处存在左、右极限且相等是$f(x)$在点x_0处连续的( ).

(A)充分条件 (B)必要条件

(C)充要条件 (D)以上三个都不对

(9)设$f(x)$在$[a,b]$上有定义,则$f(x)=0$在(a,b)内有唯一实根的充分条件是( ).

(A)$f(x)$在$[a,b]$上单调,且$f(a)f(b)<0$

(B)$f(x)$在$[a,b]$上连续、单调,且$f(a)f(b)<0$

(C)$f(x)$在$[a,b]$上连续,且$f(a)f(b)<0$

(二)

1.用区间表示变量的变化范围.

(1)$2<x\leqslant 6$; (2)$x\geqslant 0$; (3)$x^2<9$; (4)$|x-3|\leqslant 4$.

2.用区间表示下列各邻域:

(1)3 的 5 邻域;

(2)-5 的 3 邻域;

(3)以-1为中心 4 为半径的开心邻域.

3.求下列函数的定义域:

(1)$y=\frac{1}{1-x^2}+\sqrt{x+2}$; (2)$y=\lg(x^2-4)$;

(3)$y=\arctan\frac{1}{x}+\sqrt{2-x}$; (4)$y=\arcsin\frac{x-1}{2}$;

(5)$y=\frac{1}{\sin x-\cos x}$; (6)$y=\begin{cases}\frac{1}{x-1}, & x\leqslant 0,\\ x, & 0<x<1,\\ 2, & 1\leqslant x\leqslant 2.\end{cases}$

4.已知$f(x)$在$[0,1]$上有定义,求$f(\sin x)$和$f(\lg x)$的定义域.

5.设$f(x)=x2^x$,求$f(0),f(1),f(a),f(a+1),f(a^2),[f(a)]^2$.

6.$f(x)=\sqrt{4+x^2}$,求$f(0),f(1),f(-1),f\left(\frac{1}{a}\right),f(x_0+1)$.

7.设$\varphi(x)=\begin{cases}|\sin x|, & |x|<\frac{\pi}{3},\\ 0, & |x|\geqslant\frac{\pi}{3},\end{cases}$求$\varphi\left(\frac{\pi}{2}\right),\varphi\left(\frac{\pi}{4}\right),\varphi\left(-\frac{\pi}{4}\right),\varphi(-2)$,并作$\varphi(x)$的图形.

8.已知$f(x)=\begin{cases}2x+1, & x\geqslant 0,\\ x^2+4, & x<0,\end{cases}$求$f(x-1),f(x+1)$,并作$f(x)$的图形.

9.设 $f(x)=4x^3-3x$，$\varphi(x)=\sin 2x$，写出 $f[\varphi(x)]$，$\varphi[f(x)]$，$f[f(x)]$，$\varphi[\varphi(x)]$ 的表达式.

10.证明：

(1)两个偶(奇)函数的和为偶(奇)函数；

(2)两个偶(奇)函数的积为偶(偶)函数；

(3)奇函数和偶函数的积为奇函数.

11.求下列函数的反函数：

(1)$y=\sqrt[3]{x+1}$；　(2)$y=\lg(x+2)+1$；　(3)$y=\dfrac{1-x}{1+x}$.

12.设 $f(x)=\dfrac{ax+b}{cx+d}(ad-bc\neq 0)$，试确定 a,b,c,d 满足什么条件时，$f(x)$ 的反函数等于它自身.

13.分解下列函数：

(1)$y=\sin^3(1-2x)$；　(2)$y=\sin\sqrt[3]{1-2x}$；

(3)$y=\log_2[\sin(x-1)]$；　(4)$y=\arctan[\tan(x^2+a^2)]^2$.

14.今有一内接于高为 h 底半径为 r 的正圆锥体内的正圆柱体.设圆柱体的高为 x，试把圆柱体的底半径 y 和体积 V 分别表示为 x 的函数.

15.设有半径为 R 的圆铁片，从中剪下中心角为 α 的圆扇形，用这个扇形做成一个无底的圆锥体，试把圆锥体的体积 V 表示成 α 的函数.

16.火车站收取行李费的标准如下：当行李不超过 50kg 时，按基本运费计算，如上海到某地每 kg 收 0.15 元.当超过 50kg 时，超过部分按每 kg 收 0.25 元.试求从上海到该地的行李费 y(元)与行李质量 x(kg)之间的函数关系式，并画出函数的图形.

17.观察下列数列的极限是否存在?

(1)$a_n=\dfrac{(-1)^n}{n}$；　(2)$a_n=\dfrac{1+(-1)^n}{2^n}$；

(3)$a_n=1+(-1)^n n$；　(4)$a_n=n\sin\dfrac{nx}{2}$；

(5)$a_n=\begin{cases}1, & n\ 偶数,\\ \dfrac{1}{n}, & n\ 奇数;\end{cases}$　(6)$a_n=\dfrac{1+(-1)^{n-1}}{n}$.

18.利用极限定义证明：

(1)$\lim\limits_{n\to\infty}\dfrac{1}{n^2}=0$；　(2)$\lim\limits_{n\to\infty}\dfrac{1}{2^n}=0$；

(3)$\lim\limits_{n\to\infty}\dfrac{\sqrt{n^2+a^2}}{n}=1$；　(4)$\lim\limits_{n\to\infty}\dfrac{3n^2-5}{4n^2+1}=\dfrac{3}{4}$.

19.对于数列 x_n，若 $\lim\limits_{k\to\infty}x_{2k}=a$，$\lim\limits_{k\to\infty}x_{2k+1}=a$，证明：$\lim\limits_{n\to\infty}x_n=a$.

20.观察下列极限是否存在，若有极限等于什么?

(1)$\lim\limits_{x\to\infty}\left(1+\dfrac{1}{x}\right)$；　(2)$\lim\limits_{x\to+\infty}(1+2e^{-x})$；

(3) $\lim\limits_{x\to\infty}\sin\dfrac{1}{x}$；

(4) $\lim\limits_{x\to 0}\sin\dfrac{1}{x}$；

(5) $\lim\limits_{x\to+\infty}\lg x$；

(6) $\lim\limits_{x\to 0^+}\lg x$；

(7) $\lim\limits_{x\to\frac{\pi}{2}}\tan x$；

(8) $\lim\limits_{x\to-\infty}\arctan x$；

(9) $\lim\limits_{x\to+\infty}\arctan x$.

21.利用函数极限定义证明：

(1) $\lim\limits_{x\to\infty}\dfrac{1}{x+1}=0$；

(2) $\lim\limits_{x\to\infty}\dfrac{x^2-1}{x^2+1}=1$；

(3) $\lim\limits_{x\to+\infty}\dfrac{\sin x}{\sqrt{x}}=0$.

22.利用函数极限的定义证明：

(1) $\lim\limits_{x\to 5}(x-3)=2$；

(2) $\lim\limits_{x\to 0}e^{-\frac{1}{x^2}}=0$.

23.设

$$f(x)=\begin{cases}2x+1, & x\geqslant 1,\\ 4x-1, & x<1,\end{cases}$$

求当 $x\to 1$ 时 $f(x)$的左、右极限，此函数当 $x\to 1$ 时有无有限？

24.求 $f(x)=\dfrac{x}{x}$ 和 $\varphi(x)=\dfrac{|x|}{x}$ 当 $x\to 0$ 时的左、右极限，并说明当 $x\to 0$ 时极限是否存在？

25.指出哪些是无穷小量，哪些是无穷大量：

(1) $y=\dfrac{x-3}{x}$，当 $x\to 3$ 时；

(2) $y=\ln x$，当 $x\to 0^+$ 时；

(3) $y=10^{\frac{1}{x}}$，当 $x\to 0^-$ 时；

(4) $y=e^{\frac{2}{x}}$，当 $x\to 0^+$ 时；

(5) $y=1-10^{\frac{2}{x^2}}$，当 $x\to\infty$时；

(6) $y=\dfrac{x-2}{x}$，当 $x\to 0$ 时.

26.证明：当 $x\to 0$ 时，$f(x)=\dfrac{1}{x}\cos\dfrac{1}{x}$是无界函数而不是无穷大量.

27.根据函数的极限或无穷大定义，填表：

	$f(x)\to A$	$f(x)\to\infty$	$f(x)\to+\infty$	$f(x)\to-\infty$
$x\to x_0$	任给 $\varepsilon>0$，总存在 $\delta>0$，使当 $0<\|x-x_0\|<\delta$，恒有 $\|f(x)-A\|<\varepsilon$			
$x\to x_0^+$				
$x\to x_0^-$				
$x\to\infty$				
$x\to+\infty$				
$x\to-\infty$				

28.计算下列各极限:

(1) $\lim\limits_{x\to 1}\dfrac{x^2+8}{x+2}$;

(2) $\lim\limits_{x\to 2}\dfrac{x^3-8}{x-2}$;

(3) $\lim\limits_{x\to 3}\dfrac{x^2-5x+6}{x^2+2x-15}$;

(4) $\lim\limits_{x\to 2}\dfrac{x-2}{\sqrt{x+2}}$;

(5) $\lim\limits_{h\to 0}\dfrac{(x+h)^2-x^2}{h}$;

(6) $\lim\limits_{t\to 1}\left(\dfrac{1}{1-t}-\dfrac{3}{1-t^3}\right)$;

(7) $\lim\limits_{x\to 1}\dfrac{\sqrt[3]{x}-1}{\sqrt{x}-1}$;

(8) $\lim\limits_{x\to 4}\dfrac{\sqrt{2x+1}-3}{\sqrt{x}-2}$;

(9) $\lim\limits_{x\to\infty}\dfrac{x^2-1}{2x^2-x-1}$;

(10) $\lim\limits_{x\to\infty}\dfrac{x^3+x}{x^4-3x^2+1}$;

(11) $\lim\limits_{x\to\infty}\left(1+\dfrac{1}{x}\right)\left(2-\dfrac{1}{x^2}\right)$;

(12) $\lim\limits_{n\to\infty}\left(1+\dfrac{1}{2}+\dfrac{1}{4}+\cdots+\dfrac{1}{2^n}\right)$;

(13) $\lim\limits_{n\to\infty}\dfrac{1+2+3+\cdots+(n-1)}{n^2}$;

(14) $\lim\limits_{x\to-\infty}\dfrac{\sqrt{x^2+1}}{x+1}$;

(15) $\lim\limits_{x\to\infty}(\sqrt{x^2+1}-\sqrt{x^2-1})$;

(16) $\lim\limits_{x\to\infty}\left(\dfrac{x^3}{2x^2-1}-\dfrac{x^2}{2x+1}\right)$;

(17) $\lim\limits_{x\to\infty}\dfrac{x+\sin x}{x-\sin x}$.

29.计算下列各极限:

(1) $\lim\limits_{x\to 0}\dfrac{\sin\alpha x}{\sin\beta x}(\beta\neq 0)$;

(2) $\lim\limits_{x\to 0}\dfrac{\tan 5x}{x}$;

(3) $\lim\limits_{x\to 0}\dfrac{\tan 3x}{\sin 2x}$;

(4) $\lim\limits_{x\to\pi}\dfrac{\sin x}{x-\pi}$;

(5) $\lim\limits_{x\to 0}\dfrac{1-\cos x}{x\sin x}$;

(6) $\lim\limits_{n\to\infty}2^n\sin\dfrac{x}{2^n}$;

(7) $\lim\limits_{x\to 0}\dfrac{\sqrt{1-\cos x}}{|x|}$;

(8) $\lim\limits_{x\to 0}\dfrac{2\arcsin x}{3x}$.

30.计算下列各极限:

(1) $\lim\limits_{x\to 0}(1-x)^{\frac{1}{x}}$;

(2) $\lim\limits_{x\to 0}(1+2x)^{\frac{1}{x}}$;

(3) $\lim\limits_{x\to\infty}\left(\dfrac{x}{1+x}\right)^{2x}$;

(4) $\lim\limits_{x\to\infty}\left(\dfrac{3-2x}{2-2x}\right)^{x}$;

(5) $\lim\limits_{x\to 0}(1+\sin x)^{\cot x}$;

(6) $\lim\limits_{x\to 0}\dfrac{a^x-1}{x}$;

(7) $\lim\limits_{x\to+\infty}\left(1-\dfrac{1}{x}\right)^{\sqrt{x}}$;

(8) $\lim\limits_{x\to\frac{\pi}{2}}(1+\cos x)^{3\sec x}$.

31.利用极限存在的准则证明:

(1) $\lim\limits_{n\to\infty}\left(\dfrac{1}{\sqrt{n^2+1}}+\dfrac{1}{\sqrt{n^2+2}}+\cdots+\dfrac{1}{\sqrt{n^2+n}}\right)=1$;

(2) $\lim\limits_{n\to\infty}\dfrac{\ln n}{n^2}=0$.

32.当 $x\to0$ 时,下列各函数都是无穷小,与 x 相比,哪些是高阶无穷小?哪些是同阶无穷小?哪些是等价无穷小?

(1) x^2+x;　(2) $x+\sin x$;　(3) $1-\cos x$;　(4) $\tan x$;　(5) $\tan 2x$.

33.当 $x\to+\infty$ 时,比较无穷小 $\dfrac{1}{x^2}$ 和 $\sqrt{x^2+2}-\sqrt{x^2+1}$.

34.当 $x\to1$ 时,比较无穷小 $\dfrac{1-x}{1+x}$ 和 $1-\sqrt{x}$.

35.利用等价无穷小代换定理计算:

(1) $\lim\limits_{x\to0}\dfrac{(\sin x)^n}{\sin x^m}$ (m,n 为正整数);　(2) $\lim\limits_{x\to0}\dfrac{\sqrt{2}-\sqrt{1+\cos x}}{\sqrt{1+x^2}-1}$;

(3) $\lim\limits_{x\to0}\dfrac{\arctan x}{\arcsin 3x}$;　(4) $\lim\limits_{x\to0}\dfrac{\ln(1+x)}{\sqrt{1+x}-1}$.

36.当 $x\to0$ 时,试确定下列无穷小是 x 的几阶无穷小?

(1) x^3+100x^2;　(2) $x^{\frac{2}{3}}-x^{\frac{1}{2}}$;

(3) $e^{\sqrt{x}}-1$;　(4) $\cos x-\cos 2x$.

37.若 $\lim\limits_{x\to1}\dfrac{x^2+ax+b}{1-x}=5$,求 a,b 的值.

38.已知 $f(x)=\dfrac{px^2-2}{x+1}+3qx+5$,当 $x\to\infty$ 时 p,q 为何值时,$f(x)$ 为无穷小量?当 $x\to\infty$ 时 p,q 为何值时,$f(x)$ 为无穷大量?

39.利用函数连续性定义证明 $y=\cos x$ 在定义域内是连续的.

40.研究下列函数的连续性,并画出函数的图形:

(1) $f(x)=\begin{cases}x^2, & 0\leqslant x\leqslant1,\\ 2-x, & 1<x\leqslant2;\end{cases}$　(2) $f(x)=\begin{cases}x, & -1\leqslant x\leqslant1,\\ 1, & |x|>1;\end{cases}$

(3) $f(x)=\begin{cases}|x|, & |x|\leqslant1,\\ \dfrac{x}{|x|}, & 1<|x|\leqslant3.\end{cases}$

41.求下列函数的间断点,并说明这些间断点的类型.如果是可去的,补充或改变定义使其连续.

(1) $f(x)=\dfrac{1}{x^2-1}$;　(2) $f(x)=e^{\frac{1}{x}}$;

(3) $f(x)=\dfrac{x^2-1}{x^3-1}$;　(4) $f(x)=\dfrac{x}{\sin\pi x}$;

(5) $f(x)=\arctan\dfrac{1}{x}$;　(6) $f(x)=(1+x)^{\frac{1}{x}}$.

42.求函数 $f(x)=\dfrac{x^3+3x^2-x-3}{x^2+x-6}$ 的连续区间,并求极限 $\lim\limits_{x\to0}f(x)$,$\lim\limits_{x\to-3}f(x)$,

$\lim\limits_{x\to 2} f(x)$.

43.选择常数 a，使函数 $f(x)=\begin{cases} e^x, & x<0, \\ a+x, & x\geqslant 0 \end{cases}$ 在$(-\infty,+\infty)$上为连续函数.

44.求下列各极限，并指出每一步的根据：

(1)$\lim\limits_{x\to 0}\sqrt{x^2-2x+5}$；

(2)$\lim\limits_{x\to\frac{\pi}{2}}\dfrac{1}{\left(\sin x+\dfrac{2x}{\pi}\right)^3}$；

(3)$\lim\limits_{x\to 0}\sqrt{e^{2x}+x^2+3}$；

(4)$\lim\limits_{x\to 0}(\log_a|\sin x|-\log_a|x|)$；

(5)$\lim\limits_{x\to 0}\dfrac{\ln(a+x)-\ln a}{x}$；

(6)$\lim\limits_{x\to 0^-}\dfrac{2^{\frac{1}{x}}-1}{2^{\frac{1}{x}}+1}$；

(7)$\lim\limits_{x\to 0^+}\dfrac{2^{\frac{1}{x}}-1}{2^{\frac{1}{x}}+1}$.

45.证明方程 $x2^x=1$ 至少有一个小于 1 的正根.

46.证明方程 $\sin x-x+1=0$ 在$(0,\pi)$内至少有一个根.

(三)

1.求下列函数的定义域：

(1) $y=\sqrt{1-2x}+\sqrt{e-e^{\left(\frac{3x-1}{2}\right)^2}}$；

(2) $y=\begin{cases} x^2, & 0<x<1, \\ 0, & 1<x\leqslant 2, \\ \cos x, & x>2. \end{cases}$

2.已知 $f\left(x+\dfrac{1}{x}\right)=\dfrac{x^2}{x^4+1}$，求 $f(x)$.

3.已知 $f(x)=\begin{cases} x, & -1\leqslant x\leqslant 0, \\ 1, & 0<x\leqslant 1. \end{cases}$ 求 $f\left(-\dfrac{1}{3}\right)$，$f(0)$，$f\left(\dfrac{1}{3}\right)$，$f(a^2)$，$(|a|<1)$.

4.求 $y=\sqrt{e^x-1}$ 的反函数.

5.分解下列函数：

(1) $y=3^{(2x-1)^2}$；(2)$y=5^{\sin^2 e^{\cos x}}$；(3)$y=\ln\arctan\sin^2(x^2+4)$.

6.利用极限定义证明：

(1) $\lim\limits_{n\to\infty}\dfrac{4n+3}{3n+1}=\dfrac{4}{3}$；(2) $\lim\limits_{x\to 6}\dfrac{x^2-7x+6}{x-6}=5$.

7.求下列函数的极限：

(1)设 $f(x)=\begin{cases} \dfrac{1}{1+x}, & x<0, \\ \sin x, & 0<x<1, \\ 2-x, & 1\leqslant x<2. \end{cases}$ 求 $f(x)$ 当 $x\to 0$ 和 $x\to 1$ 时的左、右极限；

(2) $f(x)=\begin{cases} x, & |x|\leqslant 1, \\ x-2, & |x|>1, \end{cases}$ 试讨论 $\lim\limits_{x\to 1}f(x)$ 及 $\lim\limits_{x\to -1}f(x)$.

8.计算下列极限：

(1) $\lim\limits_{a\to 0}\left(\dfrac{1}{x}-\dfrac{1}{x+a}\right)\dfrac{1}{a}$；

(2) $\lim\limits_{x\to 1}\dfrac{x^2-2x+1}{x^2-1}$；

(3) $\lim\limits_{x\to -\infty}(\sqrt{x^2+x}-\sqrt{x^2-x})$；

(4) $\lim\limits_{x\to\infty}\dfrac{x-\arctan x}{x+\arctan x}$；

(5) $\lim\limits_{x\to 0}\dfrac{\cos 3x-\cos 7x}{x^2}$；

(6) $\lim\limits_{x\to 0}\dfrac{1-\cos 2x}{x\sin x}$；

(7) $\lim\limits_{x\to\infty}\left(1-\dfrac{1}{x}\right)^{kx}$（$k$ 为正整数）；

(8) $\lim\limits_{n\to\infty}n\left(\dfrac{1}{n^2+\pi}+\dfrac{1}{n^2+2\pi}+\cdots+\dfrac{1}{n^2+n\pi}\right)$；

(9) $\lim\limits_{x\to+\infty}x\left[\ln(x+2)-\ln(x+1)\right]$；

(10) $\lim\limits_{x\to 0}\dfrac{\tan x-\sin x}{(\arcsin x)^3}$；

(11) $\lim\limits_{x\to 0}\dfrac{\sin x-\tan x}{(\sqrt[3]{1+x^2}-1)(\sqrt{1+\sin x}-1)}$；

(12) $\lim\limits_{x\to 0}\dfrac{(1+x)^x-1}{\ln(\cos x)}$.

9.已知 $\lim\limits_{x\to 4}\dfrac{x^2-6x+k}{x-4}=2$，求 k 的值.

10.若 $\lim\limits_{x\to\infty}\left(\dfrac{x^2-x}{x+1}-ax-b\right)=0$，求 a,b 的值.

11.判断下列函数是否存在间断点，若有请说明间断点的类型，最后写出连续区间.

(1) $f(x)=\begin{cases}x\sin\dfrac{1}{x}, & x\neq 0,\\ 0, & x=0;\end{cases}$

(2) $f(x)=\begin{cases}x+1, & x\leqslant 1,\\ 3+x, & x>1.\end{cases}$

(3) $f(x)=x\sin^2\dfrac{1}{x}$.

12.证明方程 $x=\cos x-2$ 至少有一个负根.

13.设 $f(x)$ 在$[a,b]$上连续，$a<x_1<x_2<\cdots<x_n<b$，则在$[x_1,x_n]$上必存在 ξ 使

$$f(\xi)=\frac{f(x_1)+f(x_2)+\cdots+f(x_n)}{n}.$$

（四）

1.设 $u=\sqrt{a}+f(\sqrt[3]{x}-1)$，已知当 $a=1$ 时 $u=x$，求 $f(x)$的表达式.

2.已知 $f\left(x+\dfrac{1}{x}\right)=x^2+\dfrac{1}{x^2}$，求 $f(x)$，$f\left(x-\dfrac{1}{x}\right)$.

3.设 $f(x)=\dfrac{x}{\sqrt{1+x^2}}$，求 $f[f(x)]$，$f(f[f(x)])$，$f(f[\cdots f(x)\cdots])$（n 个 f）.

4.设函数

$$f(x)=\begin{cases}1, & 0\leqslant x\leqslant 1,\\ 2, & 1<x\leqslant 2.\end{cases}$$

(1)作 $y=f(x)$的图像;

(2)若 $g(x)=f(2x)$,写出 $g(x)$的表达式;

(3)若 $h(x)=f(x+1)$,写出 $h(x)$的表达式;

(4)若 $R(x)=h(x)+g(x)$,写出 $R(x)$的表达式.

5.已知函数 $f(x)=\begin{cases}1, & |x|<1,\\ 0, & |x|=1,\\ -1, & |x|>1,\end{cases}$ $g(x)=\mathrm{e}^x$,求 $f[g(x)]$、$g[f(x)]$.

6.已知 $f(x)=\dfrac{1}{2}(x+|x|)$,$g(x)=\begin{cases}x, & x<0,\\ x^2, & x\geqslant 0,\end{cases}$求 $f[g(x)]$、$g[f(x)]$.

7.已知 $f(x)$为奇函数,$g(x)$为偶函数,试判别下列函数的奇偶性:

(1)$f[g(x)]$;　(2)$g[f(x)]$;　(3)$f[f(x)]$;　(4)$g[g(x)]$.

8.设 $f(x)$与 $g(x)$都是单调函数,试讨论 $f[g(x)]$的单调性.

9.证明:定义在$[-l,l]$上的任何函数 $f(x)$都可以表示为一个偶函数和一个奇函数之和.

10.设有一奇函数,当 $x>0$ 时,有表达式 2^x-1.试求此函数并讨论其单调性.求该函数的反函数表达式.

11.设 $f(x)=\begin{cases}x^2+x+1, & x\geqslant 0,\\ x^2+1, & x<0,\end{cases}$试求 $f(-x)$和 $f[f(x)]$.

12.求下列极限:

(1)$\lim\limits_{n\to\infty}(\sqrt{n^4+n+1}-n^2)(n+3)$;　(2)$\lim\limits_{x\to\infty}\dfrac{\sqrt[3]{x}\sin x}{x+1}$;

(3)$\lim\limits_{x\to 0^-}\left(\mathrm{e}^{\frac{1}{x}}\sin\dfrac{1}{x^2}+\dfrac{\arcsin x^2}{x}\right)$;　(4)$\lim\limits_{x\to+\infty}(\sin\sqrt{x+1}-\sin\sqrt{x})$;

(5)$\lim\limits_{x\to+\infty}\left(\sqrt{x+\sqrt{x+\sqrt{x}}}-\sqrt{x}\right)$;　(6)$\lim\limits_{x\to 0}\dfrac{\sqrt{1+x\sin x}-1}{\mathrm{e}^{x^2}-1}$;

(7)$\lim\limits_{n\to\infty}\dfrac{q^n}{1+q^n}$(讨论 $q>0$ 取不同值时的极限);

(8)已知 $\lim\limits_{x\to\infty}\left(\dfrac{x+c}{x-c}\right)^x=4$,求 c 的值;

(9)$\lim\limits_{n\to\infty}\sqrt{6+6+\sqrt{6\cdots+\sqrt{6}}}$ (n 个根号);　(10)$\lim\limits_{n\to\infty}\sqrt[n]{5^n+3^n}$.

13.证明 $\lim\limits_{n\to\infty}\sqrt[n]{\dfrac{1\times 3\times 5\cdots(2n-1)}{2\times 4\times 6\cdots 2n}}=1$.

14.设 $\lim\limits_{x\to-1}\dfrac{x^3-ax^2-x+4}{x+1}=l$(有限数),求 $a=$______,$l=$______.

15.设 $x_1=1, x_2=1+\frac{x_1}{1+x_1}, \cdots, x_n=1+\frac{x_{n-1}}{1+x_{n-1}}$，证明 $\lim\limits_{n\to\infty}x_n$ 存在，并求其值.

16.求设下列各极限的值(如果存在的话)：

(1)设

$$f(x)=\frac{2|x|-x}{5x+4|x|},$$

求 $\lim\limits_{x\to0^+}f(x), \lim\limits_{x\to0^-}f(x), \lim\limits_{x\to0}f(x), \lim\limits_{x\to+\infty}f(x), \lim\limits_{x\to-\infty}f(x)$；

(2)设

$$f(x)=\begin{cases}\dfrac{1+2^{-\frac{1}{x}}}{1-2^{-\frac{1}{x}}}, & x\neq0,\\ 1, & x=0,\end{cases}$$

求 $\lim\limits_{x\to0^+}f(x), \lim\limits_{x\to0^-}f(x), \lim\limits_{x\to0}f(x), \lim\limits_{x\to\infty}f(x)$.

17.求 $y=\dfrac{1}{1-\mathrm{e}^{\frac{x}{x-1}}}$ 的间断点，并判别其类型.

18.设

$$f(x)=\begin{cases}x^{\alpha}\sin\dfrac{1}{x}, & x>0,\\ \mathrm{e}^x+\beta, & x\leqslant0,\end{cases}$$

根据 α 和 β 的不同情况，讨论 $f(x)$ 在 $x=0$ 点的连续性.

19.设

$$f(x)=\begin{cases}\dfrac{\cos x}{x+2}, & x\geqslant0,\\ \dfrac{\sqrt{a}-\sqrt{a-x}}{x}, & x<0.\end{cases}$$

(1)设 a 为何值时，$x=0$ 是 $f(x)$ 的连续点；

(2)当 $a=2$ 时，求 $f(x)$ 的连续区间.

20.设

$$f(x)=\begin{cases}1-x^4, & |x|\leqslant1,\\ |x-1|, & |x|>1,\end{cases}$$

讨论 $f(x)$ 在 $x=1$ 和 $x=-1$ 的连续性.

21.讨论下列函数的连续性：

(1) $f(x)=\lim\limits_{n\to\infty}\dfrac{x(1-x^{2n})}{1+x^{2n}}$；　　(2) $f(x)=\lim\limits_{t\to x}\dfrac{\sin t}{t}$；

(3) $f(x)=\begin{cases}\cos\dfrac{\pi x}{2}, & |x|\leqslant1,\\ |x-1|, & |x|>1;\end{cases}$　　(4) $f(x)=\lim\limits_{n\to\infty}\dfrac{x+x^2\mathrm{e}^{nx}}{1+\mathrm{e}^{n}x}$.

22.设 $f(x)=\lim\limits_{n\to\infty}\dfrac{x^{2n-1}+ax^2+bx}{x^{2n}+1}$ 是连续函数，求 a 和 b 的值.

23.指出函数 $f(x)=\dfrac{x^2-x}{|x|(x^2-1)}$ 的间断点，并判别类型.如果是可去间断点，应如何补充定义使其连续.

24.求下列各极限：

(1) $\lim\limits_{x\to0}\dfrac{\ln\cos x}{x\sin x}$；

(2) $\lim\limits_{x\to0}\dfrac{e^{\sin2x}-e^{\sin x}}{x}$；

(3) $\lim\limits_{x\to+\infty}\dfrac{x\sqrt{x}\sin\dfrac{1}{x}}{\sqrt{x}-1}$；

(4) $\lim\limits_{x\to0^+}\dfrac{\ln x+\cos\dfrac{1}{x}}{\ln x+\sin\dfrac{1}{x}}$；

(5) $\lim\limits_{x\to0^+}\left[\dfrac{2}{x}\ln x-\dfrac{1}{x}\ln(x^4+2x^3+x^2)\right]$.

25.证明：如果 $f(x)$ 在点 x_0 连续，且 $f(x_0)>0$，那么必存在 x_0 的一个邻域，使得在该邻域上 $f(x)>0$.

26.设 $f(x)$ 在 $(-\infty,+\infty)$ 上连续，$x=\alpha$ 和 $x=\beta$ 是 $f(x)=0$ 的两个相邻的实根，证明：如果对于 (α,β) 内一点 γ，$f(\gamma)$ 为正（负），则 $f(x)$ 在 (α,β) 内恒为正（负）.

27.设 $f(x)$ 在 $[a,b]$ 上连续，$f(a)<a$，$f(b)>b$，试证：在 (a,b) 内至少存在一点 ξ，使 $f(\xi)=\xi$.

28.证明方程 $4x-e^x=1$ 至少有一个小于 1 的正根.

29.设 $f(x)$ 在 $[0,1]$ 上非负连续，且 $f(0)=f(1)=0$，证明对任意实数 $a(0<a<1)$，必有实数 $x_0(0\leqslant x_0<1)$ 使 $f(x_0+a)=f(x_0)$.

30.设 $f(x)$ 在 $[a,b]$ 上连续，且 $a<c<d<b$，试证在 $[a,b]$ 上至少存在一点 ξ，使 $(\alpha+\beta)f(\xi)=\alpha f(c)+\beta f(d)$，其中 $\alpha>0,\beta>0$.

本章学习要点

一、基本内容小结

(1)函数定义中，定义域与对应规则是两个要素.判断两个函数是否相等，只要看它们的定义域与对应规则是否相同.定义域的确定要依具体问题而定.正确求定义域的关键是熟悉基本初等函数的定义域.

正确理解函数的记号 $f(x)$，并能熟练地运用它.特别要着重理解复合函数 $f[\varphi(x)]$ 和分段函数，只有这样才能正确进行复合运算和求函数值.要求除会复合外还会将函数分解.

初等函数是高等数学主要的研究对象.以后会看到，这种函数具有很好的分析性质（如连续性、可导性、可积性等），能熟练地将初等函数分解为基本初等函数，对以后的学习是重要的.当然，对基本初等函数的定义和主要性质也要熟知.

(2)要理解极限概念，理解极限概念要注意以下两点：①ε 是任意的，“任意”两字不可少，只有这样，$|x_n-a|<\varepsilon$ 才能表达 x_n 与 a 无限接近的意思.②N（或 δ）与 ε 有

关，它随 ε 的给定而选定.对给定的 ε，相应的 N(或 δ)不唯一.在用极限定义证明数列或函数的极限时，一般采用“倒推法”，即从结论 $|x_n-a|<\varepsilon$ 出发，求出 N(或 δ).由于 N(或 δ)的不唯一性，有时可用放大不等式的方法.但鉴于本课程的性质和要求，我们只要求理解极限概念，做一些必要的少量的练习题，而不要做过多的和较难的证明题.

(3)在理解极限概念的同时，理解无穷小与无穷大的概念，特别是无穷小的概念，无穷小比较(高阶、低阶、同阶、等价)的概念，特别是等价无穷小概念在求极限运算中的重要作用.要记住下列等价无穷小：当 $x\to 0$ 时，$\sin x\sim x$，$\tan x\sim x$，$\arcsin x\sim x$，$\arctan x\sim x$，$1-\cos x\sim\frac{1}{2}x^2$，$\ln(1+x)\sim x$，$e^x-1\sim x$.

(4)本章的重要内容之一是极限运算，我们要注意定理的条件，以免导致错误结果.在求极限的问题中，较为困难的是极限运算法则不能直接使用的情况，常见的有：“$\frac{0}{0}$”型、“$\frac{\infty}{\infty}$”型、“$\infty-\infty$”型、“$0\cdot\infty$”型及“1^∞”型等.由于这种形式的极限可能存在也可能不存在，故称之为“未定式”.对未定式求极限可采用约简分式、有理化、等价无穷小代换、化为重要极限等方法去处理.在学完导数之后，未定式求极限有更有效的方法：洛必达法则.

(5)本章讲了两个极限存在的准则，在这里主要是通过它推出两个重要极限，即 $\lim\limits_{x\to 0}\frac{\sin x}{x}=1$、$\lim\limits_{x\to\infty}\left(1+\frac{1}{x}\right)^x=\lim\limits_{x\to 0}(1+x)^{\frac{1}{x}}=e$.至于为什么要称其为重要极限，因为它在微积分中起到了不可替代的作用，导数的一些基本公式，正是用两个重要极限推出的.

(6)求极限的问题技巧性较强，要综合使用各种方法才能奏效.现将使用的方法总结如下：

①用极限的四则运算法则；

②用无穷小与无穷大关系；

③通过有理化分子或分母的方法；

④用“有界函数与无穷小乘积是无穷小”；

⑤用等价无穷小代换；

⑥用重要极限；

⑦用极限存在准则；

⑧分别考虑左、右极限，看它们是否存在且相等.

(7)理解函数连续的概念，要注意定义中包括了三个条件：函数在该点有定义、有极限、极限值等于函数值，三个条件有一个不满足即为间断.而表达式 $\lim\limits_{x\to 0}\Delta y=0$，反映了连续概念的实质，即当自变量的改变量很微小时，函数的改变量也很微小.

(8)初等函数在定义区间上是连续的.求函数间断点的方法是：对于初等函数，只要找出无定义的点，这样的点必是间断点，然后再通过考察其极限来判别间断点的类型.对于分段函数,在每一段上可以利用初等函数连续性的结论验证,而在分段点处则必须用连续的定义验证.若分段点的左、右侧函数表达式不同,则要分别考虑左、右极限.

(9)闭区间连续函数的性质.区间为闭的条件不可省,否则结论不一定成立.要注意这些定理的理论意义和实际应用,特别是最值定理和介值定理.

二、重点

(1)函数概念,复合函数的概念及复合函数的分解、基本初等函数的性质及图形.

(2)极限的四则运算、两个重要极限、等价无穷小代换计算未定式极限.

(3)函数连续性的概念.连续区间的求法及间断点类型的判别.零点定理及其应用.

三、难点

(1)分段函数,函数的复合及分解.

(2)极限的“ε-N”和“ε-δ”定义.

(3)函数连续性的概念.闭区间上连续函数的性质及应用.

第一单元(函数　极限　连续)检测题

检测题(一)

一、选择题(每题只有一个正确答案,每题 4 分,共 20 分)

1.在下列函数中,偶函数是(　　).

(A)$x\lg\dfrac{1-x}{1+x}$　　(B)$\dfrac{a^{x}-a^{-x}}{a^{x}+a^{-x}}$　　(C)$\psi(x)-\psi(-x)$　　(D)$\lg(x+\sqrt{1+x^{2}})$

2.$\lim\limits_{x\to 0}\dfrac{1-2^{\frac{1}{x}}}{1+2^{\frac{1}{x}}}=$(　　).

(A)1　　(B)-1　　(C)∞　　(D)不存在也不是∞

3.$\lim\limits_{x\to\frac{\pi}{2}}(1-\cos x)^{2\sec x}=$(　　).

(A)e^{-2}　　(B)1　　(C)e^{2}　　(D)不存在

4.$f(x)=\begin{cases} x+\dfrac{\sin x}{x}, & x<0, \\ 0, & x=0, \\ x\cos\dfrac{1}{x}, & x>0, \end{cases}$则 $x=0$ 是 $f(x)$的(　　).

(A)连续点　　(B)可去间断点

(C)跳跃间断点　　(D)振荡间断点

5.当 $x\to 0$ 时,$x^{2}-\sin x$ 是 x 的(　　).

(A)高阶无穷小　　(B)同阶无穷小但不等价

(C)低阶无穷小　　(D)等价无穷小

二、填空题(每题 4 分,共 20 分)

1.已知 $f(\sin^{2}x)=\cos 2x+\cos^{2}x$,则 $f[f(x)]=$__________.

2.已知 $f(x)=\dfrac{4x^{2}+3}{x-1}+ax+b$,$\lim\limits_{x\to\infty}f(x)=0$,则 $a=$__________;$b=$__________.

3.当 $x\to x_{0}$ 时,$\alpha(x)$与 $\gamma(x)$是等价无穷小,$\beta(x)$是比 $\alpha(x)$高阶无穷小,则当 $x\to x_{0}$ 时,函数$\dfrac{\alpha(x)-\beta(x)}{\gamma(x)-\beta(x)}$的极限是__________.

4.$\lim\limits_{x\to 0}\dfrac{1-\sqrt{\cos x}}{x\ln(1+x)}=$__________.

5. $\lim\limits_{x\to\infty}\arctan x\arcsin\dfrac{1}{x}=$__________.

三、解下列各题(每题 6 分,共 36 分)

1.求 $\lim\limits_{x\to+\infty}x[\ln(x+1)-\ln(x-1)]$.

2.已知 $f(x)=\begin{cases}3+x^2, & x<0,\\ \dfrac{\sin 3x}{x}, & x>0,\end{cases}$ 求 $\lim\limits_{x\to+\infty}f(x)$, $\lim\limits_{x\to-\infty}f(x)$, $\lim\limits_{x\to0}f(x)$.

3.求 $\lim\limits_{n\to\infty}\left[\dfrac{1}{n^2}+\dfrac{1}{(n+1)^2}+\cdots+\dfrac{1}{(2n)^2}\right]$.

4.已知 $f(x)=\dfrac{x}{\tan\pi x}$,求 $f(x)$的间断点,并判别类型.

5.证明方程 $x=\sin x+2$ 至少有一个小于 3 的正根.

6.设 $f(x)=\begin{cases}\dfrac{\sqrt{2-2\cos x}}{x}, & x<0,\\ a\mathrm{e}^x, & x\geqslant0,\end{cases}$ 若 $f(x)$在 $x=0$ 连续,求 a 的值.

四、计算题(8 分)

设 $\varphi(x)=x^2-3x+3$, $f_n(x)=1+\varphi(x)+\varphi^2(x)+\cdots+\varphi^n(x)$,求 $f(x)=\lim\limits_{n\to\infty}f_n(x)$.

五、证明题(8 分)

已知 $x_1=1$, $x_2=1+\dfrac{x_1}{1+x_1}$, $\cdots$, $x_n=1+\dfrac{x_{n-1}}{1+x_{n-1}}$,证明 $\lim\limits_{n\to\infty}x_n$ 存在,并求其值.

六、讨论题(8 分)

由 $\lim\limits_{x\to0}f(a+x^2)=f(a)$,能否得出 $f(x)$在点 $x=a$ 处连续,为什么?又从所给极限式说明函数 $f(x)$的什么性质?

检测题(二)

一、填空题(每题 4 分,共 24 分)

1. 已知 $f(x+\dfrac{1}{x})=x^2+\dfrac{1}{x^2}$,则 $f(x-\dfrac{1}{x})=$__________.

2. 极限 $\lim\limits_{x\to0}\dfrac{x^2\sin\dfrac{2}{x}}{\tan x}=$__________.

3. 设 $\alpha(x)=x^3-3x+2$, $\beta(x)=m(x-1)^n$,当 $x\to1$ 时,$\alpha(x)$ 与 $\beta(x)$ 是等价无穷小,则 $m=$______, $n=$______.

4. 已知 $\lim\limits_{x\to+\infty}(5x-\sqrt{ax^2-bx+1})=2$,则 $a=$______;$b=$______.

5. $\lim\limits_{x\to0}(1+\cos x)^{\frac{3}{\cos x}}=$__________.

6. 设 $f(x)=\dfrac{\sqrt[3]{x}-1}{x-1}$,则 $x=1$ 是 $f(x)$ 的__________间断点.

二、解下列各题(每题5分,共20分)

1. 求函数 $y=\sqrt{e^x-1}\ (x\geqslant 0)$ 的反函数.

2. 求极限 $\lim\limits_{x\to 0}\dfrac{\sqrt{ax+b}-\sqrt{b}}{\sqrt{bx+a}-\sqrt{a}}\ (b>a>0)$.

3. 求极限 $\lim\limits_{x\to\infty}\left(\dfrac{2x-1}{2x+1}\right)^{2x-1}$.

4. 已知 $f(x)=\begin{cases} x^2 & 0\leqslant x<1, \\ 3-2x, & 1\leqslant x\leqslant 2, \\ \dfrac{x^3-8}{x-2}, & 2<x\leqslant 3. \end{cases}$ 求 $\lim\limits_{x\to 1}f(x)$,$\lim\limits_{x\to 2}f(x)$.

三、解下列各题(每题7分,共35分)

1. 求极限 $\lim\limits_{n\to\infty}\sqrt[n]{2^n+4^n+6^n+\cdots+20^n}$.

2. 求函数 $f(x)=\dfrac{x^2-1}{|x|(x+1)}$ 的间断点,并判别其类型.

3. 求 $\lim\limits_{x\to 0}\dfrac{3\sin x+x^2\cos\dfrac{1}{x}}{(1+\cos x)\ln(1+x)}$.

4. 设 $\lim\limits_{x\to 0}f(x)$ 存在,$\lim\limits_{x\to 0}\dfrac{\sqrt{1+f(x)\sin^2 x}-1}{\ln(1+3x^2)}=2$,求 $\lim\limits_{x\to 0}f(x)$.

5. 设函数 $f(x)=\begin{cases} \dfrac{\sin ax}{\sqrt{1-\cos x}}, & -2\pi<x<0, \\ b, & x=0, \\ \dfrac{1}{x}[\ln x-\ln(x^2+x)], & x>0, \end{cases}$ 问 a,b 为何值时,$f(x)$ 在 $(-2\pi,+\infty)$ 内连续.

四、证明题(每题8分,共16分)

1.证明方程 $\sin x-x\cos x=0$ 在 $(\pi,\dfrac{3}{2}\pi)$ 之间有根.

2.设 $0<x_1<3$,$x_{n+1}=\sqrt{x_n(3-x_n)}\ (n=1,2,\cdots)$,证明数列 $\{x_n\}$ 极限存在,并求此极限.

五、证明题(5分)

设 $f(x)$ 在 $[a,b)$ 内连续,且 $f(b-0)=\lim\limits_{x\to b^-}f(x)$ 存在,试证:$f(x)$ 在 $[a,b)$ 内有界.

第二章　导数与微分

在讨论了函数和极限两个重要概念之后，我们可以讨论一元函数微分学的两个主要概念，即导数和微分概念.

所谓导数就是用极限方法研究因变量的变化相对于自变量变化的快慢问题，即变化率问题.对于变化率问题的研究，人们首先从几何上求曲线的切线的斜率问题和物理上求变速直线运动的速度而开始的.因此，导数概念的产生是与几何上和物理上的需要分不开的.当然，导数概念的应用不局限于这些学科.微分概念是研究函数增量的近似表达式问题.本章主要讨论导数和微分的概念和计算，关于导数和微分的应用将在第三章中讨论.

第一节　导数概念

【学习要求】

(1)理解导数的概念、几何意义和数学意义.

(2)应用求曲线在一点的切线与法线的方法.

(3)理解可导与连续的关系.

(4)应用求分段函数在连接点处的导数的方法.

【学习目标】

(1)理解导数是什么？导数与极限的联系、一点可导的充要条件.

(2)证明可导必连续的结论.

(3)具有求曲线在一点处切线、法线方程的能力.

(4)确定分段函数在连接点处的极限、连续、导数的求法的共性.

【学习提示】

(1)通过例 2-1-2，梳理用定义求一点导数的步骤.

(2)说明例 2-1-9 解题过程的依据.

一、变化率问题举例

1.变速直线运动的瞬时速度

设物体沿直线运动，用 s 表示物体经过时间 t 所走过的路程，其运动方程为

$$s=s(t).$$

现在考虑物体的运动快慢问题.设物体由时刻 t_0 变到 $t_0+\Delta t$ 所走过的路程为 Δs,则

$$\Delta s=s(t_0+\Delta t)-s(t_0).$$

如果物体作匀速运动,物体的运动速度为常数,即

$$v=\frac{\Delta s}{\Delta t}.$$

如果物体作变速运动,物体在不同时刻的速度是不同的,此时$\frac{\Delta s}{\Delta t}$不是常数,它与 t_0 与 Δt 有关,称其为 t_0 到 $t_0+\Delta t$ 时间间隔的平均速度,即 $\overline{v}=\frac{\Delta s}{\Delta t}$,当 t_0 确定之后,$|\Delta t|$越小,$\frac{\Delta s}{\Delta t}$越接近 t_0 时刻的瞬时速度,我们用 $\Delta t\to 0$ 时,$\frac{\Delta s}{\Delta t}$的极限值来描述 t_0 时刻的瞬时速度,即

$$v(t_0)=\lim_{\Delta t\to 0}\frac{\Delta s}{\Delta t}.$$

2.物体的比热容问题

设 q 表示 1g 物质温度由 0℃升到 τ(℃)时所需要的热量,显然 q 是 τ 的函数,即

$$q=q(\tau).$$

下面研究当温度变化时,物质所需要的热量的变化快慢问题,如果温度由 τ_0 变到 $\tau_0+\Delta\tau$所需要的热量为 Δq,即

$$\Delta q=q(\tau_0+\Delta\tau)-q(\tau_0).$$

如果 q 是均匀变化的,物体的比热容为 $c=\frac{\Delta q}{\Delta\tau}$是常数,如果 q 不是均匀变化的,那么$\frac{\Delta q}{\Delta\tau}$不是常数,称其为从 τ_0 到 $\tau_0+\Delta\tau$ 之间的平均比热容.现在我们来研究当温度为 τ_0 时物体的比热容.因为$\frac{\Delta q}{\Delta\tau}$是与$\tau_0$ 和 $\Delta\tau$ 有关的,当 τ_0 确定之后,$|\Delta\tau|$越小,$\frac{\Delta q}{\Delta\tau}$越接近$\tau_0$ 时的比热容.因此,我们用 $\Delta\tau\to 0$ 时,$\frac{\Delta q}{\Delta\tau}$的极限值来描述 τ_0 时的比热容,即

$$c(\tau_0)=\lim_{\Delta\tau\to 0}\frac{\Delta q}{\Delta\tau}.$$

3.电流强度问题

设从 0 到 t 这段时间通过导线横截面的电量规律为

$$q=q(t).$$

现在来研究电量随时间的变化快慢问题.设从 t_0 到 $t_0+\Delta t$ 通过导线横截面的电量为 Δq,即 $\Delta q=q(t_0+\Delta t)-q(t_0)$.

如果通过导线横截面的电量是均匀变化的,则电流强度为常数,即 $i=\frac{\Delta q}{\Delta t}$.如果不是均匀变化的,$\frac{\Delta q}{\Delta t}$不是常数,称其为由 t_0 到 $t_0+\Delta t$ 时间内的平均电流强度.$\frac{\Delta q}{\Delta t}$与 t_0 和 Δt

有关，当 t_0 固定后，$|\Delta t|$ 越小就越接近 t_0 时刻的电流强度.因此，我们用 $\Delta t\to 0$ 时，$\frac{\Delta q}{\Delta t}$ 的极限值来描述 t_0 时刻的电流强度，即

$$i(t_0)=\lim_{\Delta t\to 0}\frac{\Delta q}{\Delta t}.$$

以上三个问题一样，都是研究在非均匀变化过程中，因变量相对于自变量的变化速度问题，称其为变化率问题.这样的问题在物理上是很多的，比如下面一些物理量都是变化率问题：

加速度——速度对时间的变化率；

角速度——角度对时间的变化率；

线密度——质量对长度的变化率.

二、导数的定义

上面所研究的变化率问题，虽然它们的物理意义不同，但从数学角度来看，却是研究相同的问题，即研究函数增量与自变量增量之比的极限问题(在自变量增量趋近于零的条件下).为此，我们引进如下定义.

定义 2-1-1 设 $y=f(x)$ 在 x_0 的某一邻域内有定义，当 x 在点 x_0 处有增量 $\Delta x(\Delta x\neq 0)$ 时，相应地 y 的增量为

$$\Delta y=f(x_0+\Delta x)-f(x_0).$$

如果当 $\Delta x\to 0$ 时，$\frac{\Delta y}{\Delta x}$ 的极限存在，则称 $y=f(x)$ 在点 x_0 处可导，并称极限值为 $y=f(x)$ 在点 x_0 处的导数，记作 $f'(x_0)$ 或 $y'|_{x=x_0}$，即

$$f'(x_0)=\lim_{\Delta x\to 0}\frac{\Delta y}{\Delta x}=\lim_{\Delta x\to 0}\frac{f(x_0+\Delta x)-f(x_0)}{\Delta x}.$$

如果 $\lim\limits_{\Delta x\to 0}\frac{\Delta y}{\Delta x}$ 不存在，则称 $y=f(x)$ 在点 x_0 处不可导.特别地，若 $\lim\limits_{\Delta x\to 0}\frac{\Delta y}{\Delta x}=\infty$，$y=f(x)$ 在点 x_0 处不可导，但有时为方便起见，常说导数为无穷大.

有时为了方便讨论，导数定义也可以写成如下不同的形式，常见的有

$$f'(x_0)=\lim_{h\to 0}\frac{f(x_0+h)-f(x_0)}{h}\quad (h=\Delta x)$$

和

$$f'(x_0)=\lim_{x\to x_0}\frac{f(x)-f(x_0)}{x-x_0}\quad (x=x_0+\Delta x).$$

由导数定义可见，导数从数量方面刻划了变化率问题的实质：$\frac{\Delta y}{\Delta x}$ 表示自变量在 $[x_0, x_0+\Delta x]$ 上函数的平均变化率；$f'(x_0)$ 表示函数在 x_0 点的瞬时变化率.

定义 2-1-2 如果 $y=f(x)$ 在 (a,b) 内每一点可导，则称 $y=f(x)$ 在 (a,b) 内可导，$y=f(x)$ 在点 x 处的导数值称为 $y=f(x)$ 的导函数(简称导数)，记作 $f'(x)$ 或 y'，即

$$f'(x)=\lim_{\Delta x\to 0}\frac{\Delta y}{\Delta x}=\lim_{\Delta x\to 0}\frac{f(x+\Delta x)-f(x)}{\Delta x}.$$

$f'(x_0)$是 $y=f(x)$的导函数 $f'(x)$在点 x_0 处的函数值,即

$$f'(x_0)=f'(x)|_{x=x_0}.$$

所以,求函数在点 x_0 处的导数值,通常先求出导函数 $f'(x)$,再将 $x=x_0$ 代入.

最后指出,导数通常也采用其他一些记号,如$\dfrac{\mathrm{d}y}{\mathrm{d}x}$或$\dfrac{\mathrm{d}f(x)}{\mathrm{d}x}$等.

例 2-1-1 求 $y=x^2$ 在点 $x_0=1$ 处的导数.

解 求增量 Δy

$$\Delta y=(1+\Delta x)^2-1=2\Delta x+(\Delta x)^2.$$

算比值

$$\frac{\Delta y}{\Delta x}=2+\Delta x.$$

取极限

$$\lim_{\Delta x\to 0}\frac{\Delta y}{\Delta x}=\lim_{\Delta x\to 0}(2+\Delta x)=2.$$

故

$$y'|_{x=1}=2.$$

例 2-1-2 求 $y=x^3$ 在点 x 处的导数 y'和 $y'|_{x=2}$.

解 求增量

$$\Delta y=f(x+\Delta x)-f(x)=(x+\Delta x)^3-x^3=3x^2\Delta x+3x(\Delta x)^2+(\Delta x)^3.$$

算比值

$$\frac{\Delta y}{\Delta x}=3x^2+3x\Delta x+(\Delta x)^2.$$

取极限

$$y'=\lim_{\Delta x\to 0}\frac{\Delta y}{\Delta x}=3x^2,$$

$$y'|_{x=2}=12.$$

例 2-1-3 求 $y=\dfrac{1}{x}$在点 $x(\neq 0)$处的导数 y'.

解

$$\Delta y=\frac{1}{x+\Delta x}-\frac{1}{x}=\frac{-\Delta x}{x(x+\Delta x)},$$

$$\frac{\Delta y}{\Delta x}=-\frac{1}{x(x+\Delta x)},$$

$$y'=\lim_{\Delta x\to 0}\frac{\Delta y}{\Delta x}=-\frac{1}{x^2}.$$

定义 2-1-3 若 $\lim\limits_{\Delta x\to 0^+}\dfrac{\Delta y}{\Delta x}$存在,则称极限值为 $y=f(x)$在点 x_0 处的右导数,记作 $f'_+(x_0)$,即

$$f'_+(x_0)=\lim_{\Delta x\to 0^+}\frac{\Delta y}{\Delta x}=\lim_{\Delta x\to 0^+}\frac{f(x_0+\Delta x)-f(x_0)}{\Delta x}.$$

若$\lim\limits_{\Delta x \to 0^-} \frac{\Delta y}{\Delta x}$存在，则称极限值为$y=f(x)$在点$x_0$处的左导数，记作$f'_-(x_0)$，即

$$f'_-(x_0)=\lim_{\Delta x \to 0^-} \frac{\Delta y}{\Delta x}=\lim_{\Delta x \to 0^-} \frac{f(x_0+\Delta x)-f(x_0)}{\Delta x}.$$

由极限存在的定理，我们不难得到如下定理.

定理 2-1-1 $f(x)$在点x_0处可导的充分必要条件是$f(x)$在点x_0处的左、右导数存在且相等.

最后指出，上一节讨论的变化率问题就是导数，例如：

变速直线运动的速度 $v(t)=s'(t)$.

物体的比热容 $c(\tau)=q'(\tau)$.

电流强度 $i(t)=q'(t)$.

三、导数的几何意义

在几何上，求曲线在一点的切线斜率问题就是变化率问题.这里我们首先应给出曲线在一点切线的定义.

定义 2-1-4 设P是曲线L上一个定点，Q是L上一个动点，如果Q沿曲线L趋向P时，割线PQ的极限位置存在，则称极限位置PT为曲线L在点P处的切线(图 2-1).

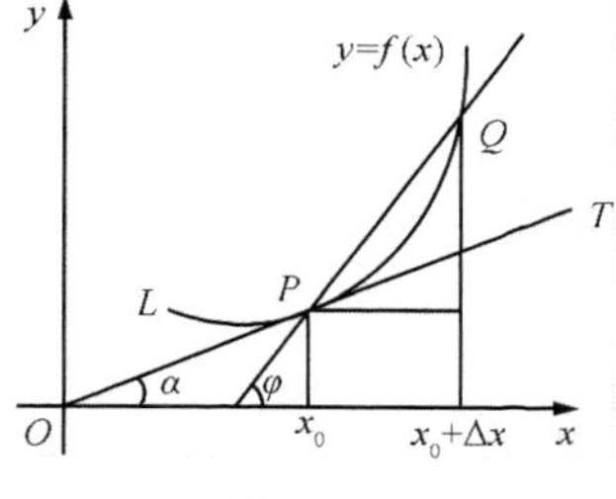

图 2-1

由导数定义可知

$$f'(x_0)=\lim_{\Delta x \to 0}\frac{\Delta y}{\Delta x}=\lim_{\Delta x \to 0}\frac{f(x_0+\Delta x)-f(x_0)}{\Delta x}.$$

由图 2-1 可见，$P(x_0,y_0)$、$Q(x_0+\Delta x,y_0+\Delta y)$两点的割线$PQ$的斜率是$y=f(x)$在$[x_0,x_0+\Delta x]$上的平均变化率，即

$$\frac{\Delta y}{\Delta x}=\tan\varphi.$$

当$\Delta x \to 0$时，Q点沿曲线L趋向于P点，割线PQ的极限位置为切线PT，因此应有

$$\lim_{\Delta x \to 0}\frac{\Delta y}{\Delta x}=\lim_{\Delta x \to 0}\tan\varphi=\tan\alpha,$$

其中α为切线的倾角.由导数定义可知$f'(x_0)=\tan\alpha$.

因此导数的几何意义是：$y=f(x)$在点x_0处的导数$f'(x_0)$等于曲线$y=f(x)$在点$P(x_0,y_0)$处的切线斜率.

由导数的几何意义可知：如果$y=f(x)$在点x_0处可导，则曲线$y=f(x)$在$P(x_0,y_0)$点一定有切线.反之，若$y=f(x)$在$P(x_0,y_0)$点有切线，$y=f(x)$在点x_0处不一定有导数，请看下例.

例 2-1-4 $y=\sqrt[3]{x}$在$(0,0)$点是否有切线？在点$x=0$处是否可导？

解 由图 2-2 可见，根据切线的定义$y=\sqrt[3]{x}$在$(0,0)$点有垂直于x轴的切线，而

$$\lim_{\Delta x \to 0}\frac{\Delta y}{\Delta x}=\lim_{\Delta x \to 0}\frac{\sqrt[3]{\Delta x}-\sqrt[3]{0}}{\Delta x}=\lim_{\Delta x \to 0}\frac{1}{\sqrt[3]{(\Delta x)^2}}=\infty,$$

故$f'(0)=\infty$.

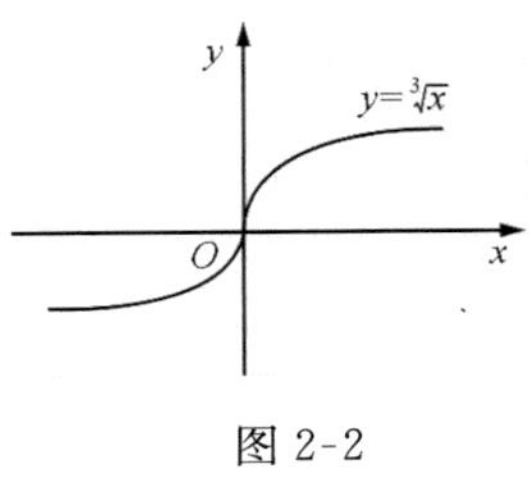

图 2-2

总之，不能把曲线在一点有切线和函数在该点有导数完全等同起来.

根据导数的几何意义，可求曲线在一点的切线方程和法线方程.

设 $y=f(x)$ 在点 x_0 处可导，则 $y=f(x)$ 在 $P(x_0,y_0)$ 点的切线方程为 $y-y_0=f'(x_0)(x-x_0)$，过切点 $P(x_0,y_0)$ 与切线垂直的直线叫曲线 $y=f(x)$ 在 P 点的法线.若 $f'(x_0)\neq 0$，法线方程为

$$y-y_0=-\frac{1}{f'(x_0)}(x-x_0).$$

若 $f'(x_0)=0$，则曲线 $y=f(x)$ 在 $P(x_0,y_0)$ 点的切线方程为 $y=y_0$，法线方程为 $x=x_0$.

若 $f'(x_0)=\infty$，则曲线 $y=f(x)$ 在 $P(x_0,y_0)$ 点的切线方程为 $x=x_0$，法线方程为 $y=y_0$.

例 2-1-5 求曲线 $y=x^3$ 在(1,1)处的切线与法线方程.

解 由例 2-1-2 可知 $y'=3x^2$，所以 $y'|_{x=1}=3$，曲线在(1,1)点的切线方程为

$$y-1=3(x-1),$$

即 $3x-y-2=0$.法线方程为

$$y-1=-\frac{1}{3}(x-1),$$

即 $x+3y-4=0$.

例 2-1-6 求曲线 $y=\frac{1}{x}$ 在 $\left(2,\frac{1}{2}\right)$ 处的切线与法线方程.

解 由例 2-1-3 可知，$y'=-\frac{1}{x^2}$，所以 $y'|_{x=2}=-\frac{1}{4}$，曲线在 $\left(2,\frac{1}{2}\right)$ 处的切线方程为

$$y-\frac{1}{2}=-\frac{1}{4}(x-2),$$

即 $x+4y-4=0$.法线方程为

$$y-\frac{1}{2}=4(x-2),$$

即 $4x-y-\frac{15}{2}=0$.

四、函数的可导性与连续性的关系

定理 2-1-2 如果 $y=f(x)$ 在点 x 处可导，则此函数在点 x 处连续.

证 利用导数定义

$$f'(x)=\lim_{\Delta x\to 0}\frac{\Delta y}{\Delta x}.$$

由具有极限的函数与无穷小的关系可知

$$\frac{\Delta y}{\Delta x}=f'(x)+\alpha,$$

其中$\lim\limits_{\Delta x\to 0}\alpha=0$,上式可写成

$$\Delta y=f'(x)\Delta x+\alpha\Delta x,$$

所以

$$\lim_{\Delta x\to 0}\Delta y=\lim_{\Delta x\to 0}[f'(x)\Delta x+\alpha\Delta x]=0,$$

故 $y=f(x)$在点 x 处连续.

这个定理说明,函数在一点连续是函数在该点可导的必要条件.但不是充分条件,即函数在一点连续函数在该点未必可导.下例就足以说明这一点.

例 2-1-7 讨论 $y=|x|$在 $x=0$ 处的连续性与可导性.

解 $y=|x|$在 $x=0$ 点是连续的,因为

$$\Delta y=|\Delta x|,\quad \lim_{\Delta x\to 0}\Delta y=\lim_{\Delta x\to 0}|\Delta x|=0,$$

而

$$\frac{\Delta y}{\Delta x}=\frac{|\Delta x|}{\Delta x}=\begin{cases}1, & \Delta x>0,\\ -1, & \Delta x<0,\end{cases}$$

所以

$$f'_+(0)=\lim_{\Delta x\to 0^+}\frac{\Delta y}{\Delta x}=1,$$

$$f'_-(0)=\lim_{\Delta x\to 0^-}\frac{\Delta y}{\Delta x}=-1,$$

故 $f'(0)$不存在.

例 2-1-8 讨论函数

$$y=f(x)=\begin{cases}x\sin\dfrac{1}{x}, & x\neq 0,\\ 0, & x=0\end{cases}$$

在 $x=0$ 点的连续性与可导性.

解 因为

$$\lim_{x\to 0}f(x)=\lim_{x\to 0}x\sin\frac{1}{x}=0=f(0),$$

所以,$f(x)$在 $x=0$ 点连续.而$\lim\limits_{x\to 0}\dfrac{f(x)-f(0)}{x-0}=\lim\limits_{x\to 0}\sin\dfrac{1}{x}$不存在.故 $f'(0)$不存在.

例 2-1-9 设 $f(x)=\begin{cases}x^2, & x\leqslant 1,\\ ax+b, & x>1\end{cases}$ 于 $x=1$ 处可导,求 a 和 b 的值.

解 因 $f(x)$于 $x=1$ 处可导,所以于 $x=1$ 处连续,$f(x)$应满足如下条件:

$$\begin{cases}\lim\limits_{x\to 1^+}f(x)=\lim\limits_{x\to 1^-}f(x)=f(1),\\ f'_+(1)=f'_-(1),\end{cases}$$

即

$$\begin{cases}\lim\limits_{x\to1^-}x^2=\lim\limits_{x\to1^+}(ax+b),\\ \lim\limits_{x\to1^+}\dfrac{ax+b-1}{x-1}=\lim\limits_{x\to1^-}\dfrac{x^2-1}{x-1},\end{cases}$$

亦即

$$\begin{cases}a+b=1,\\ a=2.\end{cases}$$

关于函数的连续性与可导性的关系，人们并不是从一开始就认识清楚的，早在 19 世纪中叶以前，数学家对连续与可导的关系的认识是不全面的.那时，几乎所有的数学家都相信除个别点以外，连续函数一定是可导的.而且那时的许多教科书上都给出了“证明”，1872 年数学家魏尔斯特拉斯(Weierstrass)找到了一个在数学发展史上很有影响的例子，即处处连续而又处处不可导的例子，从而纠正了上述错误.这个例子比较复杂，这里不介绍了.这个例子在历史上的作用是巨大的，它促使数学家认识到，分析问题不能只靠直观，需作严密的思考和论证.

练习题 2-1 （见习题二）
(二)2,5(1),7,8.

作业题 2-1 （见习题二）
(三)1,2,3.

第二节 基本初等函数导数公式 导数的四则运算法则

【学习要求】

(1)应用导数的基本公式、导数四则运算法则.

(2)应用反函数导数求导法则、复合函数求导法则.

【学习目标】

(1)通过部分基本初等函数的导数计算，形成用定义求导数的能力.

(2)熟练应用四则法则、反函数求导法则、复合函数求导法则求导数.

(3)熟练应用求分段函数的导函数的方法.

(4)正确完成求函数导函数的计算.

【学习提示】

(1)例 2-3-3～2-3-13 与例 2-3-14～2-3-16 的不同之处是什么？

(2)例 2-3-14～2-3-16 的计算中，注意什么？

由导数定义可知，求导数的步骤可分为三步进行：

(1)求增量 $\Delta y=f(x+\Delta x)-f(x)$.

(2)算比值 $\dfrac{\Delta y}{\Delta x}=\dfrac{f(x+\Delta x)-f(x)}{\Delta x}$.

(3)取极限 $f'(x)=\lim\limits_{\Delta x\to0}\dfrac{\Delta y}{\Delta x}$.

一、基本初等函数的导数公式

1. $f(x)=c$（常数）的导数

$$\Delta y=f(x+\Delta x)-f(x)=c-c=0,$$

$$\frac{\Delta y}{\Delta x}=0,$$

$$\lim_{\Delta x\to 0}\frac{\Delta y}{\Delta x}=0,$$

故

$$(c)'=0.$$

2. 幂函数 $f(x)=x^n$（n 正整数）的导数

$$\begin{aligned}\Delta y &= f(x+\Delta x)-f(x)=(x+\Delta x)^n-x^n\\ &=nx^{n-1}\Delta x+\frac{n(n-1)}{2!}x^{n-2}(\Delta x)^2+\cdots+(\Delta x)^n,\end{aligned}$$

$$\frac{\Delta y}{\Delta x}=nx^{n-1}+\frac{n(n-1)}{2!}x^{n-2}\Delta x+\cdots+(\Delta x)^{n-1},$$

$$\lim_{\Delta x\to 0}\frac{\Delta y}{\Delta x}=nx^{n-1},$$

故

$$(x^n)'=nx^{n-1}.$$

更一般地，对于函数 $y=x^{\mu}$（μ 实数），有 $(x^{\mu})'=\mu x^{\mu-1}$（这个公式将在后面给出证明），例如

$$(x)'=1,\quad (x^2)'=2x,\quad (x^3)'=3x^2,$$

$$(x^{\frac{1}{2}})'=\frac{1}{2}x^{-\frac{1}{2}}=\frac{1}{2\sqrt{x}},$$

即

$$(\sqrt{x})'=\frac{1}{2\sqrt{x}},$$

$$(x^{-1})'=-x^{-2}=-\frac{1}{x^2},$$

即

$$\left(\frac{1}{x}\right)'=-\frac{1}{x^2}.$$

3. 正弦函数 $y=\sin x$ 的导数

$$\Delta y=\sin(x+\Delta x)-\sin x=2\cos\left(x+\frac{\Delta x}{2}\right)\sin\frac{\Delta x}{2},$$

$$\frac{\Delta y}{\Delta x}=\cos\left(x+\frac{\Delta x}{2}\right)\frac{\sin\frac{\Delta x}{2}}{\frac{\Delta x}{2}},$$

$$\lim_{\Delta x\to 0}\frac{\Delta y}{\Delta x}=\cos x,$$

即

$$(\sin x)'=\cos x.$$

4.余弦函数 $y=\cos x$ 的导数

类似于正弦函数的导数公式的推导,可得

$$(\cos x)'=-\sin x.$$

5.指数函数 $y=a^x(a>0,且\neq 1)$ 的导数

$$\Delta y=a^{x+\Delta x}-a^x=a^x(a^{\Delta x}-1),$$

$$\frac{\Delta y}{\Delta x}=a^x\ \frac{a^{\Delta x}-1}{\Delta x},$$

$$\lim_{\Delta x\to 0}\frac{\Delta y}{\Delta x}=\lim_{\Delta x\to 0}a^x\ \frac{a^{\Delta x}-1}{\Delta x}=a^x\ \lim_{\Delta x\to 0}\frac{a^{\Delta x}-1}{\Delta x}=a^x\ \lim_{\Delta x\to 0}\frac{e^{\Delta x\ln a}-1}{\Delta x}=a^x\ \lim_{\Delta x\to 0}\frac{\Delta x\ln a}{\Delta x}=a^x\ln a,$$

即

$$(a^x)'=a^x\ln a.$$

特别有

$$(e^x)'=e^x.$$

6.对数函数 $y=\log_a x(a>0,a\neq 1)$ 的导数

$$\Delta y=\log_a(x+\Delta x)-\log_a x=\log_a\left(1+\frac{\Delta x}{x}\right),$$

$$\frac{\Delta y}{\Delta x}=\frac{1}{\Delta x}\log_a\left(1+\frac{\Delta x}{x}\right),$$

$$\lim_{\Delta x\to 0}\frac{\Delta y}{\Delta x}=\lim_{\Delta x\to 0}\frac{1}{\Delta x}\log_a\left(1+\frac{\Delta x}{x}\right)=\frac{1}{x}\lim_{\Delta x\to 0}\log_a\left(1+\frac{\Delta x}{x}\right)^{\frac{x}{\Delta x}}=\frac{1}{x}\log_a e=\frac{1}{x\ln a},$$

即

$$(\log_a x)'=\frac{1}{x\ln a}.$$

特别有

$$(\ln x)'=\frac{1}{x}.$$

其他一些基本初等函数的导数公式将在以后陆续给出.

二、导数的四则运算法则

下面介绍函数的和、差、积、商的求导法则,为此先回顾一下增量的记法.

设 $u=u(x)$,$v=v(x)$,当 x 有增量 Δx 时,u 有增量 Δu,v 有增量 Δv,则

$$\Delta u=u(x+\Delta x)-u(x),\quad \Delta v=v(x+\Delta x)-v(x),$$

即

$$u(x+\Delta x)=u(x)+\Delta u,\quad v(x+\Delta x)=v(x)+\Delta v.$$

定理 2-2-1(和、差求导法则) 设 $u=u(x)$ 和 $v=v(x)$ 在点 x 处可导,则 $u(x)\pm v(x)$ 也在点 x 处可导,且有 $[u(x)\pm v(x)]'=u'(x)\pm v'(x)$.

证 令 $y=u(x)\pm v(x)$，当 x 有增量 Δx 时，u 有增量 Δu，v 有增量 Δv，从而 y 有增量 Δy，且有

$$\begin{aligned}\Delta y&=[u(x+\Delta x)\pm v(x+\Delta x)]-[u(x)\pm v(x)]\\&=[(u(x)+\Delta u)\pm(v(x)+\Delta v)]-[u(x)\pm v(x)]\\&=\Delta u\pm\Delta v,\end{aligned}$$

$$\frac{\Delta y}{\Delta x}=\frac{\Delta u}{\Delta x}\pm\frac{\Delta v}{\Delta x},$$

$$\lim_{\Delta x\to 0}\frac{\Delta y}{\Delta x}=\lim_{\Delta x\to 0}\left[\frac{\Delta u}{\Delta x}\pm\frac{\Delta v}{\Delta x}\right]=\lim_{\Delta x\to 0}\frac{\Delta u}{\Delta x}\pm\lim_{\Delta x\to 0}\frac{\Delta v}{\Delta x}=u'(x)\pm v'(x),$$

即

$$[u(x)\pm v(x)]'=u'(x)\pm v'(x).$$

推论 2-2-1 有限个可导函数的和(差)的导数，等于它们的导数的和(差)，即

$$[u(x)\pm v(x)\pm\cdots\pm w(x)]'=u'(x)\pm v'(x)\pm\cdots\pm w'(x).$$

例 2-2-1 已知 $y=x^4-\dfrac{1}{x}+3$，求 y'.

解 $$y'=(x^4)'-\left(\frac{1}{x}\right)'+(3)'=4x^3+\frac{1}{x^2}.$$

例 2-2-2 已知 $y=\sqrt{x}+\sin x+a^x-\ln 7$，求 y'.

解 $$y'=(\sqrt{x})'+(\sin x)'+(a^x)'-(\ln 7)'=\frac{1}{2\sqrt{x}}+\cos x+a^x\ln a.$$

定理 2-2-2(函数乘积的求导法则) 设 $u(x)$和 $v(x)$皆在点 x 处可导，则$u(x)v(x)$也在点 x 处可导，且有$[u(x)v(x)]'=u'(x)v(x)+u(x)v'(x)$，特别有$[cu(x)]'=cu'(x)$($c$ 常数).

证 令 $y=u(x)v(x)$，当 x 有增量 Δx 时，u 有增量 Δu，v 有增量 Δv，从而 y 有增量 Δy，即

$$\begin{aligned}\Delta y&=u(x+\Delta x)v(x+\Delta x)-u(x)v(x)\\&=[u(x)+\Delta u][v(x)+\Delta v]-u(x)v(x)\\&=v(x)\Delta u+u(x)\Delta v+\Delta u\Delta v,\end{aligned}$$

$$\frac{\Delta y}{\Delta x}=v(x)\frac{\Delta u}{\Delta x}+u(x)\frac{\Delta v}{\Delta x}+\frac{\Delta u}{\Delta x}\Delta v.$$

因为 $v(x)$在点 x 处可导，所以在该点连续，故$\lim\limits_{\Delta x\to 0}\Delta v=0$，于是

$$\begin{aligned}\lim_{\Delta x\to 0}\frac{\Delta y}{\Delta x}&=\lim_{\Delta x\to 0}\frac{\Delta u}{\Delta x}v(x)+\lim_{\Delta x\to 0}\frac{\Delta v}{\Delta x}u(x)+\lim_{\Delta x\to 0}\frac{\Delta u}{\Delta x}\lim_{\Delta x\to 0}\Delta v\\&=u'(x)v(x)+u(x)v'(x),\end{aligned}$$

即

$$[u(x)v(x)]'=u'(x)v(x)+u(x)v'(x).$$

推论 2-2-2 对于有限个可导函数的乘积的导数有公式

$$\begin{aligned}[u(x)v(x)\cdots w(x)]'=&u'(x)v(x)\cdots w(x)+u(x)v'(x)\cdots w(x)\\&+\cdots+u(x)v(x)\cdots w'(x).\end{aligned}$$

例 2-2-3 $y=2x^3-5x^2+3x-7$,求 y'.

解
$$\begin{aligned}y'&=(2x^3)'-(5x^2)'+(3x)'-(7)'\\&=2(x^3)'-5(x^2)'+3(x)'-(7)'\\&=6x^2-10x+3.\end{aligned}$$

例 2-2-4 $y=\mathrm{e}^x(\sin x+\cos x)$,求 y'.

解
$$\begin{aligned}y'&=(\mathrm{e}^x)'(\sin x+\cos x)+\mathrm{e}^x(\sin x+\cos x)'\\&=\mathrm{e}^x(\sin x+\cos x)+\mathrm{e}^x(\cos x-\sin x)=2\mathrm{e}^x\cos x.\end{aligned}$$

例 2-2-5 $y=x^3\ln x\cos x$,求 y'.

解
$$\begin{aligned}y'&=(x^3)'\ln x\cos x+x^3(\ln x)'\cos x+x^3\ln x(\cos x)'\\&=3x^2\ln x\cos x+x^2\cos x-x^3\ln x\sin x.\end{aligned}$$

定理 2-2-3(商的求导法则) 设 $u(x)$和 $v(x)$皆在点 x 处可导,且$v(x)\neq 0$,则$\dfrac{u(x)}{v(x)}$也在 x 处可导,且有

$$\left[\frac{u(x)}{v(x)}\right]'=\frac{u'(x)v(x)-u(x)v'(x)}{v^2}.$$

特别,当 $u(x)=1$ 时,有

$$\left[\frac{1}{v(x)}\right]'=-\frac{v'(x)}{v^2(x)}.$$

证 先证第二式,然后再证第一式.

令 $y=\dfrac{1}{v(x)}$,当 x 有增量 Δx 时,v 有增量 Δv,y 有增量 Δy,即

$$\Delta y=\frac{1}{v(x+\Delta x)}-\frac{1}{v(x)}=\frac{1}{v+\Delta v}-\frac{1}{v}=\frac{-\Delta v}{v(v+\Delta v)},$$

$$\frac{\Delta y}{\Delta x}=-\frac{\Delta v/\Delta x}{v(x)[v(x)+\Delta v]}.$$

因为$\lim\limits_{\Delta x\to 0}\Delta v=0$,所以

$$\lim_{\Delta x\to 0}\frac{\Delta y}{\Delta x}=-\lim_{\Delta x\to 0}\frac{\dfrac{\Delta v}{\Delta x}}{v(x)[v(x)+\Delta v]}=-\frac{v'(x)}{v^2(x)},$$

即

$$\left[\frac{1}{v(x)}\right]'=-\frac{v'(x)}{v^2(x)}.$$

下面利用乘积求导法则,得

$$\begin{aligned}\left[\frac{u(x)}{v(x)}\right]'&=u'(x)\left[\frac{1}{v(x)}\right]+u(x)\left[\frac{1}{v(x)}\right]'\\&=\frac{u'(x)}{v(x)}+\frac{u(x)[-v'(x)]}{v^2}=\frac{u'(x)v(x)-u(x)v'(x)}{v^2(x)}.\end{aligned}$$

例 2-2-6 $y=\dfrac{(x^2+1)\mathrm{e}^x}{\sqrt{x}}$,求 y'.

解 $$y'=\frac{[(x^2+1)(\mathrm{e}^x)'+(x^2+1)'\mathrm{e}^x]\sqrt{x}-(x^2+1)\mathrm{e}^x(\sqrt{x})'}{x}$$

$$=\frac{(x^2+2x+1)\sqrt{x}\,\mathrm{e}^x}{x}-(x^2+1)\mathrm{e}^x\frac{1}{2x\sqrt{x}}=\frac{(2x^3+3x^2+2x-1)\mathrm{e}^x}{2x^{\frac{3}{2}}}.$$

例 2-2-7 求正切函数和余切函数的导数.

$$(\tan x)'=\left(\frac{\sin x}{\cos x}\right)'=\frac{(\sin x)'\cos x-\sin x(\cos x)'}{\cos^2 x}=\frac{\cos^2 x+\sin^2 x}{\cos^2 x}=\frac{1}{\cos^2 x}=\sec^2 x,$$

$$(\cot x)'=\left(\frac{1}{\tan x}\right)'=-\frac{(\tan x)'}{\tan^2 x}=-\frac{\sec^2 x}{\tan^2 x}=-\csc^2 x,$$

即

$$(\tan x)'=\sec^2 x,\quad (\cot x)'=-\csc^2 x.$$

例 2-2-8 求正割函数和余割函数的导数.

$$(\sec x)'=\left(\frac{1}{\cos x}\right)'=\frac{-(\cos x)'}{\cos^2 x}=\frac{\sin x}{\cos^2 x}=\sec x\tan x,$$

即

$$(\sec x)'=\sec x\tan x.$$

同理可得

$$(\csc x)'=-\csc x\cot x.$$

练习题 2-2 (见习题二)
(二)10(1)(4)(10)(14),11(2)(4).

第三节 反函数求导法则 复合函数求导法则

一、反函数求导法则

定理 2-3-1 如果 $x=\varphi(y)$在某区间上单调可导,且 $\varphi'(y)\neq 0$,那么它的反函数 $y=f(x)$在对应区间上也可导,且有

$$f'(x)=\frac{1}{\varphi'(y)}.$$

证 因 $x=\varphi(y)$单调可导,故反函数单调连续,下面证明它的可导性.

当 x 有增量 $\Delta x\neq 0$ 时,由单调性可知

$$\Delta y=f(x+\Delta x)-f(x)\neq 0,$$

因而

$$\frac{\Delta y}{\Delta x}=\frac{1}{\Delta x/\Delta y}.$$

因 $y=f(x)$连续,故有$\lim\limits_{\Delta x\to 0}\Delta y=0$.因为

$$\lim_{\Delta y\to 0}\frac{\Delta x}{\Delta y}=\varphi'(y)\neq 0,$$

所以

$$\lim_{\Delta x\to 0}\frac{\Delta y}{\Delta x}=\lim_{\Delta y\to 0}\frac{1}{\Delta x/\Delta y}=\frac{1}{\varphi'(y)},$$

即

$$f'(x)=\frac{1}{\varphi'(y)}.$$

二、反三角函数的导数

1. $y=\arcsin x$ 的导数

因为 $y=\arcsin x$ 与 $x=\sin y\left(-\frac{\pi}{2}<y<\frac{\pi}{2}\right)$互为反函数，而 $x=\sin y$ 在$\left(-\frac{\pi}{2},\frac{\pi}{2}\right)$上单调可导，且

$$(\sin y)'=\cos y>0 \quad \left(-\frac{\pi}{2}<y<\frac{\pi}{2}\right).$$

由定理可得

$$(\arcsin x)'=\frac{1}{(\sin y)'}=\frac{1}{\cos y}=\frac{1}{\sqrt{1-\sin^2 y}}=\frac{1}{\sqrt{1-x^2}} \quad (-1<x<1),$$

其中根式前取＋号是因为 $\cos y>0$，从而有公式

$$(\arcsin x)'=\frac{1}{\sqrt{1-x^2}} \quad (-1<x<1).$$

2. $y=\arccos x$ 的导数

可做与上面类似地推导.但我们利用恒等式 $\arcsin x+\arccos x=\frac{\pi}{2}$来推导

$$(\arccos x)'=\left(\frac{\pi}{2}-\arcsin x\right)'=-(\arcsin x)'=-\frac{1}{\sqrt{1-x^2}} \quad (-1<x<1),$$

即

$$(\arccos x)'=-\frac{1}{\sqrt{1-x^2}}.$$

3. $y=\arctan x$ 的导数

$y=\arctan x$ 和 $x=\tan y\left(-\frac{\pi}{2}<y<\frac{\pi}{2}\right)$互为反函数，因为 $x=\tan y$ 在$\left(-\frac{\pi}{2},\frac{\pi}{2}\right)$上单调可导，且有$(\tan y)'=\sec^2 y>0\left(-\frac{\pi}{2}<y<\frac{\pi}{2}\right)$，所以

$$(\arctan x)'=\frac{1}{(\tan y)'}=\frac{1}{\sec^2 y}=\frac{1}{1+\tan^2 y}=\frac{1}{1+x^2},$$

即

$$(\arctan x)'=\frac{1}{1+x^2} \quad (-\infty<x<+\infty).$$

4. $y=\operatorname{arccot}x$ 的导数

类似推导可得

$$(\operatorname{arccot}x)'=\frac{-1}{1+x^2}\quad(-\infty<x<+\infty).$$

例 2-3-1　$f(x)=\dfrac{\arccos x}{x}$，求 $f'(x)$.

解

$$f'(x)=\frac{(\arccos x)'x-\arccos x(x)'}{x^2}$$

$$=\frac{x\dfrac{-1}{\sqrt{1-x^2}}-\arccos x}{x^2}=\frac{-x-\sqrt{1-x^2}\arccos x}{x^2\sqrt{1-x^2}}.$$

例 2-3-2　$f(x)=x\arctan x$，求 $f'(x)$.

解

$$f'(x)=(x)'\arctan x+x(\arctan x)'=\arctan x+\frac{x}{1+x^2}.$$

三、复合函数求导法则

上一节我们应用导数的四则运算法则和基本初等函数的导数公式，求出了一些初等函数的导数.然而，产生初等函数，除四则运算外，还有复合运算.因此，复合函数求导法则是导数运算的最为关键的法则.

首先，让我们分析一个简单的例子.比如求 $\sin 2x$ 的导数，如果利用公式 $(\sin x)'=\cos x$，求出 $(\sin 2x)'=\cos 2x$ 是否正确呢？这样做是不对的，因为 $\sin 2x=2\sin x\cos x$，所以

$$\begin{aligned}(\sin 2x)'&=(2\sin x\cos x)'\\&=2[(\sin x)'\cos x+\sin x(\cos x)']\\&=2[\cos^2x-\sin^2x]=2\cos 2x.\end{aligned}$$

产生上述错误的原因是：$y=\sin 2x$ 是由 $y=\sin u$ 和 $u=2x$ 复合而成的复合函数，不能直接利用基本初等函数求导公式.

定理 2-3-2　设 $y=f(u)$，$u=\varphi(x)$，则 $y=f[\varphi(x)]$.若 $u=\varphi(x)$ 在点 x 处可导，$y=f(u)$ 在对应点 u 处可导，则 $y=f[\varphi(x)]$ 在点 x 处可导，且有

$$(f[\varphi(x)])'=f'(u)\varphi'(x),$$

或记为

$$\frac{\mathrm{d}y}{\mathrm{d}x}=\frac{\mathrm{d}y}{\mathrm{d}u}\frac{\mathrm{d}u}{\mathrm{d}x}.$$

证　当 x 有增量 Δx 时，u 有增量 Δu，从而 y 有增量 Δy.当 $\Delta u\neq 0$ 时，有

$$\frac{\Delta y}{\Delta x}=\frac{\Delta y}{\Delta u}\frac{\Delta u}{\Delta x}.$$

由已知条件，有

$$\lim_{\Delta x\to 0}\Delta u=0,\quad \lim_{\Delta x\to 0}\frac{\Delta u}{\Delta x}=\varphi'(x),$$

$$\lim_{\Delta u\to 0}\frac{\Delta y}{\Delta u}=f'(u),$$

所以

$$\lim_{\Delta x\to 0}\frac{\Delta y}{\Delta x}=\lim_{\Delta x\to 0}\frac{\Delta y}{\Delta u}\frac{\Delta u}{\Delta x}=\lim_{\Delta u\to 0}\frac{\Delta y}{\Delta u}\lim_{\Delta x\to 0}\frac{\Delta u}{\Delta x}=f'(u)\varphi'(x),$$

即

$$[f(\varphi(x))]'=f'(u)\varphi'(x).$$

上述证明假定了，当$|\Delta x|$足够小时$\Delta u\neq 0$，如果该事实不成立，我们仍能证明复合函数求导法则成立，证明从略.

推论 2-3-1 复合函数求导法则可推广为多个函数复合的情形，例如$y=f(u)$，$u=\varphi(v)$，$v=\psi(x)$，则有

$$\frac{\mathrm{d}y}{\mathrm{d}x}=\frac{\mathrm{d}y}{\mathrm{d}u}\frac{\mathrm{d}u}{\mathrm{d}v}\frac{\mathrm{d}v}{\mathrm{d}x}.$$

例 2-3-3 $y=\sin 2x$，求$\dfrac{\mathrm{d}y}{\mathrm{d}x}$.

解 $y=\sin u$， $u=2x$，$\dfrac{\mathrm{d}y}{\mathrm{d}x}=(\sin u)'(2x)'=2\cos u=2\cos 2x$.

例 2-3-4 $y=(3x^2+4)^3$，求 y'.

解 $y=u^3$， $u=3x^2+4$，$\dfrac{\mathrm{d}y}{\mathrm{d}x}=(u^3)'(3x^2+4)'=3u^2 6x=18x(3x^2+4)^2$.

例 2-3-5 $y=\ln\tan x$，求$\dfrac{\mathrm{d}y}{\mathrm{d}x}$.

解

$$y=\ln u,\quad u=\tan x,$$

$$\frac{\mathrm{d}y}{\mathrm{d}x}=(\ln u)'(\tan x)'=\frac{1}{u}\sec^2 x=\frac{1}{\tan x}\sec^2 x=\frac{1}{\sin x\cos x}.$$

例 2-3-6 $y=\sin\dfrac{2x}{1+x^2}$，求$\dfrac{\mathrm{d}y}{\mathrm{d}x}$.

解

$$y=\sin u,\quad u=\frac{2x}{1+x^2},$$

$$\frac{\mathrm{d}y}{\mathrm{d}x}=(\sin u)'\left(\frac{2x}{1+x^2}\right)'=\cos u\ \frac{2(1+x^2)-4x^2}{(1+x^2)^2}=\frac{2(1-x^2)}{(1+x^2)^2}\cos\frac{2x}{1+x^2}.$$

例 2-3-7 $y=\mathrm{e}^{x^3}$，求$\dfrac{\mathrm{d}y}{\mathrm{d}x}$.

解 $y=\mathrm{e}^u$， $u=x^3$， $\dfrac{\mathrm{d}y}{\mathrm{d}x}=(\mathrm{e}^u)'(x^3)'=3x^2\mathrm{e}^u=3x^2\mathrm{e}^{x^3}$.

例 2-3-8 $y=\sqrt{\tan\dfrac{x}{2}}$，求$\dfrac{\mathrm{d}y}{\mathrm{d}x}$.

解

$$y=\sqrt{u},\quad u=\tan v,\quad v=\frac{x}{2},$$

$$\frac{\mathrm{d}y}{\mathrm{d}x}=(\sqrt{u})'(\tan v)'\left(\frac{x}{2}\right)'=\frac{1}{2\sqrt{u}}\sec^2 v\ \frac{1}{2}=\frac{1}{4}\sqrt{\cot\frac{x}{2}}\sec^2\frac{x}{2}.$$

例 2-3-9　$y=\sin^2(1-2x)$，求$\dfrac{\mathrm{d}y}{\mathrm{d}x}$.

解
$$y=u^2,\quad u=\sin v,\quad v=1-2x,$$
$$\frac{\mathrm{d}y}{\mathrm{d}x}=(u^2)'(\sin v)'(1-2x)'=2u\cos v(-2)$$
$$=-4\sin v\cos v=-2\sin 2(1-2x).$$

求复合函数的导数，首先要分析函数是怎样复合而成的，将函数分解为基本初等函数或简单函数，然后利用四则运算法则和复合运算法则求导数.

在熟练之后，不必把中间变量写出来，但我们每次用复合函数求导法则时，必须做到心中有数，知道对哪个变量求导，用的是哪个基本初等函数的导数公式.

例 2-3-10　$y=\ln\sin x$，求$\dfrac{\mathrm{d}y}{\mathrm{d}x}$.

解
$$\frac{\mathrm{d}y}{\mathrm{d}x}=\frac{1}{\sin x}(\sin x)'=\frac{\cos x}{\sin x}=\cot x.$$

例 2-3-11　$y=\sqrt[3]{1-2x^2}$，求$\dfrac{\mathrm{d}y}{\mathrm{d}x}$.

解　$$\frac{\mathrm{d}y}{\mathrm{d}x}=\left[(1-2x^2)^{\frac{1}{3}}\right]'=\frac{1}{3}(1-2x^2)^{-\frac{2}{3}}(1-2x^2)'=\frac{-4x}{3\sqrt[3]{(1-2x^2)^2}}.$$

例 2-3-12　$y=\ln\arcsin \mathrm{e}^x$，求 y'.

解　$$y'=\frac{1}{\arcsin \mathrm{e}^x}(\arcsin \mathrm{e}^x)'=\frac{1}{\arcsin \mathrm{e}^x}\frac{1}{\sqrt{1-\mathrm{e}^{2x}}}(\mathrm{e}^x)'=\frac{\mathrm{e}^x}{\arcsin \mathrm{e}^x\sqrt{1-\mathrm{e}^{2x}}}.$$

例 2-3-13　$y=2^{\sin^2\frac{1}{x}}$，求 y'.

解
$$y'=2^{\sin^2\frac{1}{x}}\ln 2\left(\sin^2\frac{1}{x}\right)'=2^{\sin^2\frac{1}{x}}2\ln 2\sin\frac{1}{x}\left(\sin\frac{1}{x}\right)'$$
$$=2^{\sin^2\frac{1}{x}}2\ln 2\sin\frac{1}{x}\cos\frac{1}{x}\left(\frac{1}{x}\right)'=\frac{-\ln 2}{x^2}\sin\frac{2}{x}2^{\sin^2\frac{1}{x}}.$$

例 2-3-14　$y=\sin nx\sin^n x$，求 y'.

解
$$y'=(\sin nx)'\sin^n x+\sin nx(\sin^n x)'$$
$$=n\cos nx\sin^n x+n\sin nx\sin^{n-1}x\cos x$$
$$=n\sin^{n-1}x\sin(n+1)x.$$

例 2-3-15　$y=\dfrac{x^2}{\sqrt{1+x^2}}$，求 y'.

解
$$y'=\frac{(x^2)'\sqrt{1+x^2}-x^2(\sqrt{1+x^2})'}{1+x^2}=\frac{2x\sqrt{1+x^2}-x^2\dfrac{2x}{2\sqrt{1+x^2}}}{1+x^2}$$
$$=\frac{x(x^2+2)}{(1+x^2)^{\frac{3}{2}}}.$$

关于导数记号和求导方法有几点说明：

(1)对于复合函数 $y=f[\varphi(x)]$，如果不设中间变量，求导数 y'就表明 y 对自变量 x

求导.如果设出中间变量 $u=\varphi(x)$,求 y 对 x 的导数应该记成$\frac{\mathrm{d}y}{\mathrm{d}x}$或 y'_x,否则就不容易区分 y 是对自变量或是对中间变量求导.

(2)记号$(f[\varphi(x)])'$表明是复合函数对变量 x 求导,而 $f'[\varphi(x)]$表明函数$f(u)$对 u 求导,其中 $u=\varphi(x)$.

(3)求导数时既有四则运算又有复合运算时,应先进行四则运算求导,然后再求复合运算的导数.求复合函数的导数时,遇到什么函数就用什么函数的求导运算法则.

例 2-3-16 $y=f(\mathrm{e}^x)\mathrm{e}^{f(x)}$,$f$ 为可导函数,求 y'.

解
$$\begin{aligned}y'&=[f(\mathrm{e}^x)]'\mathrm{e}^{f(x)}+f(\mathrm{e}^x)[\mathrm{e}^{f(x)}]'\\&=f'(\mathrm{e}^x)\mathrm{e}^x\mathrm{e}^{f(x)}+f(\mathrm{e}^x)\mathrm{e}^{f(x)}f'(x)\\&=\mathrm{e}^{f(x)}[f'(\mathrm{e}^x)\mathrm{e}^x+f(\mathrm{e}^x)f'(x)].\end{aligned}$$

最后,我们推导两个导数公式.

例 2-3-17 $y=x^\mu$(μ 实数),求 y'.

解
$$y=x^\mu=\mathrm{e}^{\mu\ln x},y'=(\mathrm{e}^{\mu\ln x})'=\mathrm{e}^{\mu\ln x}(\mu\ln x)'=\frac{\mu}{x}x^\mu=\mu x^{\mu-1},$$

即
$$(x^\mu)'=\mu x^{\mu-1}.$$

例 2-3-18 $y=\log_a|x|$,求 y'.

解 当 $x>0$ 时,$y'=(\log_a x)'=\frac{1}{x\ln a}$.

当 $x<0$ 时,$y'=[\log_a(-x)]'=\frac{1}{-x\ln a}(-x)'=\frac{1}{x\ln a}$.

总之,有
$$(\log_a|x|)'=\frac{1}{x\ln a},\quad (\ln|x|)'=\frac{1}{x}.$$

练习题 2-3 (见习题二)
(二)13(1)(2)(5)(6)(12)(13)(14)(15)(17)(19)(20)(22)(23)(25)(27)(28).

作业题 2-3 (见习题二)
(三)4.

第四节 导数的基本公式和运算法则总结 *双曲函数和反双曲函数的导数

现将上面几节所得到的导数公式和运算法则总结如下,以便查阅.

一、导数的基本公式

(1)$(c)'=0$; (2)$(x^\mu)'=\mu x^{\mu-1}$;

(3)$(a^x)'=a^x\ln a$; (4)$(\mathrm{e}^x)'=\mathrm{e}^x$;

(5) $(\log_a|x|)'=\dfrac{1}{x\ln a}$；　(6) $(\ln|x|)'=\dfrac{1}{x}$；

(7) $(\sin x)'=\cos x$；　(8) $(\cos x)'=-\sin x$；

(9) $(\tan x)'=\sec^2 x$；　(10) $(\cot x)'=-\csc^2 x$；

(11) $(\sec x)'=\sec x\tan x$；　(12) $(\csc x)'=-\csc x\cot x$；

(13) $(\arcsin x)'=\dfrac{1}{\sqrt{1-x^2}}$；　(14) $(\arccos x)'=\dfrac{-1}{\sqrt{1-x^2}}$；

(15) $(\arctan x)'=\dfrac{1}{1+x^2}$；　(16) $(\text{arccot}\, x)'=\dfrac{-1}{1+x^2}$.

二、导数的运算法则

1.导数的四则运算法则

设 $u=u(x)$，$v=v(x)$，皆在点 x 处可导，则

(1) $(u\pm v)'=u'\pm v'$；　(2) $(cu)'=cu'$；

(3) $(uv)'=u'v+uv'$；　(4) $\left(\dfrac{u}{v}\right)'=\dfrac{u'v-uv'}{v^2}$.

2.复合函数求导法则

设 $u=\varphi(x)$ 在点 x 处可导，$y=f(u)$ 在相应点 u 处可导，则

$$(f[\varphi(x)])'=f'(u)\varphi'(x) \quad 或 \quad \frac{dy}{dx}=\frac{dy}{du}\frac{du}{dx}.$$

3.反函数求导法则

设 $x=\varphi(y)$ 和 $y=f(x)$ 互为反函数，$\varphi'(y)\neq 0$，则

$$f'(x)=\frac{1}{\varphi'(y)} \quad 或 \quad \frac{dy}{dx}=\frac{1}{\frac{dx}{dy}}.$$

*三、双曲函数的导数

在第一章中，我们已给出了双曲函数的定义，下面讨论它们的导数.

1.双曲正弦 $y=\text{sh}x$

$$(\text{sh}x)'=\left(\frac{e^x-e^{-x}}{2}\right)'=\frac{e^x+e^{-x}}{2}=\text{ch}x,$$

即

$$(\text{sh}x)'=\text{ch}x.$$

2.双曲余弦 $y=\text{ch}x$

$$(\text{ch}x)'=\left(\frac{e^x+e^{-x}}{2}\right)'=\frac{e^x-e^{-x}}{2}=\text{sh}x,$$

即

$$(\text{ch}x)'=\text{sh}x.$$

3.双曲正切 $y=\text{th}x$

$$(\text{th}x)'=\left(\frac{\text{sh}x}{\text{ch}x}\right)'=\frac{(\text{sh}x)'\text{ch}x-\text{sh}x(\text{ch}x)'}{\text{ch}^2x}=\frac{\text{ch}^2x-\text{sh}^2x}{\text{ch}^2x}=\frac{1}{\text{ch}^2x},$$

即

$$(\text{th}x)'=\frac{1}{\text{ch}^2x}.$$

*四、反双曲函数的导数

1.反双曲正弦 $y=\text{arsh}x$

$$(\text{arsh}x)'=[\ln(x+\sqrt{1+x^2})]'=\frac{1}{\sqrt{1+x^2}},$$

即

$$(\text{arsh}x)'=\frac{1}{\sqrt{1+x^2}}.$$

2.反双曲余弦 $y=\text{arch}x$

$$(\text{arch}x)'=[\ln(x+\sqrt{x^2-1})]'=\frac{1}{\sqrt{x^2-1}},$$

即

$$(\text{arch}x)'=\frac{1}{\sqrt{x^2-1}}.$$

3.反双曲正切 $y=\text{arth}x$

$$(\text{arth}x)'=\left(\frac{1}{2}\ln\frac{1+x}{1-x}\right)'=\frac{1}{1-x^2},$$

即

$$(\text{arth}x)'=\frac{1}{1-x^2}.$$

第五节 高阶导数

【学习要求】

(1)理解高阶导数的定义.

(2)应用初等函数求二阶导数的方法.

(3)应用求函数 n 阶导数的方法.

(4)应用求乘积函数的 n 阶导数的方法.

【学习目标】

(1)借助于高阶导数的定义,理解求高阶导数的方法.

(2)具有利用定义求 e^x, $\sin x$, $\frac{1}{1+x}$ n 阶导数的能力.

(3)具有正确应用 e^x, $\sin x$, $\frac{1}{1+x}$ 求其他函数的 n 阶导函数方法的能力.

(4)正确使用莱布尼茨公式求乘积函数导数 n 阶导数的方法.

我们知道,变速直线运动的速度是路程 s 对时间 t 的导数,即

$$v(t)=s'(t)=\frac{\mathrm{d}s}{\mathrm{d}t}.$$

而加速度 a 又是速度 v 对时间 t 的导数,即

$$a(t)=v'(t)=\frac{\mathrm{d}v}{\mathrm{d}t}.$$

这样,由 $s=s(t)$ 出发求加速度,需要两次对时间 t 求导,称为 s 对时间 t 的二阶导数,记作

$$a(t)=[s'(t)]'=s''(t)$$

或

$$a(t)=\frac{\mathrm{d}}{\mathrm{d}t}\left(\frac{\mathrm{d}s}{\mathrm{d}t}\right)=\frac{\mathrm{d}^2 s}{\mathrm{d}t^2}.$$

下面给出高阶导数的定义.

定义 2-5-1 如果 $y=f(x)$ 的导数 $y'=f'(x)$ 在点 x 处可导,则称 $y'=f'(x)$ 的导数为 $y=f(x)$ 的二阶导数,记作 y'', $f''(x)$ 或 $\frac{\mathrm{d}^2 y}{\mathrm{d}x^2}$,即

$$f''(x)=\lim_{\Delta x\to 0}\frac{f'(x+\Delta x)-f'(x)}{\Delta x}.$$

类似地,可定义三阶导数为二阶导数的导数,记作 y''', $f'''(x)$ 或 $\frac{\mathrm{d}^3 y}{\mathrm{d}x^3}$.

一般地,$n-1$ 阶导数的导数 $y^{(n)}=(y^{(n-1)})'$ 称为 n 阶导数,记作 $y^{(n)}$, $f^{(n)}(x)$ 或 $\frac{\mathrm{d}^n y}{\mathrm{d}x^n}$.

二阶及二阶以上的导数统称为高阶导数.如果求 $y=f(x)$ 在点 x_0 处的高阶导数,应该先求出高阶导数后,再将 $x=x_0$ 代入.例如

$$f''(x_0)=f''(x)\big|_{x=x_0}.$$

显然,求高阶导数不用新的公式,只要对导函数继续求导数就可以了.

例 2-5-1 $y=ax^2+bx+c$,求 y''.

解
$$y'=2ax+b,\ y''=2a.$$

例 2-5-2 $y=\sin\omega x$,求 y''.

解
$$y'=\omega\cos\omega x,\ y''=-\omega^2\sin\omega x.$$

例 2-5-3 $f(x)=\arctan x$,求 $f''(0)$, $f'''(0)$.

解
$$f'(x)=\frac{1}{1+x^2},\quad f''(x)=\frac{-2x}{(1+x^2)^2},\quad f'''(x)=\frac{2(3x^2-1)}{(1+x^2)^3}.$$

由此可得

$$f''(0)=0,\quad f'''(0)=-2.$$

例 2-5-4 $y=x^n$(n 正整数),求 $y^{(n)}$,$y^{(n+1)}$.

解 $y'=nx^{n-1}$, $y''=n(n-1)x^{n-2}$, $y^{(n)}=n!$, $y^{(n+1)}=0$.

例 2-5-5 $y=\ln(1+x)$,求 $y^{(n)}$.

解
$$y'=\frac{1}{1+x}=(1+x)^{-1},\quad y''=(-1)(1+x)^{-2},\quad \cdots,$$
$$y^{(n)}=(-1)(-2)\cdots(-n+1)(1+x)^{-n}$$
$$=\frac{(-1)^{n-1}(n-1)!}{(1+x)^n}\quad (n=1,2,\cdots).$$

例 2-5-6 $y=\sin x$,求 $y^{(n)}$.

解
$$y'=\cos x=\sin\left(x+\frac{\pi}{2}\right),$$
$$y''=-\sin x=\sin\left(x+2\,\frac{\pi}{2}\right),$$
$$y'''=-\cos x=\sin\left(x+3\,\frac{\pi}{2}\right),$$
$$\cdots\cdots$$
$$y^{(n)}=\sin\left(x+\frac{n\pi}{2}\right),$$

即

$$(\sin x)^{(n)}=\sin\left(x+\frac{n\pi}{2}\right)\quad (n=1,2,\cdots).$$

类似地,可得

$$(\cos x)^{(n)}=\cos\left(x+\frac{n\pi}{2}\right)\quad (n=1,2,\cdots).$$

下面推导乘积函数的 n 阶导数公式:

设 $y=u(x)v(x)$,求 $y^{(n)}$.

$y'=u'v+uv'$,

$y''=u''v+u'v'+u'v'+uv''=u''v+2u'v'+uv''$,

$y'''=u'''v+3u''v'+3u'v''+uv'''$.

由上可见,y',y''和 y'''各项的系数正是 $u+v$、$(u+v)^2$、$(u+v)^3$ 展开式中各项的系数,利用数学归纳法可以证明:对任何正整数 n,有

$$(uv)^{(n)}=u^{(n)}v+nu^{(n-1)}v'+\frac{n(n-1)}{2!}u^{(n-2)}v''+$$
$$\cdots+\frac{n(n-1)\cdots(n-k+1)}{k!}u^{(n-k)}v^{(k)}+\cdots+uv^{(n)}=\sum_{k=0}^{n}C_n^k u^{(n-k)}v^{(k)}.$$

该公式称为莱布尼茨(Leibniz)公式.

例 2-5-7 $y=x^3e^x$,求 $y^{(5)}$.

解 $y^{(5)}=x^3(e^x)^{(5)}+5(e^x)^{(4)}(x^3)'+\dfrac{5\times4}{1\times2}(e^x)^{(3)}(x^3)''+\dfrac{5\times4\times3}{1\times2\times3}(e^x)''(x^3)'''$

$=e^x(x^3+15x^2+60x+60)$.

练习题 2-5　(见习题二)
(二)16(1)(2),19(1)(2)(4).

作业题 2-5　(见习题二)
(三)5.

第六节　隐函数的导数　由参数方程所确定函数的导数　相关变化率

【学习要求】

应用隐函数的求导法则、由参数所确定函数的求导法则求一阶、二阶导数.

【学习目标】

(1)具有正确求出隐函数的一阶、二阶导数的能力.

(2)具有具有正确求出参数方程确定函数的一阶、二阶导数的能力.

【学习提示】

(1)例 2-6-1～2-6-3 中,在求导数时,如何处理变量 y 的函数.

(2)通过取对数,将幂指函数求导数的问题转化为什么问题? 是否还有其它的求幂指函数导数的方法?

(3)参数方程确定函数的求导数问题是一个什么问题?

(4)思考例 2-6-9,找出求参数方程确定函数的二阶导数时应注意的问题是什么?

一、隐函数及其导数

前面所讨论的各种函数都可以表示为 $y=f(x)$ 的形式,称其为显函数.例如 $y=\sin x$, $y=\ln(x+\sqrt{1+x^2})$等.有时变量 x 和 y 之间的关系由一个方程确定.例如,方程 $x^2+y^2=1$ 确定了函数 $y=\sqrt{1-x^2}$ 或 $y=-\sqrt{1-x^2}$.这种由方程确定的函数叫隐函数.但我们不要认为一定能从方程中解出 y,例如 $e^y+xy=0$ 就确定了 y 是 x 的函数,但从中解出 y 是困难的.

定义 2-6-1　两个变量的方程 $F(x,y)=0$ 中,如果变量 x 在某个区间内任取一个值,总可以由方程确定出唯一的 y 值,这样我们就称由方程确定了一个隐函数.

如果 $y=f(x)$是由方程 $F(x,y)=0$ 确定的隐函数,设想将 $y=f(x)$代入方程将成为恒等式,即 $F[x,f(x)]\equiv 0$,在恒等式两边对 x 求导仍然相等.在求导时遇到 y 应看成是 x 的函数,然后利用复合函数求导法则,这样便可从中解出$\frac{dy}{dx}$.下面用具体例子来说明隐函数的求导方法.

例 2-6-1　求方程 $x^2+y^2=1$ 所确定函数 $y=y(x)$的导数.

解　在方程两端对 x 求导,得 $2x+2yy'=0$,于是

$$y'=-\frac{x}{y}\quad (y\neq 0).$$

例 2-6-2 求由方程 $y^5+2y-x=0$ 所确定函数 $y=y(x)$ 的导数$\frac{dy}{dx}$和$\left.\frac{dy}{dx}\right|_{x=0}$.

解 在方程两端对 x 求导,得

$$5y^4y'+2y'-1=0,$$

$$y'=\frac{1}{5y^4+2},$$

即

$$\frac{dy}{dx}=\frac{1}{5y^4+2}.$$

将 $x=0$ 代入方程,得 $y=0$,所以

$$\left.\frac{dy}{dx}\right|_{x=0}=\left.\frac{1}{5y^4+2}\right|_{y=0}=\frac{1}{2}.$$

例 2-6-3 求由方程 $e^y+xy=0$ 所确定函数 $y=y(x)$ 的一阶和二阶导数.

解 在方程两端对 x 求导,得

$$e^yy'+y+xy'=0,$$

由此得

$$y'=-\frac{y}{x+e^y},$$

$$y''=\frac{-y'(x+e^y)+y(1+e^yy')}{(x+e^y)^2}=\frac{2xy+ye^y(2-y)}{(x+e^y)^3}.$$

例 2-6-4 求椭圆$\frac{x^2}{16}+\frac{y^2}{9}=1$ 在点$\left(2,\frac{3}{2}\sqrt{3}\right)$处的切线方程.

解 先求切线的斜率.在方程两边对 x 求导,得

$$\frac{2x}{16}+\frac{2y}{9}y'=0,$$

从而

$$\frac{dy}{dx}=-\frac{9x}{16y}.$$

在点$\left(2,\frac{3}{2}\sqrt{3}\right)$处,$\left.\frac{dy}{dx}\right|_{\substack{x=2\\ y=\frac{3}{2}\sqrt{3}}}=-\frac{\sqrt{3}}{4}$,所求切线方程为

$$y-\frac{3}{2}\sqrt{3}=-\frac{\sqrt{3}}{4}(x-2),$$

即

$$\sqrt{3}x+4y-8\sqrt{3}=0.$$

例 2-6-5 证明曲线 $c_1:3y=2x+x^4y^3$ 和曲线 $c_2:2y+3x+y^5=x^3y$ 在原点正交.

证 所谓两曲线正交就是在交点处两曲线的切线垂直.为此,先求两曲线在交点切线的斜率.

在曲线 c_1 的方程两端对 x 求导，得

$$3y'=2+4x^3y^3+3x^4y^2y',$$

所以

$$y'=\frac{2+4x^3y^3}{3-3x^4y^2}.$$

因此，曲线 c_1 在(0,0)点处的切线斜率为

$$k_1=y'|_{(0,0)}=\frac{2}{3}.$$

在曲线 c_2 的方程两端对 x 求导，得

$$2y'+3+5y^4y'=3x^2y+x^3y',$$

所以

$$y'=\frac{3x^2y-3}{2-x^3+5y^4}.$$

在原点(0,0)处

$$k_2=y'|_{(0,0)}=-\frac{3}{2}.$$

由于 $k_1k_2=-1$，所以 c_1 和 c_2 在原点处正交(原点就是两曲线的交点).

例 2-6-6　证明抛物线 $\sqrt{x}+\sqrt{y}=\sqrt{a}$ 上任一点的切线在两坐标轴上的截距之和等于常数.

证　设 (x_0,y_0) 为抛物线上任一点，求曲线在 (x_0,y_0) 点的切线方程.为此，在方程两端对 x 求导，得

$$\frac{1}{2\sqrt{x}}+\frac{1}{2\sqrt{y}}y'=0,$$

即

$$y'=-\frac{\sqrt{y}}{\sqrt{x}}\quad(x>0).$$

于是，在 (x_0,y_0) 点的切线方程

$$y-y_0=-\frac{\sqrt{y_0}}{\sqrt{x_0}}(x-x_0).$$

令 $y=0$，得 x 截距为 $x=x_0+\sqrt{x_0}\sqrt{y_0}=\sqrt{x_0}(\sqrt{x_0}+\sqrt{y_0})=\sqrt{x_0}\sqrt{a}$.令 $x=0$，得 y 截距为 $y=y_0+\sqrt{x_0}\sqrt{y_0}=\sqrt{y_0}(\sqrt{y_0}+\sqrt{x_0})=\sqrt{y_0}\sqrt{a}$，最后求得两截距之和为

$$\sqrt{x_0}\sqrt{a}+\sqrt{y_0}\sqrt{a}=\sqrt{a}(\sqrt{x_0}+\sqrt{y_0})=(\sqrt{a})^2=a,$$

即两截距之和等于 a.

二、幂指函数　取对数求导法

幂指函数的一般形式是

$$y=[u(x)]^{v(x)}\quad(u>0).$$

对幂指函数求导，常采用取对数求导法.

先在幂指函数两边取对数

$$\ln y=v(x)\ln u(x).$$

两边对 x 求导,可得

$$\frac{1}{y}y'=v'\ln u+\frac{v}{u}u',$$

于是

$$y'=u^{v}\left(v'\ln u+\frac{v}{u}u'\right).$$

例 2-6-7 $y=x^{\sin x}(x>0)$,求 y'.

解 两边取对数

$$\ln y=\sin x\ln x,$$

在上式两边对 x 求导

$$\frac{1}{y}y'=\cos x\ln x+\frac{\sin x}{x},$$

故

$$y'=x^{\sin x}\left(\cos x\ln x+\frac{\sin x}{x}\right).$$

如果遇到较复杂的乘、除、乘方和开方的函数求导时,利用取对数求导法能使计算简便.

例 2-6-8 $y=\sqrt{\frac{(x-1)(x-2)}{(x-3)(x-4)}}$,求 y'.

解 两边取对数

$$\ln y=\frac{1}{2}(\ln|x-1|+\ln|x-2|-\ln|x-3|-\ln|x-4|),$$

两边对 x 求导,得

$$\frac{1}{y}y'=\frac{1}{2}\left(\frac{1}{x-1}+\frac{1}{x-2}-\frac{1}{x-3}-\frac{1}{x-4}\right),$$

$$y'=\frac{y}{2}\left(\frac{1}{x-1}+\frac{1}{x-2}-\frac{1}{x-3}-\frac{1}{x-4}\right).$$

三、由参数方程所确定函数的导数

在解析几何中,有时曲线用参数方程表示.例如,圆的参数方程 $x=a\cos t$,$y=a\sin t$ $(0\leqslant t\leqslant 2\pi)$.椭圆的参数方程 $x=a\cos t$,$y=b\sin t(0\leqslant t\leqslant 2\pi)$.

一般地,曲线的参数方程为

$$\begin{cases}x=\varphi(t),\\ y=\psi(t)\end{cases}\quad(\alpha\leqslant t\leqslant\beta).$$

对于每一个 $t\in[\alpha,\beta]$,对应平面上一点(x,y),由此可见,y 是 x 的函数.这种函数我们可以这样理解:如果 $x=\varphi(t)$具有单值连续的反函数 $t=\varphi^{-1}(x)$,则有 $y=\psi[\varphi^{-1}(x)]$,其中 t 是中间变量.

下面对参数方程求$\frac{dy}{dx}$.

如果$x=\varphi(t)$单调可导，且$\varphi'(t)\neq0$，$y=\psi(t)$也可导，则由复合函数求导公式和反函数求导公式，有

$$\frac{dy}{dx}=\frac{dy}{dt}\frac{dt}{dx}=\frac{dy}{dt}\bigg/\frac{dx}{dt},$$

即

$$\frac{dy}{dx}=\frac{\psi'(t)}{\varphi'(t)}.$$

如果$x=\varphi(t)$和$y=\psi(t)$还具有二阶导数，可得二阶导数公式

$$\frac{d^2y}{dx^2}=\frac{d}{dx}\left(\frac{dy}{dx}\right)=\frac{d}{dt}\left(\frac{dy}{dx}\right)\bigg/\frac{dx}{dt}=\frac{\psi''(t)\varphi'(t)-\psi'(t)\varphi''(t)}{[\varphi'(t)]^3}.$$

例 2-6-9　求摆线$x=a(t-\sin t)$，$y=a(1-\cos t)$所确定函数的一阶和二阶导数.

解

$$\frac{dy}{dx}=\frac{y_t'}{x_t'}=\frac{a\sin t}{a(1-\cos t)}=\cot\frac{t}{2},$$

$$\frac{d^2y}{dx^2}=\frac{\left(\cot\frac{t}{2}\right)'}{a(t-\sin t)'}=\frac{-\frac{1}{2}\csc^2\frac{t}{2}}{a(1-\cos t)}=-\frac{1}{4a}\csc^4\frac{t}{2}.$$

例 2-6-10　求椭圆$x=a\cos t$，$y=b\sin t$在$t=\frac{\pi}{4}$处的切线方程(图 2-3).

解

$$\frac{dy}{dx}=\frac{(b\sin t)'}{(a\cos t)'}=-\frac{b}{a}\cot t,$$

$$\left.\frac{dy}{dx}\right|_{t=\frac{\pi}{4}}=-\frac{b}{a}\cot\frac{\pi}{4}=-\frac{b}{a},$$

$t=\frac{\pi}{4}$对应点$M\left(\frac{\sqrt{2}}{2}a,\frac{\sqrt{2}}{2}b\right)$，切线方程为

$$y-\frac{\sqrt{2}}{2}b=-\frac{b}{a}\left(x-\frac{\sqrt{2}}{2}a\right),$$

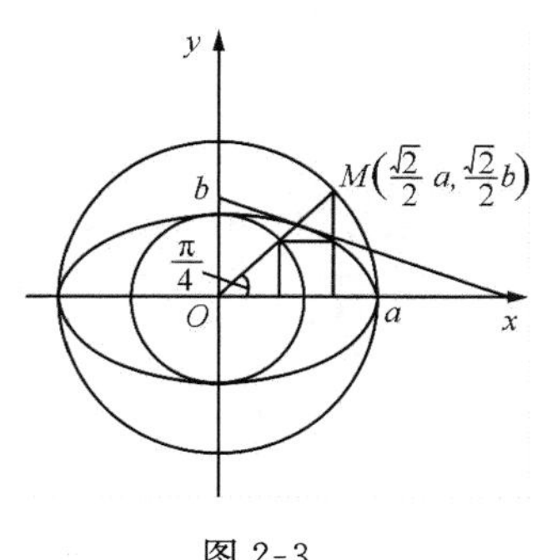

图 2-3

即

$$bx+ay-\sqrt{2}ab=0.$$

例 2-6-11　证明星形线$x=a\cos^3t$，$y=a\sin^3t$上任一点的切线夹在两坐标轴间的线段为定长.

证　设(x_0,y_0)为曲线上任一点，对应参数$t=t_0$，曲线在该点的切线斜率为

$$\left.\frac{dy}{dx}\right|_{t=t_0}=-\left.\frac{3a\sin^2t\cos t}{3a\cos^2t\sin t}\right|_{t=t_0}=-\tan t_0,$$

切线方程为

$$y-y_0=-\tan t_0(x-x_0).$$

令$x=0$，得$y=y_0+x_0\tan t_0=a\sin^3t_0+a\sin t_0\cos^2t_0=a\sin t_0$，令$y=0$，得$x=x_0+y_0\cot t_0=a\cos^3t_0+a\cos t_0\sin^2t_0=a\cos t_0$，线段$AB$的长度为

$$|AB|=\sqrt{a^2\cos^2 t_0+a^2\sin^2 t_0}=a,$$

见图 2-4.

例 2-6-12 以初速度 v_0、抛射角 α_0 抛射物体,物体运动轨迹的参数方程为

$$\begin{cases}x=(v_0\cos\alpha_0)t,\\ y=(v_0\sin\alpha_0)t-\dfrac{1}{2}gt^2,\end{cases}$$

其中 t 为时间,求物体在任何时刻 t 速度的大小和方向(空气阻力忽略不计),见图 2-5.

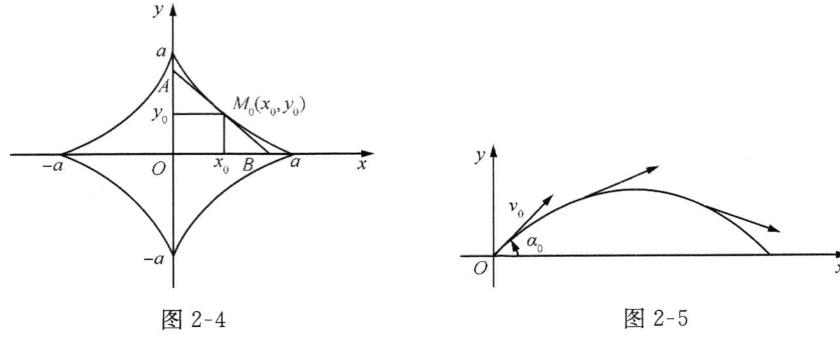

图 2-4　　　　图 2-5

解 水平分速度

$$\frac{dx}{dt}=v_0\cos\alpha_0,$$

铅直分速度

$$\frac{dy}{dt}=v_0\sin\alpha_0-gt.$$

抛射物体在任何时刻 t 速度的大小为

$$v=\sqrt{\left(\frac{dx}{dt}\right)^2+\left(\frac{dy}{dt}\right)^2}=\sqrt{(v_0\cos\alpha_0)^2+(v_0\sin\alpha_0-gt)^2}=\sqrt{v_0^2-2v_0\sin\alpha_0 gt+g^2t^2}.$$

求速度的方向,即抛物线的切线方向,设 α 为切线的倾角,则有

$$\tan\alpha=\frac{dy}{dx}=\frac{y'_t}{x'_t}=\frac{v_0\sin\alpha_0-gt}{v_0\cos\alpha_0}=\tan\alpha_0-\frac{g}{v_0\cos\alpha_0}t.$$

显然,当 $t=\dfrac{v_0}{g}\sin\alpha_0$ 时,$\tan\alpha=0$,此时切线是水平的,抛物体达到最高点,最大高度为

$$y\Big|_{t=\frac{v0}{g}\sin\alpha 0}=\frac{v_0^2\sin^2\alpha_0}{2g}.$$

四、极坐标系中曲线的切线与矢径的交角公式

设曲线的极坐标方程为

$$r=r(\theta).$$

利用直角坐标和极坐标之间的关系

$$x=r\cos\theta,\quad y=r\sin\theta,$$

可得参数方程

$$\begin{cases}x=r(\theta)\cos\theta,\\ y=r(\theta)\sin\theta,\end{cases}$$

其中 θ 为参数.

由参数方程所确定的函数的求导公式

$$\frac{\mathrm{d}y}{\mathrm{d}x}=\frac{y'(\theta)}{x'(\theta)}=\frac{r'(\theta)\sin\theta+r(\theta)\cos\theta}{r'(\theta)\cos\theta-r(\theta)\sin\theta}=\frac{r'(\theta)\tan\theta+r(\theta)}{r'(\theta)-r(\theta)\tan\theta}=\tan\alpha,$$

其中 α 为切线的倾角.

设曲线在点 $M(r,\theta)$ 的切线 MT 与切点和极点的连线 OM 间的夹角为 ψ，由图 2-6可见，$\psi=\alpha-\theta$，所以

$$\tan\psi=\tan(\alpha-\theta)=\frac{\tan\alpha-\tan\theta}{1+\tan\alpha\tan\theta}=\frac{y'-\tan\theta}{1+y'\tan\theta},$$

将 y' 的表达式代入并化简，得到 $\tan\psi=\dfrac{r(\theta)}{r'(\theta)}$.

例 2-6-13 求心形线 $r=a(1-\cos\theta)$ 的 ψ 和 α（图 2-7）.

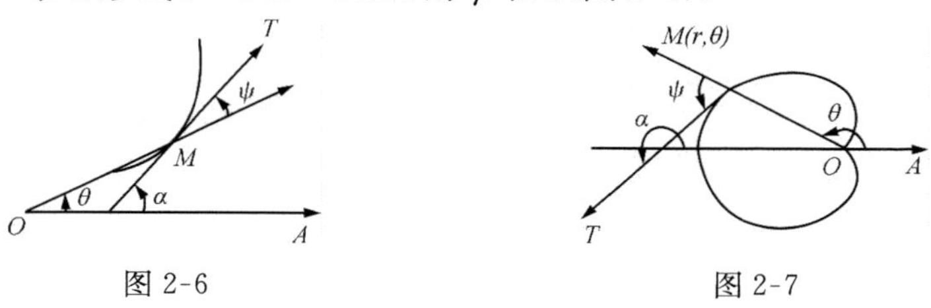

图 2-6　　　　图 2-7

解　　$r'(\theta)=a\sin\theta$，　$\tan\psi=\dfrac{r(\theta)}{r'(\theta)}=\dfrac{a(1-\cos\theta)}{a\sin\theta}=\tan\dfrac{\theta}{2}$，

故

$$\psi=\frac{\theta}{2},\quad \alpha=\psi+\theta=\frac{3\theta}{2}.$$

例 2-6-14 证明对数螺线 $r=\mathrm{e}^{m\theta}(m>0)$ 的矢径与切线之间的夹角为常数.

解

$$r'(\theta)=m\mathrm{e}^{m\theta},$$

$$\tan\psi=\frac{\mathrm{e}^{m\theta}}{m\mathrm{e}^{m\theta}}=\frac{1}{m},$$

$$\psi=\arctan\frac{1}{m},$$

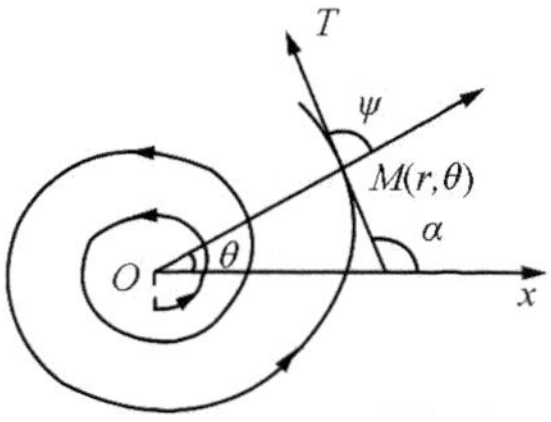

即 ψ 为常数.对数螺线也叫等角螺线（图 2-8）.

图 2-8

*五、相关变化率问题

如果 x 和 y 之间存在着某种函数关系，而 $x=x(t)$、$y=y(t)$ 都是可导函数，则 $x'(t)$ 和 $y'(t)$ 也存在一定关系，这两个相互依赖的变化率称为相关变化率.我们的任务是从一个变化率求出另一个变化率，下面举例说明.

例 2-6-15 一气球离开观察员 500m 处离地面铅直上升，其速率为140m/min，当气

球高度为500m时，观察员视线的仰角增加速率是多少？

解 所谓速率是指变量对时间的变化率.设气球上升 t(min)后，其高度为h(m)，观察员视线的倾角为 α，则有

$$\tan\alpha=\frac{h}{500}.$$

已知$\frac{dh}{dt}=140$m/min，在上式两端对 t 求导，得

$$\sec^2\alpha\frac{d\alpha}{dt}=\frac{1}{500}\frac{dh}{dt}=\frac{140}{500},$$

所以

$$\frac{d\alpha}{dt}=\frac{7}{25}\cos^2\alpha.$$

因为当 $h=500$m 时，$\tan\alpha=1,\cos^2\alpha=\frac{1}{2}$，所以

$$\left.\frac{d\alpha}{dt}\right|_{h=500}=\frac{7}{50}\text{rad/min}=0.14\text{rad/min}.$$

练习题 2-6 （见习题二）
(二)21(3)(5)，22(1)，23(1)(2)(5)，24(2)(3)，25(3)，26，31.

作业题 2-6 （见习题二）
(三)6，7，8.

第七节 函数的微分法及其应用

【学习要求】

(1)理解微分的概念、可导与可微的关系.

(2)理解微分的计算公式，运算法则及一阶微分的形式不变性.

(3)应用微分作近似计算.

【学习目标】

(1)理解微分作近似计算的道理.

(2)理解微分与导数的关系.

(3)具有选择函数解决实际问题的近似计算的能力.

【学习提示】

(1)微分的定义与近似计算的关系.

(2)例 2-7-11～2-7-13 介绍了由问题寻找(选择)函数的方法，请梳理出解题步骤.

在实际中有时需要计算函数的增量，但计算函数增量一般比较复杂，我们只要求求近似值.比如，$y=x^3$，当 x 由 x_0 变到 $x_0+\Delta x$ 时，函数的增量为

$$\Delta y=(x_0+\Delta x)^3-x_0^3=3x_0^2\Delta x+3x_0(\Delta x)^2+(\Delta x)^3,$$

其中 $3x_0^2\Delta x$ 是 Δx 的线性函数($x_0\neq 0$)，是 Δy 的主要部分(称其为线性主部)，因此有

$$\Delta y\approx 3x_0^2\Delta x(|\Delta x|\text{很小}).$$

这里我们忽略的部分是 Δx 的高阶无穷小($\Delta x\to 0$)，即 $3x_0(\Delta x)^2+(\Delta x)^3=o(\Delta x)$.又如，一块边长为 x_0 的正方形金属薄片受热膨胀，边长增加了 Δx，其面积的改变量为

$$\Delta A=(x_0+\Delta x)^2-x_0^2=2x_0\Delta x+(\Delta x)^2.$$

由图 2-9 可见，当 $|\Delta x|$ 很小时，其线性主部为 $2x_0\Delta x$ 是带有斜线的两个矩形面积之和，而高阶无穷小部分 $o(\Delta x)=(\Delta x)^2$ 是带交叉斜线的小正方形面积，于是得到

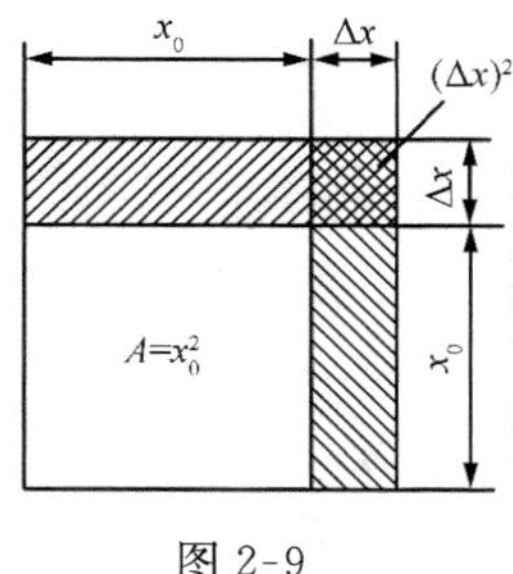

图 2-9

$$\Delta A\approx 2x_0(\Delta x).$$

上面两个例子所研究的情形是带有普遍性的.一般地，在一定条件下，函数的增量总可以写成两部分之和，一部分是 Δx 的线性函数(线性主部)，另一部分是 Δx 的高阶无穷小.因此我们常用线性主部来近似计算增量.所谓微分就是函数增量的线性主部，下面给出定义.

一、微分的概念

定义 2-7-1　设 $y=f(x)$ 在 x_0 的某一邻域内有定义，$x_0+\Delta x$ 是该邻域内一点，如果

$$\Delta y=f(x_0+\Delta x)-f(x_0)=A\Delta x+o(\Delta x),$$

其中 A 是与 Δx 无关的常数(与 x_0 有关)，$o(\Delta x)$ 是比 Δx 高阶无穷小，则称线性主部 $A\Delta x$ 为 $y=f(x)$ 在点 x_0 处的微分，记作 $\mathrm{d}y$，即 $\mathrm{d}y=A\Delta x$.函数在一点有微分，也称函数在该点可微.

由定义可知，当 $A\neq 0$ 时，函数的微分 $\mathrm{d}y$ 与增量 Δy 是等价无穷小，而 $\Delta y-\mathrm{d}y$ 是比 Δx 高阶的无穷小，即

$$\lim_{\Delta x\to 0}\frac{\Delta y-\mathrm{d}y}{\Delta x}=\lim_{\Delta x\to 0}\frac{o(\Delta x)}{\Delta x}=0.$$

下面来研究函数在一点可微的条件.首先研究一下可微与可导的关系问题.

设 $y=f(x)$ 在点 x_0 处可微，即 $\Delta y=A\Delta x+o(\Delta x)$ 成立，于是

$$\lim_{\Delta x\to 0}\frac{\Delta y}{\Delta x}=\lim_{\Delta x\to 0}\left[A+\frac{o(\Delta x)}{\Delta x}\right]=A,$$

所以，$f(x)$ 在点 x_0 处可导，且有 $A=f'(x_0)$.

反之，如果 $y=f(x)$ 在点 x_0 处可导，即

$$\lim_{\Delta x\to 0}\frac{\Delta y}{\Delta x}=f'(x_0)$$

存在，由极限定理可得

$$\frac{\Delta y}{\Delta x}=f'(x_0)+\alpha,$$

其中 $\lim\limits_{\Delta x\to 0}\alpha=0$，于是

$$\Delta y=f'(x_0)\Delta x+\alpha\Delta x.$$

显然 $\alpha\Delta x=o(\Delta x)$，且 $f'(x_0)$是与 Δx 无关的，由微分定义可知，$y=f(x)$在点 x_0 处可微，且有 $\mathrm{d}y=f'(x_0)\Delta x$.

综上所述，我们实际上证明了如下定理.

定理 2-7-1 $y=f(x)$在点 x_0 处可微的充要条件是 $f(x)$在点 x_0 处可导，且有 $\mathrm{d}y=f'(x_0)\Delta x$.

定义 2-7-2 $y=f(x)$在任意点 x 处的微分 $\mathrm{d}y=f'(x)\Delta x$ 称为函数的微分.

例 2-7-1 求函数 $y=x^2$ 在 $x=2$ 和 $x=4$ 处的微分.

解 $\mathrm{d}y|_{x=2}=(x^2)'|_{x=2}\Delta x=4\Delta x, \mathrm{d}y|_{x=4}=(x^2)'|_{x=4}\Delta x=8\Delta x.$

例 2-7-2 求 $y=\ln(1+x)$在 $x=1$、$\Delta x=0.02$ 时的微分.

解 $$\mathrm{d}y\Big|_{\substack{x=1\\ \Delta x=0.02}}=(\ln(1+x))'|_{x=1}\times 0.02=\frac{1}{1+x}\Big|_{x=1}\times 0.02=0.01.$$

例 2-7-3 求 $y=\cos x$ 的微分.

解 $$\mathrm{d}y=(\cos x)'\Delta x=-\sin x\Delta x.$$

例 2-7-4 求 $y=x$ 的微分.

解 $$\mathrm{d}y=\mathrm{d}x=(x)'\Delta x=\Delta x.$$

由例 2-7-4 可见，自变量的微分等于自变量的增量.因此，我们可将微分表示为

$$\mathrm{d}y=f'(x)\mathrm{d}x,$$

从而有

$$\frac{\mathrm{d}y}{\mathrm{d}x}=f'(x).$$

这就是说，导数等于因变量的微分与自变量的微分之商，因此导数也叫微商.由此可见，导数用记号$\frac{\mathrm{d}y}{\mathrm{d}x}$表示的真正含义.

二、微分的几何意义

在直角坐标系中，已知曲线上点 $M(x_0,y_0)$和邻近点 $N(x_0+\Delta x,y_0+\Delta y)$，由图 2-10可见

$$MQ=\Delta x,\quad QN=\Delta y.$$

过点 M 作曲线的切线MT，它的倾角为 α，则

$$QP=MQ\tan\alpha=f'(x_0)\Delta x,$$

即

$$\mathrm{d}y=QP.$$

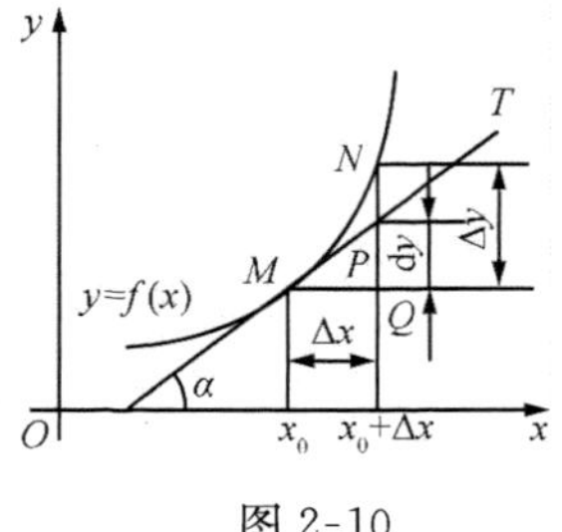

图 2-10

由此可见，当自变量有增量 Δx 时，$y=f(x)$在点 x_0 处的微分 $\mathrm{d}y$ 等于曲线在$M(x_0,y_0)$点的切线的纵坐标的改变量.

三、微分的运算

由微分的表达式 $\mathrm{d}y=f'(x)\mathrm{d}x$ 可以计算函数的微分，即导数乘以 $\mathrm{d}x$.我们不难从导数的公式和运算法则，立刻写出微分的基本公式和运算法则.

1.微分的基本公式

(1) $d(x^{\mu})=\mu x^{\mu-1}dx$；

(2) $d(\log_a|x|)=\dfrac{1}{x\ln a}dx$；

(3) $d(\ln|x|)=\dfrac{1}{x}dx$；

(4) $d(a^x)=a^x\ln a\,dx$；

(5) $d(e^x)=e^x dx$；

(6) $d(\sin x)=\cos x\,dx$；

(7) $d(\cos x)=-\sin x\,dx$；

(8) $d(\tan x)=\sec^2 x\,dx$；

(9) $d(\cot x)=-\csc^2 x\,dx$；

(10) $d(\arcsin x)=\dfrac{1}{\sqrt{1-x^2}}dx$；

(11) $d(\arccos x)=-\dfrac{1}{\sqrt{1-x^2}}dx$；

(12) $d(\arctan x)=\dfrac{1}{1+x^2}dx$；

(13) $d(\text{arccot}\,x)=\dfrac{-1}{1+x^2}dx$.

2.微分的运算法则

设 $u=u(x)$，$v=v(x)$可微，则有

(1) $d(u\pm v)=du\pm dv$；

(2) $d(uv)=v\,du+u\,dv$，$d(cu)=c\,du$（c 常数）；

(3) $d\left(\dfrac{u}{v}\right)=\dfrac{v\,du-u\,dv}{v^2}$.

下面仅证明(2)，其他公式证明留给读者.

$d(uv)=(uv)'dx=(u'v+uv')dx=v(u'dx)+u(v'dx)=v\,du+u\,dv$.

3.复合函数微分法则(微分形式不变性)

设 $y=f(u)$，$u=\varphi(x)$，则复合函数 $y=f[\varphi(x)]$的微分为 $dy=y'_x dx$，即

$$dy=(f[\varphi(x)])'dx=f'(u)\varphi'(x)dx.$$

注意到 $du=\varphi'(x)dx$，则

$$dy=f'(u)du.$$

由此可见，不论 u 是自变量或是中间变量，微分 $dy=f'(u)du$ 的形式是不变的.这一性质称为微分形式的不变性.利用这一性质，给微分运算带来一些方便.

例 2-7-5　$y=\sin(2x+3)$，求 dy.

解　$$dy=\cos(2x+3)d(2x+3)=2\cos(2x+3)dx.$$

例 2-7-6　$y=(a^2-x^2)^2$，求 dy.

解　$$dy=2(a^2-x^2)d(a^2-x^2)=-4x(a^2-x^2)dx.$$

例 2-7-7　$y=\ln(1+e^{x^2})$，求 dy，$\dfrac{dy}{dx}$.

解　$$dy=\frac{1}{1+e^{x^2}}d(1+e^{x^2})=\frac{e^{x^2}}{1+e^{x^2}}dx^2=\frac{2xe^{x^2}}{1+e^{x^2}}dx,$$

从而有

$$\frac{dy}{dx}=\frac{2xe^{x^2}}{1+e^{x^2}}.$$

例 2-7-8 $y=e^{ax}\cos bx$，求 dy.

解
$$\begin{aligned} dy &= \cos bx\, de^{ax}+e^{ax}d(\cos bx) \\ &= a\cos bx\, e^{ax}dx-be^{ax}\sin bx\, dx \\ &= e^{ax}(a\cos bx-b\sin bx)dx. \end{aligned}$$

作下面的例题，对以后计算不定积分是有好处的.

例 2-7-9 在下列等式左端的括号内填人适当的函数，使等式成立：

(1)$d(\quad)=x\,dx$； (2)$d(\quad)=\sin 2x\,dx$；

(3)$d(\quad)=\dfrac{1}{1+x^2}dx$； (4)$d(\quad)=xe^{x^2}dx$.

解 (1)$x\,dx=\dfrac{1}{2}d(x^2)=d\left(\dfrac{x^2}{2}\right)=d\left(\dfrac{x^2}{2}+c\right)$.

(2)$\sin 2x\,dx=\dfrac{1}{2}\sin 2x\,d(2x)=-\dfrac{1}{2}d(\cos 2x)=d\left(-\dfrac{1}{2}\cos 2x+c\right)$.

(3)$\dfrac{1}{1+x^2}dx=d(\arctan x)=d(\arctan x+c)$.

(4)$xe^{x^2}dx=\dfrac{1}{2}e^{x^2}d(x^2)=\dfrac{1}{2}de^{x^2}=d\left(\dfrac{1}{2}e^{x^2}+c\right)$.

四、微分在近似计算中的应用

由前面的讨论可知，函数的增量可以用微分来近似，即

$$\Delta y=f(x_0+\Delta x)-f(x_0)\approx dy=f'(x_0)\Delta x \quad (|\Delta x|\text{很小})$$

或

$$f(x_0+\Delta x)\approx f(x_0)+f'(x_0)\Delta x.$$

如记 $x=x_0+\Delta x$，则有

$$f(x)\approx f(x_0)+f'(x_0)(x-x_0) \quad (|x-x_0|\text{很小}).$$

这个近似公式可以用来求函数值的近似值.只要 $f(x_0)$ 和 $f'(x_0)$ 都容易计算，且 x 靠近 x_0，用 x 的线性函数 $f(x_0)+f'(x_0)(x-x_0)$ 来近似 $f(x)$ 是这种近似计算的实质.

例 2-7-10 在一个半径为 1cm 的金属球表面上，镀上一层铜，厚度为 0.01cm，估计一下需用铜多少克(铜的密度是 8.9g/cm^3)?

解 球的体积 V 与半径 R 之间的关系是 $V=\dfrac{4}{3}\pi R^3$，已知 $R_0=1$，$\Delta R=0.01$，镀层的体积 ΔV，利用微分近似公式，可得

$$\Delta V\approx dV=\left(\frac{4}{3}\pi R^3\right)'\bigg|_{R=R_0}\cdot\Delta R=4\pi R_0^2\Delta R.$$

将 $R_0=1$，$\Delta R=0.01$ 代入，得

$$\Delta V\approx 4\times 3.14\times 1^2\times 0.01\text{cm}^3=0.13\text{cm}^3.$$

所需要的铜大约为 $0.13\times8.9\text{g}=1.16\text{g}$.

例 2-7-11　求 $\sqrt{8.9}$ 的近似值.

解　首先选取函数 $f(x)=\sqrt{x}$，所要计算的值为 $f(8.9)=\sqrt{8.9}$，$x=8.9$.

其次选取 x_0，使 $f(x_0)$ 与 $f'(x_0)$ 容易计算，且 $|x-x_0|$ 很小. 显然，取 $x_0=9$ 较为合适.

$$f(9)=\sqrt{9}=3,\quad f'(9)=\left.\frac{1}{2\sqrt{x}}\right|_{x=9}=\frac{1}{6}.$$

最后，利用微分近似公式，得

$$\sqrt{8.9}\approx f(9)+f'(9)(8.9-9)=3+\frac{1}{6}\times(-0.1)\approx2.98.$$

例 2-7-12　利用微分计算 $\sin30°30'$ 的近似值.

解　选取函数 $f(x)=\sin x$，此时 $f'(x)=\cos x$，把角度化为弧度，得

$$30°30'=\frac{\pi}{6}+\frac{\pi}{360},\quad x_0=\frac{\pi}{6},\quad x=\frac{\pi}{6}+\frac{\pi}{360},$$

所以

$$\sin30°30'=\sin\left(\frac{\pi}{6}+\frac{\pi}{360}\right)\approx\sin\frac{\pi}{6}+\cos\frac{\pi}{6}\left(\frac{\pi}{360}\right)=\frac{1}{2}+\frac{\sqrt{3}}{2}\frac{\pi}{360}\approx0.5076.$$

在微分的近似公式中，如果取 $x_0=0$，则有

$$f(x)\approx f(0)+f'(0)x\quad(|x|\text{很小}),$$

利用这个近似公式，可推导出以下几个在工程中常用的近似公式(下面假定 $|x|$ 很小)：

(1) $\sin x\approx x$；　(2) $\tan x\approx x$；　(3) $e^x\approx1+x$；

(4) $\ln(1+x)\approx x$；　(5) $\sqrt[n]{1+x}\approx1+\frac{1}{n}x$.

证　下面仅证(5)，其他类似可证. 令

$$f(x)=\sqrt[n]{1+x},\quad f(0)=1,\quad f'(0)=\left.\frac{1}{n}(1+x)^{\frac{1}{n}-1}\right|_{x=0}=\frac{1}{n},$$

代入近似公式，可得

$$\sqrt[n]{1+x}\approx1+\frac{1}{n}x.$$

例 2-7-13　计算 $\sqrt{1.05}$ 的近似值.

解　令 $f(x)=\sqrt{1+x}$，$x=0.05$，由近似公式

$$\sqrt{1.05}=\sqrt{1+0.05}\approx1+\frac{1}{2}\times0.05=1.025,$$

如果查表可得 $\sqrt{1.05}\approx1.02470$. 由此可见，误差不超过 0.001，近似公式比较准确.

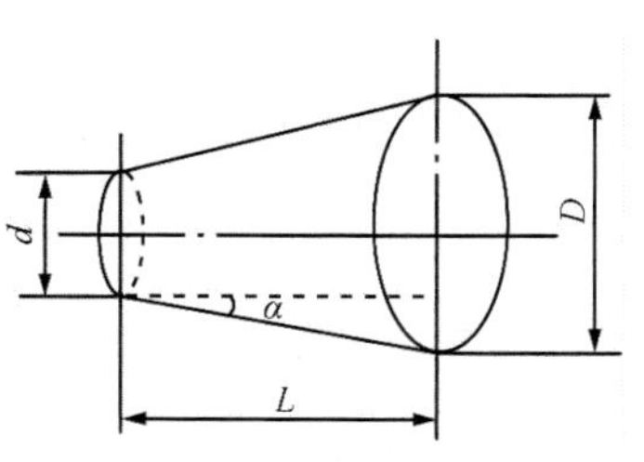

图 2-11

例 2-7-14　在加工锥形工件时，如果大头直径和小头直径为 D 和 d，长度为 L(图 2-11). 在实际中常用公式

$$\alpha=\frac{D-d}{L}\times 28.6^\circ$$

来计算锥度 α，在 $\alpha<5^\circ$时满足要求，试证明近似公式.

证 由图可见 $\tan\alpha=\frac{D-d}{2L}$，因 $\alpha<5^\circ=\frac{5\pi}{180}=\frac{\pi}{36}$，$L$ 比 $D-d$ 大得多，所以由近似公式 $\tan\alpha\approx\alpha$ 可得

$$\alpha\approx\frac{D-d}{2L} \quad (\alpha\text{ 用弧度制表示}).$$

由于 $1\text{ran}=\frac{180^\circ}{\pi}=57.3^\circ$，所以

$$\alpha\approx\frac{D-d}{2L}\times 57.3^\circ\approx\frac{D-d}{L}\times 28.6^\circ.$$

*五、微分在误差估计中的应用

首先介绍有关误差的一些知识，然后再讨论误差估计问题.

1.*直接测量误差和间接测量误差*

在实际测量中，有些量可以直接测量，有些量不能直接测量，而是通过直接测量的数据，再用数学公式算出，这种量称为间接测量的量.例如，我们可以用游标卡尺去量正方形的边长 a，边长 a 是直接测量的量，而正方形的面积 A，则是用面积公式 $A=a^2$ 去计算，所以面积是间接测量的量.

由于测量仪器的精度等方面的因素，测量一般得不到准确值，数据总带有误差，用这些数据进行计算所得的结果也会有误差.所以误差也可以分为直接测量的误差和间接测量的误差.

2.*绝对误差和相对误差*

设某个量的准确值为 A，近似值为 a，则 $|A-a|$ 称为 a 的绝对误差，而 $\frac{|A-a|}{|a|}$ 称为 a 的相对误差.

上面所定义的绝对误差和相对误差在实际中是无法计算的，因为准确值是无法知道的，而我们所知道的仅是误差的范围.

如果 $|A-a|\leqslant\delta_A$，则称 δ_A 为 a 的绝对误差限(简称绝对误差)，而 $\frac{\delta_A}{|a|}$ 称为 a 的相对误差限(简称相对误差)，记作

$$\delta_A^*=\frac{\delta_A}{|a|}.$$

3.*直接测量误差和间接测量误差的关系*

设直接测量量 x 的数据为 x_0，间接测量量 y 的数据为 y_0，且有 $y=f(x)$.x_0 的绝对误差为 δ_x，y_0 的绝对误差为 δ_y，即

$$|\Delta x|\leqslant\delta_x,\quad |\Delta y|\leqslant\delta_y.$$

由微分近似公式,可得

$$|\Delta y|\approx|\mathrm{d}y|=|f'(x_0)\Delta x|\leqslant|f'(x_0)|\delta_x,$$

即 $\delta_y=|f'(x_0)|\delta_x$,因而有

$$\delta_y^*=\frac{\delta_y}{|y_0|}=\frac{|f'(x_0)|}{|f(x_0)|}\delta_x.$$

例 2-7-15 现测得圆钢截面的直径 $D=60.03\mathrm{mm}$,测量 D 的绝对误差 $\delta_D=0.05\mathrm{mm}$,利用公式

$$A=\frac{\pi}{4}D^2$$

计算圆钢的截面,试估计面积的误差.

解 由于

$$\delta_A=\left|\left(\frac{\pi D^2}{4}\right)'\right|\delta_D=\frac{\pi D}{2}\delta_D,$$

$$\delta_A^*=\frac{\delta_A}{|A|}=\frac{\frac{\pi D}{2}\delta_D}{\frac{\pi D^2}{4}}=\frac{2}{D}\delta_D.$$

将 $D=60.03$,$\delta_D=0.05$ 代入得

$$\delta_A=\frac{\pi}{2}\times 60.03\times 0.05(\mathrm{mm}^2)\approx 4.715(\mathrm{mm}^2),$$

$$\delta_A^*=\frac{2}{60.03}\times 0.05\approx 0.17\%.$$

练习题 2-7 (见习题二)
(二)36(2)(4)(5)(6)(9).

作业题 2-7 (见习题二)
(三)9,10.

习 题 二

(一)

1.设有一根细棒,取棒的一端作为原点,棒上任意点的坐标为 x,于是分布在$[0,x]$上细棒的质量 m 是 x 的函数 $m=m(x)$,应该怎样定义细棒在点 x_0 处的线密度.

2.若 $f'(x_0)$存在,求下列各极限:

(1)$\lim\limits_{h\to 0}\dfrac{f(x_0+2h)-f(x_0)}{h}$;　　(2)$\lim\limits_{h\to 0}\dfrac{f(x_0+h)-f(x_0-h)}{h}$;

(3)$\lim\limits_{h\to 0}\dfrac{f(x_0)-f(x_0-h)}{h}$;　　(4)$\lim\limits_{\Delta x\to 0}\dfrac{f(x_0+2\Delta x)-f(x_0+\Delta x)}{\Delta x}$.

3.设 $y=f(x)$在区间 I 内可导,x 和 x_0 为 I 内的点,记号 $f'(x_0)$,$[f(x_0)]'$,$f'(x)$,$f'(x)|_{x=x_0}$所表示的意义各是什么?

4.试回答下列问题:

(1)$f(x)$在 x_0 点可导,曲线 $y=f(x)$在点$[x_0,f(x_0)]$是否一定有切线?

(2)$f(x)$在 x_0 点不可导,曲线 $y=f(x)$在$[x_0,f(x_0)]$是否一定无切线?

(3)曲线 $y=f(x)$在$[x_0,f(x_0)]$点有切线,$f(x)$在点 x_0 处是否一定可导?

(4)曲线 $y=f(x)$在$[x_0,f(x_0)]$点无切线,$f(x)$在点 x_0 处是否一定不可导?

5.有人在求抛物线 $y=x^2$ 在点(1,1)处的切线方程时,把它写成

$$y-1=2x(x-1).$$

这样写对不对?为什么?

6.当 $\Delta x\to 0$ 时,用导数 $f'(x)$表示下列事实:

(1)Δy 是比 Δx 高阶的无穷小;

(2)Δy 与 Δx 是等价无穷小;

(3)Δy 是比 Δx 低阶的无穷小.

7.设

$$f(x)=\begin{cases} x^2\sin\dfrac{1}{x}, & x\neq 0, \\ 0, & x=0, \end{cases}$$

当 $x\neq 0$ 时,$f'(x)=2x\sin\dfrac{1}{x}-\cos\dfrac{1}{x}$,于是

(1)因为当 $x=0$ 时 $f'(x)$无意义,所以在 $x=0$ 点 $f(x)$不可导.这样分析对吗?

(2)因为$\lim\limits_{x\to 0}f'(x)$不存在,所以 $f(x)$在 $x=0$ 点不可导,这样分析对吗?

8.设函数

$$f(x)=\begin{cases} x^\alpha\sin\dfrac{1}{x}, & x\neq 0, \\ 0, & x=0, \end{cases}$$

问 α 的值在什么范围内,函数满足

(1)在 $x=0$ 点连续; (2)在 $x=0$ 点可导; (3)在 $x=0$ 点导函数连续.

9.判别下列命题的真伪,真者加以证明,否则举出反例.

(1)若 $f(x)$在点 x_0 处不连续,则 $f(x)$在点 x_0 处必不可导;

(2)若 $f(x)$在点 x_0 处不可导,则 $f(x)$在点 x_0 处必不连续;

(3)若 $f(x)$在点 x_0 处不可导,$g(x)$在点 x_0 处可导,则 $f(x)\pm g(x)$在点 x_0 处必不可导;

(4)若 $f(x)$和 $g(x)$皆在 x_0 点不可导,则 $f(x)\pm g(x)$在点 x_0 处也不可导.

10.如果 $u=\varphi(x)$在点 x_0 处可导,而 $y=f(u)$在 $u_0=\varphi(x_0)$处可导,则复合函数 $y=f[\varphi(x)]$在点 x_0 处可导,这是大家所熟知的,问下列三种情况是否成立?

(1)如果 $u=\varphi(x)$在点 x_0 处不可导,而 $y=f(u)$在 $u_0=\varphi(x_0)$处可导,则 $y=f[\varphi(x)]$在点 x_0 处一定不可导;

(2)如果 $u=\varphi(x)$在点 x_0 处可导,$y=f(u)$在 $u_0=\varphi(x_0)$处不可导,则 $y=f[\varphi(x)]$在点 x_0 处一定不可导;

(3)如果 $u=\varphi(x)$在点 x_0 处不可导,$y=f(u)$在 $u_0=\varphi(x_0)$处也不可导,则 $y=f(u)$在点 x_0 处一定不可导.

11.若 $\Delta y=f(2+\Delta x)-f(2)=\Delta x(2+\sin\Delta x)$，问 $y=f(x)$ 在 $x=2$ 处是否一定可微？是否一定可导？

12.当 $\Delta x\to 0$ 时，比较无穷小 Δy 和 $\mathrm{d}y$.

13.设 $x=\cos t$，$y=\sin t$，求 $\dfrac{\mathrm{d}y}{\mathrm{d}x}$，$\dfrac{\mathrm{d}^2y}{\mathrm{d}x^2}$.问下列解法对吗？

$$\frac{\mathrm{d}y}{\mathrm{d}x}=\frac{y_t'}{x_t'}=\frac{\cos t}{-\sin t}=-\cot t,\quad \frac{\mathrm{d}^2y}{\mathrm{d}x^2}=(-\cot t)'=\csc^2 t.$$

14.下列求导对否，为什么？（a 为常数）

(1) $\dfrac{\mathrm{d}}{\mathrm{d}x}(x^a)=ax^{a-1}$；　　(2) $\dfrac{\mathrm{d}}{\mathrm{d}x}(a^x)=xa^{x-1}$；

(3) $\dfrac{\mathrm{d}}{\mathrm{d}x}(a^a)=aa^{a-1}$；　　(4) $\dfrac{\mathrm{d}}{\mathrm{d}x}(x^x)=xx^{x-1}=x^x$.

15.设 $f(x)=x^3$，下列求导哪一个是正确的，为什么？

(1) $f'(x^2)=3x^4$；　　(2) $f'(x^2)=6x^5$；

(3) $[f(x^2)]'=3x^4$；　　(4) $[f(x^2)]'=6x^5$.

16.我们知道，如果 $f(x)$ 在点 x_0 处可导，那么 $f(x)$ 在 x_0 处必连续.问在 x_0 的充分小邻域内 $f(x)$ 是否一定连续？

17.问微分 $\mathrm{d}y=f'(x)\mathrm{d}x$ 中的 $\mathrm{d}x$ 是否要很小？

（二）

1.利用导数定义，求下列函数在指定点的导数：

(1) $y=\sqrt{x}$，$x_0=1$；　　(2) $y=\dfrac{1}{x}$，$x_0=-1$；

(3) $y=\tan\theta$，$\theta_0=\dfrac{\pi}{4}$；　　(4) $y=\ln x$，$x_0=\mathrm{e}$.

2.证明 $(\cos x)'=-\sin x$.

3.已知物体的运动方程 $x=t^3$，求物体在 $t=2\mathrm{s}$ 时的速度.

4.求下列函数的导数：

(1) $y=x^6$；　　(2) $y=x^{\frac{2}{3}}$；　　(3) $y=x^2\dfrac{\sqrt[3]{x^2}}{\sqrt{x}}$；　　(4) $y=\dfrac{1}{\sqrt[3]{x^4}}$.

5.下列函数在 $x=0$ 点的导数是否存在，是否连续？

(1) $f(x)=|\sin x|$；　　(2) $f(x)=\sqrt[3]{x}$；

(3) $f(x)=\begin{cases} x\sin\dfrac{1}{x}, & x\neq 0,\\ 0, & x=0.\end{cases}$

6.求曲线 $y=\cos x$ 在点 $\left(\dfrac{\pi}{3},\dfrac{1}{2}\right)$ 处的切线与法线方程.

7.求曲线 $y=\ln x$ 在点 $(\mathrm{e},1)$ 处的切线与法线方程.

8.$y=x^2$ 上取横坐标为 $x_1=1$ 和 $x_2=3$ 的两点，过这两点作割线，问抛物线上哪一点的切线平行于这割线?

9.已知 $f(x)=\begin{cases}\sin x, & x<0,\\ x, & x\geqslant 0,\end{cases}$ 求 $f'(x)$.

10.求下列函数的导数:

(1) $y=3x^2-\dfrac{2}{x^2}+5$;

(2) $y=(\sqrt{x}+1)\left(\dfrac{1}{\sqrt{x}}-1\right)$;

(3) $y=\dfrac{1-x}{1+x}$;

(4) $y=x^2\cos x$;

(5) $y=2\tan x+\sec x-1$;

(6) $y=a^x+\mathrm{e}^x$;

(7) $y=\mathrm{e}^x\ln x$;

(8) $y=\dfrac{1}{1+x+x^2}$;

(9) $y=\dfrac{\mathrm{e}^x}{x^2}+\ln 3$;

(10) $y=\dfrac{1+\sin t}{1+\cos t}$;

(11) $y=\mathrm{e}^x(\sin x-\cos x)$;

(12) $y=\dfrac{2\csc x}{1+x^2}$;

(13) $y=(2+\sec x)\sin x$;

(14) $y=x\ln x+\dfrac{\ln x}{x}$.

11.求下列函数在指定点处的导数:

(1) $s=\dfrac{t^2}{(1+t)(1-t)}, t=2$;

(2) $\rho=\varphi\sin\varphi+\dfrac{1}{2}\cos\varphi, \varphi=\dfrac{\pi}{4}$;

(3) $y=\dfrac{\cos x}{2x^2+3}, x=0$;

(4) $f(t)=\dfrac{1-\sqrt{t}}{1+\sqrt{t}}, t=4$.

12.求曲线 $y=x-\dfrac{1}{x}$ 与 x 轴交点处的切线方程.

13.求下列函数的导数:

(1) $y=\mathrm{e}^{-3x}$;

(2) $y=\sqrt{3-2x}$;

(3) $y=(x^4-1)^{\frac{3}{2}}$;

(4) $y=\dfrac{x}{\sqrt{4-x^2}}$;

(5) $y=\dfrac{\arcsin x}{x}$;

(6) $y=\ln(1-2x)$;

(7) $y=\cos(4-3x)$;

(8) $y=\mathrm{e}^{-3x^2}$;

(9) $y=\sin^2 x$;

(10) $y=\sin^3 t\cos t$;

(11) $y=\tan\dfrac{x}{2}-\cot\dfrac{x}{2}$;

(12) $y=a^x\arctan x$;

(13) $y=\arctan \mathrm{e}^x$;

(14) $y=(\arcsin x)^2$;

(15) $y=\mathrm{e}^{-\frac{x}{2}}\cos 3x$;

(16) $y=\arccos\dfrac{1}{x}$;

(17) $\rho=\sin(\cos^2\theta)\cos(\sin^2\theta)$;

(18) $y=\cos\left(\dfrac{1-\sqrt{x}}{1+\sqrt{x}}\right)$;

(19) $\rho=\theta^2+\ln\cos^2(\tan 3\theta)$；

(20) $y=e^a\arctan x$；

(21) $y=\ln(\sec x+\tan x)$；

(22) $y=\sqrt{1+\ln^2 x}$；

(23) $y=\arcsin x+\arccos x$；

(24) $y=\arctan\dfrac{x+1}{x-1}$；

(25) $y=\dfrac{1}{4}\ln\dfrac{1+x}{1-x}-\dfrac{1}{2}\arctan x$；

(26) $y=\log_3|x^2-\sin x|$；

(27) $y=\arctan 2^\theta+\operatorname{arccot}\theta^2$；

(28) $y=e^{-x}\left(\arccos\dfrac{1}{x}\right)^2$.

14.设 $f(x)$ 可导，求 $\dfrac{dy}{dx}$.

(1) $y=f(x^2)$；

(2) $y=f(\sin^2 x)+f(\cos^2 x)$；

(3) $y=f(e^x)$；

(4) $y=f[(x+a)^n]$；

(5) $y=f(f[f(x)])$.

15.求下列函数的导数：

(1) $y=\operatorname{ch}(\operatorname{sh}x)$；

(2) $y=\operatorname{sh}x\,e^{\operatorname{ch}x}$；

(3) $y=\operatorname{th}(\ln x)$；

(4) $y=\operatorname{sh}^3 x+\operatorname{ch}^3 x$；

(5) $y=\operatorname{th}(1-x^2)$；

(6) $y=\ln\operatorname{ch}x+\dfrac{1}{2\operatorname{ch}^2 x}$.

16.求下列函数在指定点的高阶导数：

(1) $f(x)=\dfrac{x}{\sqrt{1+x^2}}$，求 $f''(0)$；

(2) $f(x)=e^{2x-1}$，求 $f''(0)f'''(0)$；

(3) $f(x)=(x+10)^6$，求 $f^{(5)}(0)$，$f^{(6)}(0)$.

17.验证 $y=c_1e^{\lambda x}+c_2e^{-\lambda x}$（$\lambda,c_1,c_2$ 为常数）满足关系式

$$y''-\lambda^2 y=0.$$

18.已知物体的运动规律为 $s=A\sin\omega t$（A,ω 为常数），求物体的运动速度和加速度，并验证 $\dfrac{d^2s}{dt^2}+\omega^2 s=0$.

19.求下列函数 n 阶导数的一般表达式：

(1) $y=x^n+a_1x^{n-1}+\cdots+a_n$；

(2) $y=\sin^2 x$；

(3) $y=x\ln x$；

(4) $y=xe^x$；

(5) $y=x^2\sin 2x$.

20.已知 $f''(x)$ 存在，求 $\dfrac{d^2y}{dx^2}$.

(1) $y=f(x^2)$；

(2) $y=\ln f(x)$.

21.求下列方程所确定的隐函数 $y=y(x)$ 的导数 y'：

(1) $y=\cos(x+y)$；

(2) $x^{\frac{2}{3}}+y^{\frac{2}{3}}=a^{\frac{2}{3}}$；

(3) $x^3+y^3-3axy=0$；

(4) $x=y+\arctan y$；

(5) $xy=e^{x+y}$.

22.求下列方程所确定的隐函数 $y=y(x)$ 的二阶导数：

(1) $y=1+xe^y$；

(2) $y=\tan(x+y)$.

23.用取对数求导法，求下列各函数的导数：

(1) $y=(\tan 2x)^{\cot x}$；　　(2) $y=\dfrac{\sqrt{x+2}(3-x)^4}{(1+x)^5}$；

(3) $y=\sqrt{x\sin x\sqrt{1-e^x}}$；　　(4) $y=(\sin x)^{\ln x}$；

(5) $y^x=x^y$.

24.求下列参数方程所确定的函数的导数：

(1) $\begin{cases}x=\dfrac{1-t}{1+t},\\ y=\dfrac{t^2}{1+t};\end{cases}$　　(2) $\begin{cases}x=at^2,\\ y=bt^3;\end{cases}$　　(3) $\begin{cases}x=at\cos t,\\ y=at\sin t.\end{cases}$

25.求下列由参数方程所确定函数的二阶导数$\dfrac{d^2y}{dx^2}$：

(1) $\begin{cases}x=\dfrac{t^2}{2},\\ y=1-t;\end{cases}$　　(2) $\begin{cases}x=\dfrac{1}{1+t},\\ y=\dfrac{t}{1+t};\end{cases}$

(3) $\begin{cases}x=f'(t),\\ y=tf'(t)-f(t)\end{cases}$　($f''(t)$存在且不为0)；

(4) $\begin{cases}x=at\cos t,\\ y=at\sin t,\end{cases}$　求$\left.\dfrac{d^2y}{dx^2}\right|_{t=\frac{\pi}{2}}$.

26.求曲线 $x^{\frac{2}{3}}+y^{\frac{2}{3}}=a^{\frac{2}{3}}$ 在点$\left(\dfrac{\sqrt{2}}{4}a,\dfrac{\sqrt{2}}{4}a\right)$处的切线方程和法线方程.

27.求曲线 $y=x(\ln x-1)$ 在点 $x=e$ 处的切线与法线方程.

28.已知直线 $y=x+2$ 是抛物线 $y=x^2+ax+b$ 在点(2,4)处的切线，求 a、b 的值.

29.求下列曲线在指定点的切线和法线方程：

(1) $\begin{cases}x=\sin t,\\ y=\cos 2t,\end{cases}$ 在 $t=\dfrac{\pi}{4}$ 处；　　(2) $\begin{cases}x=\dfrac{3at}{1+t^2},\\ y=\dfrac{3at^2}{1+t^2},\end{cases}$ 在 $t=2$ 处.

30.圆半径以 2cm/s 的速度增加，求半径为 10cm 时，圆面积增加的速率.

31.梯子上端靠墙，下端着地，长 10m，当梯子下端离墙 6m 时，以 2m/s 的速度离开墙，问这时梯子上端下滑的速度是多少？

32.灯高 4m，人高$\dfrac{5}{3}$m，若人以 56m/min 的速度离开灯，求人影增长的速度.

33.在中午 12 点时，甲船以 6km/h 的速度向东行驶，乙船在甲船北 16km，以 8km/h 的速度向南行驶，问下午一点整两船相离的速率是多少？

34.溶液自深 18cm 顶直径为 12cm 的圆锥形漏斗中漏入一直径为 10cm 的圆柱形筒中.开始时漏斗中盛满了水.已知当溶液在漏斗中深为 12cm 时，其表面下降的速率为 1cm/min，问此时圆柱体筒中溶液表面上升的速率为多少？

35. $y=x^3-x$，计算在 $x=2$ 处，当 $\Delta x=1,0.1,0.01$ 时的 Δy 及 dy.

36. 求下列各函数的微分：

(1) $y=\frac{1}{x}+2\sqrt{x}$；　　(2) $y=x\sin 2x$；

(3) $y=\frac{x}{\sqrt{1+x^2}}$；　　(4) $y=[\ln(1-x)]^2$；

(5) $y=x^2e^{2x}$；　　(6) $y=e^{-x}\cos(3-x)$；

(7) $y=\arcsin\sqrt{1-x^2}$；　　(8) $y=\tan^2(1+2x^2)$；

(9) $y=\arctan\frac{1-x^2}{1+x^2}$；　　(10) $y=\frac{\sin x}{2\cos^2 x}+\frac{1}{2}\ln\tan\left(\frac{x}{2}+\frac{\pi}{4}\right)$.

37. 在括号内填入适当的函数，使等式成立.

(1) $d(\quad)=\cos t\,dt$；　　(2) $d(\quad)=\sin\omega x\,dx$；

(3) $d(\quad)=\frac{1}{1+x}dx$；　　(4) $d(\quad)=e^{-2x}dx$；

(5) $d(\quad)=\frac{1}{\sqrt{x}}dx$；　　(6) $d(\quad)=\sec^2 3x\,dx$；

(7) $d(\quad)=\frac{1}{x}\ln x\,dx$；　　(8) $d(\quad)=\frac{x}{\sqrt{1-x^2}}dx$.

38. 求下列函数值的近似值(取 4 位小数)：

(1) $\cos 29°$；　　(2) $\ln 0.99$；　　(3) $\arcsin 0.4983$；

(4) $\arctan 1.02$；　　(5) $\sin(-31°)$；　　(6) $\sqrt[3]{998}$.

39. 有一圆扇形，测得半径 $R=100$cm，圆心角 $\alpha=60°$，如果 R 不变，α 减少 $30'$，问扇形面积大约改变了多少？又如果 α 不变，R 增加 1cm 时，问扇形面积大约改变了多少？

40. 正方形的边长为 2.41m±0.005m，求出它的面积，并估计绝对误差和相对误差.

41. 有一立方体铁箱，它的边长为 70cm±0.1cm，求出它的体积，并估计绝对误差和相对误差.

42. 已知测量球的直径时，有 1%的相对误差，问用公式 $V=\frac{\pi}{6}D^3$ 计算球的体积时，相对误差是多少？

43. 计算球的体积时，要求精确度在 2%以内，问这时测量直径 D 时的相对误差不能超过多少？

(三)

1. 讨论下列函数在 $x=0$ 点的连续性与可导性：

(1) $f(x)=\begin{cases}1-\cos x, & x\geq 0,\\ x, & x<0;\end{cases}$　　(2) $f(x)=\begin{cases}x^2\sin\frac{1}{x}, & x\neq 0,\\ 0, & x=0.\end{cases}$

2.设 $f(x)$ 在 $x=0$ 处可导，且 $f(0)=0, f'(0)=A$，求 $\lim\limits_{x\to 0}\dfrac{f(2x)}{x}$.

3. 当 a 为何值时，抛物线 $y=ax^2$ 与曲线 $y=\ln x$ 相切？切点在何处？写出切线方程.

4.求下列函数的导数：

(1) $y=\dfrac{a^x-1}{a^x+1}$；　　(2) $y=\dfrac{x\arcsin x}{\sqrt{1-x^2}}$；

(3) $y=\left(\dfrac{1-x^2}{1+x^2}\right)^{\frac{1}{4}}$；　　(4) $y=\arctan(x^2+3)$；

(5) $y=\ln(\sqrt{a^2+x^2}-x)$；　　(6) $y=\mathrm{e}^{\tan\sqrt{x}}$；

(7) $y=6^{-\lg^2 3x}$；　　(8) $y=\sqrt{x+\sqrt{x+\sqrt{x}}}$.

5.求 $y^{(n)}$：

(1) $y=\dfrac{1}{x^2-3x+2}$；　　(2) $y=x^2\sin x$.

6.选择适当的方法求导数((1)(2)求 y'，(3)(4) 求 y', y'')：

(1) $y=(\cos x)^{\sin x}$；　　(2) $y=\dfrac{\sqrt{x+1}\,(2-x)^4}{(3+x)^5}$；

(3) $\arctan\dfrac{x}{y}=\ln\sqrt{x^2+y^2}$；　　(4) $\begin{cases}x=t\cos t,\\ y=t\sin t.\end{cases}$

7.求过点$(-4,2)$且与椭圆 $x^2+xy+y^2=3$ 相切的直线方程.

8.求曲线 $\begin{cases}x=\cos t,\\ y=\sin\dfrac{t}{2}\end{cases}$ 在 $t=\dfrac{\pi}{3}$ 处的切线与法线方程.

9.求下列函数的微分：

(1) $y=\mathrm{e}^{-2x}\cos(3+x)$；　　(2) $y=\arctan\dfrac{1+x^2}{1-x^2}$.

10.求下列函数值的近似值

(1) $\ln 1.01$；　　(2) $\cos 31°$.

（四）

1.设

$$f(x)=\begin{cases}\mathrm{e}^{2x}+b, & x\leqslant 0,\\ \sin ax, & x>0,\end{cases}$$

问常数 a,b 取什么值时，函数 $f(x)$在 $x=0$ 处可导.

2.讨论 $f(x)=\begin{cases}\dfrac{x}{1+\mathrm{e}^{\frac{1}{x}}}, & x\neq 0\\ 0, & x=0\end{cases}$，在 $x=0$ 处的可导性.

3.如果 $f(x)$是偶函数，且 $f'(0)$存在，证明 $f'(0)=0$.

4.设 $f(x)=(x-a)\varphi(x)$,其中 $\varphi(x)$在 $x=a$ 处连续,讨论 $f(x)$在 $x=a$ 处的可导性.

5.设 $f(x)=|x-a|\varphi(x)$,其中 $\varphi(x)$为连续函数,讨论 $f(x)$在 $x=a$ 处的可导性.

6.证明:

(1)可导偶函数的导函数为奇函数;

(2)可导奇函数的导函数为偶函数;

(3)可导的周期函数的导函数为周期函数.

7.设 $f(x)=x(x-1)(x-2)\cdots(x-99)(x-100)$,求 $f'(1)$.

8.已知 $f(x)=\max\{x^2,3\}$,求 $f'(x)$.

9.求下列函数的导数:

(1)$y=\ln[\ln^2(\ln^3 x)]$;　(2)$y=\left(\frac{q}{p}\right)^x\left(\frac{q}{x}\right)^p\left(\frac{x}{p}\right)^q$;　(3)$y=x^{e^e}+e^{x^e}+e^{e^x}$;

(4)$y=\sin[\cos^2(\tan^3 x)]$;　(5)$y=x^{e^x}+e^{x^x}+x^{x^e}$;　(6)$y=\frac{(\ln x)^x}{x^{\ln x}}$.

10.若 $f\left(\frac{1}{x}\right)=e^{x+\frac{1}{x}}$,求 $f'(x)$.

11.分别就下列函数,求 $f'[f(x)]$,$f[f'(x)]$.

(1)$f(x)=\sin x$;　(2)$f(x)=x^2$.

12.若 $f'\left(\frac{\pi}{3}\right)=1$,$y=f\left(\arccos\frac{1}{x}\right)$,求$\left.\frac{dy}{dx}\right|_{x=2}$.

13.求过原点且与曲线 $y=\frac{x+9}{x+5}$相切的直线方程.

14.设 $f(x)$在$(-\infty,+\infty)$上是可导的奇函数,试证明曲线 $y=f(x)$在点$(x_0,f(x_0))$和点$(-x_0,f(-x_0))$处的切线互相平行.

15.设 $f'(a)$存在,且 $f(a)\neq 0$,证明$\lim\limits_{x\to 0}\left[\frac{f(a+x)}{f(a)}\right]^{\frac{1}{x}}=e^{\frac{f'(a)}{f(a)}}$.

16.设 $f(x)=e^x$,$g(x)=\sin x$,求$\frac{f'(g(x))+g'(f(x))}{g(f'(x))+f(g'(x))}$.

17.求 n 阶导数:

(1)$y=\sin^4 x-\cos^4 x$;　(2)$y=a^{bx}$;　(3)$y=\frac{1}{x(x+1)}$.

18.已知 $x=\ln t$,$y=t^m$,求$\left.\frac{d^n y}{dx^n}\right|_{t=1}$.

19.求函数 $y=\frac{1}{2}\ln\frac{1+x}{1-x}$的反函数 $x=\varphi(y)$的导数.

20.已知 $y=f(x)$的导数 $f'(x)=-\left(\frac{2x+1}{1+x+x^2}\right)^2$,且 $f(-1)=1$,求 $y=f(x)$的反函数 $x=\varphi(y)$的导数 $\varphi'(1)$.

21.试从$\frac{dx}{dy}=\frac{1}{y'}$导出:

(1)$\frac{d^2x}{dy^2}=-\frac{y''}{(y')^3}$;　(2)$\frac{d^3x}{dy^3}=\frac{3(y'')^2-y'y'''}{(y')^5}$.

22.若 $\varphi(x)$处处可微,且 $\varphi(x)>0$,求 $\mathrm{d}\varphi\left(\frac{\ln\varphi(x)}{\varphi(x)}\right)$.

23.求$\frac{\mathrm{d}(x^2\mathrm{e}^x)}{\mathrm{d}(x^3)}$和$\frac{\mathrm{d}^3(x^2\mathrm{e}^x)}{\mathrm{d}x^3}$.

24.利用微分形式的不变性,求下列函数的微分,其中 f 和 φ 均为可微函数.

(1)$y=f[x^3+\psi(x^4)]$;　　(2)$y=f(1-2x)+3\sin f(x)$.

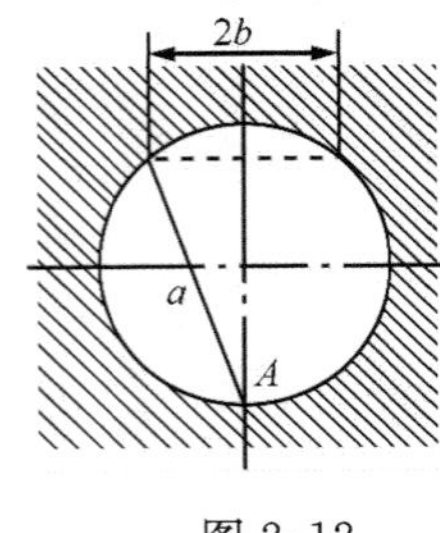

图 2-12

25.用内卡钳测量内孔直径,卡钳的一只脚放在 A 点,另一只脚作微小摆动,量得两脚间的长度为 a,摆动幅度为 $2b$(图 2-12),证明圆孔直径 $D=\frac{a^2}{\sqrt{a^2-b^2}}$,并推出 D 的近似等式 $D\approx a+\frac{b^2}{2a}$.

26.设一质点在 x 轴上运动,运动方程为 $x=5-2\sin 3t$

(1)求当 $t=0$ 与 $t=\frac{\pi}{2}$时,质点在 x 轴上的位置、速度和加速度;

(2)求最大速度和最大加速度的绝对值;

(3)证明质点在任何时刻的加速度与它跟某一固定点的距离成正比,并求该点的坐标.

27.质点沿曲线 $y=\mathrm{e}^{-2x}\sin x$ 运动,当横坐标为$\frac{\pi}{2}$时,质点的水平速度为 0.5cm/s,求此时质点沿铅直方向的速度是多少?

28.设 $f(x)$和 $\varphi(x)$在 $x=0$ 点可导,且 $\varphi(x)\neq 0(x\neq 0)$,$\varphi(0)=f(0)=0$,$\varphi'(0)\neq 0$,试证明:

$$\lim_{x\to 0}\frac{f(x)}{\varphi(x)}=\frac{f'(0)}{\varphi'(0)}.$$

29.设 $f(x)$与 $\varphi(x)$在点 x_0 处可微,试证 $y=f(x)$和 $y=\varphi(x)$在点 x_0 处相交相切的充要条件是当 $x\to x_0$ 时,$f(x)-\varphi(x)$是比 $x-x_0$ 高阶的无穷小.

30.设 $y=f(x)$是由方程组$\begin{cases}x=3t^2+2t+3,\\ y=\mathrm{e}^y\sin t+1\end{cases}$所确定的隐函数,求$\left.\frac{\mathrm{d}^2y}{\mathrm{d}x^2}\right|_{t=0}$.

本章学习要点

一、基本内容小结

(1)导数概念是高等数学的核心内容,是后继内容的基础,要深入理解导数的定义,通常导数定义有如下几种形式:

①$f'(x_0)=\lim\limits_{\Delta x\to 0}\frac{f(x_0+\Delta x)-f(x_0)}{\Delta x}$;

②$f'(x_0)=\lim\limits_{h\to 0}\frac{f(x_0+h)-f(x_0)}{h}$;

③$f'(x_0)=\lim\limits_{x\to x_0}\frac{f(x)-f(x_0)}{x-x_0}$.

(2)导数的几何意义及求曲线的切线和法线方程也是需要熟练掌握的重要概念及方法.但值得注意的是,函数在一点 $x=x_0$ 可导与曲线在一点(x_0,y_0)有切线并不等同.因为函数在一点可导,曲线在(x_0,y_0)一定有切线,方程为

$$y-y_0=f'(x_0)(x-x_0).$$

但反之,曲线在一点(x_0,y_0)有切线,函数未必在 $x=x_0$ 可导,例如,$f'(x_0)=\infty$时,有切线 $x=x_0$.

(3)掌握导数定义的同时,也要同时理解左导数和右导数的定义,即

$$f'(x_0+0)=\lim_{x\to x_0^+}\frac{f(x)-f(x_0)}{x-x_0},$$

$$f'(x_0-0)=\lim_{x\to x_0^-}\frac{f(x)-f(x_0)}{x-x_0}.$$

(4)函数可导的条件:

①函数 $y=f(x)$在点 x_0 可导的必要条件是 $y=f(x)$在点 x_0 处连续;

②函数 $y=f(x)$在点 x_0 可导的充要条件是 $f'(x_0+0)$和 $f'(x_0-0)$都存在且有 $f'(x_0+0)=f'(x_0-0)$.

对于分段函数的分段点,通常采用这一充要条件和左、右导数的定义去判别导数存在否.

(5)要熟记基本初等函数的导数公式,要熟练掌握导数的四则运算法则.而复合函数求导法则的掌握与运用,则是导数计算的正确与错误、熟练程度的关键,所以要多做一些练习.为了防止遗漏复合层次,初练时可将函数由外向里分解成基本初等函数串,再按复合函数求导法则计算.

(6)隐函数求导法则和由参数方程所确定函数的求导公式,从本质上看还是对函数概念的理解和对复合函数求导公式的应用.

隐函数求导法是首先理解 $F(x,y)=0$ 确定了 y 是 x 的隐函数 $y=f(x)$,然后方程看做是 x 的恒等式,两边对 x 求导(注意 y 是 x 的函数),然后解出 $y'=g(x,y)$.

由参数方程$\begin{cases}x=\varphi(t)\\y=\psi(t)\end{cases}$,也可以确定 y 是 x 的函数,只要 $x=\varphi(t)$存在单值连续的反函数.再由 $\varphi'(t)$,$\psi'(t)$存在且 $\varphi'(t)\neq 0$,即可推出

$$\frac{\mathrm{d}y}{\mathrm{d}x}=\frac{\psi'(t)}{\varphi'(t)}.$$

(7)取对数求导法,则是把显函数表达式变成隐函数的情形来求导,这种方法适合于幂指函数求导和较为复杂的乘、除、乘方和开方的函数求导.

(8)高阶导数的计算不要另记新的公式,对于求 n 阶导数要在逐次求导过程中归纳整理.要记住几个函数的 n 阶导数公式,如 $\sin x$,$\cos x$,e^x,$(1+x)^m$,$\ln(1+x)$,x^m,a^{bx}等.

还要注意到利用隐函数求导法和由参数方程所确定函数的高阶导数,则是学生们难于理解的,要通过练习达到掌握.

(9)理解函数在一点微分的定义,而微分的概念是由函数增量 $\Delta y=f(x_0+\Delta x)-f(x_0)$的近似计算提出来的,我们希望找到的是计算形式简单、精确度高的表达式.因此提出

$$\Delta y=A\Delta x+o(\Delta x),$$

其中 A 与 Δx 无关,$o(\Delta x)$是比 Δx 高阶无穷小.由此可定义 $y=f(x)$在 x_0 点的微分 $\mathrm{d}y=$

$A\Delta x$,并称可微.

函数在一点 x_0 可微的充要条件是 $f(x)$在 x_0 点可导,且有 $\mathrm{d}y=f'(x_0)\Delta x$.

函数在任意点 x 的微分为 $\mathrm{d}y=f'(x)\mathrm{d}x$.

要理解微分的概念,不可忽视微分的几何意义,要从图上去理解 Δy,$\mathrm{d}y$ 以及 $f'(x_0)=\frac{\mathrm{d}y}{\mathrm{d}x}$.

关于微分的计算公式和运算法则要联系导数公式去记忆.而对复合函数的微分公式,则利用一阶微分形式的不变性,即 $\mathrm{d}y=f'(u)\mathrm{d}u$,不论 u 是自变量或中间变量其形式是一样的.

(10)在本章还要理解导数的实际意义,即变化率问题.变化率问题很广泛,其中作为教学最典型的例子就是:变速直线运动的速度 $v(t)=s'(t)$、电流强度 $I(t)=Q'(t)$、曲线切线斜率 $\tan\alpha=\frac{\mathrm{d}y}{\mathrm{d}x}$.

相关变化率问题也是实际中常遇到的问题,两个由方程互相联系的变量又都是某个参变量——通常是时间 t 的函数,但依赖时间 t 的函数关系不易求得,现从一个变量关于时间 t 的变化率去求另一个变量关于时间 t 的变化率,就是相关变化率问题.

二、重点

(1)导数定义、导数几何意义、曲线的切线与法线方程.

(2)复合函数求导法则、隐函数求导法则、参数方程所确定函数的导数.

(3)微分的概念及计算.

三、难点

(1)利用导数定义计算分段函数在分段点处的导数.

(2)复合函数求导.

(3)高阶导数计算,特别是隐函数和由参数方程所确定函数求高阶导数.

第三章　中值定理与导数的应用

本章将利用导数研究函数，研究函数的如下性质：单调性、极值、最大值和最小值、凹凸性与拐点、曲率等，从而我们可以描绘函数的图形.同时，我们将介绍求未定式极限的洛必达法则.为此，首先要介绍微分学应用的理论基础，即中值定理.

第一节　中 值 定 理

【学习要求】

(1)应用罗尔定理、拉格朗日定理.

(2)应用构造辅助函数的方法.

(3)理解柯西定理.

【学习目标】

(1)具有独立完成罗尔定理、拉格朗日定理证明的能力.

(2)具有构造辅助函数的、证明问题的能力.

【学习提示】

(1)罗尔定理的证明中，用到哪些学过的知识，这些条件对结论的影响.

(2)在证明拉格朗日定理构造的辅助函数中，$f(a)$ 的作用？是否可以去掉？若可以去掉，请给予几何解释.

(3)通过构造辅助函数证明拉格朗日定理的过程，梳理构造辅助函数的方法.

由推论 3-1-2、例 3-1-4、例 3-1-5，可以应用拉格朗日定理解决什么问题？

中值定理包括罗尔定理、拉格朗日定理和柯西定理.先讲罗尔定理，然后利用它推出另外两个中值定理.

一、罗尔(Rolle)定理

我们先从几何上说明.如果有一条连续曲线弧$\overset{\frown}{AB}$，除端点外处处有不垂直于 x 轴的切线，且连接弧的两端的弦 AB 平行于 x 轴，由图 3-1 可见，在$\overset{\frown}{AB}$上至少有一点 C，在该点的切线平行于 x 轴.

上述的几何意义，启发了我们去提出并证明如下定理.

定理 3-1-1　若 $y=f(x)$在$[a,b]$上连续，在(a,b)内可导且 $f(a)=f(b)$，则在$(a,$

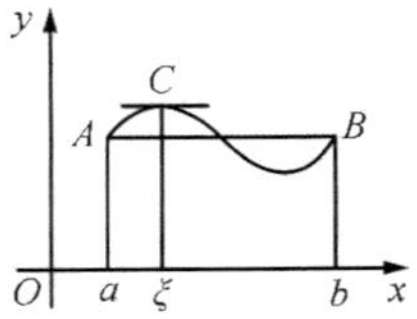

b)内至少存在一点 ξ,使 $f'(\xi)=0$.

图 3-1

证 因为 $f(x)$在$[a,b]$上连续,所以 $f(x)$在$[a,b]$上必取得最大值 M 和最小值 m,有两种情形:

(1)若 $m=M$,则 $f(x)=C,x\in(a,b)$.由此可得 $f'(x)=0,x\in(a,b)$.因此,(a,b)内任一点都可以作为 ξ,使 $f'(\xi)=0$.

(2)若 $m<M$,因为 $f(a)=f(b)$,所以 M 和 m 至少有一个不等于 $f(a)$,不妨设 $M\neq f(a)$,那么在(a,b)内至少有一点 ξ,使 $f(\xi)=M$,下面证明 $f'(\xi)=0$.

因为 $f'(\xi)$存在,所以

$$f'_+(\xi)=f'_-(\xi)=f'(\xi).$$

又因为当 $\Delta x>0$ 时

$$\frac{f(\xi+\Delta x)-f(\xi)}{\Delta x}\leqslant 0,$$

当 $\Delta x<0$ 时

$$\frac{f(\xi+\Delta x)-f(\xi)}{\Delta x}\geqslant 0,$$

所以

$$f'_+(\xi)=\lim_{\Delta x\to 0^+}\frac{f(\xi+\Delta x)-f(\xi)}{\Delta x}\leqslant 0,$$

$$f'_-(\xi)=\lim_{\Delta x\to 0^-}\frac{f(\xi+\Delta x)-f(\xi)}{\Delta x}\geqslant 0.$$

从而有

$$f'(\xi)=0.$$

罗尔定理有一个特殊情况,即 $f(a)=f(b)=0$,这时我们称 a,b 为函数 $f(x)$的零点.此时罗尔定理的结论是:可微函数 $f(x)$的两个零点之间,至少存在它的导函数 $f'(x)$的一个零点.

注 罗尔定理中的三个条件都是必不可少的,如果不能同时满足三个条件,结论可能不成立.图 3-2 的三个图形就是这一事实的说明.

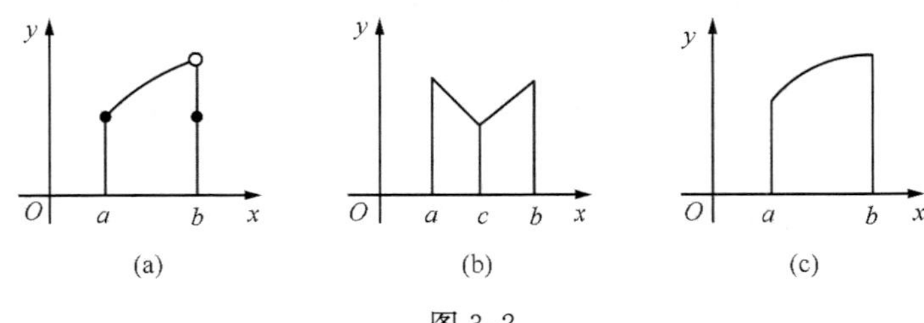

图 3-2

(a)$f(x)$在 $x=b$ 间断;(b)$f(x)$在 $x=c$ 不可导;(c)$f(a)\neq f(b)$.

例 3-1-1 验证函数 $f(x)=\ln\sin x$ 在$\left[\frac{\pi}{6},\frac{5\pi}{6}\right]$上满足罗尔定理的条件,并求出相应的 ξ,使 $f'(\xi)=0$.

解 因为 $f(x)$是初等函数,它在定义区间$\left[\frac{\pi}{6},\frac{5\pi}{6}\right]$上连续,$f(x)$在$\left(\frac{\pi}{6},\frac{5\pi}{6}\right)$内可导,且 $f'(x)=\frac{\cos x}{\sin x}=\cot x$,又 $f\left(\frac{\pi}{6}\right)=f\left(\frac{5\pi}{6}\right)=\ln\frac{1}{2}$.综上所述,$f(x)$在$\left[\frac{\pi}{6},\frac{5\pi}{6}\right]$上满足罗尔定理条件.令 $\cot\xi=0$,得 $\xi=\frac{\pi}{2}\in\left(\frac{\pi}{6},\frac{5\pi}{6}\right)$即为所求.

例 3-1-2 设多项式 $P(x)=a_0+a_1x+\cdots+a_nx^n$ 的 n 个不同零点均在$[a,b]$内($a_n\neq0$),证明,$P'(x)$的所有零点均在(a,b)内.

证 设 $x_1,x_2,\cdots,x_n$ 为 $P(x)$的 n 个不同的零点,不妨设 $x_1<x_2<\cdots<x_n$,因为 $P(x_1)=P(x_2)=\cdots=P(x_n)=0$,由罗尔定理可知,至少存在一点 $\xi_k\in(x_k,x_{k+1})$使 $P'(\xi_k)=0(k=1,2,\cdots,n-1)$.这就说明 $P'(x)$在(a,b)内至少有 $n-1$ 个零点 $\xi_1,\xi_2,\cdots,\xi_{n-1}$,又因为 $P'(x)$是 $n-1$ 次多项式,最多有 $n-1$ 个零点,所以 $P'(x)$的所有零点均为实数且位于(a,b)内.

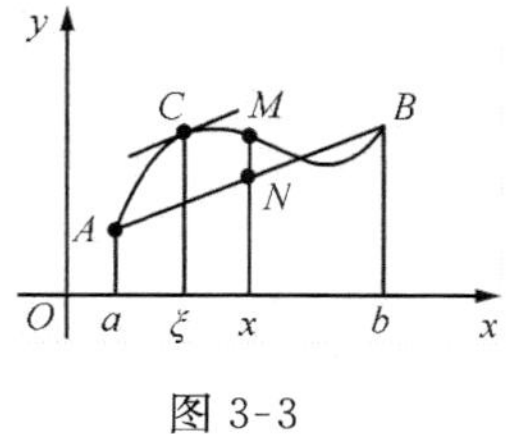

图 3-3

如果罗尔定理的条件 $f(a)=f(b)$不满足,我们虽然得不到罗尔定理的结论,由图 3-3 可见,在$\overset{\frown}{AB}$上至少存在一点 C,在该点的切线平行于弦 AB.

这是更一般地情形,其几何意义是:在$[a,b]$上的一条连续曲线弧,如果$\overset{\frown}{AB}$上每一点(端点除外)都有不垂直于 x 轴的切线,则在弧$\overset{\frown}{AB}$上至少存在一点 C,在该点的切线平行弦 AB.用数学式子表示就是切线的斜率等于弦的斜率,即

$$\frac{f(b)-f(a)}{b-a}=f'(\xi)\qquad(a<\xi<b).$$

由此可得微分学重要定理.

二、拉格朗日(Lagrange)定理

定理 3-1-2 如果 $f(x)$在$[a,b]$上连续,在(a,b)内可导,则至少存在一点 $\xi\in(a,b)$使

$$f'(\xi)=\frac{f(b)-f(a)}{b-a}.\tag{3-1}$$

分析 不难看出,当 $f(a)=f(b)$时,拉格朗日定理就成为罗尔定理了.因此罗尔定理是拉格朗日定理的特例.我们自然想到能否用罗尔定理来证明拉格朗日定理呢? 为此,我们做一个与 $f(x)$有密切联系的函数 $\varphi(x)$(称为辅助函数),使$\varphi(x)$满足 $\varphi(a)=\varphi(b)$,然后用罗尔定理推出所要的结论.由图 3-3 可见,有向线段 NM 的值是 x 的函数,它就满足 $\varphi(x)$的要求,记有向线段的 NM 的值为 $\varphi(x)$.事实上,在 A、B 两点 M 与 N 重合,故$\varphi(a)=\varphi(b)=0$.我们可以通过函数 $f(x)$和弦 AB 的方程之差,求得

$$\varphi(x)=f(x)-f(a)-\frac{f(b)-f(a)}{b-a}(x-a).$$

最后指出,辅助函数不是唯一的.

证 引进辅助函数

$$\varphi(x)=f(x)-f(a)-\frac{f(b)-f(a)}{b-a}(x-a).$$

显然，$\varphi(x)$在$[a,b]$上连续，在(a,b)内可导，且$\varphi(a)=\varphi(b)=0$，由罗尔定理可知，在(a,b)内至少有一点ξ，使$\varphi'(\xi)=0$，即

$$f'(\xi)=\frac{f(b)-f(a)}{b-a}.$$

这就证明了拉格朗日定理.

关于定理有几点说明：

(1)式(3-1)称为拉格朗日中值公式，它对$b<a$也成立，通常将拉格朗日公式写成

$$f(b)-f(a)=f'(\xi)(b-a),\quad \xi\in(a,b). \tag{3-2}$$

(2)由于$\xi\in(a,b)$令$\theta=\dfrac{\xi-a}{b-a}$，它是介于0与1之间的数，即$0<\theta<1$，故

$$\xi=a+\theta(b-a).$$

所以式(3-2)又可以写成

$$f(b)-f(a)=f'(a+\theta(b-a))(b-a)\qquad(0<\theta<1). \tag{3-3}$$

(3)如果x和$x+\Delta x$是$[a,b]$内两点，应用拉格朗日定理于区间$[x,x+\Delta x]$上，可得

$$\Delta y=f(x+\Delta x)-f(x)=f'(x+\theta\Delta x)\Delta x\qquad(0<\theta<1). \tag{3-4}$$

如果把式(3-4)和微分$\Delta y\approx \mathrm{d}y=f'(x)\Delta x$相比较，微分是函数增量的近似值，而当$\Delta x$为有限值时，$f'(x+\theta\Delta x)\Delta x$是$\Delta y$的准确值，通常称定理为有限增量定理.

推论 3-1-1 如果$f(x)$在(a,b)内的导数恒为零，则$f(x)$在(a,b)内是一个常数.

证 任取$x_1<x_2\in(a,b)$，由拉格朗日定理式(3-2)可得

$$f(x_2)-f(x_1)=f'(\xi)(x_2-x_1),\quad \xi\in(x_1,x_2).$$

由已知$f'(\xi)=0$，故$f(x_1)=f(x_2)$.由于x_1,x_2是任意的，所以$f(x)=$常数.

推论 3-1-2 如果对任意$x\in(a,b)$，有$f'(x)=g'(x)$，则$f(x)=g(x)+c$(c为常数).

证 由于

$$[f(x)-g(x)]'=f'(x)-g'(x)=0,\quad x\in(a,b).$$

由推论3-1-1可得

$$f(x)-g(x)=c(\text{常数}),$$

即$f(x)=g(x)+c$.

例 3-1-3 在$[0,1]$上验证拉格朗日定理对函数$f(x)=x^3+2x$成立.

证 因为$f(x)$是初等函数，$f(x)$在$[0,1]$上有定义，所以$f(x)$在$[0,1]$上连续，又$f(x)$在$(0,1)$内可导，且有$f'(x)=3x^2+2$，由式(3-2)，得

$$f(1)-f(0)=f'(\xi)(1-0),\quad \xi\in(0,1),$$

即

$$3-0=(3\xi^2+2)(1-0).$$

由此得

$$\xi=\pm\frac{1}{\sqrt{3}},\quad \xi=\frac{1}{\sqrt{3}}\in(0,1).$$

例 3-1-4 证明不等式$|\sin x_2-\sin x_1|\leqslant|x_2-x_1|$成立，其中$x_1,x_2$为任意实数.

证 当$x_1=x_2$时，显然成立.

当 $x_1\neq x_2$ 时，令 $f(x)=\sin x$，显然 $f(x)$ 在 $[x_1,x_2]$ 上满足拉格朗日定理条件，由式(3-2)，可得

$$f(x_2)-f(x_1)=f'(\xi)(x_2-x_1),\quad \xi\in(x_1,x_2),$$

即

$$\sin x_2-\sin x_1=\cos\xi(x_2-x_1).$$

所以

$$|\sin x_2-\sin x_1|=|\cos\xi||x_2-x_1|\leqslant|x_2-x_1|.$$

例 3-1-5 当 $0<a<b,k>1$ 时，证明不等式

$$ka^{k-1}(b-a)<b^k-a^k<kb^{k-1}(b-a)$$

成立.

证 令 $f(x)=x^k$，显然 $f(x)$ 在 $[a,b]$ 上连续，在 (a,b) 内可导，由式(3-2)可知，存在 $\xi\in(a,b)$ 使

$$f(b)-f(a)=f'(\xi)(b-a),$$

即 $b^k-a^k=k\xi^{k-1}(b-a)$. 由于 $a<\xi<b,b-a>0,k-1>0$，所以

$$ka^{k-1}(b-a)<k\xi^{k-1}(b-a)<kb^{k-1}(b-a),$$

即

$$ka^{k-1}(b-a)<b^k-a^k<kb^{k-1}(b-a).$$

由上面两例可见，虽然中值定理中的 ξ 一般求不出来，但这并不影响它的应用，特别是在理论上的意义. 下面我们来证明柯西定理.

三、柯西(Cauchy)定理

对于拉格朗日定理所讨论的事实，即一段处处具有不垂直于 x 轴切线的连续曲线弧，在它上面一定有平行于连接两个端点的弦的切线.

如果曲线由参数方程 $\begin{cases}x=F(t),\\ y=\Phi(t)\end{cases}(a\leqslant t\leqslant b)$ 表示，A 和 B 的坐标分别为 $(F(a),\Phi(a))$ 和 $(F(b),\Phi(b))$，因此，弦 AB 的斜率为

$$k=\frac{\Phi(b)-\Phi(a)}{F(b)-F(a)}\quad(\text{假定}(F(b)\neq F(a))).$$

点 C(对应参数 $t=\xi$)处的斜率为

$$\left.\frac{\mathrm{d}y}{\mathrm{d}x}\right|_{t=\xi}=\frac{\Phi'(\xi)}{F'(\xi)},\quad \xi\in(a,b),$$

于是应有

$$\frac{\Phi(b)-\Phi(a)}{F(b)-F(a)}=\frac{\Phi'(\xi)}{F'(\xi)}\quad(F'(\xi)\neq 0).$$

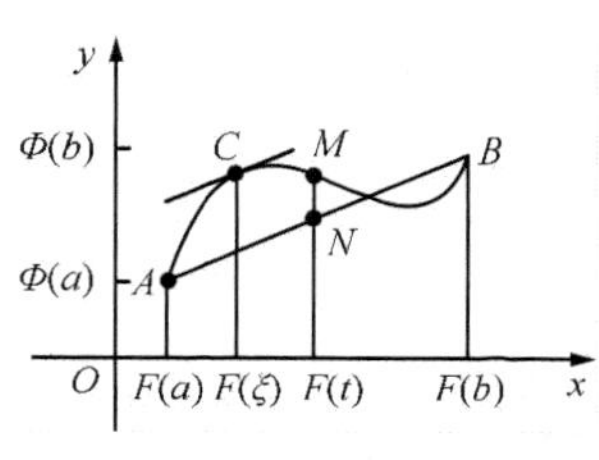

图 3-4

我们可以把这一事实表述成另一个定理，这一定理与拉格朗日定理的证明类似，关键是引进满足罗尔定理的辅助函数，由图 3-4 可见，如果用 $\Psi(t)$ 表示有向线段 NM 的值，则有

$$\Psi(t)=\Phi(t)-\Phi(a)-\frac{\Phi(b)-\Phi(a)}{F(b)-F(a)}[F(t)-F(a)]. \tag{3-5}$$

下面就给出柯西定理.

定理 3-1-3 设 $F(t)$,$\Phi(t)$皆在$[a,b]$上连续,在(a,b)内可导,且在(a,b)内$F'(t)\neq 0$,则至少存在一点$\xi(a<\xi<b)$,使

$$\frac{\Phi(b)-\Phi(a)}{F(b)-F(a)}=\frac{\Phi'(\xi)}{F'(\xi)}.$$

证 由假设可知$F(b)-F(a)\neq 0$,否则由于

$$F(b)-F(a)=F'(\eta)(b-a)=0,$$

可得$F'(\eta)=0$,与假设矛盾.

引进辅助函数$\Psi(t)$(见式(3-5)),显然$\Psi(t)$在$[a,b]$上连续,在(a,b)内可导,且有

$$\Psi(a)=\Psi(b)=0.$$

由罗尔定理可知,至少存在一点$\xi\in(a,b)$使$\Psi'(\xi)=0$,即

$$\Phi'(\xi)-\frac{\Phi(b)-\Phi(a)}{F(b)-F(a)}F'(\xi)=0,$$

由此得

$$\frac{\Phi(b)-\Phi(a)}{F(b)-F(a)}=\frac{\Phi'(\xi)}{F'(\xi)},\quad \xi\in(a,b).$$

在柯西定理中,如取$F(t)=t$,就是拉格朗日中值定理,因此拉格朗日定理是柯西定理的特例.

练习题 3-1 (见习题三)
(二)2,3,4(2).

作业题 3-1 (见习题三)
(三)1,2,7(1)(2)(3),12.

第二节 未定式求极限与洛必达法则

【学习要求】

应用罗比达法则求未定式的极限.

【学习目标】

(1)理解“$\frac{0}{0}$”型未定式的洛必达法则的证明.

(2)了解“$\frac{\infty}{\infty}$”型未定式的洛必达法则.

(3)具有将不同类型的未定式转化为可以应用洛必达法则的未定式的能力.

【学习提示】

(1)例 3-2-5 说明了应用洛必达法则时需要注意的什么问题?

(2)例 3-2-9、例 3-2-10 的结果说明了什么问题?

(3)例 3-2-11 说明了什么问题? 与例 3-2-5 说明的问题是否相同? 提醒我们在应

用洛必达法则时注意什么?

(4)梳理应用洛必达法则可以解决未定式极限问题的类型.梳理将不同类型的未定式转化为可以应用洛必达法则的未定式的思路.

(5)举例说明:未定式极限的问题不同,选择的方法也不一样.合适的方法不一定是洛必达法则.

在第二章我们已经讨论过未定式极限,即两个无穷小比的极限和两个无穷大比的极限,我们称其为"$\frac{0}{0}$"型和"$\frac{\infty}{\infty}$"型的极限.这类极限不能用商的极限运算法则.现在我们用柯西定理推出一个解决这类极限的简单而有效的法则——洛必达(L'Hospital)法则.

一、"$\frac{0}{0}$"型未定式

定理 3-2-1 设 $f(x)$,$g(x)$满足下列条件:

(1)$\lim\limits_{x\to x_0} f(x)=0$,$\lim\limits_{x\to x_0} g(x)=0$;

(2)在点 x_0 的某邻域内(x_0 可除外),$f'(x)$,$g'(x)$存在,且 $g'(x)\neq 0$;

(3)$\lim\limits_{x\to x_0}\frac{f'(x)}{g'(x)}$存在(或$\infty$),则$\lim\limits_{x\to x_0}\frac{f(x)}{g(x)}$存在(或$\infty$),且有

$$\lim_{x\to x_0}\frac{f(x)}{g(x)}=\lim_{x\to x_0}\frac{f'(x)}{g'(x)} \quad (\text{或}\infty). \tag{3-6}$$

式(3-6)所表达的就是求未定式极限的洛必达法则.

证 首先补充定义 $f(x_0)=0$,$g(x_0)=0$,则 $f(x)$和 $g(x)$皆在 x_0 的邻域内连续,对于该邻域中的 $x\neq x_0$,在$[x_0,x]$上应用柯西定理,有

$$\frac{f(x)-f(x_0)}{g(x)-g(x_0)}=\frac{f'(\xi)}{g'(\xi)}, \qquad \xi\in(x_0,x),$$

即

$$\frac{f(x)}{g(x)}=\frac{f'(\xi)}{g'(\xi)},$$

其中 ξ 介于 x_0 与 x 之间,它与 x 有关.当 $x\to x_0$ 时,$\xi\to x_0$,由定理之条件(3),可得

$$\lim_{x\to x_0}\frac{f(x)}{g(x)}=\lim_{\xi\to x_0}\frac{f'(\xi)}{g'(\xi)}=\lim_{x\to x_0}\frac{f'(x)}{g'(x)}.$$

注 (1)洛必达法则仅适用于未定式求极限,定理的条件(1)使用时一定要验证.

(2)定理的条件(3)也一定要验证,即先要看$\lim\limits_{x\to x_0}\frac{f'(x)}{g'(x)}$是否存在(或$\infty$),否则不能使用洛必达法则.

(3)洛必达法则对 $x\to\infty$的情形也成立.只要把定理中的条件(2)所考虑的点 x_0 的某邻域改成$|x|$充分大.定理的证明是通过变换 $x=\frac{1}{t}$,然后再利用定理 3-2-1,这里将证明略去.

(4)如果$\lim\limits_{x\to x_0}\dfrac{f'(x)}{g'(x)}$仍为未定式,可继续使用洛必达法则.

例 3-2-1 求$\lim\limits_{x\to 0}\dfrac{e^{2x}-1}{3x}$.

解 “$\dfrac{0}{0}$”型未定式. $\lim\limits_{x\to 0}\dfrac{e^{2x}-1}{3x}=\lim\limits_{x\to 0}\dfrac{2e^{2x}}{3}=\dfrac{2}{3}$.

例 3-2-2 求$\lim\limits_{x\to 0}\dfrac{\ln(1+x)}{x^2}$.

解 “$\dfrac{0}{0}$”型. $\lim\limits_{x\to 0}\dfrac{\ln(1+x)}{x^2}=\lim\limits_{x\to 0}\dfrac{1}{2x(1+x)}=\infty$.

例 3-2-3 求$\lim\limits_{x\to 0}\dfrac{x-\tan x}{x-\sin x}$.

解 “$\dfrac{0}{0}$”型.

$$\lim_{x\to 0}\frac{x-\tan x}{x-\sin x}=\lim_{x\to 0}\frac{1-\sec^2 x}{1-\cos x}=\lim_{x\to 0}\frac{-2\sec^2 x\tan x}{\sin x}=-\lim_{x\to 0}\frac{2x}{x\cos^2 x}=-2.$$

例 3-2-4 求$\lim\limits_{x\to +\infty}\dfrac{\dfrac{\pi}{2}-\arctan x}{\dfrac{1}{x}}$.

解 “$\dfrac{0}{0}$”型. $\lim\limits_{x\to +\infty}\dfrac{\dfrac{\pi}{2}-\arctan x}{\dfrac{1}{x}}=\lim\limits_{x\to +\infty}\dfrac{-\dfrac{1}{1+x^2}}{-\dfrac{1}{x^2}}=\lim\limits_{x\to +\infty}\dfrac{x^2}{1+x^2}=1$.

例 3-2-5 求$\lim\limits_{x\to 0}\dfrac{x^2\sin\dfrac{1}{x}}{\sin x}$.

解 “$\dfrac{0}{0}$”型. $\lim\limits_{x\to 0}\dfrac{x^2\sin\dfrac{1}{x}}{\sin x}=\lim\limits_{x\to 0}\dfrac{2x\sin\dfrac{1}{x}-\cos\dfrac{1}{x}}{\cos x}$.

上式是错误的,因为等式右端的极限是不存在的,不能使用洛必达法则.容易计算

$$\lim_{x\to 0}\frac{x^2\sin\frac{1}{x}}{\sin x}=\lim_{x\to 0}\left[\frac{x}{\sin x}x\sin\frac{1}{x}\right]=0.$$

如果把以前求极限的方法合并使用,可使计算过程简化.

例 3-2-6 求$\lim\limits_{x\to 0}\dfrac{1-\dfrac{\sin x}{x}}{1-\cos x}$.

解 “$\dfrac{0}{0}$”型. $\lim\limits_{x\to 0}\dfrac{1-\dfrac{\sin x}{x}}{1-\cos x}=\lim\limits_{x\to 0}\dfrac{x-\sin x}{x(1-\cos x)}$

$$=\lim_{x\to 0}\frac{x-\sin x}{\frac{1}{2}x^3}=2\lim_{x\to 0}\frac{1-\cos x}{3x^2}=\frac{2}{3}\lim_{x\to 0}\frac{1-\cos x}{x^2}=\frac{1}{3}.$$

***例 3-2-7**　求$\lim\limits_{x\to 0}\dfrac{xe^{2x}+xe^x-2e^{2x}+2e^x}{(e^x-1)^3}$.

解　“$\dfrac{0}{0}$”型.

$$\begin{aligned}&\lim_{x\to 0}\frac{xe^{2x}+xe^x-2e^{2x}+2e^x}{(e^x-1)^3}\\&=\lim_{x\to 0}\frac{e^{2x}+2xe^{2x}+e^x+xe^x-4e^{2x}+2e^x}{3(e^x-1)^2e^x}\\&=\lim_{x\to 0}\frac{2xe^x-3e^x+x+3}{3(e^x-1)^2}=\lim_{x\to 0}\frac{2xe^x-3e^x+x+3}{3x^2}\\&=\lim_{x\to 0}\frac{2e^x+2xe^x-3e^x+1}{6x}=\lim_{x\to 0}\frac{2xe^x-(e^x-1)}{6x}\\&=\lim_{x\to 0}\left[\frac{1}{3}e^x-\frac{1}{6}\cdot\frac{e^x-1}{x}\right]=\frac{1}{3}-\frac{1}{6}=\frac{1}{6}.\end{aligned}$$

二、“$\dfrac{\infty}{\infty}$”型未定式

当$x\to x_0$(或$x\to\infty$)时,$f(x)$和$g(x)$都是无穷大量,也有与定理3-2-1类似的定理.下面仍以$x\to x_0$的情形为例叙述该定理.

定理 3-2-2　设$f(x)$和$g(x)$满足

(1) $\lim\limits_{x\to x_0}f(x)=\infty$, $\lim\limits_{x\to x_0}g(x)=\infty$;

(2)在点x_0的某邻域内(x_0可除外),$f'(x)$、$g'(x)$存在且$g'(x)\neq 0$;

(3) $\lim\limits_{x\to x_0}\dfrac{f'(x)}{g'(x)}$存在(或$\infty$),则有

$$\lim_{x\to x_0}\frac{f(x)}{g(x)}=\lim_{x\to x_0}\frac{f'(x)}{g'(x)}\ (\text{或}\infty).$$

证　略.

例 3-2-8　求$\lim\limits_{x\to 0^+}\dfrac{\ln\cot x}{\ln x}$.

解　“$\dfrac{\infty}{\infty}$”型.

$$\lim_{x\to 0^+}\frac{\ln\cot x}{\ln x}=\lim_{x\to 0^+}\frac{\frac{1}{\cot x}(-\csc^2 x)}{\frac{1}{x}}=\lim_{x\to 0^+}\frac{-x}{\sin x\cos x}=-\lim_{x\to 0^+}\frac{1}{\cos x}\lim_{x\to 0^+}\frac{x}{\sin x}=-1.$$

例 3-2-9　求$\lim\limits_{x\to+\infty}\dfrac{\ln x}{x^n}$　$(n>0)$.

解　“$\dfrac{\infty}{\infty}$”型.　$\lim\limits_{x\to+\infty}\dfrac{\ln x}{x^n}=\lim\limits_{x\to+\infty}\dfrac{\frac{1}{x}}{nx^{n-1}}=\lim\limits_{x\to+\infty}\dfrac{1}{nx^n}=0.$

例 3-2-10　求$\lim\limits_{x\to+\infty}\dfrac{x^n}{e^{\lambda x}}$　(n正整数,$\lambda>0$).

解 “$\frac{\infty}{\infty}$”型．$\lim\limits_{x\to+\infty}\frac{x^n}{e^{\lambda x}}=\lim\limits_{x\to+\infty}\frac{nx^{n-1}}{\lambda e^{\lambda x}}=\lim\limits_{x\to+\infty}\frac{n(n-1)x^{n-2}}{\lambda^2 e^{\lambda x}}=\cdots=\lim\limits_{x\to+\infty}\frac{n!}{\lambda^n e^{\lambda x}}=0.$

如果 n 不是正整数，而是正实数，极限仍是零.事实上，对任意正实数 μ，总有 $[\mu]\leqslant\mu<[\mu]+1$，其中 $[\mu]$ 为 μ 的整数部分，显然 $[\mu]\geqslant0$.因为

$$\frac{x^{[\mu]}}{e^{\lambda x}}\leqslant\frac{x^{\mu}}{e^{\lambda x}}<\frac{x^{[\mu]+1}}{e^{\lambda x}},$$

由极限存在的准则可求极限，因为

$$\lim_{x\to+\infty}\frac{x^{[\mu]}}{e^{\lambda x}}=\lim_{x\to+\infty}\frac{x^{[\mu]+1}}{e^{\lambda x}}=0,$$

所以

$$\lim_{x\to+\infty}\frac{x^{\mu}}{e^{\lambda x}}=0.$$

例 3-2-11 求 $\lim\limits_{x\to0^+}\frac{e^{-\frac{1}{x}}}{x}$.

解 “$\frac{0}{0}$”型． $\lim\limits_{x\to0^+}\frac{e^{-\frac{1}{x}}}{x}=\lim\limits_{x\to0^+}\frac{e^{-\frac{1}{x}}\frac{1}{x^2}}{1}=\lim\limits_{x\to0^+}\frac{e^{-\frac{1}{x}}}{x^2}=\lim\limits_{x\to0^+}\frac{e^{-\frac{1}{x}}}{2x^3}.$

容易看出，这样做下去得不出结果.在求未定式极限时，有时需要通过变换从一种类型化成另一种类型，才能得出结果.

$$\lim_{x\to0^+}\frac{e^{-\frac{1}{x}}}{x}=\lim_{x\to0^+}\frac{\frac{1}{x}}{e^{\frac{1}{x}}}=\lim_{t\to+\infty}\frac{t}{e^t}=0.$$

三、其他类型未定式极限

“$0\cdot\infty$”，“$\infty-\infty$”，“0^0”，“1^∞”，“∞^0”型的未定式也需化成“$\frac{0}{0}$”或“$\frac{\infty}{\infty}$”型的未定式来计算.下面举例说明.

例 3-2-12 求 $\lim\limits_{x\to0^+}x^n\ln x\quad(n>0)$.

解 “$0\cdot\infty$”型．

$$\lim_{x\to0^+}x^n\ln x=\lim_{x\to0^+}\frac{\ln x}{x^{-n}}\quad\left(\text{“}\frac{\infty}{\infty}\text{”型}\right)=\lim_{x\to0^+}\frac{\frac{1}{x}}{-nx^{-n-1}}=-\lim_{x\to0^+}\frac{x^n}{n}=0.$$

例 3-2-13 求 $\lim\limits_{x\to1}\left(\frac{x}{x-1}-\frac{1}{\ln x}\right)$.

解 “$\infty-\infty$”型．

$$\begin{aligned}\lim_{x\to1}\left(\frac{x}{x-1}-\frac{1}{\ln x}\right)&=\lim_{x\to1}\frac{x\ln x-x+1}{(x-1)\ln x}\quad\left(\text{“}\frac{0}{0}\text{”型}\right)\\&=\lim_{x\to1}\frac{\ln x+1-1}{\ln x+\frac{x-1}{x}}=\lim_{x\to1}\frac{x\ln x}{x\ln x+x-1}=\lim_{x\to1}\frac{\ln x+1}{\ln x+1+1}=\frac{1}{2}.\end{aligned}$$

例 3-2-14 求 $\lim\limits_{x\to0^+}(\sin x)^x$.

解 “0^0”型.

$$\lim_{x\to0^+}(\sin x)^x=\lim_{x\to0^+}e^{x\ln\sin x}=e^{\lim\limits_{x\to0^+}\frac{\ln\sin x}{x^{-1}}}=e^{\lim\limits_{x\to0^+}\frac{\frac{\cos x}{\sin x}}{-x^{-2}}}=e^{-\lim\limits_{x\to0^+}\frac{x^2\cos x}{\sin x}}=e^{-\lim\limits_{x\to0^+}\frac{x^2\cos x}{x}}=e^0=1.$$

例 3-2-15 求 $\lim\limits_{x\to0^+}(\cot x)^{\frac{1}{\ln x}}$.

解 “∞^0”型.

$$\lim_{x\to0^+}(\cot x)^{\frac{1}{\ln x}}=\lim_{x\to0^+}e^{\frac{\ln\cot x}{\ln x}}=e^{\lim\limits_{x\to0^+}\frac{\ln\cot x}{\ln x}}=e^{\lim\limits_{x\to0^+}\frac{\frac{1}{\cot x}(-\csc^2x)}{\frac{1}{x}}}=e^{-\lim\limits_{x\to0^+}\frac{x}{\sin x\cos x}}=e^{-1}.$$

例 3-2-16 求 $\lim\limits_{x\to0}(1-\sin x)^{\cot x}$.

解 “1^∞”型.

$$\lim_{x\to0}(1-\sin x)^{\cot x}=\lim_{x\to0}e^{\cot x\ln(1-\sin x)}=e^{\lim\limits_{x\to0}\frac{\ln(1-\sin x)}{\tan x}}=e^{\lim\limits_{x\to0}\frac{-\sin x}{\tan x}}=e^{-1}.$$

练习题 3-2 （见习题三）
（二）5(3)(4)(11)(14)(15).

作业题 3-2 （见习题三）
（三）3，13.

第三节 函数的单调性与极值的判别法

【学习要求】

(1)应用通过导函数符号确定函数的单调性与函数不等式的方法.

(2)理解极值的概念.

(3)应用极值的必要条件和充分条件判定函数的极值.

【学习目标】

(1)具有借助于函数的增减性证明不等式的能力.

(2)具有判断函数极值(极大、极小)的能力.

在第一章我们已经给出了函数单调性的定义，下面将用导数研究函数的单调性.然后给出函数极值的定义及判别极值的条件.

一、函数单调性的判别法

定理 3-3-1 设 $f(x)$在$[a,b]$上连续，在(a,b)内可微.

(1)如果在(a,b)内 $f'(x)>0$，则 $f(x)$在$[a,b]$上单调增加；

(2)如果在(a,b)内 $f'(x)<0$，则 $f(x)$在$[a,b]$上单调减少.

证 任取 $x_1,x_2\in[a,b]$，且 $x_1<x_2$.由微分中值定理，可得

$$f(x_2)-f(x_1)=f'(\xi)(x_2-x_1),\quad \xi\in(x_1,x_2).$$

(1)如果在(a,b)内 $f'(x)>0$，则 $f'(\xi)>0$，而 $x_2-x_1>0$，所以 $f(x_2)-f(x_1)>0$，即 $f(x_2)>f(x_1)$.由单调性定义可知，$y=f(x)$在$[a,b]$上单调增加.

(2)证明与(1)类似.

例 3-3-1 讨论 $f(x)=x-\ln(1+x)$在$[0,+\infty)$上的单调性.

解 $f(x)$在$[0,+\infty)$上连续,在$(0,+\infty)$内可导,且有

$$f'(x)=1-\frac{1}{1+x}=\frac{x}{1+x}>0,\quad x\in(0,+\infty).$$

由单调性判别法可知,$f(x)$在$[0,+\infty)$上单调增加.

例 3-3-2 讨论 $f(x)=\frac{2}{3}x^3-2x^2-6x+3$ 的单调性.

解 $f(x)$在$(-\infty,+\infty)$上连续且可导

$$f'(x)=2x^2-4x-6=2(x+1)(x-3).$$

令 $f'(x)=0$,得 $x_1=-1,x_2=3$,分$(-\infty,+\infty)$为三个区间$(-\infty,-1]$、$[-1,3]$、$[3,+\infty)$.

在$(-\infty,-1)$内 $f'(x)>0$,所以 $f(x)$在$(-\infty,-1]$上单调增加;在$(-1,3)$内 $f'(x)<0$,所以 $f(x)$在$[-1,3]$上单调减少;在$(3,+\infty)$内 $f'(x)>0$,所以$f(x)$在$[3,+\infty)$上单调增加.

注 如果 $f(x)$在$[a,b]$上连续,在(a,b)内除个别点上导数为零或不存在外,在其他点仍有 $f'(x)>0$(或 $f'(x)<0$),则 $f(x)$在$[a,b]$上仍是单调增加(或单调减少)的.请看下面例题.

例 3-3-3 讨论 $y=\sqrt[3]{x}$在$(-\infty,+\infty)$上的单调性.

解 $y'=\frac{1}{3}x^{\frac{-2}{3}}(x\neq 0)$,$y'>0$,在 $x=0$ 点 y'不存在.所以 $y=\sqrt[3]{x}$在$(-\infty,+\infty)$上单调增加.

利用函数单调性,也可以证明不等式,为此我们首先讨论下面的定理.

定理 3-3-2 若 $y=f(x)$在 $x\geqslant x_0$(或 $x\leqslant x_0$)上连续,且当 $x>x_0$(或 $x<x_0$)时,$f'(x)>0$,则当 $x>x_0$(或 $x<x_0$)时,有 $f(x)>f(x_0)$(或 $f(x)<f(x_0)$).

如果当$x>x_0$(或 $x<x_0$)时,$f'(x)<0$,则当 $x>x_0$(或 $x<x_0$)时,有 $f(x)<f(x_0)$(或 $f(x)>f(x_0)$).

该定理可直接通过定理 3-3-1 推出,证明留给读者自己.

例 3-3-4 证明当 $x>0$ 时,不等式 $x>\ln(1+x)$成立.

证 令 $f(x)=x-\ln(1+x)$,显然 $f(x)$在$[0,+\infty)$上连续,且有 $f(0)=0$.因为

$$f'(x)=1-\frac{1}{1+x}=\frac{x}{1+x}>0\quad(x>0),$$

所以 $f(x)$在$[0,+\infty)$上单调增加,当 $x>0$ 时

$$f(x)>f(0)=0,$$

即

$$x>\ln(1+x)\quad(x>0).$$

例 3-3-5 证明对任意 $x\neq 0$,不等式 $e^x>1+x$ 成立.

证 令 $f(x)=e^x-1-x$,显然 $f(x)$在$(-\infty,+\infty)$上连续,$f(0)=0$.因为$f'(x)=e^x-1$,当 $x>0$ 时,$f'(x)>0$,故 $f(x)$在$[0,+\infty)$上单调增加,于是,当 $x>0$ 时有 $f(x)$

$>f(0)=0$,即

$$e^x-x-1>0 \quad (x>0).$$

当 $x<0$ 时,$f'(x)<0$,故 $f(x)$ 在 $(-\infty,0]$ 上单调减少.于是,当 $x<0$ 时,$f(x)>f(0)=0$,即

$$e^x-x-1>0 \quad (x<0).$$

综上所述,我们证明了 $e^x>1+x\ (x\neq 0)$.

二、函数的极值及其求法

先从几何上看一看,由图 3-5 可见,函数单调增加到单调减小的转折点处的函数值较附近其他点的函数值大,称其为极大值.同样函数单调减少到单调增加的转折点处的函数值比附近其他点的函数值小,称其为极小值.极大值和极小值是函数的局部性质,就函数的全局来看,极大值不一定是函数在整个定义域上的最大值,极小值也不一定是最小值.在图 3-5 中,$f(x_2)$,$f(x_4)$ 是极大值,$f(x_1)$,$f(x_3)$,$f(x_5)$ 是极小值.

定义 3-3-1 设 $f(x)$ 在 x_0 的某一邻域 $(x_0-\delta,x_0+\delta)$ 内有定义,如果对任意 $x\in \mathring{U}(x_0,\delta)$,恒有

$$f(x)<f(x_0) \quad (\text{或 } f(x)>f(x_0))$$

成立,则称 $f(x_0)$ 为函数 $f(x)$ 的一个极大值(或极小值),x_0 称为函数 $f(x)$ 的极大值点(或极小值点).极大值和极小值统称为极值,极大值点和极小值点统称为极值点.

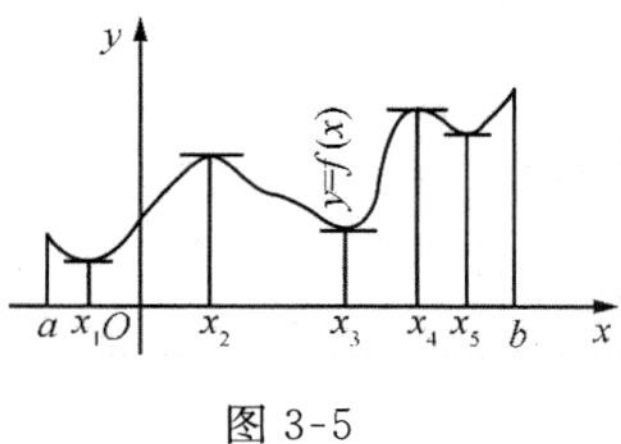

图 3-5

由图 3-5 可见,对于可导函数而言,在极值点处的切线是水平的.于是有如下定理.

定理 3-3-3(极值的必要条件) 若 $f(x)$ 在点 x_0 处取得极值,且在 x_0 处可导,则有 $f'(x_0)=0$.

证 设 $f(x_0)$ 为极大值(极小值证明类似),因为 $f'(x_0)$ 存在,故

$$f'(x_0)=f'_+(x_0)=f'_-(x_0).$$

当 $x>x_0$ 时,有

$$\frac{f(x)-f(x_0)}{x-x_0}<0,$$

所以

$$f'_+(x_0)=\lim_{x\to x_0^+}\frac{f(x)-f(x_0)}{x-x_0}\leqslant 0.$$

当 $x<x_0$ 时,有

$$\frac{f(x)-f(x_0)}{x-x_0}>0,$$

所以

$$f'_-(x_0)=\lim_{x\to x_0^-}\frac{f(x)-f(x_0)}{x-x_0}\geqslant 0.$$

因此 $f'(x_0)=0$.

注 (1)定理 3-3-3 所指出的是,对于可导函数,函数在一点取得极值的必要条件是

函数在该点的导数为零,但条件不是充分的.例如 $y=x^3$ 在 $x=0$ 点的导数为零,但 $x=0$ 不是极值点.

称方程 $f'(x)=0$ 的实根为函数 $f(x)$的驻点.因此,可导函数的极值点一定是驻点,驻点不一定是极值点.

(2)导数不存在的点也可能成为极值点.如 $y=|x|$在 $x=0$ 点不可导,但 $y=|x|$在 $x=0$点取得极小值.

综上所述,极值点一定是驻点或导数不存在的点,但驻点或导数不存在的点不一定是极值点.称驻点和导数不存在点为临界点.

下面给出判别极值的充分条件.

定理 3-3-4(极值的第一充分条件) 设 $f(x)$在 x_0 的某邻域内连续,且在 x_0 的去心邻域内可导,x_0 为 $f(x)$的临界点.

(1)当 $x<x_0$ 时,$f'(x)>0$;当 $x>x_0$ 时,$f'(x)<0$,则 $f(x_0)$为极大值;

(2)当 $x<x_0$ 时,$f'(x)<0$;当 $x>x_0$ 时,$f'(x)>0$,则 $f(x_0)$为极小值.

证 (1)当 $x<x_0$ 时,$f'(x)>0$,由定理 1 可知 $f(x)$在 x_0 左侧附近单调增加,所以当 $x<x_0$ 时有 $f(x)<f(x_0)$.当 $x>x_0$ 时 $f'(x)<0$,由定理 1 可知,$f(x)$在 x_0 右侧附近单调减少,所以当 $x>x_0$ 时有 $f(x)<f(x_0)$.故 $f(x_0)$为极大值.

(2)证明与(1)类似.

例 3-3-6 求函数 $y=f(x)=\frac{1}{5}x^5-\frac{1}{3}x^3$ 的极值.

解 $f(x)$在定义域$(-\infty,+\infty)$上连续,

$$f'(x)=x^4-x^2=x^2(x^2-1).$$

令 $f'(x)=0$,得 $x_1=0,x_2=-1,x_3=1$ 三个驻点.下面列表格讨论 $f'(x)$的符号变化情况,确定极值.

x	$(-\infty,-1)$	-1	$(-1,0)$	0	$(0,1)$	1	$(1,+\infty)$
$f'(x)$	$+$	0	$-$	0	$-$	0	$+$
$f(x)$	单增 ↗	$\frac{2}{15}$ 极大值	单减 ↘	0 非极值	单减 ↘	$-\frac{2}{15}$ 极小值	单增 ↗

例 3-3-7 求函数 $y=f(x)=(x-1)x^{\frac{2}{3}}$的极值.

解 $f(x)$在定义域$(-\infty,+\infty)$上连续,

$$f'(x)=x^{\frac{2}{3}}+\frac{2}{3}(x-1)x^{\frac{-1}{3}}=\frac{5x-2}{3x^{\frac{1}{3}}}\quad(x\neq 0).$$

令 $f'(x)=0$,得 $x=\frac{2}{5}$为驻点.另外 $f'(0)$不存在,函数有两个临界点 $x_1=0,x_2=\frac{2}{5}$.列表讨论如下:

x	$(-\infty,0)$	0	$\left(0,\frac{2}{5}\right)$	$\frac{2}{5}$	$\left(\frac{2}{5},+\infty\right)$
$f'(x)$	$+$	不存在	$-$	0	$+$
$f(x)$	单增 ↗	0 极大值	单减 ↘	$-\frac{3}{5}\sqrt[3]{\frac{4}{25}}$ 极小值	单增 ↗

由上面两例可见，求极值的步骤如下：

(1)求 $f'(x)$；

(2)确定导数为零的点和导数不存在的点，即函数的临界点；

(3)用临界点分函数定义域为若干个子区间，在每个子区间上讨论 $f'(x)$的符号；

(4)求出极值.

如果 $f(x)$在驻点处的二阶导数存在且不等于零，我们有如下的判别法：

定理 3-3-5(极值的第二充分条件)　设 $y=f(x)$在点 x_0 处二阶导数存在，且有 $f'(x_0)=0,f''(x_0)\neq 0$，则有

(1)当 $f''(x_0)<0$ 时，$f(x_0)$为极大值；

(2)当 $f''(x_0)>0$ 时，$f(x_0)$为极小值.

* **证**　(1)因 $f''(x_0)<0$，即

$$f''(x_0)=\lim_{x\to x_0}\frac{f'(x)-f'(x_0)}{x-x_0}<0.$$

由极限性质可得：存在 x_0 的某个邻域，在该邻域上有

$$\frac{f'(x)-f'(x_0)}{x-x_0}<0\quad(x\neq x_0).$$

由已知 $f'(x_0)=0$，上式化简为$\dfrac{f'(x)}{x-x_0}<0$.由此可得，当 $x<x_0$ 时 $f'(x)>0$；当 $x>x_0$ 时 $f'(x)<0$.由定理 3-3-4 可知，$f(x_0)$为极大值.

同理可证(2).

例 3-3-8　求 $f(x)=x^2e^x$ 的极值.

解 $f(x)$在$(-\infty,+\infty)$上连续，

$$f'(x)=2xe^x+x^2e^x=x(x+2)e^x,$$

$$f''(x)=e^x(x^2+4x+2).$$

令 $f'(x)=0$，得 $x_1=-2,x_2=0$.

因为 $f''(-2)=-\dfrac{2}{e^2}<0$，所以 $f(-2)=4e^{-2}$ 为极大值.而 $f''(0)=2>0$，所以 $f(0)=0$为极小值.

定理 3-3-5 虽然比定理 3-3-4 简单、方便，但定理 3-3-5 有局限性，一是要求在点 x_0 处有二阶导数，二是当 $f''(x_0)=0$ 时定理失效.此时，我们仍需要用定理3-3-4去判别.

练习题 3-3 （见习题三）
（二）6(3)(6),7(1)(3),8,9(2)(5),11.

作业题 3-3 （见习题三）
（三）4,5,7(4)(5).

第四节 函数的最大值、最小值及其应用问题

【学习要求】

(1)理解函数的极值与最值的关系.

(2)应用函数最大值、最小值的判断方法.

(3)理解实际问题判断最值的方法.

【学习目标】

(1)具有求出函数最值的能力.

(2)具有求出实际问题最值的能力.

(3)具有借助于函数的最值证明不等式的能力.

【学习提示】

(1)闭区间连续函数的性质(最值)与本节方法的关系.

(2)指出最值与极值的相同与不同之处.

由闭区间上连续函数的性质可知:若 $f(x)$ 在 $[a,b]$ 上连续,则 $f(x)$ 在 $[a,b]$ 上一定能取到最大值和最小值.这一节我们介绍最大值、最小值的求法.

为了避免判别极值的麻烦,我们只要把所有临界点处的函数值计算出来,跟端点处的函数值放在一起比较,其中最大和最小的分别是 $f(x)$ 在 $[a,b]$ 上的最大值和最小值.

例 3-4-1 求函数 $f(x)=x^3-3x^2-9x+5$ 在 $[-2,4]$ 上的最大值和最小值.

解 $f(x)$ 在 $[-2,4]$ 上是连续的,一定有最大值和最小值.

$$f'(x)=3x^2-6x-9=3(x+1)(x-3).$$

令 $f'(x)=0$,得 $x_1=-1,x_2=3$.计算函数值

$$f(-1)=10,\quad f(3)=-22,\quad f(-2)=3,\quad f(4)=-15,$$

所以最大值为 10,最小值为 -22.

下面有两种特殊情况,可使求最大值和最小值更简便一些.

(1)如果 $f(x)$ 在 (a,b) 内仅有一个极值点 x_0,且 $f(x_0)$ 是极大值(或极小值),则 $f(x_0)$ 就是最大值(或最小值);

(2)在实际问题中,根据问题的实际意义判断可导函数在 (a,b) 内一定有最大值(或最小值),而且函数在 (a,b) 内仅有一个驻点,则该驻点处的函数值一定是最大值(或最小值).

读者可画几个简单的图形,确信上述断言的正确性.

例 3-4-2 有一边长为 a 的正方形金属薄片,在它的四角各剪去一个相同的小正方

形，然后将四边折起来，做成一个无盖的盒子，要使盒子的容积最大.求剪去的小正方形的边长如何？求最大容积.

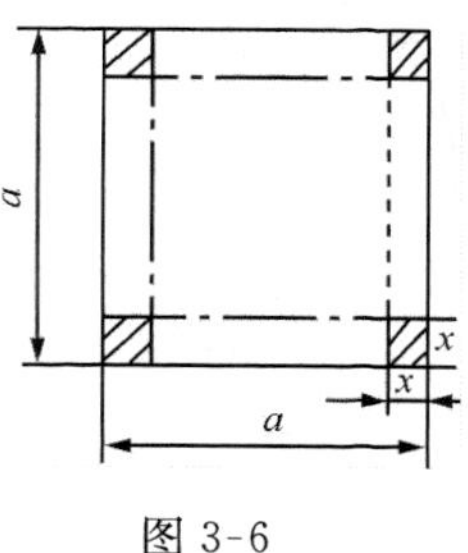

图 3-6

解　设剪去的小正方形的边长为 x（图 3-6）.用 V 表示盒子的容积，根据题意，得

$$V(x)=x(a-2x)^2\quad\left(0<x<\frac{a}{2}\right),$$

$$V'(x)=(a-2x)^2+2x(a-2x)(-2)=(a-2x)(a-6x).$$

令 $V'(x)=0$，得 $x_1=\frac{a}{6}$，$x_2=\frac{a}{2}$（舍）.

由实际问题分析，$V(x)$在$\left(0,\frac{a}{2}\right)$内一定能取到最大值.现仅求出一个驻点$x_1=\frac{a}{6}$，可以肯定在 $x_1=\frac{a}{6}$处函数取最大值，最大值为$\frac{2a^3}{27}$.

例 3-4-3　现欲用白铁皮制成一容积为 V 的圆柱形罐头筒，问如何选择尺寸，才能使用料最省？

解　设上、下底圆半径为 r、高为 h，则有

$$\pi r^2h=V.$$

圆柱体的表面积 A 与半径 r 的关系为

$$A=2\pi r^2+2\pi rh=2\pi r^2+\frac{2V}{r},$$

求导数

$$\frac{\mathrm{d}A}{\mathrm{d}r}=4\pi r-\frac{2V}{r^2}.$$

令 $A'(r)=0$，得 $r=\sqrt[3]{\frac{V}{2\pi}}$，仅有一个驻点.因 $A''(r)=4\pi+\frac{4V}{r^3}>0(r>0)$，所以 $r=\sqrt[3]{\frac{V}{2\pi}}$为极小值点.因 $A(r)$在$(0,+\infty)$内仅有一个极值点且为极小值点，故当 $r=\sqrt[3]{\frac{V}{2\pi}}$时，$A(r)$取最小值，此时 $h=\frac{V}{\pi r^2}=2\sqrt[3]{\frac{V}{2\pi}}=2r$.所以，当 $h:r=2:1$时，用料最省.

例 3-4-4　由材料力学知道，一根截面为矩形的横梁的强度与矩形的宽和高的平方成正比，现有一根直径为 d 的圆木，锯成截面为矩形的梁，问如何选择高 h 和宽 b 的尺寸，才能使横梁有最大强度？

解　用 W 表示横梁的强度，则有 $W=kbh^2$，其中 k 为比例常数，由于 $h^2+b^2=d^2$，所以

$$W=kb(d^2-b^2),$$

求导得

$$\frac{\mathrm{d}W}{\mathrm{d}b}=k(d^2-3b^2).$$

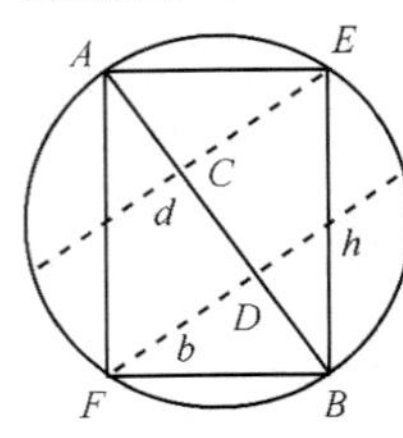

图 3-7

令$\frac{\mathrm{d}W}{\mathrm{d}b}=0$,得$b=\frac{d}{\sqrt{3}}$,而$\left.\frac{\mathrm{d}^2W}{\mathrm{d}b^2}\right|_{B=\frac{d}{\sqrt{3}}}=-2\sqrt{3}kd<0$,所以,当$b=\frac{d}{\sqrt{3}}$时,$W$取得极大值,也是最大值,此时$h=\sqrt{d^2-b^2}=\sqrt{3b^2-b^2}=\sqrt{2}b$,即$h:b=\sqrt{2}:1$时强度最大.

容易证明:把直径AB三等分,过分点C、D作AB的垂线,分别交圆周于E、F,那么$AEBF$为截面的横梁,它的强度最大(图 3-7).

练习题 3-4 (见习题三)
(三)1,2,7(1)(2)(3),12.

作业题 3-4 (见习题三)
(三)6,7(7).

第五节 曲线的凹凸性与拐点

【学习要求】

(1)理解曲线的凹凸性定义、判定曲线凹凸区间的方法.

(2)应用曲线拐点的判定方法.

【学习目标】

具有判断曲线拐点的能力.

【学习提示】

(1)如何应用导函数判断函数的增减性与曲线的凹凸性.

(2)比较极值点与拐点判定的相应定理,会得出什么认识?

一、曲线的凹凸性

上面两节讨论了函数的单调性、极值、最大值和最小值.但是,仅仅知道这些,还不能比较准确地描绘函数的图形,我们还需要研究曲线的弯曲方向,即凹凸性问题.

从几何上看,有的曲线弧,对于其上任意两点,连接两点的弦总位于两点间弧段的上方(图 3-8(a)),这样的弧称为凹弧.有的弧则正好相反,这样的弧称为凸弧(图 3-8(b)).

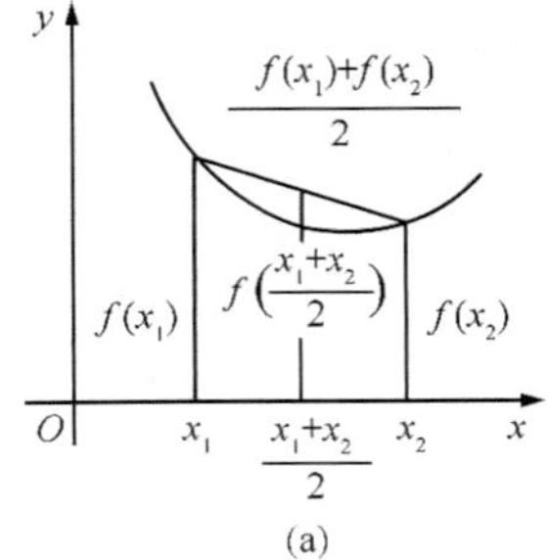

(a)

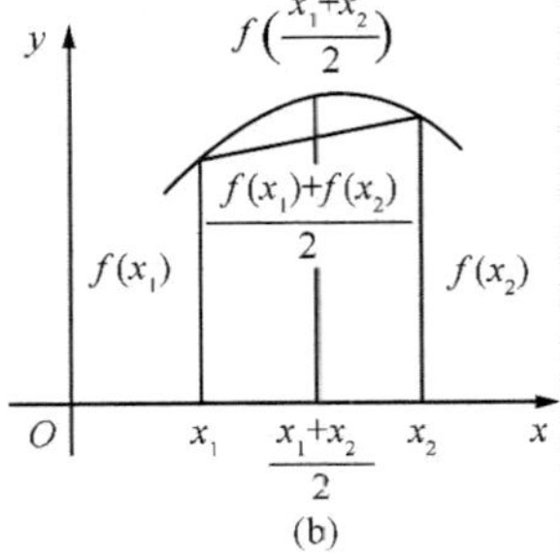

(b)

图 3-8

定义 3-5-1 设$f(x)$在(a,b)内连续,如果对(a,b)内任意两点x_1,x_2恒有

$$f\left(\frac{x_1+x_2}{2}\right)<\frac{f(x_1)+f(x_2)}{2},$$

则称 $f(x)$在(a,b)内的图形是向上凹的或凹弧；如果恒有

$$f\left(\frac{x_1+x_2}{2}\right)>\frac{f(x_1)+f(x_2)}{2},$$

则称 $f(x)$在(a,b)内的图形是向上凸的或凸弧.

定理 3-5-1　设 $f(x)$在$[a,b]$上连续，在(a,b)内具有一阶和二阶导数，那么

(1)若在(a,b)内，$f''(x)>0$，则 $f(x)$在$[a,b]$上是向上凹的；

(2)若在(a,b)内，$f''(x)<0$，则 $f(x)$在$[a,b]$上是向上凸的.

***证**　(1)设 $f''(x)>0, x\in(a,b)$，任取 $x_1,x_2\in(a,b)$，记 $x_0=\dfrac{x_1+x_2}{2}$，$h=\dfrac{x_2-x_1}{2}$，于是 $x_2=x_0+h, x_1=x_0-h$.

由拉格朗日中值公式(3-2)，得

$$f(x_0+h)-f(x_0)=f'(x_0+\theta_1 h)h,\quad 0<\theta_1<1,$$
$$f(x_0-h)-f(x_0)=-f'(x_0-\theta_2 h)h,\quad 0<\theta_2<1,$$

两式相加，得

$$f(x_0+h)+f(x_0-h)-2f(x_0)=[f'(x_0+\theta_1 h)-f'(x_0-\theta_2 h)]h.$$

对 $f'(x)$再用拉格朗日中值公式，得

$$f'(x_0+\theta_1 h)-f'(x_0-\theta_2 h)=f''(\xi)(\theta_1+\theta_2)h,$$

其中 $x_0-\theta_2 h<\xi<x_0+\theta_1 h$，于是有

$$f(x_0+h)+f(x_0-h)-2f(x_0)=f''(\xi)(\theta_1+\theta_2)h^2.$$

由假设 $f''(\xi)>0, \theta_1+\theta_2>0$，所以

$$f(x_0+h)+f(x_0-h)-2f(x_0)>0,$$

即

$$f(x_0)<\frac{f(x_0+h)+f(x_0-h)}{2},$$

亦即

$$f\left(\frac{x_1+x_2}{2}\right)<\frac{f(x_1)+f(x_2)}{2},$$

所以 $f(x)$在(a,b)上向上凹.

类似地可证明(2).

例 3-5-1　判别曲线 $y=\ln x$ 的凹凸性.

解　$y=\ln x$ 在$(0,+\infty)$上连续，且

$$y'=\frac{1}{x},\quad y''=-\frac{1}{x^2},$$

因为 $y''<0$，故 $y=\ln x$ 在$(0,+\infty)$上向上凸.

例 3-5-2　判别曲线 $y=x^3$ 的凹凸性.

解　因为 $y'=3x^2, y''=6x$. 当 $x<0$ 时 $y''<0$，所以曲线在$(-\infty,0)$上向上凸. 当

$x>0$时，$y''>0$，所以曲线在$(0,+\infty)$内向上凹.

二、曲线的拐点

定义 3-5-2 一条处处具有切线的连续曲线 $y=f(x)$的向上凹和向上凸的分界点$(x_0,f(x_0))$称为曲线的拐点.

由图形可见，曲线的凹弧位于弧上每一点的切线的上方，凸弧位于弧上每一点的切线的下方，这样在拐点处的切线应该是穿过曲线的.

下面我们来介绍拐点的判定与求法.

定理 3-5-2(拐点的必要条件) 设 $f(x)$在点 x_0 处具有二阶导数，则$(x_0,f(x_0))$是曲线 $y=f(x)$拐点的必要条件是 $f''(x_0)=0$.

证 这里只证二阶导数连续的情形.用反证法，假设 $f''(x_0)\neq 0$，为了明确起见，不妨设 $f''(x_0)>0$.由 $f''(x)$的连续性，在 x_0 的某邻域内，将有 $f''(x)>0$.这样由定理 1 知，在该邻域内曲线向上凹，这与点$(x_0,f(x_0))$是曲线的拐点相矛盾.所以，必须有 $f''(x_0)=0$.

由拐点的定义和凹凸性的判别法，不难推得下面定理的正确性.

定理 3-5-3(拐点的充分条件) 若 $f''(x_0)=0$，且 $f''(x)$在 x_0 两侧变号，则$(x_0,f(x_0))$为曲线 $y=f(x)$的拐点.

例 3-5-3 讨论曲线 $y=\ln(1+x^2)$的凹凸区间与拐点.

解 定义域$(-\infty,+\infty)$.

$$y'=\frac{2x}{1+x^2},\quad y''=\frac{2(1-x^2)}{(1+x^2)^2},$$

令 $y''=0$，得 $x=\pm 1$.

分区间为$(-\infty,-1)$、$(-1,1)$、$(1,+\infty)$.

当$-\infty<x<-1$ 时，$y''<0$，曲线向上凸；当$-1<x<1$ 时，$y''>0$，曲线向上凹；当$1<x<+\infty$时，$y''<0$，曲线向上凸.$(-1,\ln 2)$和$(1,\ln 2)$是曲线的拐点.

例 3-5-4 问曲线 $y=x^4$ 是否有拐点？

解 $y'=4x^3$，$y''=12x^2$. 令 $y''=0$，得 $x=0$.当 $x\neq 0$ 时，$y''>0$，所以$(0,0)$点不是拐点.$y=x^4$ 在$(-\infty,+\infty)$上向上凹.

例 3-5-5 $y=\sqrt[3]{x}$，讨论凹凸区间及拐点.

解 $y'=\frac{1}{3}x^{\frac{-2}{3}}$，$y''=-\frac{2}{9}x^{\frac{-5}{3}}$.$y=\sqrt[3]{x}$在$(-\infty,+\infty)$上连续，且在每一点都有切线，$y'$和$y''$在$x=0$点不存在.

当 $x<0$ 时，$y''>0$；当 $x>0$ 时，$y''<0$.所以在$(-\infty,0)$上向上凹，在$(0,+\infty)$上向上凸.$(0,0)$为拐点.

由例 3-5-5 可见，若在点 x_0 处二阶导数不存在，但曲线在该点有切线，如果在 x_0 点两侧附近 $f''(x)$变号，$(x_0,f(x_0))$为曲线的拐点.因此在求拐点时，不应忽视二阶导数不存在的点.

练习题 3-5　（见习题三）
（二）19(4),21(1).

作业题 3-5　（见习题三）
（三）7(6),8,9.

第六节　函数图形的描绘

【学习要求】

(1)理解曲线渐近线的定义.

(2)应用求曲线的渐近线方法及函数作图方法.

【学习目标】

正确作出函数的图形.

【学习提示】

(1)斜渐近线与水平渐近线的关系.

(2)梳理函数作图的步骤.

前面我们已经讨论了函数的单调性和极值,函数图形的凹凸性与拐点.如果再加上曲线无限延伸情况的讨论,我们就能比较准确地绘出函数的图形了.为此,首先讨论曲线的渐近线,然后举例说明函数图形描绘的方法.

一、曲线的渐近线

定义 3-6-1　如果动点 P 沿曲线 C 无限地远离原点时,动点 P 到定直线 L 的距离趋向于零,那么称 L 为曲线 C 的渐近线.有三种渐近线:

1.水平渐近线

若 $\lim\limits_{x\to+\infty} f(x)=b$ 或 $\lim\limits_{x\to-\infty} f(x)=b$,则称直线 $y=b$ 是曲线 $y=f(x)$ 的一条水平渐近线.

例 3-6-1　求 $y=\arctan x$ 的水平渐近线.

解　因为 $\lim\limits_{x\to+\infty}\arctan x=\frac{\pi}{2}$,$\lim\limits_{x\to-\infty}\arctan x=-\frac{\pi}{2}$,所以 $y=\frac{\pi}{2}$ 和 $y=-\frac{\pi}{2}$ 都是 $y=\arctan x$ 的水平渐近线.

例 3-6-2　求 $y=\frac{\sin x}{x}$ 的水平渐近线.

解　因为 $\lim\limits_{x\to\infty}\frac{\sin x}{x}=0$,所以 $y=0$ 是 $y=\frac{\sin x}{x}$ 的水平渐近线.

2.铅垂渐近线

若 $\lim\limits_{x\to c+} f(x)=\infty$ 或 $\lim\limits_{x\to c-} f(x)=\infty$,则称 $x=c$ 为 $y=f(x)$ 的铅垂渐近线.

例 3-6-3　求 $y=\tan x$ 的铅垂渐近线.

解 因为 $\lim\limits_{x \to \frac{\pi}{2}+n\pi} \tan x=\infty$,所以 $x=\dfrac{\pi}{2}+n\pi(n=0,\pm 1,\cdots)$是 $y=\tan x$ 的铅垂渐近线.

例 3-6-4 求 $y=\ln x$ 的铅垂渐近线.

解 因为 $\lim\limits_{x \to 0^+} \ln x=-\infty$,所以 $x=0$ 是 $y=\ln x$ 的铅垂渐近线.

3.斜渐近线

可以证明:$y=f(x)$以直线 $y=kx+b$ 为斜渐近线的充要条件是

$$\lim_{\substack{x \to +\infty \\ (x \to -\infty)}} \frac{f(x)}{x}=k, \quad \lim_{\substack{x \to +\infty \\ (x \to -\infty)}} [f(x)-kx]=b.$$

例 3-6-5 求曲线 $y=\dfrac{x}{(x-1)(x+1)}$的渐近线.

解 因为$\lim\limits_{x \to \infty}\dfrac{x}{(x-1)(x+1)}=0$,所以 $y=0$ 是曲线的水平渐近线.又因为

$$\lim_{x \to 1}\frac{x}{(x-1)(x+1)}=\infty, \quad \lim_{x \to -1}\frac{x}{(x-1)(x-1)}=\infty,$$

所以 $x=-1$ 和 $x=1$ 是这曲线的两条铅垂渐近线.

例 3-6-6 求曲线 $y=\dfrac{x^2-1}{x}$的渐近线.

解 因为$\lim\limits_{x \to 0}\dfrac{x^2-1}{x}=\infty$, 所以 $x=0$ 是曲线的铅垂渐近线.没有水平渐近线.由于

$$\lim_{x \to \infty}\frac{f(x)}{x}=\lim_{x \to \infty}\frac{x^2-1}{x^2}=1,$$

$$\lim_{x \to \infty}[f(x)-x]=\lim_{x \to \infty}\left(\frac{x^2-1}{x}-x\right)=\lim_{x \to \infty}\frac{-1}{x}=0,$$

所以 $y=x$ 是曲线的斜渐近线.

二、函数图形描绘举例

现将作 $y=f(x)$的图形步骤归纳如下:

(1)确定函数的定义域、奇偶性、截距、周期性等;

(2)求 $f'(x)$,$f''(x)$,令 $f'(x)=0$ 和 $f''(x)=0$,在函数的连续区间内求出实根及一阶和二阶导数不存在的点;

(3)利用(2)中求出的点将定义域分为若干个子区间,在各个子区间内讨论$f'(x)$,$f''(x)$的符号(列表),从而确定单调性和极值、凹凸性和拐点;

(4)讨论曲线 $y=f(x)$是否有渐近线;

(5)列表求出一些点的函数值;

(6)描点画图.

例 3-6-7 作高斯曲线 $y=\mathrm{e}^{-x^2}$ 的图形.

解 (1)函数的定义域$(-\infty,+\infty)$.$y>0$,图形位于 x 轴上方.偶函数,图形对称于 y

轴，与 y 轴的交点(0,1).

(2) $y'=-2xe^{-x^2}$，$y''=2(2x^2-1)e^{-x^2}$，令 $y'=0$，得 $x=0$.令 $y''=0$，得 $x=\pm\frac{1}{\sqrt{2}}$.

(3)讨论单调性、极值、凹凸区间、拐点.因为是偶函数，只在$[0,+\infty)$内讨论：

x	0	$\left(0,\frac{1}{\sqrt{2}}\right)$	$\frac{1}{\sqrt{2}}$	$\left(\frac{1}{\sqrt{2}},+\infty\right)$
y'	0	$-$	$-$	$-$
y''	$-$	$-$	0	$+$
y	1 极大值	单减 上凸 ↘ ⌒	$\left(\frac{1}{\sqrt{2}},\frac{1}{\sqrt{e}}\right)$ 拐点	单减 上凹 ↘ ⌣

(4) $\lim\limits_{x\to\infty}e^{-x^2}=0$，$y=0$ 水平渐近线.

(5)列表.

x	0	$\frac{1}{2}$	$\frac{1}{\sqrt{2}}$	1	$\sqrt{2}$	$\sqrt{3}$
y	1	0.79	0.61	0.37	0.14	0.05

(6)描点画图(图 3-9).

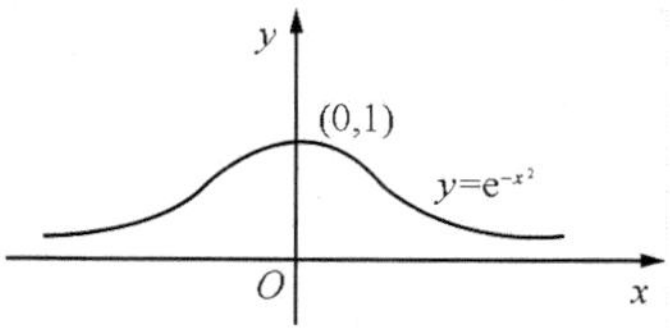

图 3-9

*例 3-6-8 作 $y=1+\frac{36x}{(x+3)^2}$的图形.

解 (1)函数的定义域为$(-\infty,-3)\cup(-3,+\infty)$，曲线与 y 轴的交点(0,1).

(2) $y'=\frac{36(3-x)}{(x+3)^3}$，$y''=\frac{72(x-6)}{(x+3)^4}$，令 $y'=0$，得 $x=3$；令 $y''=0$，得 $x=6$.

(3)讨论单调性、极值、凸凹区间、拐点.

x	$(-\infty,-3)$	-3	$(-3,3)$	3	$(3,6)$	6	$(6,+\infty)$
$f'(x)$	$-$	间	$+$	0	$-$	$-$	$-$
$f''(x)$	$-$	断	$-$	$-$	$-$	0	$+$
$f(x)$	单减、上凸 ↘ ⌒	点	单增、上凸 ↗ ⌒	4 极大值	单减、上凸 ↘ ⌒	$\left(6,\frac{11}{3}\right)$ 拐点	单减、上凹 ↘ ⌣

(4)因为

$$\lim_{x\to\infty}\left[1+\frac{36x}{(x+3)^2}\right]=1,\quad y=1\text{ 水平渐近线},$$

$$\lim_{x\to-3}\left[1+\frac{36x}{(x+3)^2}\right]=\infty,\quad x=-3\text{ 铅垂渐近线}.$$

(5)列表.

x	-5	-4	-3	-2	-1	0	1	3	4	6
y	-44	-143	无	-71	-8	1	$\frac{13}{4}$	4	$\frac{194}{49}$	$\frac{11}{3}$

(6)描点画图(图 3-10).

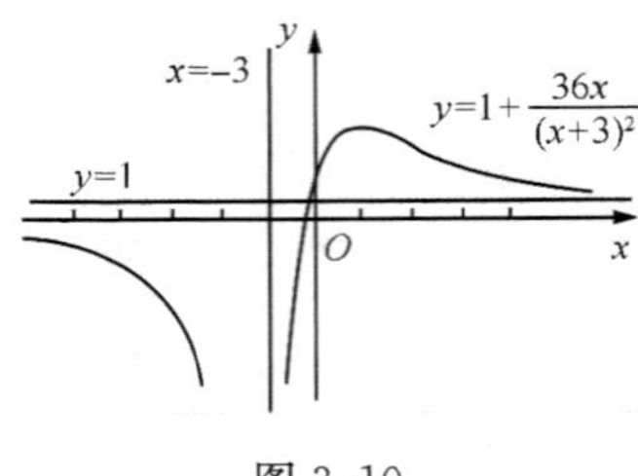

图 3-10

* **例 3-6-9** 作 $y=\dfrac{x^2-2x+2}{x-1}$的图形.

解 (1)定义域$(-\infty,1)\cup(1,+\infty)$,间断点 $x=1$.

(2)$y'=\dfrac{x(x-2)}{(x-1)^2}$,$y''=\dfrac{2}{(x-1)^3}$,令 $y'=0$,得 $x=0,x=2$.$y''=0$,无解.

(3)讨论单调性、极值、凹凸区间、拐点.

x	$(-\infty,0)$	0	$(0,1)$	1	$(1,2)$	2	$(2,+\infty)$
y'	$+$	0	$-$	间	$-$	0	$+$
y''	$-$	$-$	$-$	断	$+$	$+$	$+$
y	单增,上凸 ↗ ⌒	-2 极大值	单减,上凸 ↘ ⌒	点	单减,上凹 ↘ ⌣	2 极小值	单增,上凹 ↗ ⌣

(4)因为

$$\lim_{x\to1}\frac{x^2-2x+2}{x-1}=\infty \quad (x=1\text{ 铅垂渐近线}),$$

$$\lim_{x\to\infty}\frac{f(x)}{x}=\lim_{x\to\infty}\frac{x^2-2x+1}{x(x-1)}=1,$$

$$\lim_{x\to\infty}[f(x)-x]=\lim_{x\to\infty}\left[\frac{x^2-2x+2}{x-1}-x\right]=-1,$$

所以 $y=x-1$ 为斜渐近线.

(5)列表.

x	-1	0	$\frac{1}{2}$	1	$\frac{3}{2}$	2	$\frac{5}{2}$
y	$-\frac{5}{2}$	-2	-3	间断	$\frac{5}{2}$	2	$\frac{13}{6}$

(6)描点画图(图 3-11).

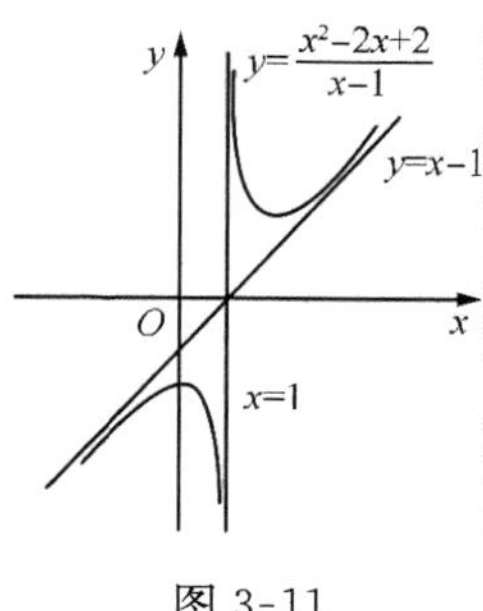

图 3-11

练习题 3-6　(见习题三)
(二)22(1),23(1).

作业题 3-6　(见习题三)
(三)10.

第七节　平面曲线的曲率

【学习要求】

(1)认知曲率的概念、弧微分的概念.

(2)应用弧微分计算公式.

(3)机械专业认知曲率、曲率圆、曲率半径、曲率中心的概念.

【学习目标】

具有正确求出不同方式表示的函数的弧微分表达式的能力.

【学习提示】

从弧微分三角形的几何关系理解不同方式表示的函数的弧微分表达式的关系.

在这一节中我们继续对曲线进行研究,即研究曲线的弯曲程度.对弯曲程度的研究,在日常生活与生产实践中经常遇到.例如,铁路在转弯处的铁轨应设计成弯曲程度如何的曲线,对保证火车安全行驶是十分重要的.又如,车床的主轴由于所受的载荷和自身的重力总会产生弯曲变形,如果弯曲程度过大,就会影响车床的正常运转和精度.下面首先给出曲率的定义,我们用数量刻画曲线的弯曲程度.

一、曲率概念

设有两条弯曲程度不同的曲线 L 和 L',其上具有连续转动的切线,在两条曲线上截取长度相同的小弧段 $\overset{\frown}{PP_1}$,长度为 σ(图 3-12).当动点沿弧段由 P 移动到 P_1,那么在动点处的切线也相应地沿着弧段在转动,切线转过的角度称为转角,用 φ 表示.由图可见,转角的大小与弧段的弯曲程度有关,即长度相同的弧段,弯曲程度大的转角大,也就是说,曲线的弯曲程度的大小与转角成正比.但是有相同转角的两个小弧段,弯曲程度也不相同.例如图 3-13 中的两个小弧段有相同的转角 φ,显然弧段长的弯曲程度小,也就是说，曲线的弯曲程度与弧长成反比.

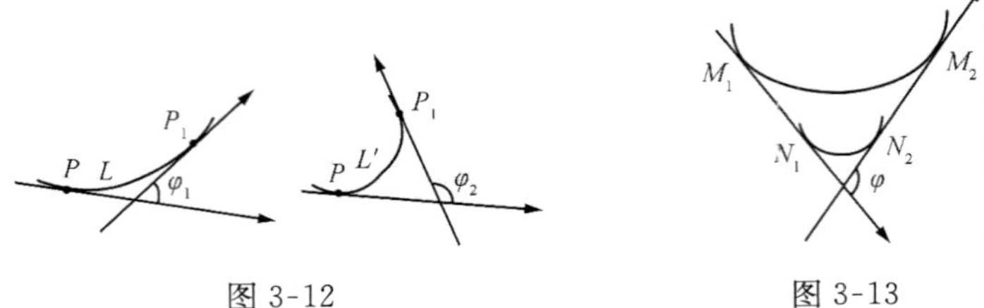

图 3-12　　　　图 3-13

由上面的分析，我们常用单位弧长的弧段两端切线的转角来描述曲线的弯曲程度.为此，给出如下定义：

定义 3-7-1　设在具有连续转动切线的曲线 L 上，有一长为 σ 的弧段$\widehat{PP_1}$，此弧段的切线转角为 φ，称为$\dfrac{\varphi}{\sigma}$为$\widehat{PP_1}$ 的平均曲率，记作

$$\bar{k}=\frac{\varphi}{\sigma}. \tag{3-7}$$

如果 P_1 沿着曲线弧趋近于 P 时，弧段$\widehat{PP}$的平均曲率 $\bar{k}$ 的极限存在，记此极限为 k，即

$$k=\lim_{\sigma\to 0}\frac{\varphi}{\sigma}, \tag{3-8}$$

则称 k 为曲线 L 在 P 点处的曲率.

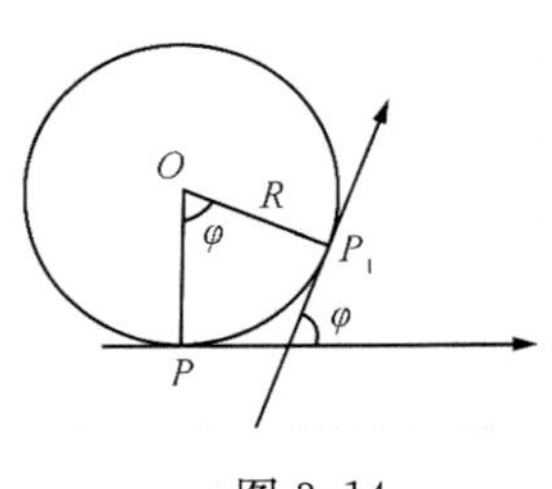

图 3-14

例 3-7-1　圆的半径为 R，求圆上任一点处曲率.

解　设 P 为圆上任一点，P_1 为圆上另一点(图 3-14)，弧$\widehat{PP_1}$ 的长记为 σ，切线的转角记为 φ，由几何知识可知$\angle POP_1=\varphi$，弧长 $\sigma=R\varphi$，所以$\widehat{PP_1}$ 的平均曲率为

$$\bar{k}=\frac{\varphi}{\sigma}=\frac{\varphi}{R\varphi}=\frac{1}{R}.$$

由此可见：圆上任一段弧的平均曲率为常数$\dfrac{1}{R}$.所以，圆上任一点 P 处的曲率都相同，即

$$k=\lim_{\sigma\to 0}\bar{k}=\frac{1}{R}.$$

圆半径大曲率小，圆半径小曲率大.

例 3-7-2　求直线上每点的曲率.

解　由于直线上任意两点的切线转角 $\varphi=0$，所以 $\bar{k}=0$，$k=\lim\limits_{\sigma\to 0}\bar{k}=0$，即直线上每点的曲率为零.

应当指出，按着定义曲率是一个非负的量.为了计算曲率的需要，我们首先来介绍弧微分概念.

二、弧长的微分

设曲线弧$\widehat{AB}$由参数方程

$$x=\varphi(t),\quad y=\psi(t)\qquad(\alpha\leqslant t\leqslant\beta)\tag{3-9}$$

表示，其中 $\varphi(t)$ 和 $\psi(t)$ 具有连续的一阶和二阶导数且 $[\varphi'(t)]^2+[\psi'(t)]^2\neq0$（图 3-15）.现假定当参数 t 增加时，动点在曲线上的运动方向作为曲线及其切线的正方向.不妨假定，当 t 由 α 变到 β 时，弧段上的对应点由 A 移动到 B.

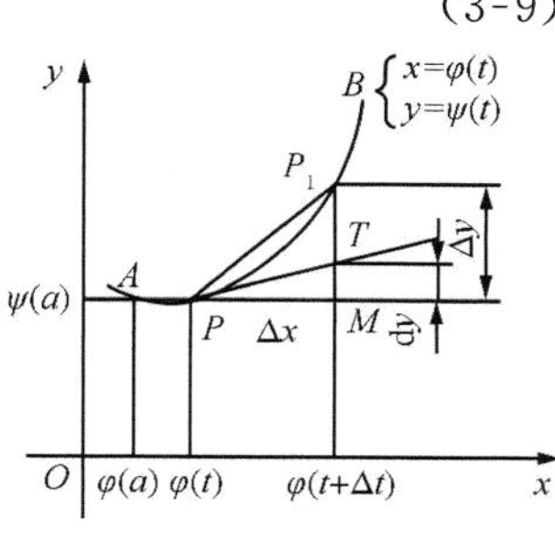

图 3-15

对于$[\alpha,\beta]$上的每一个 t 值，都唯一地确定曲线弧$\overset{\frown}{AB}$上一点 $P(x,y)$.若以 A 为起点计算弧段的长度，记弧段$\overset{\frown}{AP}$的长为 s，则 $s=s(t)$ 且假定 $s(t)$ 是 t 的增函数.对于给定的增量 Δt，$t+\Delta t$ 对应曲线上点 P_1，s 的增量为 Δs，即 $\Delta s=s(t+\Delta t)-s(t)$，此时 x 和 y 分别有增量 Δx 和 Δy，P_1 点的坐标为$(x+\Delta x,y+\Delta y)$.由图 3-15 可见，$|\overline{PP_1}|^2=(\Delta x)^2+(\Delta y)^2$ 两端用$(\Delta t)^2$ 除，得

$$\left(\frac{|\overline{PP_1}|}{\Delta t}\right)^2=\left(\frac{\Delta x}{\Delta t}\right)^2+\left(\frac{\Delta y}{\Delta t}\right)^2,$$

也可记为

$$\left(\frac{\Delta s}{\Delta t}\right)^2\left(\frac{|\overline{PP_1}|}{\Delta s}\right)^2=\left(\frac{\Delta x}{\Delta t}\right)^2+\left(\frac{\Delta y}{\Delta t}\right)^2.\tag{3-10}$$

由于

$$\lim_{\Delta t\to0}\frac{|\overline{PP_1}|}{|\Delta s|}=\lim_{P_1\to P}\frac{|\overline{PP_1}|}{|\overset{\frown}{PP_1}|}=1,\tag{3-11}$$

在式(3-10)两端取极限($\Delta t\to0$)，并利用式(3-11)，得

$$\left(\frac{\mathrm{d}s}{\mathrm{d}t}\right)^2=\left(\frac{\mathrm{d}x}{\mathrm{d}t}\right)^2+\left(\frac{\mathrm{d}y}{\mathrm{d}t}\right)^2.\tag{3-12}$$

两端开方并注意到 $s(t)$ 是 t 的增函数，则有

$$\frac{\mathrm{d}s}{\mathrm{d}t}=\sqrt{\left(\frac{\mathrm{d}x}{\mathrm{d}t}\right)^2+\left(\frac{\mathrm{d}y}{\mathrm{d}t}\right)^2}=\sqrt{[\varphi'(t)]^2+[\psi'(t)]^2}\tag{3-13}$$

和

$$\mathrm{d}s=\sqrt{[\varphi'(t)]^2+[\psi'(t)]^2}\,\mathrm{d}t,\tag{3-14}$$

式(3-14)即是弧微分公式.

如果曲线由直角坐标方程 $y=f(x)$ 给出，式(3-13)和式(3-14)成为

$$\frac{\mathrm{d}s}{\mathrm{d}x}=\sqrt{1+\left(\frac{\mathrm{d}y}{\mathrm{d}x}\right)^2}=\sqrt{1+y'^2}\tag{3-15}$$

和

$$\mathrm{d}s=\sqrt{1+y'^2}\,\mathrm{d}x.\tag{3-16}$$

如果曲线由极坐标方程

$$\rho=\rho(\theta)\quad(\theta_0\leqslant\theta\leqslant\theta_r)$$

给出，则有

$$\frac{ds}{d\theta}=\sqrt{\rho^2+[\rho'(\theta)]^2} \tag{3-17}$$

和

$$ds=\sqrt{\rho^2+[\rho'(\theta)]^2}\,d\theta. \tag{3-18}$$

弧微分有明显的几何意义:当 $dx>0$ 时,弧微分可以写成

$$ds=\sqrt{(dx)^2+(dy)^2},$$

即

$$(ds)^2=(dx)^2+(dy)^2. \tag{3-19}$$

在图 3-15 中,$PM=\Delta x$,$MT=dy$,所以

$$(ds)^2=(PM)^2+(MT)^2=(PT)^2,$$

即 $ds=|PT|$.这就是说,弧微分等于自变量的增量所对应的切线段的长度(上面假定了 $dx>0$.若 $dx<0$,ds 为负值,这时有 $ds=-|PT|$).

*三、曲率的计算公式

设曲线的直角坐标方程为

$$y=f(x).$$

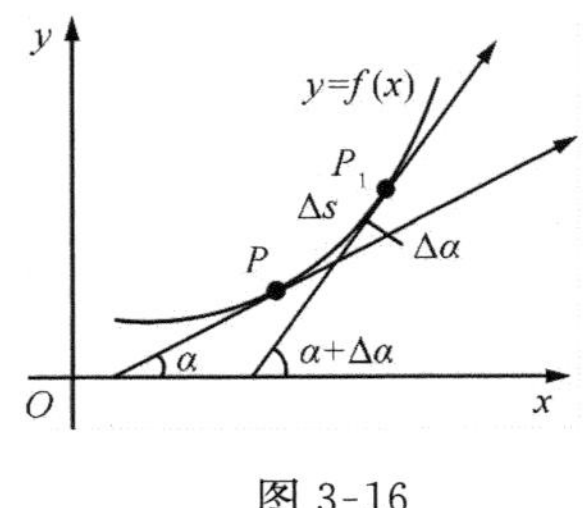

图 3-16

在曲线上两点 P 和 P_1 的切线倾角为 α 和 $\alpha+\Delta\alpha$,坐标为 $P(x,y)$和 $P_1(x+\Delta x,y+\Delta y)$,由图 3-16 可见,两点的切线转角为 $\Delta\alpha$,记$\overset{\frown}{PP_1}=\Delta s$,由曲率的定义可得,曲线在点 $P(x,y)$处的曲率为

$$k=\lim_{\Delta s\to 0}\frac{|\Delta\alpha|}{|\Delta s|}=\left|\frac{d\alpha}{ds}\right|. \tag{3-20}$$

式(3-20)称为曲率的计算公式.用式(3-20)计算显然是不方便的,因为要建立函数 $\alpha=\alpha(s)$是不容易的,但我们可利用式(3-20)推出便于计算的公式.

因为 $\tan\alpha=y'$,所以 $\alpha=\arctan y'$,两边对 x 求导,可得

$$\frac{d\alpha}{dx}=\frac{y''}{1+y'^2},$$

即

$$d\alpha=\frac{y''}{1+y'^2}dx.$$

又由弧微分公式

$$ds=\sqrt{1+y'^2}\,dx,$$

由式(3-20)可得

$$k=\left|\frac{d\alpha}{ds}\right|=\frac{|y''|}{(1+y'^2)^{\frac{3}{2}}}. \tag{3-21}$$

式(3-21)便是在直角坐标系下曲率的计算公式.

如果曲线由参数方程式(3-9)给出,利用由参数方程所确定函数的求导法,求出 y'_x,y''_x代入式(3-21)便得

$$k=\frac{|\varphi'(t)\psi''(t)-\varphi''(t)\psi'(t)|}{[\varphi'(t)^2+\psi'(t)^2]^{\frac{3}{2}}}. \tag{3-22}$$

例 3-7-3 求双曲线 $xy=1$ 在点(1,1)处的曲率.

解 由于 $y'=\frac{-1}{x^2}$，$y''=\frac{2}{x^3}$，所以 $y'|_{x=1}=-1$，$y''|_{x=1}=2$.将其代入式(3-21)，可得

$$k|_{(1,1)}=\frac{2}{[1+(-1)^2]^{\frac{3}{2}}}=\frac{1}{\sqrt{2}}=\frac{\sqrt{2}}{2}.$$

例 3-7-4 问抛物线 $y=ax^2+bx+c$ 上哪一点处的曲率最大?

解 由于 $y'=2ax+b$，$y''=2a$，所以

$$k=\frac{|2a|}{[1+(2ax+b)^2]^{\frac{3}{2}}}.$$

因为 k 的分子是常数，所以当 $2ax+b=0$ 时 k 最大，即 $x=-\frac{b}{2a}$ 时 k 有最大曲率$2|a|$，也就是说，抛物线在顶点处有最大曲率.

例 3-7-5 求摆线 $\begin{cases}x=a(t-\sin t),\\ y=a(1-\cos t)\end{cases}$ 的一拱上任一点处的曲率和最高点$(\pi a,2a)$处的曲率.

解 由于

$$x_t'=a(1-\cos t),\quad y_t'=a\sin t,$$
$$x_t''=a\sin t,\quad y_t''=a\cos t,$$

所以

$$k=\frac{|a(1-\cos t)a\cos t-a\sin ta\sin t|}{[a^2(1-\cos t^2)+a^2\sin^2t]^{\frac{3}{2}}}=\frac{|\cos t-1|}{2^{\frac{3}{2}}a(1-\cos t)^{\frac{3}{2}}}=\frac{1}{4a\left|\sin\frac{t}{2}\right|}.$$

由于 $0<t<2\pi$，所以 $\sin\frac{t}{2}>0$.因此 $k=\frac{1}{4a\sin\frac{t}{2}}$.

最高点$(\pi a,2a)$对应 $t=\pi$，所以在该点处的曲率为 $k=\frac{1}{4a}$.

*四、曲率圆、曲率半径和曲率中心

我们知道，曲率表示曲线的弯曲程度，对于曲线上每一点都可以用公式求出曲率.为了研究曲线，我们能否在其上每一点处都用简单的曲线来代替它呢? 由前面的讨论可知，圆上每一点的曲率等于半径的倒数.受此启发，我们就用圆弧来近似其他的曲线弧.

1.曲率圆、曲率半径

设曲线 L 的方程为 $y=f(x)$，其上任一点 $P(x,y)$处的曲率为 $k(k\neq0)$.过$P(x,y)$作曲线的切线与法线，在曲线凹向一侧的法线上取点 M，使 $MP=\frac{1}{k}$，记$R=\frac{1}{k}$.以 M 为中心R 为半径作圆 C(图 3-17)，称圆 C 为曲线L 在点 P 处的曲率圆，R 称为曲率半径，

M 称为曲率中心.由式(3-21)可得

$$R=\frac{(1+y'^2)^{\frac{3}{2}}}{|y''|}. \tag{3-23}$$

我们经常用点 P 处的曲率圆来代替点 P 处的曲线弧,这是因为曲率圆具有如下性质:

(1)曲线 L 和圆 C 在点 P 处具有公共切线.

(2)曲线 L 和圆 C 在点 P 处具有相同凹向.

(3)曲线 L 和圆 C 在点 P 处具有相同曲率.

例 3-7-6 设工件内表面的截线为抛物线 $y=0.4x^2$(单位:cm),现在要用砂轮磨削其内表面,选用直径为多大的砂轮才能比较合适(图 3-18).

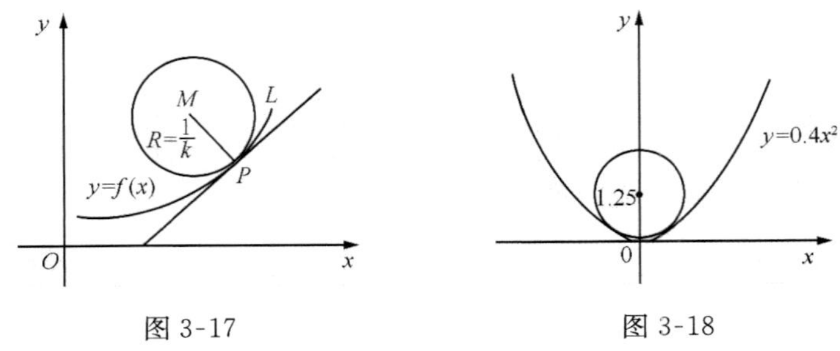

图 3-17 图 3-18

解 为了在磨削时不使砂轮磨去不应磨去的部分,砂轮的半径应小于工件内表面截线上各点处的曲率半径的最小值.为此,先求抛物线 $y=0.4x^2$ 上任一点(x,y)处的曲率半径.由于

$$y'=0.8x,\quad y''=0.8,$$

所以

$$R=\frac{(1+y'^2)^{\frac{3}{2}}}{|y''|}=\frac{(1+0.64x^2)^{\frac{3}{2}}}{0.8}.$$

显然,当 $x=0$ 时 R 最小,即

$$R_{最小}=\frac{1}{0.8}\text{cm}=1.25\text{cm},$$

所以,选用砂轮的直径应小于 2.5cm.

*2.曲率中心公式

设 $y=f(x)$的二阶导数 y''在点 x 处不为零,则曲线 L 在点 $P(x,y)$处的曲率中心 $M(\xi,\eta)$的坐标为

$$\begin{cases}\xi=x-\dfrac{y'(1+y'^2)}{y''},\\ \eta=y+\dfrac{1+y'^2}{y''}.\end{cases} \tag{3-24}$$

#**证** 由曲率中心的定义可知

$$(\xi-x)^2+(\eta-y)^2=R^2=\frac{(1+y'^2)^3}{(y'')^2}. \tag{3-25}$$

因为 MP 与曲线在 P 点的切线垂直,所以

$$y'=-\frac{x-\xi}{y-\eta}. \tag{3-26}$$

由式(3-26)求出 $x-\xi=-y'(y-\eta)$ 代入式(3-25),得

$$(y-\eta)^2=\frac{(1+y'^2)^2}{(y'')^2}. \tag{3-27}$$

由于当 $y''>0$ 时,曲线向上凹,$y-\eta<0$;当 $y''<0$ 时,曲线向上凸,$y-\eta>0$.总之,y'' 与 $y-\eta$ 异号,所以在式(3-27)两边开平方,有

$$y-\eta=-\frac{1+y'^2}{y''},$$

$$x-\xi=\frac{y'(1+y'^2)}{y''}.$$

从而有式(3-24).

例 3-7-7 求曲线 $y=\ln x$ 与 x 轴交点处的曲率圆方程.

解 曲线 $y=\ln x$ 与轴的交点为 $P(1,0)$,先求点 P 处的 y' 和 y'' 的值为

$$y'_{x=1}=\left.\frac{1}{x}\right|_{x=1}=1,\quad y''|_{x=1}=-\left.\frac{1}{x^2}\right|_{x=1}=-1,$$

所以曲率半径为

$$R=\frac{(1+1)^{\frac{3}{2}}}{1}=2\sqrt{2}.$$

曲率中心的坐标为 $M(\xi,\eta)$,

$$\xi=1-\frac{1+1}{-1}=3,$$

$$\eta=0+\frac{1+1}{-1}=-2,$$

即 M 点的坐标为(3,−2).所以曲率圆方程为

$$(\xi-3)^2+(\eta+2)^2=8.$$

3.渐屈线与渐伸线

设曲线 L 的方程是 $y=f(x)$,当点 $P(x,y)$ 在曲线 L 上移动时,相应的曲率中心 $M(\xi,\eta)$ 也将随之而移动(图 3-19),M 点的轨迹曲线 L' 称为曲线 L 的渐屈线,而曲线 L 本身称为曲线 L' 的渐伸线(或渐开线).

式(3-24)即为曲线 L 的渐屈线的参数方程,x 为参数,其中 y、y' 和 y'' 皆为 x 的函数,这里直角坐标系 xOy 与 $\xi O\eta$ 重合.

例 3-7-8 求椭圆 $\begin{cases}x=a\cos t,\\ y=b\sin t\end{cases}$ 的渐屈线方程.

解 在式(3-24)中,x,y,y' 和 y'' 都可以写成 t 的函数,选 t 为参数.由于

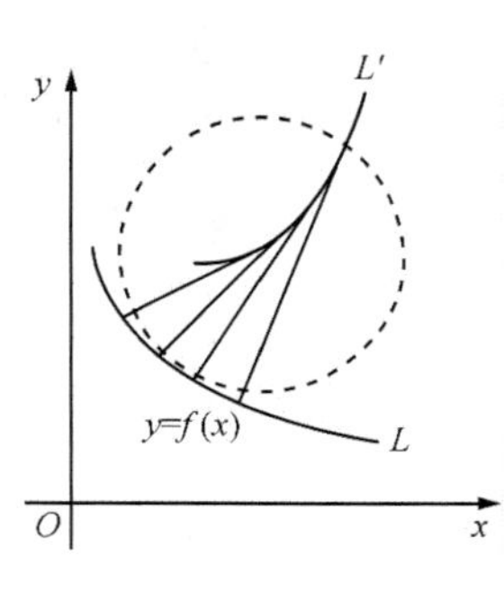

图 3-19

$$\frac{\mathrm{d}x}{\mathrm{d}t}=-a\sin t,\quad \frac{\mathrm{d}y}{\mathrm{d}t}=b\cos t,$$

$$\frac{\mathrm{d}y}{\mathrm{d}x}=\frac{b\cos t}{-a\sin t}=-\frac{b}{a}\cot t,$$

$$\frac{\mathrm{d}^2y}{\mathrm{d}x^2}=\frac{\left(-\frac{b}{a}\cot t\right)'}{(a\cos t)'}=\frac{-b}{a^2\sin^3 t}.$$

代入式(3-24),得

$$\xi=a\cos t-\left(-\frac{b}{a}\cot t\right)\frac{1+\frac{b^2}{a^2}\cot^2 t}{-\frac{b}{a^2}\frac{1}{\sin^3 t}}=a\cos t-a\cos t+\frac{a^2-b^2}{a}\cos^3 t=\frac{a^2-b^2}{a}\cos^3 t.$$

类似地可推出

$$\eta=\frac{b^2-a^2}{b}\sin^3 t.$$

化成直角坐标方程

$$(a\xi)^{\frac{2}{3}}+(b\eta)^{\frac{2}{3}}=(a^2-b^2)^{\frac{2}{3}}\quad (a>b).$$

练习题 3-7 (见习题三)
(二)24(1)(3),25(3),26.

作业题 3-7 (见习题三)
(三)11.

#第八节 方程的近似解

工程实际中经常遇到求方程 $f(x)=0$ 的根的问题,但精确的根往往不易求得,因而求方程的近似根的问题变得十分重要,求方程近似根的方法很多,这里仅介绍两种常用的方法:二分法和切线法.

在求近似根之前,首先要对方程的根进行隔离,即确定一个区间$[a,b]$,使方程在其上有且仅有一个根.称$[a,b]$为根的隔离区间.

一、二分法

设 $f(x)$在$[a,b]$上连续,$f(a)f(b)<0$,且 $f(x)=0$ 在(a,b)内仅有一个实根 ξ,即$[a,b]$为根的隔离区间.

取$[a,b]$的中点为 $\xi_1=\frac{a+b}{2}$计算 $f(\xi_1)$.如果 $f(\xi_1)=0$,那么 $\xi=\xi_1$,否则进行下一步.

若 $f(a)f(\xi_1)<0$,取 $a_1=a$,$b_1=\xi_1$.否则取 $a_1=\xi_1$,$b_1=b$.此时 $a_1<\xi<b_1$,且 $b_1-a_1=\frac{1}{2}(b-a)$.

以$[a_1,b_1]$为隔离区间,重复上述过程,当 $\xi\neq\xi_2=\frac{a_1+b_1}{2}$时,可求得 $a_2<\xi<b_2$,且

$b_2-a_2=\frac{1}{2^2}(b-a)$.

如此重复 n 次，可求得 $a_n<\xi<b_n$，且 $b_n-a_n=\frac{1}{2^n}(b-a)$，当$\frac{1}{2^n}(b-a)$小于误差要求时，$a_n$ 或 b_n.就可作为 ξ 的近似值.

例 3-8-1　用二分法求方程 $x^3+1.1x^2+0.9x-1.4=0$ 的实根的近似值，精确到 10^{-3}（误差不超过 10^{-3}）.

解　记 $f(x)=x^3+1.1x^2+0.9x-1.4$，显然 $f(x)$在$(-\infty,+\infty)$内连续.

由于 $f'(x)=3x^2+2.2x+0.9>0$（判别式为负），故 $f(x)$在$(-\infty,+\infty)$内单调增加，所以 $f(x)=0$ 至少有一个实根.

由 $f(0)=-1.4<0$，$f(1)=1.6>0$ 知 $f(x)$在$[0,1]$内有唯一的实根.取 $a=0$、$b=1$，$[0,1]$为根的隔离区间.计算

$\xi_1=\frac{a+b}{2}=\frac{1}{2}=0.5$，$f(\xi_1)=-0.55<0$，故 $a_1=0.5$，$b_1=1$，$b_1-a_1=0.5$.

$\xi_2=\frac{a_1+b_1}{2}=0.75$，$f(\xi_2)=0.32>0$，故 $a_2=0.5$，$b_2=0.75$，$b_2-a_2=0.25$.

$\xi_3=\frac{a_2+b_2}{2}=0.625$，$f(\xi_3)=0.16<0$，故 $a_3=0.625$，$b_3=0.75$，$b_3-a_3=0.125$.

$\xi_4=\frac{a_3+b_3}{2}=0.687$，$f(\xi_4)=0.062>0$，故 $a_4=0.625$，$b_4=0.687$，$b_4-a_4=0.062$.

$\xi_5=\frac{a_4+b_4}{2}=0.656$，$f(\xi_5)=-0.054<0$，故 $a_5=0.656$，$b_5=0.687$，$b_5-a_5=0.031$.

$\xi_6=\frac{a_5+b_5}{2}=0.672$，$f(\xi_6)=0.005>0$，故 $a_6=0.656$，$b_6=0.672$，$b_6-a_6=0.016$.

$\xi_7=\frac{a_6+b_6}{2}=0.664$，$f(\xi_7)=0.025<0$，故 $a_7=0.664$，$b_7=0.672$，$b_7-a_7=0.008$.

$\xi_8=\frac{a_7+b_7}{2}=0.668$，$f(\xi_8)=-0.010<0$，故 $a_8=0.668$，$b_8=0.672$，$b_8-a_8=0.004$.

$\xi_9=\frac{a_8+b_8}{2}=0.670$，$f(\xi_9)=-0.002<0$，故 $a_9=0.670$，$b_9=0.672$，$b_9-a_9=0.002$.

$\xi_{10}=\frac{a_9+b_9}{2}=0.671$，$f(\xi_{10})=0.001>0$，故 $a_{10}=0.670$，$b_{10}=0.671$，$b_{10}-a_{10}=0.001$.

于是 $0.670<\xi<0.671$，0.670 或 0.671 都可作为根的近似值，误差不超过 10^{-3}.

二、切线法

设 $f(x)$在$[a,b]$上具有二阶导数，$f(a)f(b)<0$，且 $f'(x)$及 $f''(x)$在$[a,b]$保持定号.在上述条件下，方程 $f(x)=0$ 在$[a,b]$内有唯一的实根 ξ，$[a,b]$为根的一个隔离区间.此时，$y=f(x)$的图形只有四种不同情形（图 3-20）.

所谓切线法，就是用曲线弧一端的切线来代替曲线弧，从而求出方程实根的近似值.由图 3-20 可见，只有在纵坐标与 $f''(x)$同号那个端点作切线，这切线与 x 轴的交点才能

保证一定在$[a,b]$上,且比另一个端点作切线与x轴的交点距根近.

下面以图 3-20(c)为例讨论:

$f(a)<0, f(b)>0, f'(x)>0, f''(x)<0$, $f(a)$与$f''(x)$同号,令$x_0=a$,在$(x_0, f(x_0))$点作曲线的切线,切线方程为

$$y-f(x_0)=f'(x_0)(x-x_0).$$

令$y=0$,求出切线与轴交点的横坐标为

$$x_1=x_0-\frac{f(x_0)}{f'(x_0)}.$$

x_1比x_0更接近根ξ.

再在$(x_1,f(x_1))$作切线,可得根的近似值x_2,如此进行下去,在点$(x_{n-1},f(x_{n-1}))$作切线,得根的近似值

$$x_n=x_{n-1}-\frac{f(x_{n-1})}{f'(x_{n-1})}.$$

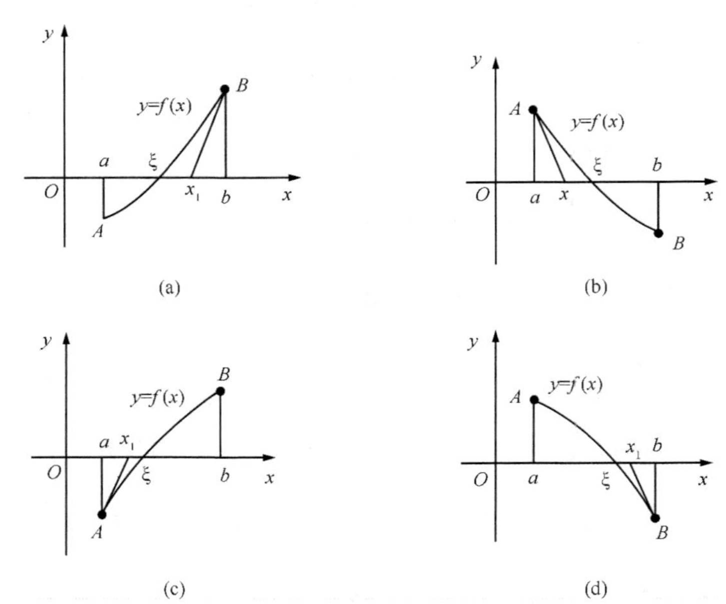

图 3-20

(a)$f(a)<0,f(b)>0,f'(x)>0,f''(x)>0$;(b)$f(a)>0,f(b)<0,f'(x)<0,f''(x)>0$;
(c)$f(a)<0,f(b)>0,f'(x)>0,f''(x)<0$;(d)$f(a)>0,f(b)<0,f'(x)<0,f''(x)<0$.

例 3-8-2 用切线法求方程$x^3+1.1x^2+0.9x-1.4=0$的实根的近似值,精确到10^{-3}.

解 令$f(x)=x^3+1.1x^2+0.9x-1.4$,因$f(0)=-1.4, f(1)=1.6>0, f'(x)=3x^2+2.2x+0.9>0(x\in[0,1])$, $f''(x)=6x+2.2>0(x\in[0,1])$,它属于图 3-20(a)的情形.

因$f''(x)$与$f(1)$同号,令$x_0=1$,由公式得

$$x_1=1-\frac{f(1)}{f'(1)}\approx0.738,$$

$$x_2=0.738-\frac{f(0.738)}{f'(0.738)}\approx0.674,$$

$$x_3=0.674-\frac{f(0.674)}{f'(0.674)}\approx0.671,$$

$$x_4=0.671-\frac{f(0.671)}{f'(0.671)}\approx0.671.$$

至此，计算不能再继续进行，因 $f(0.671)>0$，经计算 $f(0.670)<0$，于是 $0.670<\xi<0.671$.以 0.671 或 0.671 作为根的近似值，其误差均小于 10^{-3}.

习 题 三

(一)

1.中值定理包括哪几个定理，它们的关系如何？

2.举例说明罗尔定理和拉格朗日定理的条件是必不可少的.

3.是非题(判别下列提法和运算的是非，说明理由).

(1)函数 $f(x)$在$[a,b]$上连续，且 $f(a)=f(b)$，则至少存在一点 $\xi\in(a,b)$，使 $f'(\xi)=0$；

(2)若函数 $f(x)$在$[a,b]$上连续，在(a,b)内可导，且 $f(a)\neq f(b)$，则一定不存在 $\xi\in(a,b)$使 $f'(\xi)=0$；

(3)设 $f(x),g(x)$皆在$[a,b]$上连续，在(a,b)内可导，在$[a,b]$上 $f'(x)\leqslant g'(x)$，则有 $f(b)-f(a)\leqslant g(b)-g(a)$；

(4)若 $f(x)$在(a,b)内单调增加，且在(a,b)内可导，则必有 $f'(x)>0$；

(5)若 $f(x)$ 和 $g(x)$ 在 (a,b) 内可导，且 $f(x)>g(x)$，则在 (a,b) 内必有 $f'(x)>g'(x)$；

(6)单调可导函数的导函数必为单调函数；

(7)若函数的导函数单调，则该函数必单调；

(8)若 $f'(x)>0(a<x\leqslant b)$，且 $f(a)=0$，则 $f(x)>0(a<x\leqslant b)$；

(9)若 $f'(x)>0(a\leqslant x\leqslant b)$且 $f(a)=0$，则 $f(x)>0(a<x\leqslant b)$；

(10)若 $f'(x)<g'(x)(a<x<b)$，且 $f(a)=g(a)$，则 $f(x)<g(x)(a<x\leqslant b)$；

(11) $\lim\limits_{x\to-\infty}\dfrac{e^x-e^{-x}}{e^x+e^{-x}}=\lim\limits_{x\to-\infty}\dfrac{e^{-x}(e^{2x}-1)}{e^{-x}(e^{2x}+1)}=\lim\limits_{x\to-\infty}\dfrac{e^{2x}-1}{e^{2x}+1}=\lim\limits_{x\to-\infty}\dfrac{(e^{2x}-1)'}{(e^{2x}+1)'}=\lim\limits_{x\to-\infty}\dfrac{2e^{2x}}{2e^{2x}}=1$；

(12) $\lim\limits_{x\to\infty}\dfrac{x-\sin x}{x+\sin x}=\lim\limits_{x\to\infty}\dfrac{(x-\sin x)'}{(x+\sin x)'}=\lim\limits_{x\to\infty}\dfrac{1-\cos x}{1+\cos x}=\lim\limits_{x\to\infty}\dfrac{(1-\cos x)'}{(1+\cos x)'}=\lim\limits_{x\to\infty}\dfrac{\sin x}{-\sin x}=-1$；

(13) $\lim\limits_{x\to0}\dfrac{x^2\sin\dfrac{1}{x}}{\sin x}=\lim\limits_{x\to0}\dfrac{\left(x^2\sin\dfrac{1}{x}\right)'}{(\sin x)'}=\lim\limits_{x\to0}\dfrac{2x\sin\dfrac{1}{x}-\cos\dfrac{1}{x}}{\cos x}$不存在；

(14)若 $f(x)$在 x_0 的某邻域$U(x_0,\delta)$内处处可微,且 $f'(x_0)=0$,则 $f(x)$在 x_0 处必取得极值;

(15)函数的极值点一定是驻点;

(16)函数的极大值一定大于极小值;

(17)若 $f(x)$在 x_0 处取得极值,则曲线 $y=f(x)$在点$(x_0,f(x_0))$处必有平行 x 轴的切线;

(18)若 $y=f(x)$在 x_0 处有二阶导数,点$(x_0,f(x_0))$为拐点,则必有 $f''(x_0)=0$;

(19)设 $y=f(x)$在(a,b)内二阶可导,且 $y>0,y'>0,y''<0$,则曲线 $y=f(x)$在(a,b)内位于 x 轴上方,单调增加且向上凸;

(20)若 $y=f(x)$在(a,b)内二阶可导,且 $f'(x)<0,f''(x)>0$,则曲线 $y=f(x)$.在(a,b)内单调减少且向上凹.

4.选择题:

(1)若 $f(x)$在开区间(a,b)内可导,且 x_1、x_2 是(a,b)内任意两点,则至少存在一点 ξ,使( )成立.

(A)$f(b)-f(a)=f'(\xi)(b-a)$, $\xi\in(a,b)$

(B)$f(x_2)-f(x_1)=f'(\xi)(x_2-x_1)$, $\xi\in(x_1,x_2)$

(C)$f(x_2)-f(x_1)=f'(\xi)(x_2-x_1)$, $x_1<\xi<x_2$

(D)$f(x_1)-f(x_2)=f'(\xi)(x_1-x_2)$, $x_2<\xi<x_1$

(2)设 $f(x)$在$[-1,1]$上连续,在$(-1,1)$内可导,且$|f'(x)|\leqslant M,f(0)=0$,则必有( ).

(A)$|f(x)|\geqslant M$ (B)$|f(x)|>M$ (C)$|f(x)|\leqslant M$ (D)$|f(x)|<M$

(3)$f(x)$在(a,b)内单调的充分条件是( ).

(A)$f'(x)$在(a,b)内存在且定号

(B)$f''(x)$在(a,b)内存在且定号

(C)$f'(x)$在(a,b)内连续且不为 0

(4)设 $y=f(x)$在(a,b)内具有二阶导数,点$(x_0,f(x_0))$是曲线 $y=f(x)$的拐点,则( ).

(A)x_0 必是 $f(x)$的驻点

(B)x_0 一定不是 $f(x)$的极值点

(C)点$(x_0,f(x_0))$处曲线 $y=f(x)$有最小曲率

(D)点$(x_0,f(x_0))$处曲线 $y=f(x)$的切线斜率必为 0

(5)设 $f(x)$、$g(x)$在 $a\leqslant x\leqslant b(a<b)$上可导,且 $f'(x)g(x)+f(x)g'(x)<0$,则当 $x\in(a,b)$时不等式( )成立.

(A)$\dfrac{f(x)}{f(a)}>\dfrac{g(x)}{g(a)}$ (B)$\dfrac{f(x)}{f(b)}>\dfrac{g(x)}{g(b)}$

(C)$f(x)g(x)>f(a)g(a)$ (D)$f(x)g(x)>f(b)g(b)$

(二)

1.验证罗尔定理对下列函数在给定区间上是否成立.如果成立求出使$f'(\xi)=0$的 ξ.

(1)$y=x^3+4x^2-7x-10,[-1,2]$;

(2)$y=\dfrac{2-x^2}{x^4},[-1,1]$;

(3)$y=1-\sqrt[3]{x^2},[-1,1]$.

2.对函数 $f(x)=\sin x$ 及 $F(x)=x+\cos x$ 在 $\left[0,\dfrac{\pi}{2}\right]$ 上验证柯西定理的正确性.

3.设 $y=f(x)$ 在 $x=0$ 处的某邻域内具有 n 阶导数,且 $f(0)=f'(0)=\cdots=f^{(n-1)}(0)=0$,利用柯西定理证明 $\dfrac{f(x)}{x^n}=\dfrac{f^{(n)}(\theta x)}{n!}(0<\theta<1)$.

4.证明不等式:

(1)$|\arctan a-\arctan b|\leqslant|a-b|$;

(2)$\dfrac{x}{1+x}<\ln(1+x)<x \quad (x>0)$;

(3)$\dfrac{a-b}{a}\leqslant\ln\dfrac{a}{b}\leqslant\dfrac{a-b}{b} \quad (0<b<a)$.

5.用洛必达法则求下列各极限:

(1)$\lim\limits_{x\to\pi}\dfrac{\sin 3x}{\tan 5x}$;

(2)$\lim\limits_{x\to 0}\dfrac{e^x-e^{-x}}{\sin x}$;

(3)$\lim\limits_{x\to\frac{\pi}{2}}\dfrac{\ln\sin x}{(\pi-2x)^2}$;

(4)$\lim\limits_{x\to 0}\dfrac{e^x+\sin x-1}{\ln(1+x)}$;

(5)$\lim\limits_{x\to 0^+}\dfrac{\ln\tan 7x}{\ln\tan 2x}$;

(6)$\lim\limits_{x\to+\infty}\dfrac{\ln\left(1+\dfrac{1}{x}\right)}{\operatorname{arccot} x}$;

(7)$\lim\limits_{x\to 0^+}\dfrac{\ln x}{\cot x}$;

(8)$\lim\limits_{x\to+\infty}\dfrac{\ln\ln x}{x}$;

(9)$\lim\limits_{x\to 1}\left(\dfrac{2}{x^2-1}-\dfrac{1}{x-1}\right)$;

(10)$\lim\limits_{x\to 1}\left(\dfrac{1}{\ln x}-\dfrac{x}{\ln x}\right)$;

(11)$\lim\limits_{x\to 0^+}\sin x\ln x$;

(12)$\lim\limits_{x\to 0}\dfrac{a^x-a^{\sin x}}{x^3}$;

(13)$\lim\limits_{x\to 0^+}\left(\dfrac{1}{x}\right)^{\tan x}$;

(14)$\lim\limits_{x\to 0^+}x^{\frac{k}{1+\ln x}}$;

(15)$\lim\limits_{x\to 1}(2-x)^{\tan\frac{\pi x}{2}}$;

(16)$\lim\limits_{x\to+\infty}\left(\dfrac{2}{\pi}\arctan x\right)^x$.

6.求下列函数的单调区间:

(1)$y=\arctan x-x$;

(2)$y=x+\cos x$;

(3)$y=(x+2)^2(x-1)^3$;

(4)$y=\dfrac{10}{4x^3-9x^2+6x}$;

(5)$y=x-\ln(1+x)$;

(6)$y=x\sqrt{ax-x^2}$.

7.利用单调性证明不等式:

(1)$2\sqrt{x}>3-\dfrac{1}{x} \quad (x>1)$;

(2) $x>\ln(1+x)\quad(x>0)$；

(3) $x-\dfrac{x^3}{3}<\arctan x<x\quad(x>0)$.

8.证明 $\sin x=x$ 只有一个实根.

9.求下列函数的极值点和极值：

(1) $y=2x^2-\ln x$；　　(2) $y=x-2\sin x$；

(3) $y=\ln(x^4-1)$；　　(4) $y=\dfrac{x^2}{1+x}$；

(5) $y=3-2(x+1)^{\frac{1}{3}}$；　　(6) $y=e^x\cos x$；

(7) $y=2-(x-1)^{\frac{2}{3}}$；　　(8) $y=x^{\frac{1}{x}}$.

10.试证明：如果 $y=ax^3+bx^2+cx+d$ 满足 $b^2-3ac<0$，那么这函数无极值.

11.当 a 为何值时，$f(x)=a\sin x+\dfrac{1}{3}\sin 3x$ 在 $x=\dfrac{\pi}{3}$ 处取得极值？它是极大值或是极小值.

12.求函数在指定区间上的最大值和最小值：

(1) $f(x)=x^4-2x^2+5,[-2,2]$；

(2) $f(x)=x^{\frac{2}{3}}-(x^2-1)^{\frac{1}{3}},(0,2)$；

(3) $f(x)=(x-2)^6(2x+1)^4,(0,1)$；

(4) $f(x)=x+2\sqrt{x},[0,4]$.

13.证明：在周长一定的矩形中，以正方形的面积为最大.

14.把数 8 分为两部分，使其立方和为最小，求此两部分.

15.在半径为 R 的半圆内作一内接梯形，使梯形的一底是半圆的直径，问何时梯形的面积为最大.

16.一窗户的下部为矩形，配以透明玻璃.窗户的上部为半圆形，它的直径等于矩形的底，配以彩色玻璃.已知窗户框架的周长为定长 P，彩色玻璃透光亮度为透明玻璃的一半，求矩形的底和高各为何值时，透明的亮度为最大.

17.从半径为 R 的圆铁片上挖去一个扇形做成一个漏斗，问留下的扇形中心角 φ 为多大时，作成的漏斗的容积为最大.

18.一个圆柱体是由一个矩形绕其一边旋转而成，矩形的一边位于 x 轴上(x 轴为旋转轴)，整个矩形位于曲线 $y=\dfrac{x}{1+x^2}$ 与 x 轴之间，且矩形的两个顶点在曲线上，求使得到的圆柱体的体积为最大的矩形，并求最大体积.

19.求下列曲线的凹凸区间及拐点：

(1) $y=4x-x^2$；　　(2) $y=x+\dfrac{1}{x}\quad(x>0)$；

(3) $y=xe^{-x}$；　　(4) $y=x^3-5x^2+3x+5$；

(5) $y=\ln(x^2+1)$；　　(6) $y=x^4(12\ln x-7)$.

20.问 a、b 为何值时，点(1,3)是曲线 $y=ax^3+bx^2$ 的拐点.

21.利用凹凸性证明不等式：

(1)$\frac{1}{2}(x^n+y^n)>\left(\frac{x+y}{2}\right)^n \quad (x>0,y>0,x\neq y,n>1)$；

(2)$\frac{e^x+e^y}{2}>e^{\frac{x+y}{2}} \quad (x\neq y)$.

22.求曲线的渐近线：

(1)$y=\frac{1}{x^2-4x-5}$；　　(2)$y=e^{\frac{1}{x}}-1$；

(3)$y=x\ln\left(e+\frac{1}{x}\right)$；　　(4)$y=2x+\arctan\frac{x}{2}$；

(5)$y=\frac{3x^2-2x+3}{x-1}$.

23.作函数图形：

(1)$y=x^3+\frac{1}{4}x^4$；　　(2)$y=\frac{x^2}{1+x^2}$；

(3)$y=\sqrt{\frac{x^3}{x-1}}$；　　(4)$y=xe^{\frac{1}{x}}$.

24.求弧微分：

(1)$y=\cos x$；　　(2)$y^2=2px$；

(3)$\begin{cases} x=\frac{1+t}{t}, \\ y=\frac{1-t}{t}. \end{cases}$

25.求曲线在指定点处的曲率：

(1)$y=x^3,x=1,x=-\frac{1}{2}$；

(2)$y=\sin x,x=\frac{\pi}{2},x=0$；

(3)$\begin{cases} x=a\cos t, \\ y=b\sin t, \end{cases} \quad (a,0),(0,b)$.

26.求曲线 $y^2=2x^3$ 在点(2,4)处的曲率半径.

27.P 为抛物线 $y=ax^2+bx$ 上对应于 $x=1$ 的点，如果 P 点处的切线倾角为$\frac{\pi}{6}$，又 P 点处的曲率半径为 2，求 a,b 的值，并求 P 点处的曲率中心坐标.

28.求心形线 $\rho=a(1-\cos\theta)$的曲率半径，并求 $\theta=\pi$ 时 R 的值.

#29.求曲线的渐屈线：

(1)$xy=1$；　　(2)$\begin{cases} x=3t, \\ y=t^2-6. \end{cases}$

#30.证明方程 $x^3-3x^2+6x-1=0$ 在(0,1)内有唯一的实根，并用二分法求这个根的近似值，使其误差不超过 0.01.

$^{\#}$31.试证方程 $x^5+5x+1=0$ 在区间$(-1,0)$内有唯一的实根,并用切线法求根的近似值,使其误差不超过 0.01.

$^{\#}$32.求 $x^3+3x-1=0$ 的近似根,使其误差不超过 0.01.

$^{\#}$33.求方程 $x\lg x=1$ 的近似根,使其误差不超过 0.01.

(三)

1.设 $f(x)$ 在$[0,1]$上连续,在$(0,1)$内可导,且 $f(1)=0$,试证至少存在一点 $\xi\in(0,1)$,使得 $f(\xi)+\xi f'(\xi)=0$.

2.若 $f(x)$ 在$[0,1]$上可导,则必存在一点 $\xi\in(0,1)$,使得 $f'(\xi)=3\xi^2[f(1)-f(0)]$.

3.求极限:

(1) $\lim\limits_{x\to 0}\dfrac{e^{2x}-e^{-x}}{\sin x}$;　(2) $\lim\limits_{x\to 0^+}\dfrac{2\ln x}{\cot x}$;　(3) $\lim\limits_{x\to 0}(1+\tan x)^{\csc x}$;

(4) $\lim\limits_{x\to 0^+}\tan x\ln x$;　(5) $\lim\limits_{x\to 0}\left(\dfrac{1}{\tan x}-\dfrac{1}{x}\right)$;　(6) $\lim\limits_{x\to 0}(\sin x)^x$;

(7) $\lim\limits_{x\to 0^+}(\cot x)^x$.

4.求 $y=\dfrac{1}{2}x^2-\ln x$ 的极值.

5.当 a 为何值时,$f(x)=a\sin 2x+\dfrac{1}{3}\sin 3x$ 在 $x=\dfrac{\pi}{2}$ 处取得极值?并求该极值.

6.求函数 $f(x)=x^3-\dfrac{9}{2}x^2+6x+1$ 在$[-3,3]$的最大值和最小值.

7.证明不等式:

(1) $\dfrac{1}{1+x}<\ln\left(1+\dfrac{1}{x}\right)<\dfrac{1}{x}\quad(x>0)$;

(2) $1-\dfrac{1}{b}<\ln b<b-1\quad(1<x<b)$;

(3) $|\cos x_2-\cos x_1|\leqslant|x_2-x_1|$;

(4) $1+\dfrac{1}{2}x\geqslant\sqrt{1+x}\quad(x>0)$;

(5) $4\sqrt{x}>5-\dfrac{1}{x}\quad(x>1)$;

(6) $x\ln x+y\ln y>(x+y)\ln\dfrac{x+y}{2}\quad(x>0,y>0)$;

(7)已知:$f(x)=x^3-9x^2+24x+1$,$1\leqslant x\leqslant 3$,证明:$|f(x)|\leqslant 22$.

8.求曲线 $y=x^3-5x^2+3x+1$ 的凹凸区间和拐点.

9.问 a,b 为何值时,点$(1,5)$是曲线 $y=ax^3+bx^2$ 的拐点.

10.求曲线的渐近线.

(1) $y=\dfrac{1}{x^2-3x+2}$;　(2) $y=\dfrac{3x^2-3x+1}{x+1}$.

11.求弧微分：

(1) $y=2\cos x$；　　(2) $\begin{cases} x=2t, \\ y=\dfrac{1}{2}t^2. \end{cases}$

12.设 $f(x)$ 在 $[a,b]$ 上可导，且 $f(a)=f(b)$，试证至少存在一点 $\xi\in(a,b)$，使得 $f(a)-f(\xi)=\xi f'(\xi)$（要求：用不少于两种方法证明）.

13.利用 $x\to 0$ 时，$\ln(1+x)\sim x$，用不少于两种方法计算：

(1) $\lim\limits_{x\to 0}\left(\dfrac{\sin x}{x}\right)^{\frac{1}{x^2}}$；　　(2) $\lim\limits_{x\to 0}\left(\dfrac{a_1^x+a_2^x}{2}\right)^{\frac{1}{x}}$ 并推广到一般形式.

(四)

1.设 $c_0,c_1,\cdots,c_n$ 为常数，且 $c_0+\dfrac{c_1}{2}+\cdots+\dfrac{c_n}{n+1}=0$，试证方程 $c_0+c_1x+\cdots+c_n x^n=0$，在(0,1)内至少有一个实根.

2.设 $a_1,a_2,\cdots,a_n$ 满足 $a_1-\dfrac{a_2}{3}+\cdots+(-1)^{n-1}\dfrac{a_n}{2n-1}=0$ 的实数，试证方程 $a_1\cos x+a_2\cos 3x+\cdots+a_n\cos(2n-1)x=0$，在开区间 $\left(0,\dfrac{\pi}{2}\right)$ 内至少有一个实根.

3.利用拉格朗日定理证明：若 $f(x)$在 $x\geqslant 0$ 上连续 $f(0)=0$，且 $x>0$ 时$f'(x)>0$，则当 $x>0$ 时有 $f(x)>0$.

4.证明方程 $x^5+x-1=0$ 只有一个正根.

5.证明方程 $2^x-x^2-1=0$ 有且仅有三个不同实根.

6.证明：若 $f(x)$在$(-\infty,+\infty)$内满足 $f'(x)=f(x)$，且 $f(0)=1$，则 $f(x)=\mathrm{e}^x$ $\left(\text{提示：考虑 } \varphi(x)=\dfrac{f(x)}{\mathrm{e}^x}\text{，先证 } \varphi(x)\text{常数}\right)$.

7.设 $f(x)$在$[0,1]$上连续，在$(0,1)$内可导，且 $f(1)=0$，试证：至少存在一点 $\xi\in(0,1)$，使 $f'(\xi)=-\dfrac{2f(\xi)}{\xi}$成立.

8.已知 $f(x)$在$[a,b]$上连续，在(a,b)内具有二阶导数，点 $A(a,f(a))$与点 $B(b,f(b))$的连线交曲线于点 $C(c,f(c))$，其中 $a<c<b$，试证：至少存在一点 $\xi\in(a,b)$，使 $f''(\xi)=0$ 成立.

9.设 $f(x)$在$[0,1]$上连续，在$(0,1)$内可微，且$|f'(x)|<1$，$f(0)=f(1)$，试证：对任意 $x_1,x_2\in[0,1]$有不等式

$$|f(x_1)-f(x_2)|<\frac{1}{2}$$

成立.

10.设 $f(x)$在$[0,3]$上连续，在$(0,3)$内可导，$f(0)+f(1)+f(2)=3$，$f(3)=1$.试证：至少存在一点 $\xi\in(0,3)$，使 $f'(\xi)=0$.

11.求下列极限：

(1)$\lim\limits_{x\to0}\frac{1}{x^{100}}e^{-\frac{1}{x^2}}$；

(2)$\lim\limits_{x\to0}\frac{(1+x)^{\frac{1}{x}}-e}{x}$；

(3)$\lim\limits_{x\to0}\frac{1-\cos^2x}{\sqrt{1+x}-1}\left(\frac{1}{x}-\frac{1}{e^x-1}\right)$；

(4)$\lim\limits_{x\to+\infty}(\sqrt{x^2+x+1}+\sqrt{x^2-x+1}-2x)$；

(5)$\lim\limits_{x\to1}\frac{(1-\sqrt{x})(1-\sqrt[3]{x})(1-\sqrt[4]{x})}{(1-x)^3}$；

(6)$\lim\limits_{x\to0}\frac{\ln(e^x+e^{-x})-\ln2\cos x}{x^2}$；

(7)$\lim\limits_{x\to0}\frac{\tan(a+x)\tan(a-x)-\tan^2a}{x^2}$；

(8)$\lim\limits_{x\to0}\frac{\cos+\frac{x^2}{2}-1}{x^4}$；

(9)$\lim\limits_{x\to a}\frac{x^a-a^x}{x^x-a^a}$　$(a>0,x>0)$；

(10)$\lim\limits_{x\to0}\left(\frac{a^{x+1}+b^{x+1}+c^{x+1}}{a+b+c}\right)^{\frac{1}{x}}$；

(11)$\lim\limits_{x\to+\infty}\frac{\ln(a+be^x)}{\sqrt{m+nx^2}}$　$(b>0,n>0)$.

12.设 $f''(x_0)$存在，试求：

$$\lim_{h\to0}\frac{1}{h^2}[f(x_0+h)+f(x_0-h)-2f(x_0)].$$

如果假定 $f''(x)$在 $x=x_0$ 连续，做法如何？

13.设 $f(x)$在 $x=0$ 的一个邻域内具有二阶导数，且

$$\lim_{x\to0}\left(1+x+\frac{f(x)}{x}\right)^{\frac{1}{x}}=e^3,$$

求 $f(0)$，$f'(0)$，$f''(0)$，并计算$\lim\limits_{x\to0}\left(1+\frac{f(x)}{x}\right)^{\frac{1}{x}}$.

14.讨论

$$f(x)=\begin{cases}\left[\frac{(1+x)^{\frac{1}{x}}}{e}\right]^{\frac{1}{x}}, & x>0,\\ e^{-\frac{1}{2}}, & x\leqslant0\end{cases}$$

在点 $x=0$ 处的连续性.

15.试确定 $y=x^3+ax^2+bx+4$ 中的 a，b，使得 $x=-1$ 为驻点，$(1,y(1))$为拐点，并求出拐点.

16.证明下列不等式：

(1)$\ln\sqrt{x}>\frac{x-1}{x+1}$　$(x>1)$；

(2)$e^{x^4}\leqslant\frac{1}{1-x^4}$　$(|x|<1)$；

(3)$2^x>x^2$　$(x>4)$；

(4)$\sin x+\tan x>2x$　$\left(0<x<\frac{\pi}{2}\right)$.

17.证明曲线 $y=\frac{x-1}{x^2+1}$有三个拐点位于同一直线上.

18.求 $f(x)=(x-c)^2+b^2\left(1-\frac{x^2}{a^2}\right)(a>0,b>0,c>0,a^2-b^2=c^2)$在$[-a,a]$上的

最大值和最小值.

19.求点$(0,b)$到抛物线$4y=x^2$上的最短距离(b为任意常数).

20.宽为b的运河,垂直的流向宽为a的运河,设河岸是直的,问木料从一条运河流到另一条运河去时,其长度最长能为多少?

21.求$f(x)=2x^3-3ax^2$在$[-4,1]$上的最大值,其中$-3<a<0$.

22.设$f(x)=\dfrac{x^2}{1+x^2}$,试求:

(1)此函数在极值点处的曲率; (2)此函数在拐点处的切线方程.

23.求下列数列的最大项:

(1)$x_n=\dfrac{n}{2^n}$; (2)$x_n=\sqrt[n]{n}$.

本章学习要点

一、基本内容小结

(1)微分中值定理是沟通函数及其导数的桥梁.这些定理在不同条件下揭示了函数值及其导函数值之间的内在联系.

三个中值定理中,罗尔定理是基础,拉格朗日定理是核心,柯西定理与拉格朗日中值定理是同一几何事实的不同表现形式.

(2)在应用各中值定理时,首先要检验定理的条件是否满足.虽然定理的结论中没有指出点ξ的确切位置,但却不妨碍定理在函数值的估计及理论研究方面的作用.

(3)罗尔定理除了在推导拉格朗日中值定理中的重要作用外,还可用于由函数的两个零点确定其导函数零点的位置.

拉格朗日中值公式

$$f(b)-f(a)=f'(\xi)(b-a),\quad \xi\in(a,b).$$

在利用导数研究函数的定理证明中,起到了关键的作用.除此之外,利用中值公式可以证明某些不等式,这也是我们要掌握的.

(4)有限增量公式

$$\Delta y=f'(x_0+\theta\Delta x)\Delta x\quad(0<\theta<1)$$

的左端在Δx为有限时,就是Δy的准确表达式,而微分$dy=f'(x_0)\Delta x$仅为Δy的近似值,并要求$|\Delta x|$很小,有限增量公式中的Δx没有这个限制,但θ没有指出其确切位置.它们各有各的作用,微分用于近似计算,而拉格朗日中值公式用于估计和理论推导.

(5)引进辅助函数证明数学命题是高等数学常用的一种方法.如何构造辅助函数虽无章可循,但仔细分析命题的特征,是可以构造出来的,而且辅助函数不止一个.例如,在证明拉格朗日中值定理时也可以引进辅助函数

$$\varphi(x)=f(x)-\frac{f(b)-f(a)}{b-a}x.$$

读者可以通过习题来练习.

(6)洛必达法则是柯西定理的直接应用，是求未定式极限的重要方法，其中“$\frac{0}{0}$”型、“$\frac{\infty}{\infty}$”型未定式由定理所给出，即

$$\lim_{\substack{x\to x_0\\(\text{或}x\to\infty)}}\frac{f(x)}{g(x)}=\lim_{\substack{x\to x_0\\(\text{或}x\to\infty)}}\frac{f'(x)}{g'(x)}\text{存在(或}\infty\text{)}.$$

在使用时，特别要注意定理的条件，一是必须是未定式，二是要先验证右端极限是否为存在(或∞).当然，最好是和前面学习的求极限方法混合使用，如等价无穷小代换、重要极限等.对于“$0\cdot\infty$”“$\infty-\infty$”型未定式，需要化成“$\frac{0}{0}$”型、“$\frac{\infty}{\infty}$”型后再使用洛必达法则，对于“1^{∞}”“∞^{0}”“0^{0}”型的未定式，通常利用恒等式 $N=e^{\ln N}$，再利用指数函数的极限运算化到指数上去后，利用洛必达法则.最后指出，洛必达法则也不是万能的，有的问题它也是解决不了的.

(7)讨论函数的单调性和极值都需要首先求出函数的一阶导数.

若 $f(x)$在区间 I 内连续，除去有限个导数不存在点外导数存在且连续，则可用方程 $f'(x)=0$ 的根及 $f'(x)$不存在的点划分 I，考察各个分区间内 $f'(x)$的符号，从而确定单调性.注意若 $f(x)$在(a,b)内可导，则 $f(x)$在(a,b)内单调增加(或减少)的必要条件是 $f'(x)\geqslant0$(或$\leqslant0$)，但等号仅个别点成立.

在求极值时应考察驻点和导数不存在的点左右邻域的一阶导数的符号是否变号，而对于 $f'(x_0)=0$ 的点还可以检查 $f''(x_0)$，如果 $f''(x_0)\neq0$，判别极值，具体可见本章第三节定理 3-3-4 和定理 3-3-5.

(8)利用二阶导数可以讨论函数图形的凹凸性和拐点.考虑凹凸性利用$f''(x)$的符号(见第五节定理 3-5-1).求拐点时应考虑二阶导数为 0 或二阶导数不存在点，考察其左右邻域二阶导数的符号是否变号.

(9)最大值和最小值问题及应用问题，也是这一章我们要重点掌握的方法.具体可总结如下：

①若 $f(x)$在$[a,b]$上连续，比较驻点、导数不存在点和端点的函数值；

②若 $f(x)$在区间 I 内可导且只有一个驻点x_0，如果 $f(x_0)$是 $f(x)$在 I 内的极大值(或极小值)，则它必定是 $f(x)$在 I 上的最大值(或最小值)；

③对于实际问题，往往是只看区间内的唯一的驻点.

(10)本章也讲到了证明不等式的一些方法，具体总结如下：

①利用单调性(见例 3-3-5、例 3-3-6)；

②利用最大值或最小值(见本章习题(四)19(2))；

③利用凹凸性(见本章习题(二)21 题).

二、重点

(1)罗尔定理、拉格朗日中值定理.

(2)洛必达法则.

(3)极值和最大值、最小值应用问题.

三、难点

(1)中值定理证明方法及中值定理的应用.
(2)最大值、最小值应用问题.
(3)利用洛必达法则,求幂指函数的未定式极限.

一元函数微分学内容总结指导

内容总结,要抓住这样几个方面:

(1)主要的知识点,知识点的逻辑关系,可以制成框图或表格的形式以形成整体认识;

(2)学过的基本方法,可以通过典型问题理解;

(3)提醒自己注意的问题,可以通过典型问题的记忆.

例:中值定理部分内容的总结参考.

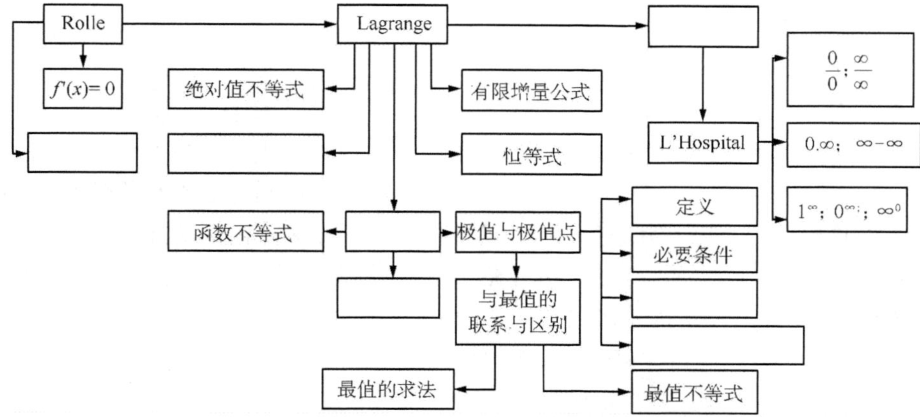

第二单元(一元函数微分学)检测题

检测题(一)

一、选择题(每题只有一个正确答案,每题 3 分,共 18 分)

1.函数 $f(x)=\begin{cases} x\arctan\dfrac{1}{x}, & x\neq 0, \\ 0, & x=0 \end{cases}$ 在 $x=0$ 处(　　).

(A)不连续　(B)连续、但不可导　(C)连续且可导　(D)可导且导数也连续

2.$\lim\limits_{x\to\pi}\dfrac{\sin 5x}{\sin 2x}=$(　　).

(A)$\dfrac{5}{2}$　(B)$\dfrac{-5}{2}$　(C)1　(D)-1

3.设 $f'(x_0)=3$,则当 $\Delta x\to 0$ 时,函数 $f(x)$在 $x=x_0$ 点的微分 $\mathrm{d}y$(　　).

(A)与 Δx 是等价无穷小　(B)与 Δx 是同阶但不是等价无穷小

(C)是比 Δx 低阶无穷小　(D)是比 Δx 高阶无穷小

4.函数 $f(x)$在 x_0 处有 $f'(x_0)=0$,在 x_1 处连续但 $f'(x_1)$不存在,则(　　).

(A)$x=x_0$,$x=x_1$ 都是极值点

(B)$x=x_0$,$x=x_1$ 至少有一个是极值点

(C)$x=x_0$,$x=x_1$ 都可能是极值点

(D)只有 $x=x_0$ 是可能的极值点

5.方程 $x^3-3x+1=0$ 在$(0,\sqrt{3})$内的实根个数为(　　).

(A)3　(B)2　(C)1　(D)0

6.设 $f(x)$,$g(x)$在 x_0 的某去心邻域内可导,$g'(x)\neq 0$ 且 $\lim\limits_{x\to x_0}f(x)=0$,$\lim\limits_{x\to x_0}g(x)=0$,则(Ⅰ)$\lim\limits_{x\to x_0}\dfrac{f(x)}{g(x)}=A$ 与(Ⅱ)$\lim\limits_{x\to x_0}\dfrac{f'(x)}{g'(x)}=A$ 的关系是(　　).

(A)(Ⅰ)是(Ⅱ)的充分非必要条件

(B)(Ⅰ)是(Ⅱ)的充要条件

(C)(Ⅰ)是(Ⅱ)的必要但非充分条件

(D)(Ⅰ)不是(Ⅱ)的充分条件,也不是必要条件

二、填空题(每题 3 分,共 18 分)

1.若$\lim\limits_{x\to x_0}\dfrac{f(x)-f(x_0)}{x-x_0}=A$,则$\lim\limits_{x\to x_0}f(x)=$________.

2.曲线 $y=\ln(1+x)$ 在点 $(1,\ln 2)$ 处的切线方程是________.

3.设 $y=x^{a^a}+a^{x^a}+a^{a^x}$,则 $y'=$________.

4.函数 $f(x)=\dfrac{2x}{1+x^2}$ 的单调增区间为________,单调减区间为________.

5.$y=c+\dfrac{a^2}{(x-b)^2}$(a,b,c 为常数,且 $a\neq 0$)的水平渐近线为________,铅垂渐近线为________.

6.$\mathrm{d}(\arctan\sqrt{x})=$________,$\mathrm{d}(\quad)=\sec^2 3x\,\mathrm{d}x$.

三、计算题(每题 6 分,共 30 分)

1.已知 $y=f(\operatorname{arccot}\sqrt{x})$,其中 $f(u)$ 可导,且 $f'\left(\dfrac{\pi}{4}\right)=1$,求$\dfrac{\mathrm{d}y}{\mathrm{d}x}$,$\left.\dfrac{\mathrm{d}y}{\mathrm{d}x}\right|_{x=1}$.

2.已知$\begin{cases}x=a(t-\sin t),\\ y=a(1-\cos t),\end{cases}$求$\dfrac{\mathrm{d}y}{\mathrm{d}x}$,$\dfrac{\mathrm{d}^2y}{\mathrm{d}x^2}$.

3.已知函数 $y=y(x)$ 由方程 $\arctan\dfrac{y}{x}=\ln\sqrt{x^2+y^2}$ 所确定,求方程所表示的曲线在 $(1,0)$ 处的切线方程及法线方程.

4.求极限$\lim\limits_{x\to 0}\dfrac{(\mathrm{e}^x-1-x)^2}{\tan\sin^3 x}$.

5.求 $f(x)=\sin 2x-x$ 在 $|x|\leqslant\dfrac{\pi}{2}$ 上的最大值和最小值.

四、计算题(8 分)

已知

$$f(x)=\begin{cases}x^2\sin\dfrac{1}{x}+bx, & x>0,\\ \ln(a+x), & x\leqslant 0.\end{cases}$$

若 $f(x)$ 于 $x=0$ 处可导,求 a,b 的值和 $f'(0)$.

五、计算题(8 分)

已知 $y=\dfrac{1}{(x+1)(x+2)}+x\mathrm{e}^x$,求 $y^{(n)}$.

六、计算题(10 分)

由直线 $y=0$,$x=8$ 及曲线 $y=x^2$ 所围成的曲边三角形,在 $y=x^2$ 上求一点,使曲线在该点的切线与 $y=0$ 和 $x=8$ 所围成的三角形面积最大.

七、证明题(8 分)

设 $f(x)$ 在 $[0,+\infty)$ 上连续、可导,且 $f(0)=1$,$|f'(x)|<f(x)$,试证明,当 $x>0$ 时,$f(x)<\mathrm{e}^x$.

检测题(二)

一、填空题(每小题 4 分,满分 24 分)

1.设函数 $f(x)$ 在点 x_0 处可导,且 $\lim\limits_{h \to 0} \dfrac{f(x_0 - 2h) - f(x_0)}{h} = kf'(x_0)$,则 $k =$ __________.

2.设 $f(x^2) = x^3, (x > 0)$,则 $f'(4) =$ __________.

3.若 $f(x) = \begin{cases} x^2 + 3, & x < 1, \\ ax + b, & x \geqslant 1. \end{cases}$ 在 $x = 1$ 处可导,则 $a =$ __________.

4.设 $y = e^{f(x)}$ 且 $f(x)$ 在 x_0 处可导,则 $y'|_{x=x_0} =$ __________.

5.设一质点按 $s(t) = \sin^2(wt + \phi)$ 作直线运动,则质点在时刻 t 的速度 $v(t) =$ __________,加速度 $a(t) =$ __________.

6.已知 $y = x^x$,则 $dy =$ __________.

二、计算题(每小题 5 分,满分 20 分)

1. 已知 $xy = x - e^{xy}$,求 $\dfrac{dy}{dx}\Big|_{y=0}$.

2. 求极限 $\lim\limits_{x \to 0} \dfrac{\ln(1 + x^2)}{x(e^x + \sin x - 1)}$.

3. 设 $\rho = \theta \sin\theta + \dfrac{1}{2}\cos\theta$,求 $\dfrac{d\rho}{d\theta}\Big|_{\theta=\frac{\pi}{4}}$.

4. 求 $y = \ln(1 + x^2)$ 的凹凸区间和拐点.

三、计算题(每小题 7 分,满分 35 分)

1. 求 $y = 2x^3 - 6x^2 - 18x + 7$ 的极值.

2. 设 $\begin{cases} x = \ln(1 + t^2), \\ y = t - \arctan t, \end{cases}$ 求 $\dfrac{dy}{dx}, \dfrac{d^2y}{dx^2}$.

3. 设 $y = \dfrac{1}{x^2 - 2x - 8}$,求 $y^{(n)}$.

4. 求过点 $P(-1,2)$ 且与曲线 $y = 3x^2 - 4x + 2$ 在点 $M(1,1)$ 处的切线平行的直线方程.

5. 已知函数 $f(x) = x^3 - 12x + 8$ 在区间$[-3,3]$上的最大值与最小值分别为 M, m,求 $M - m$.

四、应用题(每小题 8 分,满分 16 分)

1. 证明当 $x > 0$ 时,不等式 $\dfrac{x}{1 + x} \leqslant \ln(1 + x) \leqslant x$.

2. 设函数 $f(x) = \begin{cases} e^{ax}, & x \leqslant 0, \\ \sin 2x + b, & x > 0 \end{cases}$ 可导,求常数 a, b.

五、证明题(本题 5 分)

试证明对函数 $y = px^2 + qx + r$ 满足拉格朗日中值定理的点 ξ 总是位于区间的正中间.

第四章　不定积分

从本章开始的三章内，讨论一元函数积分学.一元函数积分学包含两个重要的基本概念——不定积分和定积分.

不定积分问题是微分学的逆问题，即求导运算的逆运算.本章从讨论求导运算的逆运算出发，引出不定积分的概念，然后着重讨论不定积分的计算方法，即积分法.换元积分法和分部积分法是本章的重点.

第一节　不定积分的概念与性质

【学习要求】

(1)理解原函数与不定积分的概念.

(2)应用不定积分的运算性质和基本积分表.

【学习目标】

(1)理解不定积分与微分的运算关系.

(2)理解基本积分表的结构特征.

(3)应用恒等变形的方法与不定积分的运算性质计算不定积分.

【学习提示】

(1)从不定积分的定义获得基本积分表.

(2)梳理例 4-1-5～4-1-13，找出其解题思路.

一、原函数概念

求函数的导数或微分，是微分学的基本问题，但在实践中往往遇到的是这类问题的逆问题.例如，在物理学中常提出在已知物体运动速度 $v=v(t)$ 的情况下，要求出该物体的运动方程 $s=s(t)$ 的问题.由微分学知识可知，$s'(t)=v(t)$，上述问题实际上是要求出使 $s'(t)=v(t)$ 的 $s(t)$ 问题，这是与求导运算相反的问题.我们称 $s(t)$ 为 $s'(t)$（即 $v(t)$）的原函数.下面从数学的角度给出原函数的定义.

定义 4-1-1　如果在区间 I 上定义了一个可导函数 $F(x)$，且 $F'(x)=f(x)$（或 $\mathrm{d}F(x)=f(x)\mathrm{d}x$），则 $F(x)$ 称为 $f(x)$ 在区间 I 上的一个原函数.

例如，由于 $(x^2)'=2x$，故 x^2 是 $2x$ 在 $(-\infty,+\infty)$ 上的一个原函数.又如，$(\sin x)'=\cos x$，故 $\sin x$ 是 $\cos x$ 在 $(-\infty,+\infty)$ 上的一个原函数.

关于原函数有两个问题需要讨论：①一个函数在什么条件下存在原函数？②如果原函数存在，它是否唯一？

第一个问题将在第五章中讨论，这里先给出结论：

如果 $f(x)$在区间$[a,b]$上连续，则在区间$[a,b]$上一定存在原函数.简单地说就是，在区间上连续的函数一定存在原函数.

第二个问题的回答比较明显.比如上面已提出的问题，由于

$$(x^2)'=2x, \quad (x^2+1)'=2x, \quad \cdots, \quad (x^2+c)'=2x,$$

故 $x^2+1, x^2+2, \cdots, x^2+C$($C$ 为任意一个常数)都是 $2x$ 的原函数.

一般地，若 $F(x)$为 $f(x)$在 I 上的一个原函数，则 $F(x)+C$(C 是任意常数)也是 $f(x)$在 I 上的原函数.事实上，$[F(x)+C]'=F'(x)+0=F'(x)=f(x)$.

可见，一个函数 $f(x)$如果存在一个原函数 $F(x)$，那么它就存在无穷多个原函数 $F(x)+C$.下面的问题是 $f(x)$除了有此形式的原函数之外，是否还会有其他形式的原函数？即 $f(x)$的任何一个另外的原函数 $\Phi(x)$是否与 $F(x)$只相差一个常数呢？注意到

$$\Phi'(x)=f(x), \quad F'(x)=f(x),$$

于是

$$[\Phi(x)-F(x)]'=\Phi'(x)-F'(x)=f(x)-f(x)\equiv 0.$$

由中值定理的推论可知导数恒为零的函数恒为常数，因此

$$\Phi(x)-F(x)\equiv C(\text{常数}),$$

即

$$\Phi(x)=F(x)+C.$$

这说明，如果 $F(x)$是 $f(x)$的一个原函数，那么 $F(x)+C$ 就是 $f(x)$的原函数的一般表达式，于是得出下面的定理.

定理 4-1-1 如果 $F(x)$是 $f(x)$在区间 I 上的一个原函数，则 $F(x)+C$ 就是$f(x)$在 I 上的全体原函数，其中 C 为任意常数.

这个定理的重要意义在于指出了 $f(x)$在 I 上的原函数的结构.它将求 $f(x)$的任意原函数的问题，归结为只需求出其中一个原函数的问题.

二、不定积分概念

定义 4-1-2 $f(x)$在区间 I 上的全体原函数称为 $f(x)$在区间 I 上的不定积分，记作 $\int f(x)\mathrm{d}x$，其中记号 $\int$ 称为积分号，$f(x)$称为被积函数，$f(x)\mathrm{d}x$ 称为被积表达式，x 称为积分变量.若 $F'(x)=f(x)$，则

$$\int f(x)\mathrm{d}x=F(x)+C,$$

这里 C 为任意常数，称为积分常数.

例如

$$\int 2x\,\mathrm{d}x=x^2+C, \quad \int \cos x\,\mathrm{d}x=\sin x+C.$$

值得注意的是，由于不定积分指的不是一个原函数，而是全体原函数，它的表示形式

$\int f(x)\mathrm{d}x$ 应是 $f(x)$ 的任意一个原函数，因此在求不定积分时，不能忘记加积分常数.

为了叙述方便，今后讨论不定积分时，在不至于混淆的情况下，不再指明有关区间，并且我们总是假定不定积分是在被积函数的连续区间上来考虑的.

原函数与不定积分的几何意义如下：

设 $F(x)$ 是 $f(x)$ 的一个原函数，$y=F(x)$ 在平面上表示一条曲线，该曲线上每一点 (x,y) 处的切线斜率为 $f(x)$，称 $y=F(x)$ 是 $f(x)$ 的一条积分曲线. $f(x)$ 的不定积分 $\int f(x)\mathrm{d}x=F(x)+C$ 表示一族积分曲线，即把 $F(x)$ 的图形沿着 y 轴方向平移产生的积分曲线族(图 4-1).

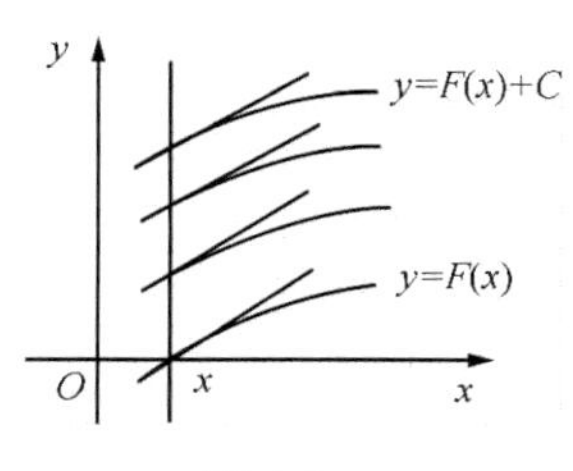

图 4-1

例 4-1-1 已知曲线上任意一点 (x,y) 处的切线斜率为 $2x$，且该曲线通过点(1,2)，求此曲线的方程.

解 设 $y=F(x)$ 为所求的曲线方程.由已知可得

$$\frac{\mathrm{d}y}{\mathrm{d}x}=2x,$$

于是

$$y=\int 2x\,\mathrm{d}x=x^2+C.$$

因为点(1,2)在曲线上，故

$$2=1+C,\quad C=1,$$

得所求曲线方程为 $y=x^2+1$，如图 4-2 所示.

例 4-1-2 以初速度为 v_0 铅直上抛一物体，不计空气阻力，求该物体的运动规律.

解 所谓运动规律，即指物体的位置关于时间的函数关系，设如图 4-3 取定坐标系，在时刻 t 的位置为 x，要求的是位移函数 $x=x(t)$.

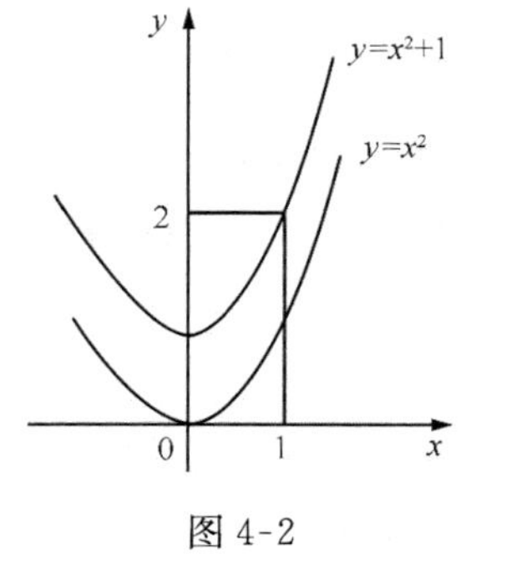

图 4-2

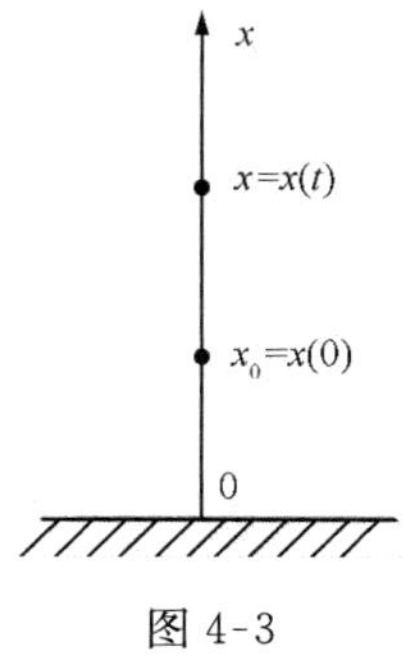

图 4-3

由导数的物理意义知

$$\frac{\mathrm{d}x}{\mathrm{d}t}=v(t),\quad \frac{\mathrm{d}^2x}{\mathrm{d}t^2}=\frac{\mathrm{d}v}{\mathrm{d}t}=a(t).$$

又由 $a(t)=-g$，即 $\frac{\mathrm{d}v}{\mathrm{d}t}=-g$.而 $v(t)$ 应是 $-g$ 的一个原函数，故

$$v(t)=\int(-g)\mathrm{d}t=-gt+C_1,$$

利用已知条件 $v(0)=v_0$，代入上式可得 $C_1=v_0$，于是

$$v(t)=-gt+v_0.$$

再求 $x(t)$.由 $\frac{\mathrm{d}x}{\mathrm{d}t}=v(t)$ 可得

$$x(t)=\int(-gt+v_0)\mathrm{d}t=-\frac{1}{2}gt^2+v_0t+C_2,$$

利用已知条件 $x(0)=x_0$，代入上式可得 $C_2=x_0$，于是

$$x=-\frac{1}{2}gt^2+v_0t+x_0,$$

便是所求的运动规律.

三、基本积分表

由不定积分的定义，只要把基本导数公式表或微分公式表反过来，就得到基本积分表如下：

(1) $\int 1\mathrm{d}x=x+C$；　　(2) $\int x^{\mu}\mathrm{d}x=\frac{x^{\mu+1}}{\mu+1}+C\quad(\mu\neq-1)$；

(3) $\int\frac{1}{x}\mathrm{d}x=\ln|x|+C$；　　(4) $\int a^x\mathrm{d}x=\frac{a^x}{\ln a}+C,\quad\int\mathrm{e}^x\mathrm{d}x=\mathrm{e}^x+C$；

(5) $\int\sin x\,\mathrm{d}x=-\cos x+C$；　　(6) $\int\cos x\,\mathrm{d}x=\sin x+C$；

(7) $\int\sec^2x\,\mathrm{d}x=\tan x+C$；　　(8) $\int\csc^2x\,\mathrm{d}x=-\cot x+C$；

(9) $\int\sec x\tan x\,\mathrm{d}x=\sec x+C$；　　(10) $\int\csc x\cot x\,\mathrm{d}x=-\csc x+C$；

(11) $\int\frac{1}{\sqrt{1-x^2}}\mathrm{d}x=\arcsin x+C$；　　(12) $\int\frac{1}{1+x^2}\mathrm{d}x=\arctan x+C$.

这些公式必须熟记，因为它们是计算不定积分的基础.

对公式(3)作一些说明：因为 $\ln x$ 当 $x>0$ 时才有意义，故公式

$$\int\frac{1}{x}\mathrm{d}x=\ln x+C$$

只有当 $x>0$ 时才有意义.当 $x<0$ 时，由于

$$[\ln(-x)]'=\frac{1}{-x}(-1)=\frac{1}{x},$$

故当 $x<0$ 时，$\int\frac{1}{x}\mathrm{d}x=\ln(-x)+C$.

合并以上两种情形，有公式

$$\int\frac{1}{x}\mathrm{d}x=\ln|x|+C\quad(x\neq0).$$

例 4-1-3　求 $\int \frac{1}{x^2}\mathrm{d}x$.

解
$$原式=\int x^{-2}\mathrm{d}x=\frac{x^{-2+1}}{-2+1}+C=-\frac{1}{x}+C.$$

例 4-1-4　求 $\int \frac{1}{\sqrt{x}}\mathrm{d}x$.

解
$$原式=\int x^{-\frac{1}{2}}\mathrm{d}x=\frac{x^{-\frac{1}{2}+1}}{-\frac{1}{2}+1}+C=2\sqrt{x}+C.$$

例 4-1-3 与例 4-1-4 中的积分最好也记住,这对以后计算不定积分是很方便的.

四、不定积分的性质

性质 4-1-1　由不定积分的定义直接可得

(1) $\left[\int f(x)\mathrm{d}x\right]'=f(x)$ 或 $\mathrm{d}\left[\int f(x)\mathrm{d}x\right]=f(x)\mathrm{d}x$;

(2) $\int f'(x)\mathrm{d}x=f(x)+C$ 或 $\int \mathrm{d}f(x)=f(x)+C$.

上述关系式说明,如同加法与减法、乘法与除法互为逆运算一样,求导数和求不定积分也互为逆运算,即如果不考虑积分常数 C,微分符号和积分符号相继使用于某一函数 $f(x)$时,就互相抵消,只是先微分后积分时,应该抵消后再补加上任意常数.

性质 4-1-2　设 k 为不等于零的常数,则有
$$\int kf(x)\mathrm{d}x=k\int f(x)\mathrm{d}x,$$
即被积函数中的非零常数因子可以直接提到积分号的外面.

证　因为
$$\left[k\int f(x)\mathrm{d}x\right]'=k\left[\int f(x)\mathrm{d}x\right]'=kf(x),$$
所以 $k\int f(x)\mathrm{d}x$ 是 $kf(x)$的一个原函数.因 $\int f(x)\mathrm{d}x$ 中已含有任意常数,所以这里不需再加任意常数了,即
$$\int kf(x)\mathrm{d}x=k\int f(x)\mathrm{d}x.$$

性质 4-1-3　两个函数和(差)的不定积分等于两个函数不定积分的和(差),即
$$\int[f(x)\pm g(x)]\mathrm{d}x=\int f(x)\mathrm{d}x\pm\int g(x)\mathrm{d}x .$$
这个性质的证明留给读者练习.性质 4-1-3 对有限个函数的情形也是成立的.

例 4-1-5　求 $\int(5x^4+4x^3-3x^2)\mathrm{d}x$.

解
$$原式=5\int x^4\mathrm{d}x+4\int x^3\mathrm{d}x-3\int x^2\mathrm{d}x=x^5+x^4-x^3+C.$$

例 4-1-6　求 $\int\left[\frac{1}{x^2}-3\cos x+\frac{1}{x}\right]\mathrm{d}x$.

解 原式$=\int \frac{1}{x^2}dx-3\int \cos x\,dx+\int \frac{1}{x}dx=-\frac{1}{x}-3\sin x+\ln|x|+C.$

例 4-1-7 求$\int \frac{(x-\sqrt{x})(1+\sqrt{x})}{x}dx.$

解 原式$=\int [x^{\frac{1}{2}}-x^{-\frac{1}{2}}]dx=\int x^{\frac{1}{2}}dx-\int x^{-\frac{1}{2}}dx=\frac{2}{3}x^{\frac{3}{2}}-2\sqrt{x}+C.$

例 4-1-8 求$\int \left[\frac{1}{2\sqrt{x}}+\frac{2}{\sqrt{1-x^2}}-4e^x\right]dx.$

解 原式$=\int \frac{1}{2\sqrt{x}}dx+2\int \frac{1}{\sqrt{1-x^2}}dx-4\int e^x dx=\sqrt{x}+2\arcsin x-4e^x+C.$

例 4-1-9 求$\int \frac{1+x+x^2}{x(1+x^2)}dx.$

解 原式$=\int \left[\frac{1}{x}+\frac{1}{1+x^2}\right]dx=\int \frac{1}{x}dx+\int \frac{1}{1+x^2}dx=\ln|x|+\arctan x+C.$

例 4-1-10 求$\int \frac{x^4}{1+x^2}dx.$

解

$$\begin{aligned}\text{原式}&=\int \frac{x^4-1+1}{1+x^2}dx=\int \left[x^2-1+\frac{1}{1+x^2}\right]dx\\&=\int x^2dx-\int dx+\int \frac{1}{1+x^2}dx=\frac{1}{3}x^3-x+\arctan x+C.\end{aligned}$$

例 4-1-11 求$\int \sin^2\frac{x}{2}dx.$

解 原式$=\int \frac{1-\cos x}{2}dx=\frac{1}{2}\int dx-\frac{1}{2}\int \cos x\,dx=\frac{1}{2}x-\frac{1}{2}\sin x+C.$

例 4-1-12 求$\int \frac{1}{\sin^2 x\cos^2 x}dx.$

解

$$\begin{aligned}\text{原式}&=\int \frac{\sin^2 x+\cos^2 x}{\sin^2 x\cos^2 x}dx=\int \left[\frac{1}{\cos^2 x}+\frac{1}{\sin^2 x}\right]dx\\&=\int \frac{1}{\cos^2 x}dx+\int \frac{1}{\sin^2 x}dx=\tan x-\cot x+C.\end{aligned}$$

例 4-1-13 求$\int \tan^2 x\,dx.$

解 原式$=\int [\sec^2 x-1]dx=\int \sec^2 x\,dx-\int dx=\tan x-x+C.$

由以上各例可以看出，在求不定积分时，有时要对被积函数进行恒等变形，然后化成可利用积分性质或基本积分公式来计算的不定积分.运算熟练之后，可将函数和(差)的积分直接写出其各函数的积分结果的和(差)形式，要注意不能忘记加上积分常数.由于被积函数的恒等变形有不同形式，在不同的变形下同一函数的不定积分的表示式表面可能差异很大，但都是正确的.要想验证其结果是否正确，只需将积分结果求导，检验其导数是否等于被积函数即可.

练习题 4-1　(见习题四)
(二)1.

作业题 4-1　(见习题四)
(三)1(1)—(7)

第二节　换元积分法

【学习要求】

应用换元积分法计算不定积分.

【学习目标】

(1)具有应用第一换元法推导得到的 7 个常用积分表的能力.

(2)具有应用第二换元法推导得到的 3 个常用积分表的能力.

(3)具有正确应用换元积分法计算不定积分的能力.

【学习提示】

(1)7 个常用积分表的书写有无顺序要求? 常用积分表书写的序对我们学习有帮助吗?

(2)第二换元法要解决什么问题.

(3)作为微分的逆运算,写出积分法与之对应的微分法.

(4)梳理例 4-2-26～4-2-30,积分的共性是什么? 会得到什么认识?

(5)比较例 4-1-9 与例 4-2-28,会得到什么?

(6)比较例 4-2-27 与例 4-2-30,会得到什么?

(7)用倒数代换计算的不定积分,其特征是什么?

有的被积函数利用基本积分公式和不定积分的性质是无法求出其不定积分的,为了求出更复杂一些函数的不定积分,我们来介绍与复合函数求导法相对应的换元积分法.换元积分法就是要通过积分变量的更换,寻找到可利用积分性质或基本积分表来求出不定积分的方法.换元积分法分为两种,即第一类换元积分法和第二类换元积分法.

一、第一类换元积分法

第一类换元积分法又称为凑微分,其实质是通过变量替换之后,化成积分表中的积分,积分之后再把变量替回.

定理 4-2-1(第一类换元积分法)　若已知

$$\int f(u)\mathrm{d}u = F(u) + C, \quad u = \varphi(x) \text{ 可微},$$

则有

$$\int f[\varphi(x)]\varphi'(x)\mathrm{d}x = F[\varphi(x)] + C. \tag{4-1}$$

证 因为

$$\frac{\mathrm{d}F[\varphi(x)]}{\mathrm{d}x}=F'(u)\varphi'(x)=f(u)\varphi'(x)=f[\varphi(x)]\varphi'(x),$$

所以式(4-1)成立.

在实际计算中,利用式(4-1)的过程是

$$\int f[\varphi(x)]\varphi'(x)\mathrm{d}x=\int f[\varphi(x)]\mathrm{d}\varphi(x)=\int f(u)\mathrm{d}u=F(u)+C$$

$$\xlongequal{(u=\varphi(x))}F[\varphi(x)]+C.$$

这里,由原来关于 x 的积分经过变量替换 $u=\varphi(x)$ 转换成关于 u 的积分,一般在计算时要先从被积式中分离出 $\varphi'(x)$ 和 $\mathrm{d}x$ 的项,使之凑成 $\varphi'(x)\mathrm{d}x=\mathrm{d}\varphi(x)$,而这时又应恰好使余下部分能构成 $f[\varphi(x)]$ 的形式,并且恰好是可利用积分性质或基本积分公式能求解的形式.至于 $\varphi(x)$ 如何选择,并无确定的规律可循,读者只有在熟记基本积分公式的基础上,通过大量的练习从中去总结经验,才能做到熟能生巧,运用自如.

例 4-2-1 求 $\int\cos 2x\,\mathrm{d}x$.

解 查积分公式表,相近的公式为

$$\int\cos x\,\mathrm{d}x=\sin x+C.$$

利用该公式,将原积分化成

$$\begin{aligned}\int\cos 2x\,\mathrm{d}x&=\frac{1}{2}\int\cos 2x(2x)'\mathrm{d}x\\&=\frac{1}{2}\int\cos 2x\,\mathrm{d}(2x)\xlongequal{u=2x}\frac{1}{2}\int\cos u\,\mathrm{d}u\\&=\frac{1}{2}\sin u+C=\frac{1}{2}\sin 2x+C.\end{aligned}$$

例 4-2-2 求 $\int(a+bx)^n\mathrm{d}x\ (n\neq-1,b\neq 0)$.

解 查积分公式表,有

$$\int x^{\mu}\mathrm{d}x=\frac{1}{\mu+1}x^{\mu+1}+C\quad(\mu\neq-1).$$

利用该公式,可得

$$\begin{aligned}\int(a+bx)^n\mathrm{d}x&=\frac{1}{b}\int(a+bx)^n(a+bx)'\mathrm{d}x=\frac{1}{b}\int(a+bx)^n\mathrm{d}(a+bx)\\&\xlongequal{u=a+bx}\frac{1}{b}\int u^n\mathrm{d}u\\&=\frac{1}{b}\,\frac{1}{n+1}u^{n+1}+C=\frac{1}{b(n+1)}(a+bx)^{n+1}+C.\end{aligned}$$

例 4-2-3 求 $\int\frac{1}{3+2x}\mathrm{d}x$.

解 查积分公式表,有

$$\int \frac{1}{x}\mathrm{d}x = \ln|x| + C.$$

利用该公式,可得

$$\int \frac{1}{3+2x}\mathrm{d}x = \frac{1}{2}\int \frac{1}{3+2x}(3+2x)'\mathrm{d}x = \frac{1}{2}\int \frac{1}{3+2x}\mathrm{d}(3+2x)$$

$$\xlongequal{u=3+2x} \frac{1}{2}\int \frac{1}{u}\mathrm{d}u = \frac{1}{2}\ln|u| + C = \frac{1}{2}\ln|3+2x| + C.$$

例 4-2-4 求 $\int x\mathrm{e}^{x^2}\mathrm{d}x$.

解 查积分公式表,有

$$\int \mathrm{e}^x\mathrm{d}x = \mathrm{e}^x + C.$$

于是

$$\int x\mathrm{e}^{x^2}\mathrm{d}x = \frac{1}{2}\int \mathrm{e}^{x^2}(x^2)'\mathrm{d}x = \frac{1}{2}\int \mathrm{e}^{x^2}\mathrm{d}(x^2)$$

$$\xlongequal{u=x^2} \frac{1}{2}\int \mathrm{e}^u\mathrm{d}u = \frac{1}{2}\mathrm{e}^u + C = \frac{1}{2}\mathrm{e}^{x^2} + C.$$

例 4-2-5 求 $\int x^2\sqrt{4-3x^3}\,\mathrm{d}x$.

解
$$原式 = -\frac{1}{9}\int \sqrt{4-3x^3}(4-3x^3)'\mathrm{d}x = -\frac{1}{9}\int (4-3x^3)^{\frac{1}{2}}\mathrm{d}(4-3x^2)$$

$$\xlongequal{u=4-3x^3} -\frac{1}{9}\int u^{\frac{1}{2}}\mathrm{d}u$$

$$= -\frac{2}{27}u^{\frac{3}{2}} + C = -\frac{2}{27}(4-3x^3)^{\frac{3}{2}} + C.$$

例 4-2-6 求 $\int \frac{1}{x^2}\cos\frac{1}{x}\mathrm{d}x$.

解
$$原式 = -\int \cos\frac{1}{x}\left(\frac{1}{x}\right)'\mathrm{d}x = -\int \cos\frac{1}{x}\mathrm{d}\left(\frac{1}{x}\right)$$

$$\xlongequal{u=\frac{1}{x}} -\int \cos u\,\mathrm{d}u = -\sin u + C = -\sin\frac{1}{x} + C.$$

在相当熟练的情况下,中间变量 u 可不再写出,只是要明确这时以 x 的怎样的函数看成了公式表中的积分变量就可以了.

例 4-2-7 求 $\int \frac{\sin\sqrt{x}}{\sqrt{x}}\mathrm{d}x$.

解 $原式 = 2\int \sin\sqrt{x}(\sqrt{x})'\mathrm{d}x = 2\int \sin\sqrt{x}\,\mathrm{d}\sqrt{x} = -2\cos\sqrt{x} + C.$

例 4-2-8 求 $\int x\sqrt{1+x^2}\,\mathrm{d}x$.

解
$$原式 = \frac{1}{2}\int \sqrt{1+x^2}\,\mathrm{d}(1+x^2) = \frac{1}{3}(1+x^2)^{\frac{3}{2}} + C.$$

例 4-2-9 求 $\int \sin^3 x\cos^2 x\,\mathrm{d}x$.

解
$$\begin{aligned}原式&=-\int \sin^2 x\cos^2 x\,\mathrm{d}(\cos x)=-\int(1-\cos^2 x)\cos^2 x\,\mathrm{d}(\cos x)\\&=-\int\cos^2 x\,\mathrm{d}(\cos x)+\int\cos^4 x\,\mathrm{d}(\cos x)\\&=-\frac{1}{3}\cos^3 x+\frac{1}{5}\cos^5 x+C.\end{aligned}$$

例 4-2-10 求 $\int \frac{1}{x\ln x}\mathrm{d}x$.

解
$$原式=\int\frac{1}{\ln x}\mathrm{d}\ln x=\ln|\ln x|+C.$$

例 4-2-11 求 $\int \frac{1}{\cos^2 x(1+\tan x)}\mathrm{d}x$.

解 $原式=\int\frac{1}{1+\tan x}\mathrm{d}\tan x=\int\frac{1}{1+\tan x}\mathrm{d}(1+\tan x)=\ln|1+\tan x|+C.$

例 4-2-12 求 $\int\frac{\mathrm{e}^x}{1+\mathrm{e}^x}\mathrm{d}x$.

解
$$原式=\int\frac{1}{1+\mathrm{e}^x}\mathrm{d}(1+\mathrm{e}^x)=\ln(1+\mathrm{e}^x)+C.$$

为了计算不定积分,应熟练掌握下面的微分形式,即凑微分公式:

$\mathrm{d}x=\frac{1}{a}\mathrm{d}(ax+b)$; $x^n\mathrm{d}x=\frac{1}{(n+1)a}\mathrm{d}(ax^{n+1}+b)\quad(n\neq-1)$;

$\frac{1}{x}\mathrm{d}x=\mathrm{d}\ln x$; $\mathrm{e}^x\mathrm{d}x=\mathrm{d}\mathrm{e}^x$;

$\sin x\,\mathrm{d}x=-\mathrm{d}\cos x$; $\cos x\,\mathrm{d}x=\mathrm{d}\sin x$;

$\sec^2 x\,\mathrm{d}x=\mathrm{d}\tan x$; $\csc^2 x\,\mathrm{d}x=-\mathrm{d}\cot x$;

$\frac{1}{1+x^2}\mathrm{d}x=\mathrm{d}\arctan x$; $\frac{1}{\sqrt{1-x^2}}\mathrm{d}x=\mathrm{d}\arcsin x$.

下面再导出几个积分公式.

例 4-2-13 求 $\int\tan x\,\mathrm{d}x$.

解
$$原式=\int\frac{\sin x}{\cos x}\mathrm{d}x=-\int\frac{1}{\cos x}\mathrm{d}\cos x=-\ln|\cos x|+C.$$

类似地,有
$$\int\cot x\,\mathrm{d}x=\ln|\sin x|+C.$$

例 4-2-14 求 $\int\frac{1}{a^2+x^2}\mathrm{d}x$.

解 $原式=\frac{1}{a^2}\int\frac{1}{1+\left(\frac{x}{a}\right)^2}\mathrm{d}x=\frac{1}{a}\int\frac{1}{1+\left(\frac{x}{a}\right)^2}\mathrm{d}\left(\frac{x}{a}\right)=\frac{1}{a}\arctan\frac{x}{a}+C.$

例 4-2-15　求 $\int \frac{1}{\sqrt{a^2-x^2}}\mathrm{d}x \quad (a>0)$.

解　原式 $=\frac{1}{a}\int \frac{1}{\sqrt{1-\left(\frac{x}{a}\right)^2}}\mathrm{d}x=\int \frac{1}{\sqrt{1-\left(\frac{x}{a}\right)^2}}\mathrm{d}\left(\frac{x}{a}\right)=\arcsin\frac{x}{a}+C.$

例 4-2-16　求 $\int \mathrm{sh}x\,\mathrm{d}x$ 与 $\int \mathrm{ch}x\,\mathrm{d}x$.

解

$$\int \mathrm{sh}x\,\mathrm{d}x=\int \frac{\mathrm{e}^x-\mathrm{e}^{-x}}{2}\mathrm{d}x=\frac{1}{2}\left(\int \mathrm{e}^x\,\mathrm{d}x-\int \mathrm{e}^{-x}\,\mathrm{d}x\right)$$

$$=\frac{1}{2}(\mathrm{e}^x+\mathrm{e}^{-x})+C=\mathrm{ch}x+C.$$

类似地，有

$$\int \mathrm{ch}x\,\mathrm{d}x=\mathrm{sh}x+C.$$

对于被积函数为三角函数的不定积分，在计算时一般要先利用三角恒等式变形.常用的三角公式有

$\sin^2x+\cos^2x=1$；　　$1+\tan^2x=\sec^2x$；

$1+\cot^2x=\csc^2x$；　　$\sin2x=2\sin x\cos x$；

$\cos^2x=\frac{1+\cos2x}{2}$；　　$\sin^2x=\frac{1-\cos2x}{2}$；

$\cos mx\cos nx=\frac{1}{2}[\cos(m+n)x+\cos(m-n)x]$；

$\sin mx\cos nx=\frac{1}{2}[\sin(m+n)x+\sin(m-n)x]$；

$\sin mx\sin nx=\frac{1}{2}[\cos(m-n)x-\cos(m+n)x]$.

例 4-2-17　求 $\int \cos2x\cos4x\,\mathrm{d}x$.

解

$$\text{原式}=\frac{1}{2}\int(\cos6x+\cos2x)\mathrm{d}x=\frac{1}{2}\int\cos6x\,\mathrm{d}x+\frac{1}{2}\int\cos2x\,\mathrm{d}x$$

$$=\frac{1}{12}\sin6x+\frac{1}{4}\sin2x+C.$$

例 4-2-18　求 $\int \sin^2x\cos^5x\,\mathrm{d}x$.

解

$$\text{原式}=\int\sin^2x\cos^4x\,\mathrm{d}\sin x=\int\sin^2x(1-\sin^2x)^2\mathrm{d}\sin x$$

$$=\int(\sin^2x-2\sin^4x+\sin^6x)\mathrm{d}\sin x$$

$$=\frac{1}{3}\sin^3x-\frac{2}{5}\sin^5x+\frac{1}{7}\sin^7x+C.$$

例 4-2-19 求$\int \sin^4 x\,dx$.

解 原式$=\int\left(\frac{1-\cos 2x}{2}\right)^2 dx$

$$=\frac{1}{4}\int[1-2\cos 2x+\cos^2 2x]dx=\frac{1}{4}\int\left(1-2\cos 2x+\frac{1+\cos 4x}{2}\right)dx$$

$$=\frac{1}{8}\int[3-4\cos 2x+\cos 4x]dx=\frac{1}{8}\left(3x-4\int\cos 2x\,dx+\int\cos 4x\,dx\right)$$

$$=\frac{3}{8}x-\frac{1}{4}\sin 2x+\frac{1}{32}\sin 4x+C.$$

例 4-2-20 求$\int \sec^6 x\,dx$.

解 原式$=\int \sec^4 x\,d\tan x=\int(1+\tan^2 x)^2 d\tan x$

$$=\int(1+2\tan^2 x+\tan^4 x)d\tan x=\tan x+\frac{2}{3}\tan^3 x+\frac{1}{5}\tan^5 x+C.$$

例 4-2-21 求$\int \tan^5 x\sec^3 x\,dx$.

解 原式$=\int \tan^4 x\sec^2 x\,d\sec x=\int(\sec^2 x-1)^2\sec^2 x\,d\sec x$

$$=\int(\sec^6 x-2\sec^4 x+\sec^2 x)d\sec x=\frac{1}{7}\sec^7 x-\frac{2}{5}\sec^5 x+\frac{1}{3}\sec^3 x+C.$$

例 4-2-22 求$\int\frac{1}{a^2-x^2}dx$.

解 原式$=\int\frac{1}{(a-x)(a+x)}dx$

$$=\frac{1}{2a}\int\left(\frac{1}{a+x}+\frac{1}{a-x}\right)dx$$

$$=\frac{1}{2a}\left[\int\frac{1}{a+x}d(a+x)-\int\frac{1}{a-x}d(a-x)\right]$$

$$=\frac{1}{2a}(\ln|a+x|-\ln|a-x|)+C$$

$$=\frac{1}{2a}\ln\left|\frac{a+x}{a-x}\right|+C.$$

例 4-2-23 求$\int\sec x\,dx$和$\int\csc x\,dx$.

解 $\int\sec x\,dx=\int\frac{1}{\cos x}dx=\int\frac{\cos x}{\cos^2 x}dx=\int\frac{1}{1-\sin^2 x}d\sin x$

$$=\frac{1}{2}\ln\left|\frac{1+\sin x}{1-\sin x}\right|+C=\frac{1}{2}\ln\frac{(1+\sin x)^2}{\cos^2 x}+C$$

$$=\ln|\sec x+\tan x|+C.$$

$$\int \csc x\,\mathrm{d}x = \int \frac{1}{\sin x}\mathrm{d}x = \int \frac{1}{\cos\left(\frac{\pi}{2}-x\right)}\mathrm{d}x = -\int \frac{\mathrm{d}\left(\frac{\pi}{2}-x\right)}{\cos\left(\frac{\pi}{2}-x\right)}$$

$$= -\ln\left|\sec\left(\frac{\pi}{2}-x\right)+\tan\left(\frac{\pi}{2}-x\right)\right| + C$$

$$= -\ln\left|\frac{1+\cos x}{\sin x}\right| + C = \ln\left|\frac{\sin x}{1+\cos x}\right| + C$$

$$= \ln\left|\frac{1-\cos x}{\sin x}\right| + C = \ln|\csc x - \cot x| + C.$$

另解
$$\int \sec x\,\mathrm{d}x = \int \frac{\sec x(\sec x+\tan x)}{\sec x+\tan x}\mathrm{d}x = \int \frac{\sec^2 x+\sec x\tan x}{\sec x+\tan x}\mathrm{d}x$$

$$\int \frac{\mathrm{d}(\sec x+\tan x)}{\sec x+\tan x} = \ln|\sec x+\tan x| + C.$$

同法可得

$$\int \csc x\,\mathrm{d}x = -\ln|\csc x+\cot x| + C = \ln|\csc x-\cot x| + C.$$

下面把所得的几个积分公式总结如下：

(13) $\int \tan x\,\mathrm{d}x = -\ln|\cos x| + C$；

(14) $\int \cot x\,\mathrm{d}x = \ln|\sin x| + C$；

(15) $\int \frac{1}{a^2+x^2}\mathrm{d}x = \frac{1}{a}\arctan\frac{x}{a} + C$；

(16) $\int \frac{1}{\sqrt{a^2-x^2}}\mathrm{d}x = \arcsin\frac{x}{a} + C \quad (a>0)$；

(17) $\int \frac{1}{a^2-x^2}\mathrm{d}x = \frac{1}{2a}\ln\left|\frac{a+x}{a-x}\right| + C$；

(18) $\int \sec x\,\mathrm{d}x = \ln|\sec x+\tan x| + C$；

(19) $\int \csc x\,\mathrm{d}x = \ln|\csc x-\cot x| + C$；

(20) $\int \mathrm{sh}x\,\mathrm{d}x = \mathrm{ch}x + C$；

(21) $\int \mathrm{ch}x\,\mathrm{d}x = \mathrm{sh}x + C$.

下面再做几个综合练习题.

例 4-2-24 求 $\int \frac{x}{\sqrt{1+x^2}}\mathrm{e}^{-\sqrt{1+x^2}}\mathrm{d}x$.

解
$$\text{原式} = \int \mathrm{e}^{-\sqrt{1+x^2}}\frac{1}{2\sqrt{1+x^2}}\mathrm{d}(1+x^2)$$

$$= \int \mathrm{e}^{-\sqrt{1+x^2}}\mathrm{d}\sqrt{1+x^2} = -\mathrm{e}^{-\sqrt{1+x^2}} + C.$$

例 4-2-25 求$\int \frac{1}{\sqrt{x}(1+x)}dx$.

解
$$原式=2\int \frac{1}{1+x}d\sqrt{x}=2\arctan\sqrt{x}+C.$$

例 4-2-26 求$\int \frac{1}{x^2-5x+4}dx$.

解
$$原式=\int \frac{1}{(x-1)(x-4)}dx=\frac{1}{3}\int\left(\frac{1}{x-4}-\frac{1}{x-1}\right)dx$$
$$=\frac{1}{3}\left(\int \frac{1}{x-4}dx-\int \frac{1}{x-1}dx\right)=\frac{1}{3}\ln\left|\frac{x-4}{x-1}\right|+C.$$

例 4-2-27 求$\int \frac{2x-14}{x^2-4x+16}dx$.

解
$$原式=\int \frac{(x^2-4x+16)'-10}{x^2-4x+16}dx$$
$$=\int \frac{1}{x^2-4x+16}d(x^2-4x+16)-10\int \frac{1}{x^2-4x+16}dx$$
$$=\ln|x^2-4x+16|-10\int \frac{1}{(x-2)^2+12}d(x-2)$$
$$=\ln|x^2-4x+16|-\frac{5}{\sqrt{3}}\arctan\frac{x-2}{2\sqrt{3}}+C.$$

例 4-2-28 求$\int \frac{1}{x(x^2+4)}dx$.

解
$$原式=\frac{1}{4}\int \frac{4+x^2-x^2}{x(x^2+4)}dx=\int\left(\frac{1}{x}-\frac{x}{x^2+4}\right)dx.$$
$$=\ln|x|-\frac{1}{2}\ln|x^2+4|+C.$$

例 4-2-29 求$\int \frac{1}{\sqrt{1+x-x^2}}dx$.

解
$$原式=\int \frac{1}{\sqrt{\frac{5}{4}-x^2+x-\frac{1}{4}}}dx$$
$$=\int \frac{1}{\sqrt{\frac{5}{4}-\left(x-\frac{1}{2}\right)^2}}d\left(x-\frac{1}{2}\right)=\arcsin\frac{2x-1}{\sqrt{5}}+C.$$

例 4-2-30 求$\int \frac{x+2}{\sqrt{x^2+2x-1}}dx$.

解
$$原式=\int \frac{\frac{1}{2}(2x+2)+1}{\sqrt{x^2+2x-1}}dx$$
$$=\frac{1}{2}\int \frac{1}{\sqrt{x^2+2x-1}}d(x^2+2x-1)+\int \frac{1}{\sqrt{x^2+2x-1}}dx$$

$$=\sqrt{x^2+2x-1}+\int\frac{1}{\sqrt{(x+1)^2-2}}\mathrm{d}(x+1)$$

$$=\sqrt{x^2+2x-1}+\ln\left|x+1+\sqrt{x^2+2x-1}\right|+C.$$

例 4-2-31 求$\int\frac{1}{1+\mathrm{e}^x}\mathrm{d}x$.

解
$$\text{原式}=\int\frac{1+\mathrm{e}^x-\mathrm{e}^x}{1+\mathrm{e}^x}\mathrm{d}x=\int\left(1-\frac{\mathrm{e}^x}{1+\mathrm{e}^x}\right)\mathrm{d}x$$

$$=x-\int\frac{1}{1+\mathrm{e}^x}\mathrm{d}(1+\mathrm{e}^x)=x-\ln(1+\mathrm{e}^x)+C.$$

另解
$$\text{原式}=\int\frac{\mathrm{e}^{-x}}{1+\mathrm{e}^{-x}}\mathrm{d}x$$

$$=-\int\frac{1}{1+\mathrm{e}^{-x}}\mathrm{d}(1+\mathrm{e}^{-x})=-\ln(1+\mathrm{e}^{-x})+C$$

$$=x-\ln(1+\mathrm{e}^x)+C.$$

例 4-2-32 求$\int\frac{1}{1+\tan x}\mathrm{d}x$.

解
$$\text{原式}=\int\frac{\cos x}{\cos x+\sin x}\mathrm{d}x=I.$$

引入
$$J=\int\frac{\sin x}{\cos x+\sin x}\mathrm{d}x.$$

则
$$I+J=x+C_1.$$

$$I-J=\int\frac{\cos x-\sin x}{\cos x+\sin x}\mathrm{d}x=\ln|\cos x+\sin x|+C_2.$$

所以
$$I=\frac{1}{2}(x+\ln|\cos x+\sin x|)+C.$$

$$J=\frac{1}{2}(x-\ln|\cos x+\sin x|)+C.$$

例 4-2-33 求$\int\frac{1+\tan x}{1-\tan x}\mathrm{d}x$.

解
$$\text{原式}=\int\frac{\cos x+\sin x}{\cos x-\sin x}\mathrm{d}x=-\ln|\cos x-\sin x|+C.$$

二、第二类换元积分法

第一类换元积分法是通过变换$u=\varphi(x)$，将积分化成易求形式.但某些积分用这种凑微分形式仍无法化成易求形式，如$\int\frac{1}{\sqrt{a^2+x^2}}\mathrm{d}x$等.这时，我们可设法作变换$x=\varphi(t)$(注意:该变换已使原积分变元$x$在变换后以因变量即函数的形式出现)，把所求积分化成

$$\int f(x)\mathrm{d}x=\int f[\varphi(t)]\varphi'(t)\mathrm{d}t.$$

如果上式右方关于 t 的积分是易求的，则可先求出其积分结果，然后再把 $x=\varphi(t)$ 的反函数 $t=\psi(x)$ 代入.为了保证反函数的存在及可导性，常假定 $x=\varphi(t)$ 单调可微，且 $\varphi'(t)\neq 0$，把它叙述成下面的定理.

定理 4-2-2(第二类换元积分法) 设 $x=\varphi(t)$ 单调可微，且 $\varphi'(t)\neq 0$，如果

$$\int f[\varphi(t)]\varphi'(t)\mathrm{d}t=\Phi(t)+C,$$

则

$$\int f(x)\mathrm{d}x=\Phi[\psi(x)]+C, \tag{4-2}$$

其中 $t=\psi(x)$ 是 $x=\varphi(t)$ 的反函数.

证 由假设知 $\Phi'(t)=f[\varphi(t)]\varphi'(t)$，利用复合函数和反函数求导法则，得

$$\frac{\mathrm{d}\Phi[\psi(x)]}{\mathrm{d}x}=\frac{\mathrm{d}\Phi}{\mathrm{d}t}\frac{\mathrm{d}t}{\mathrm{d}x}=f[\varphi(t)]\varphi'(t)\cdot\frac{1}{\varphi'(t)}=f[\varphi(t)]=f(x),$$

故

$$\int f(x)\mathrm{d}x=\Phi[\psi(x)]+C.$$

第二换元积分法的使用过程与第一换元积分法不同，使用第二换元积分法时一定要设出所采用的具体变换式，并且在最后的积分结果中必须要以原积分变元的函数式进行表示.下面举例来说明如何使用第二换元积分法.

例 4-2-34 求 $\displaystyle\int\frac{1}{1+\sqrt{x}}\mathrm{d}x$.

解 被积函数中有根式，应选择使根号去掉的变换(称之为有理化).令 $\sqrt{x}=t$，于是 $x=t^2(t>0)$，$\mathrm{d}x=2t\mathrm{d}t$，积分化为

$$\begin{aligned}\int\frac{1}{1+\sqrt{x}}\mathrm{d}x&=\int\frac{2t}{1+t}\mathrm{d}t=2\int\left(1-\frac{1}{1+t}\right)\mathrm{d}t\\&=2(t-\ln|1+t|)+C=2(\sqrt{x}-\ln(1+\sqrt{x}))+C.\end{aligned}$$

请读者注意，这里也可设 $x=t^2(t<0)$，结果一样.但不能设 $x=t^2$，这已不是单调函数，无法保证反函数单值存在.

例 4-2-35 求 $\displaystyle\int\frac{x+1}{\sqrt[3]{3x+1}}\mathrm{d}x$.

解 将被积函数有理化.令 $\sqrt[3]{3x+1}=t$，则 $x=\frac{1}{3}(t^3-1)$，$\mathrm{d}x=t^2\mathrm{d}t$，于是

$$\begin{aligned}\int\frac{x+1}{\sqrt[3]{3x+1}}\mathrm{d}x&=\int\frac{\frac{1}{3}(t^3-1)+1}{t}t^2\mathrm{d}t\\&=\frac{1}{3}\int(t^4+2t)\mathrm{d}t=\frac{1}{3}\left(\frac{1}{5}t^5+t^2\right)+C\\&=\frac{1}{15}(3x+1)^{\frac{5}{3}}+\frac{1}{3}(3x+1)^{\frac{2}{3}}+C.\end{aligned}$$

例 4-2-36 求$\int\sqrt{\frac{x+1}{x-3}}\mathrm{d}x$.

解 原式$\xlongequal{\text{分子有理化}}\int\frac{x+1}{\sqrt{(x-3)(x+1)}}\mathrm{d}x=\int\frac{\frac{1}{2}(2x-2)+2}{\sqrt{x^2-2x-3}}\mathrm{d}x$

$$=\sqrt{x^2-2x-3}+2\int\frac{1}{\sqrt{(x-1)^2-4}}\mathrm{d}(x-1)$$

$$=\sqrt{x^2-2x-3}+2\ln|(x-1)+\sqrt{x^2-2x-3}|+C.$$

以上两例是通过换元将被积函数中所含根式$\sqrt[n]{ax+b}$有理化,采用的是令$\sqrt[n]{ax+b}=t$,即用变换$x=\frac{t^n-b}{a}$(若非单调函数,要指明单调区间)的形式.如果被积函数中含有根指数不同的几个根式,例如对积分

$$\int\frac{1}{\sqrt{x}(1+\sqrt[3]{x})}\mathrm{d}x$$

应设$\sqrt[6]{x}=t$,即$x=t^6(t>0)$将被积函数有理化.这方面的练习留给读者自己去做.

下面几例介绍被积函数中含有典型的二次根式$\sqrt{a^2-x^2}$,$\sqrt{a^2+x^2}$和$\sqrt{x^2-a^2}$时,如何将其有理化.这几例所采用的变换统称为三角代换法.

例 4-2-37 求$\int\sqrt{a^2-x^2}\mathrm{d}x\quad(a>0)$.

解 令$x=a\sin t\left(-\frac{\pi}{2}<t<\frac{\pi}{2}\right)$,则

$$\sqrt{a^2-x^2}=\sqrt{a^2-a^2\sin^2t}=a\cos t,\quad \mathrm{d}x=a\cos t\mathrm{d}t,$$

从而有

$$\int\sqrt{a^2-x^2}\mathrm{d}x=\int a^2\cos^2t\mathrm{d}t=\frac{a^2}{2}\int(1+\cos2t)\mathrm{d}t$$

$$=\frac{a^2}{2}\left(t+\frac{1}{2}\sin2t\right)+C=\frac{a^2}{2}(t+\sin t\cos t)+C.$$

由$x=a\sin t$,求出

$$t=\arcsin\frac{x}{a},\quad \cos t=\sqrt{1-\sin^2t}=\sqrt{1-\left(\frac{x}{a}\right)^2}=\frac{1}{a}\sqrt{a^2-x^2},$$

代回求得积分

$$\int\sqrt{a^2-x^2}\mathrm{d}x=\frac{a^2}{2}\arcsin\frac{x}{a}+\frac{x\sqrt{a^2-x^2}}{2}+C.$$

为了由$x=a\sin t$求出其余的三角函数,常作一辅助的直角三角形(图 4-4),由图可见

$$\sin t=\frac{x}{a},\quad \cos t=\frac{1}{a}\sqrt{a^2-x^2}.$$

例 4-2-38 求$\int\frac{1}{\sqrt{a^2+x^2}}\mathrm{d}x\quad(a>0)$.

解 令 $x=a\tan t\left(-\frac{\pi}{2}<t<\frac{\pi}{2}\right)$，

$$\sqrt{a^2+x^2}=\sqrt{a^2(1+\tan^2 t)}=a\sec t,$$
$$\mathrm{d}x=a\sec^2 t\,\mathrm{d}t,$$

于是

$$\int\frac{1}{\sqrt{a^2+x^2}}\mathrm{d}x=\int\frac{a\sec^2 t}{a\sec t}\mathrm{d}t=\int\sec t\,\mathrm{d}t=\ln|\sec t+\tan t|+C_1.$$

作辅助三角形(图 4-5)，由图可见

$$\sec t=\frac{\sqrt{x^2+a^2}}{a},\quad \tan t=\frac{x}{a}.$$

所以

$$\int\frac{1}{\sqrt{a^2+x^2}}\mathrm{d}x=\ln(x+\sqrt{x^2+a^2})+C,$$

其中 $C=C_1-\ln a$.

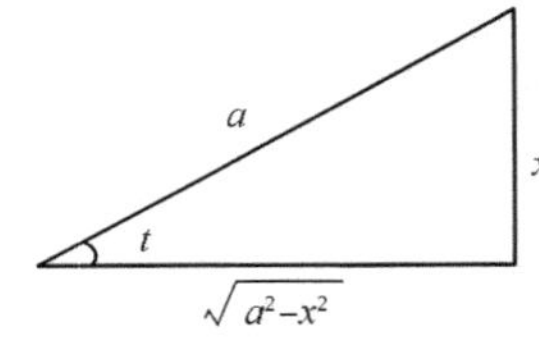

图 4-4

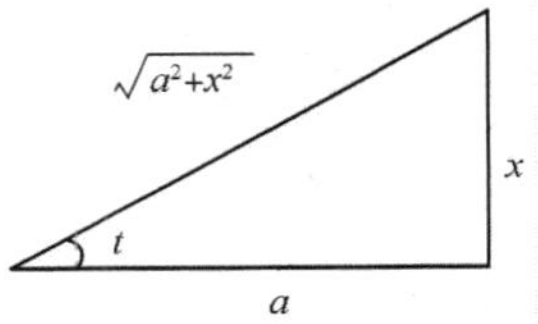

图 4-5

例 4-2-39 求 $\int\frac{1}{\sqrt{x^2-a^2}}\mathrm{d}x\quad(a>0)$.

解 令 $x=a\sec t\left(0<t<\frac{\pi}{2}\right)$(注：这里假定了 $x>a$. 如果 $x<-a$，可令 $x=-a\sec t$ $\left(0<t<\frac{\pi}{2}\right)$，结果相同)，

$$\sqrt{x^2-a^2}=\sqrt{a^2\sec^2 t-a^2}=a\tan t,$$
$$\mathrm{d}x=a\sec t\tan t\,\mathrm{d}t,$$

于是

$$\int\frac{1}{\sqrt{x^2-a^2}}\mathrm{d}x=\int\frac{a\sec t\tan t}{a\tan t}\mathrm{d}t=\int\sec t\,\mathrm{d}t=\ln|\sec t+\tan t|+C_1.$$

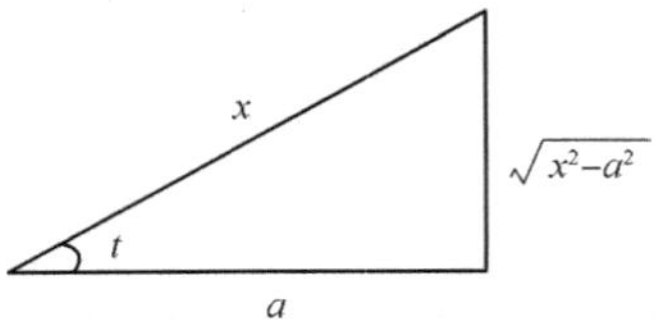

作辅助三角形(图 4-6)，可见

$$\sec t=\frac{x}{a},$$
$$\tan t=\frac{\sqrt{x^2-a^2}}{a},$$

图 4-6

于是

$$\int \frac{1}{\sqrt{x^2-a^2}}\mathrm{d}x = \ln|x+\sqrt{x^2-a^2}|+C,$$

其中 $C=C_1-\ln a$.

综上所述,如果被积函数含有$\sqrt{a^2-x^2}$,设 $x=a\sin t$;如果被积函数含有$\sqrt{a^2+x^2}$,设 $x=a\tan t$;如果被积函数含有$\sqrt{x^2-a^2}$,设 $x=a\sec t$.

下面再添加几个积分公式.

(22) $\int \frac{1}{\sqrt{x^2\pm a^2}}\mathrm{d}x = \ln|x+\sqrt{x^2\pm a^2}|+C$;

(23) $\int \sqrt{a^2-x^2}\,\mathrm{d}x = \frac{a^2}{2}\arcsin\frac{x}{a}+\frac{1}{2}x\sqrt{a^2-x^2}+C$;

(24) $\int \sqrt{x^2\pm a^2}\,\mathrm{d}x = \frac{1}{2}x\sqrt{x^2\pm a^2}\pm\frac{a^2}{2}\ln|x+\sqrt{x^2\pm a^2}|+C$.

其中公式(24)的证明将在下节给出.

有些积分虽不含根式,但也常采用换元积分法,可见计算不定积分的方法是十分灵活的.下面再举两例说明.

例 4-2-40 求 $\int \frac{1}{x\sqrt{1+x^2}}\mathrm{d}x \quad (x>0)$.

解 令 $x=\tan t\left(0<t<\frac{\pi}{2}\right)$, $\mathrm{d}x=\sec^2 t\,\mathrm{d}t$,

$$\int \frac{1}{x\sqrt{1+x^2}}\mathrm{d}x = \int \frac{\sec^2 t}{\tan t\sec t}\mathrm{d}t = \int \csc t\,\mathrm{d}t$$

$$= \ln|\csc t-\cot t|+C = \ln\frac{\sqrt{1+x^2}-1}{x}+C.$$

另解 令 $x=\frac{1}{t}$(倒代换)

$$\int \frac{1}{x\sqrt{1+x^2}}\mathrm{d}x = \int \frac{1}{\frac{1}{t}\sqrt{1+\frac{1}{t^2}}}\left(-\frac{1}{t^2}\right)\mathrm{d}t$$

$$= -\int \frac{1}{\sqrt{1+t^2}}\mathrm{d}t = -\ln(t+\sqrt{1+t^2})+C$$

$$= -\ln\frac{1+\sqrt{1+x^2}}{x}+C = \ln\frac{\sqrt{1+x^2}-1}{x}+C.$$

一般地,当被积函数为分式,而分子的积分变元的幂次低于分母的积分变元的幂次减 1 时,可采用倒代换.

例 4-2-41 求 $\int \frac{1}{1+\mathrm{e}^x}\mathrm{d}x$.

解 本题在例 4-2-31 中已用第一换元积分法求解,现在利用第二换元法来求解.

令 $1+\mathrm{e}^x=t$, $x=\ln|t-1|$, $\mathrm{d}x=\frac{1}{t-1}\mathrm{d}t$,于是

$$\int \frac{1}{1+e^x}dx=\int \frac{1}{t(t-1)}dt=\int\left(\frac{1}{t-1}-\frac{1}{t}\right)dt$$

$$=\ln|t-1|-\ln|t|+C=\ln\left|\frac{t-1}{t}\right|+C$$

$$=\ln\frac{e^x}{1+e^x}+C=x-\ln(1+e^x)+C.$$

练习题 4-2 （见习题四）

(二)4(2)(6)(10)(12)(18)(19)(21)(23)(28)(31),5(1)(6)(8)(10),6(2)(3)(4)(7)(8).

作业题 4-2 （见习题四）

(三)1(8)—(20),2.

第三节 分部积分法

【学习要求】

应用分部积分法.

【学习目标】

(1)正确选择用分部积分法计算的不定积分.

(2)应用分部积分法时,具有正确选择 u、dv 的能力.

【学习提示】

(1)分部积分法对应的微分法是什么?

(2)梳理例 4-3-1～4-3-6,找出用分部积分法计算的不定积分的特征是什么?

(3)通过例 4-3-8 的学习,指出还原法的特征.

(4)有的不定积分可以用多种方法计算,其原函数的表达形式也可能不同,怎样判断当初的结果是正确的?

(5)找出一个你可以用尽可能多的方法求解的不定积分,并明确对应的积分法(如:第一换元法、第二换元法、分部积分法、倒代换法、换元法、恒等变形法…).

(6)尝试对不定积分的问题进行分类归纳,寻找计算方法的共性.

有了换元积分法虽可求出许多类型的积分,但还不能求出如 $\int x\sin x\,dx$,$\int xe^x\,dx$ 等类型的积分.为此,我们再介绍一种新的积分法,它是由乘积微分公式导出的分部积分公式.

设 $u=u(x)$ 和 $v=v(x)$ 有连续导数 $u'(x)$ 和 $v'(x)$,且有

$$(uv)'=u'v+v'u \tag{4-3}$$

或

$$d(uv)=v\,du+u\,dv. \tag{4-4}$$

将式(4-3)或式(4-4)改写成如下形式：

$$uv'=(uv)'-vu' \tag{4-5}$$

或

$$u\mathrm{d}v=\mathrm{d}(uv)-v\mathrm{d}u. \tag{4-6}$$

再对式(4-5)或式(4-6)两端进行积分，得

$$\int uv'\mathrm{d}x=uv-\int vu'\mathrm{d}x \tag{4-7}$$

或

$$\int u\mathrm{d}v=uv-\int v\mathrm{d}u. \tag{4-8}$$

式(4-7)和式(4-8)称为分部积分公式.

利用分部积分公式求不定积分的方法，称为分部积分法.这种积分法多用于被积函数是两类不同类型的函数之积的情况.

分部积分公式表明，当 $\int uv'\mathrm{d}x=\int u\mathrm{d}v$ 不易求出时，而将 u,v 对调位置后的积分 $\int uv'\mathrm{d}x=\int v\mathrm{d}u$ 却是容易求出的情况下，可使用该公式.至于如何选定 u 和 $\mathrm{d}v$ 也是有一定规律的.以下总假定 $\int u\mathrm{d}v$ 不易求出，而 $\int v\mathrm{d}u$ 容易求出.我们通过例题来总结一下规律.

例 4-3-1　求 $\int x\mathrm{e}^x\mathrm{d}x$.

解　设 $u=x$，$\mathrm{e}^x\mathrm{d}x=\mathrm{d}v$，而 $\mathrm{d}u=\mathrm{d}x$，$v=\mathrm{e}^x$，于是

$$\int x\mathrm{e}^x\mathrm{d}x=x\mathrm{e}^x-\int\mathrm{e}^x\mathrm{d}x=x\mathrm{e}^x-\mathrm{e}^x+C.$$

如果取 $u=\mathrm{e}^x$，$x\mathrm{d}x=\mathrm{d}v$，则 $\mathrm{d}u=\mathrm{e}^x\mathrm{d}x$，$v=\frac{x^2}{2}$，于是

$$\int x\mathrm{e}^x\mathrm{d}x=\frac{1}{2}x^2\mathrm{e}^x-\frac{1}{2}\int x^2\mathrm{e}^x\mathrm{d}x.$$

显然右方的积分比原来的积分还要难，这说明 u 和 $\mathrm{d}v$ 选得不合适.

例 4-3-2　求 $\int x\cos x\mathrm{d}x$.

解　取 $u=x$，$\cos x\mathrm{d}x=\mathrm{d}v$，则 $\mathrm{d}u=\mathrm{d}x$，$v=\sin x$，于是

$$\int x\cos x\mathrm{d}x=x\sin x-\int\sin x\mathrm{d}x=x\sin x+\cos x+C.$$

在实际计算中不必写出 u 和 $\mathrm{d}v$，而是采用凑微分的形式找出 v.比如上面两例可分别写成如下形式：

$$\int x\mathrm{e}^x\mathrm{d}x=\int x\mathrm{d}\mathrm{e}^x=x\mathrm{e}^x-\int\mathrm{e}^x\mathrm{d}x=x\mathrm{e}^x-\mathrm{e}^x+C,$$

$$\int x\cos x\mathrm{d}x=\int x\mathrm{d}\sin x=x\sin x-\int\sin x\mathrm{d}x=x\sin x+\cos x+C.$$

例 4-3-3　求 $\int x^2\mathrm{e}^x\mathrm{d}x$.

解 原式$=\int x^2 \mathrm{d}e^x = x^2 e^x - 2\int x e^x \mathrm{d}x$，对上式右端的积分仍需如例 4-3-1 一样再做一次分部积分，得

$$\begin{aligned}\int x^2 e^x \mathrm{d}x &= x^2 e^x - 2\int x \mathrm{d}e^x \\ &= x^2 e^x - 2\left(x e^x - \int e^x \mathrm{d}x\right) = x^2 e^x - 2x e^x + 2e^x + C \\ &= (x^2 - 2x + 2)e^x + C.\end{aligned}$$

由上面三例可归纳出如下结论：

若 $p(x)$为 n 次多项式，则不定积分

$$\int p(x)\sin ax \mathrm{d}x, \quad \int p(x)\cos ax \mathrm{d}x, \quad \int p(x) e^{ax} \mathrm{d}x$$

可通过 n 次分部积分求得积分结果，每次都应选择 $u=p(x)$，其余部分归为 $\mathrm{d}v$.

例 4-3-4 求 $\int x^3 \ln x \mathrm{d}x$.

解 取 $u=\ln x$，$x^3 \mathrm{d}x = \mathrm{d}v$，则 $\mathrm{d}u = \frac{1}{x}\mathrm{d}x$，$v=\frac{1}{4}x^4$，于是

$$\int x^3 \ln x \mathrm{d}x = \int \ln x \mathrm{d}\left(\frac{x^4}{4}\right) = \frac{1}{4}x^4 \ln x - \frac{1}{4}\int x^4 \frac{1}{x}\mathrm{d}x = \frac{1}{4}x^4 \ln x - \frac{1}{16}x^4 + C.$$

（请读者考虑，为什么不能取 $u=x^3$，$\ln x \mathrm{d}x = \mathrm{d}v$）

例 4-3-5 求 $\int x \arctan x \mathrm{d}x$.

解 取 $u=\arctan x$，$x \mathrm{d}x = \mathrm{d}v$，则 $\mathrm{d}u = \frac{1}{1+x^2}\mathrm{d}x$，$v=\frac{1}{2}x^2$，于是

$$\begin{aligned}\int x \arctan x \mathrm{d}x &= \frac{1}{2}x^2 \arctan x - \int \frac{x^2}{2}\frac{1}{1+x^2}\mathrm{d}x \\ &= \frac{1}{2}x^2 \arctan x - \frac{1}{2}\int \left(1 - \frac{1}{1+x^2}\right)\mathrm{d}x \\ &= \frac{1}{2}x^2 \arctan x - \frac{1}{2}(x - \arctan x) + C \\ &= \frac{1}{2}(x^2+1)\arctan x - \frac{1}{2}x + C.\end{aligned}$$

例 4-3-6 求 $\int \arccos x \mathrm{d}x$.

解 原式$= x\arccos x + \int x \frac{1}{\sqrt{1-x^2}}\mathrm{d}x = x\arccos x - \sqrt{1-x^2} + C.$

由以上三例可归纳出如下结论：

对于积分

$$\int p(x)\ln x \mathrm{d}x, \quad \int p(x)\arctan x \mathrm{d}x, \quad \int p(x)\arcsin x \mathrm{d}x$$

等应用分部积分法积分，可取 $u=\ln x$ 或 $u=\arctan x$ 等，而 $p(x)\mathrm{d}x = \mathrm{d}v$.

例 4-3-7　求 $\int e^{ax}\cos bx\,dx\,(a\neq 0,b\neq 0)$.

解　设 $u=e^{ax}$，$\cos bx\,dx=dv$，则 $du=ae^{ax}\,dx$，$v=\frac{1}{b}\sin bx$，于是

$$\int e^{ax}\cos bx\,dx=\frac{1}{b}e^{ax}\sin bx-\frac{a}{b}\int e^{ax}\sin bx\,dx.$$

等式右端的积分与左端的积分属于同一类型，再用一次分部积分公式.

仍设 $u=e^{ax}$，$\sin bx\,dx=dv$，则 $du=ae^{ax}\,dx$，$v=-\frac{1}{b}\cos bx$，于是

$$\int e^{ax}\sin bx\,dx=-\frac{1}{b}e^{ax}\cos bx+\frac{a}{b}\int e^{ax}\cos bx\,dx,$$

将其代入前一式，得

$$\int e^{ax}\cos bx\,dx=\frac{1}{b}e^{ax}\sin bx+\frac{a}{b^2}e^{ax}\cos bx-\frac{a^2}{b^2}\int e^{ax}\cos bx\,dx.$$

将等于右端的积分移到左方合并，用解关于不定积分作为未知量的代数方程的方法，则得

$$\int e^{ax}\cos bx\,dx=\frac{e^{ax}}{a^2+b^2}(b\sin bx+a\cos bx)+C.$$

这个例题的解答过程是通过两次分部积分又得到原来的积分，只是系数不同，然后从中解出该积分，这种方法称为复原法.复原法的解题步骤是通过分部积分后，得

$$\int f(x)\,dx=\Phi(x)+k\int f(x)\,dx\quad (k\neq 1),$$

则

$$\int f(x)\,dx=\frac{1}{1-k}\Phi(x)+C.$$

在例 4-3-7 中如果选 $u=\cos bx$，$e^{ax}\,dx=dv$ 仍可用复原法解出.但值得注意的是，两次分部积分所选的 u 应是同类函数，否则，只能得出一个恒等式，得不出要算的结果.读者不妨试一试，不这样选取，即第一次取 $u=e^{ax}$，第二次取 $u=\sin bx$，会有什么结果？

例 4-3-8　求 $\int \sec^3 x\,dx$.

解

$$\begin{aligned}\text{原式}&=\int \sec x\,d\tan x=\sec x\tan x-\int \tan^2 x\sec x\,dx\\&=\sec x\tan x-\int(\sec^2 x-1)\sec x\,dx\\&=\sec x\tan x-\int\sec^3 x\,dx+\int\sec x\,dx.\end{aligned}$$

由复原法，得

$$\int\sec^3 x\,dx=\frac{1}{2}\sec x\tan x+\frac{1}{2}\ln|\sec x+\tan x|+C.$$

例 4-3-9　求 $\int\sqrt{x^2+a^2}\,dx$.

解　应用分部积分公式

$$\int\sqrt{x^2+a^2}\,dx = x\sqrt{x^2+a^2}-\int x\frac{x}{\sqrt{x^2+a^2}}dx$$
$$= x\sqrt{x^2+a^2}-\int\frac{x^2+a^2-a^2}{\sqrt{x^2+a^2}}dx$$
$$= x\sqrt{x^2+a^2}-\int\sqrt{x^2+a^2}\,dx+a^2\int\frac{1}{\sqrt{x^2+a^2}}dx$$
$$=\frac{1}{2}x\sqrt{x^2+a^2}+\frac{a^2}{2}\ln|x+\sqrt{x^2+a^2}|+C.$$

同理可得

$$\int\sqrt{x^2-a^2}\,dx=\frac{1}{2}x\sqrt{x^2-a^2}-\frac{a^2}{2}\ln|x+\sqrt{x^2-a^2}|+C.$$

在积分的过程中,有时要兼用换元积分法和分部积分法,请看下面的例题.

例 4-3-10 求 $\int e^{\sqrt[3]{x}}dx$.

解 设 $\sqrt[3]{x}=t$,则 $x=t^3$,

$$\int e^{\sqrt[3]{x}}dx=3\int t^2e^t\,dt=3\int t^2\,de^t$$
$$=3t^2e^t-6\int te^t\,dt=3t^2e^t-6te^t+6\int e^t\,dt$$
$$=3t^2e^t-6te^t+6e^t+C$$
$$=3e^{\sqrt[3]{x}}(\sqrt[3]{x^2}-2\sqrt[3]{x}+2)+C.$$

例 4-3-11 求 $\int\frac{\arcsin e^x}{e^x}dx\quad(x<0)$.

解

$$原式=-\int\arcsin e^x\,de^{-x}$$
$$=-e^{-x}\arcsin e^x+\int e^{-x}\frac{e^x}{\sqrt{1-e^{2x}}}dx$$
$$=-e^{-x}\arcsin e^x+\int\frac{1}{\sqrt{1-e^{2x}}}dx.$$

令 $\sqrt{1-e^{2x}}=t$,$x=\frac{1}{2}\ln(1-t^2)$,$dx=\frac{-t}{1-t^2}dt$,则

$$\int\frac{1}{\sqrt{1-e^{2x}}}dx=\int\frac{-1}{1-t^2}dt=-\frac{1}{2}\ln\left|\frac{1+t}{1-t}\right|+C$$
$$=-\frac{1}{2}\ln\left|\frac{1+\sqrt{1-e^{2x}}}{1-\sqrt{1-e^{2x}}}\right|+C=-\ln\left|\frac{1+\sqrt{1-e^{2x}}}{e^x}\right|+C$$
$$=x-\ln(1+\sqrt{1-e^{2x}})+C.$$

于是

$$\int\frac{\arcsin e^x}{e^x}dx=-e^{-x}\arcsin e^x+x-\ln(1+\sqrt{1-e^{2x}})+C.$$

练习题 4-3 (见习题四)
(二)7(8)(10)(14)(15).

作业题 4-3 (见习题四)
(三)1(21)—(36),3.

*第四节 有理函数的积分

设 $P(x)$ 和 $Q(x)$ 都是实系数多项式，则有理函数

$$R(x)=\frac{P(x)}{Q(x)}=\frac{a_0x^n+a_1x^{n-1}+\cdots+a_n}{b_0x^m+b_1x^{m-1}+\cdots+b_m}\quad\begin{pmatrix}a_0\neq 0\\ b_0\neq 0\end{pmatrix}. \tag{4-9}$$

如果 $n<m$，则称式(4-9)为真分式；而当 $n\geqslant m$ 时，称式(4-9)为假分式.

利用多项式除法，可以把假分式化成一个多项式和真分式之和，例如

$$\frac{2x^3-4}{x^3+x-5}=2-\frac{2x-6}{x^3+x-5},$$

$$\frac{x^4+x^3-x-3}{x^2+2x-1}=x^2-x+3-\frac{8x}{x^2+2x-1}.$$

解决有理函数的积分问题，关键在于解决真分式的积分问题.下面我们对真分式进行讨论.

一、化真分式为简单分式之和

下面四种分式

$$\frac{A}{x-a},\quad \frac{A}{(x-a)^m},\quad \frac{Ax+B}{x^2+px+q},\quad \frac{Ax+B}{(x^2+px+q)^m}$$

统称为最简分式，其中 $p^2-4q<0$.

如果被积函数为上述四种最简分式的形式，则很容易进行计算.关于它们的具体算法，我们以后再来介绍.下面先着手解决如何将真分式分解成若干最简分式之和的问题.为此先介绍代数学中真分式分解的两个定理.

定理 4-4-1 设 $Q(x)=(x-a)^kQ_1(x)$（k 为正整数），$Q_1(a)\neq 0$，则有

$$\frac{P(x)}{Q(x)}=\frac{A_k}{(x-a)^k}+\frac{P_1(x)}{(x-a)^{k-1}Q_1(x)}, \tag{4-10}$$

其中 A_k 为常数，式(4-10)右端第二项为真分式.

证 略.

定理 4-4-2 设 $Q(x)=(x^2+px+q)^\lambda Q_1(x)$（$\lambda$ 为正整数），且 $p^2-4q<0$，$Q_1(x)$ 无 x^2+px+q 因子，则有

$$\frac{P(x)}{Q(x)}=\frac{M_\lambda x+N_\lambda}{(x^2+px+q)^\lambda}+\frac{P_1(x)}{(x^2+px+q)^{\lambda-1}Q_1(x)}, \tag{4-11}$$

其中 M_λ、N_λ 为常数，式(4-11)右端第二项为真分式.

证 略.

一般地，若 $Q(x)$ 的分解式为

$$Q(x)=b_0(x-a)^k\cdots(x-b)^l(x^2+px+q)^\lambda\cdots(x^2+rx+s)^\mu$$
$$(p^2-4q<0,\cdots,r^2-4s<0),$$

则有

$$\frac{P(x)}{Q(x)}=\frac{A_k}{(x-a)^k}+\frac{A_{k-1}}{(x-a)^{k-1}}+\cdots+\frac{A_1}{x-a}+\cdots$$

$$+\frac{B_l}{(x-b)^l}+\frac{B_{l-1}}{(x-b)^{l-1}}+\cdots+\frac{B_1}{x-b}+\frac{M_\lambda x+N_\lambda}{(x^2+px+q)^\lambda}$$

$$+\frac{M_{\lambda-1}x+N_{\lambda-1}}{(x^2+px+q)^{\lambda-1}}+\cdots+\frac{M_1x+N_1}{x^2+px+q}+\cdots+\frac{R_\mu x+S_\mu}{(x^2+rx+s)^\mu}$$

$$+\frac{R_{\mu-1}x+S_{\mu-1}}{(x^2+rx+s)^{\mu-1}}+\cdots+\frac{R_1x+S_1}{x^2+rx+s},\tag{4-12}$$

其中 $A_i(i=1,2,\cdots,k),\cdots,B_i(i=1,2,\cdots,l),M_i(i=1,2,\cdots,\lambda),N_i(i=1,2,\cdots,\lambda)$，$R_i(i=1,2,\cdots,\mu),S_i(i=1,2,\cdots,\mu)$均为常数，这些常数可用待定系数法求得.

由式(4-12)可知，一个真分式可分解成有限个最简分式之和的形式，并且可以证明这种分解式是唯一的.下面我们通过例题来说明如何对真分式进行分解.

例 4-4-1 分解$\dfrac{x+3}{x^2-5x+6}$为最简分式.

解
$$\frac{x+3}{x^2-5x+6}=\frac{x+3}{(x-2)(x-3)}=\frac{A}{x-2}+\frac{B}{x-3}.$$

右边通分，两边去分母后得到恒等式

$$x+3=A(x-3)+B(x-2),\tag{4-13}$$

即

$$x+3=(A+B)x-(3A+2B).$$

因是恒等式，两端关于 x 的同次幂的系数应相等，即

$$\begin{cases}A+B=1,\\-3A-2B=3,\end{cases}$$

从中解得 $A=-5,B=6$.

也可以用另外的方法求系数.在式(4-13)中以特殊的值代入，令 $x=2$ 代入得 $A=-5$；$x=3$ 代入得 $B=6$.于是有分解式

$$\frac{x+3}{x^2-5x+6}=\frac{-5}{x-2}+\frac{6}{x-3}.$$

例 4-4-2 分解$\dfrac{x^3+2x^2+1}{(x-1)(x-2)(x-3)^2}$为最简分式.

解
$$\frac{x^3+2x^2+1}{(x-1)(x-2)(x-3)^2}=\frac{A}{x-1}+\frac{B}{x-2}+\frac{C}{(x-3)^2}+\frac{D}{x-3}.$$

等式右端通分再两端去掉分母，得

$$x^3+2x^2+1=A(x-2)(x-3)^2+B(x-1)(x-3)^2$$
$$+C(x-1)(x-2)+D(x-1)(x-2)(x-3),\tag{4-14}$$

分别用 $x=1,x=2$ 和 $x=3$ 代入，得 $A=-1,B=17$ 和 $C=23$.再令 $x=0$ 代入式(4-14)，得

$$1=-18A-9B+2C-6D, \quad D=-15,$$

所以

$$\frac{x^3+2x^2+1}{(x-1)(x-2)(x-3)^2}=\frac{-1}{x-1}+\frac{17}{x-2}+\frac{23}{(x-3)^2}-\frac{15}{x-3}.$$

例 4-4-3 分解$\frac{4}{x^3+4x}$为最简分式.

解

$$\frac{4}{x^3+4x}=\frac{4}{x(x^2+4)}=\frac{A}{x}+\frac{Bx+C}{x^2+4}.$$

右边通分再两边去分母,得

$$4=A(x^2+4)+(Bx+C)x, \tag{4-15}$$

以 $x=0$ 代入得 $A=1$,再以 $x=1$ 代入,得

$$B+C=-1, \tag{4-16}$$

以 $x=-1$ 代入式(4-15),得

$$B-C=-1, \tag{4-17}$$

由式(4—16)、式(4-17)可得 $C=0$, $B=-1$,于是

$$\frac{4}{x^3+4x}=\frac{1}{x}-\frac{x}{x^2+4}.$$

例 4-4-4 分解$\frac{2x+2}{(x-1)(x^2+1)^2}$为最简分式.

解

$$\frac{2x+2}{(x-1)(x^2+1)^2}=\frac{A}{x-1}+\frac{Bx+C}{(x^2+1)^2}+\frac{Dx+E}{x^2+1}.$$

右边通分比较两端分子,得

$$2x+2=A(x^2+1)^2+(Bx+C)(x-1)+(Dx+E)(x-1)(x^2+1), \tag{4-18}$$

令 $x=1$,得 $A=1$,比较式(4-18)两端 x 的同次幂系数,得

$$\begin{cases} D+1=0, \\ E-D=0, \\ B+D-E+2=0, \\ C-B-D+E=2, \end{cases}$$

解得 $A=1,D=-1,E=-1,B=-2,C=0$,于是

$$\frac{2x+2}{(x-1)(x^2+1)^2}=\frac{1}{x-1}-\frac{2x}{(x^2+1)^2}-\frac{x-1}{x^2+1}.$$

将真分式分解为最简分式的运算,开始列出的最简分式的形式是很重要的,它是依据式(4-12)列出的,尽管式(4-12)很繁,但也必须弄懂它的分解结构,否则,如果开头的第一步就出错,以后无论再仔细算也不会对的,请读者在初学时一定要注意这一点.

二、四种最简分式的积分

现在我们来解决四种最简分式的积分问题.

(1) $\int \frac{1}{x-a}\mathrm{d}x=\ln|x-a|+C$;

(2) $\int \frac{1}{(x-a)^k}\mathrm{d}x = \frac{1}{1-k}(x-a)^{1-k} + C \quad (k=2,3,\cdots)$；

(3) $\int \frac{Ax+B}{x^2+px+q}\mathrm{d}x \quad (p^2-4q<0)$

$$=\int \frac{\frac{A}{2}(x^2+px+q)'+B-\frac{Ap}{2}}{x^2+px+q}\mathrm{d}x$$

$$=\frac{A}{2}\int \frac{\mathrm{d}(x^2+px+q)}{x^2+px+q}+\left(B-\frac{Ap}{2}\right)\int \frac{\mathrm{d}x}{\left(x+\frac{p}{2}\right)^2+\left(\frac{\sqrt{4q-p^2}}{2}\right)^2}$$

$$=\frac{A}{2}\ln(x^2+px+q)+\left(B-\frac{Ap}{2}\right)\frac{2}{\sqrt{4q-p^2}}\arctan\frac{2x+P}{\sqrt{4q-p^2}}+C;$$

*(4) $\int \frac{Ax+B}{(x^2+px+q)^k}\mathrm{d}x \quad (p^2-4q<0, k=2,3\cdots)$

$$=\int \frac{\frac{A}{2}(x^2+px+q)'+\left(B-\frac{Ap}{2}\right)}{(x^2+px+q)^k}\mathrm{d}x=\frac{A}{2}\int \frac{\mathrm{d}(x^2+px+q)}{(x^2+px+q)^k}$$

$$+\left(B-\frac{Ap}{2}\right)\int \frac{\mathrm{d}x}{\left[\left(x+\frac{p}{2}\right)^2+\left(\frac{\sqrt{4q-p^2}}{2}\right)^2\right]^k}$$

$$=\frac{A}{2(1-k)}\frac{1}{(x^2+px+q)^{k-1}}+\left(B-\frac{Ap}{2}\right)\int \frac{1}{(t^2+a^2)^k}\mathrm{d}t.$$

其中 $t=x+\frac{p}{2}$，$a=\frac{1}{2}\sqrt{4q-p^2}$.下面只需计算积分

$$I_k=\int \frac{1}{(t^2+a^2)^k}\mathrm{d}t. \tag{4-19}$$

利用分部积分法求积分式(4-19)，有

$$\begin{aligned}
I_k&=\int \frac{1}{(t^2+a^2)^k}\mathrm{d}t=\frac{1}{a^2}\int \frac{t^2+a^2-t^2}{(t^2+a^2)^k}\mathrm{d}t\\
&=\frac{1}{a^2}\int \frac{1}{(t^2+a^2)^{k-1}}\mathrm{d}t-\frac{1}{a^2}\int \frac{t^2}{(t^2+a^2)^k}\mathrm{d}t\\
&=\frac{1}{a^2}I_{k-1}-\frac{1}{2(1-k)a^2}\int t\,\mathrm{d}\left[\frac{1}{(t^2+a^2)^{k-1}}\right]\\
&=\frac{1}{a^2}I_{k-1}-\frac{1}{2(1-k)a^2}\left[\frac{t}{(t^2+a^2)^{k-1}}-\int \frac{1}{(t^2+a^2)^{k-1}}\mathrm{d}t\right]\\
&=\frac{1}{a^2}I_{k-1}+\frac{1}{2(k-1)a^2}\frac{t}{(t^2+a^2)^{k-1}}-\frac{1}{2(k-1)a^2}I_{k-1}\\
&=\frac{1}{a^2}\left[\frac{1}{2(k-1)}\frac{t}{(t^2+a^2)^{k-1}}+\frac{2k-3}{2k-2}I_{k-1}\right],
\end{aligned}$$

即

$$I_k=\frac{1}{a^2}\left[\frac{1}{2(k-1)}\frac{t}{(t^2+a^2)^{k-1}}+\frac{2k-3}{2k-2}I_{k-1}\right]\quad (k=2,3,\cdots),\qquad (4\text{-}20)$$

式(4-20)称为递推公式.利用这个递推公式,由

$$I_1=\int\frac{1}{t^2+a^2}\mathrm{d}t=\frac{1}{a}\arctan\frac{t}{a}+C$$

出发,反复代入式(4-20)可推得 $I_2,I_3,\cdots$.也就是说,由式(4-20)可解决第 4 种最简分式的积分问题.

例 4-4-5 求 $\int\frac{x-1}{(x^2+2x+3)^2}\mathrm{d}x$.

解

$$\begin{aligned}\text{原式}&=\int\frac{\frac{1}{2}(x^2+2x+3)'-2}{(x^2+2x+3)^2}\mathrm{d}x\\&=\frac{1}{2}\int\frac{\mathrm{d}(x^2+2x+3)}{(x^2+2x+3)^2}-2\int\frac{1}{[(x+1)^2+2]^2}\mathrm{d}x\\&=-\frac{1}{2(x^2+2x+3)}-2\int\frac{1}{[(x+1)^2+2]^2}\mathrm{d}x.\end{aligned}$$

令 $t=x+1,a=\sqrt{2}$,

$$\int\frac{1}{[(x+1)^2+2]^2}\mathrm{d}x=\int\frac{\mathrm{d}t}{(t^2+a^2)^2}=I_2,$$

由递推公式(4-20),得

$$I_2=\frac{1}{a^2}\left[\frac{t}{2(t^2+a^2)}+\frac{1}{2}I_1\right]=\frac{1}{a^2}\left[\frac{t}{2(t^2+a^2)}+\frac{1}{2a}\arctan\frac{t}{a}\right]+C,$$

从而

$$\begin{aligned}&\int\frac{x-1}{(x^2+2x+3)^2}\mathrm{d}x\\=&-\frac{1}{2(x^2+2x+3)}-\frac{x+1}{2(x^2+2x+3)}-\frac{1}{2\sqrt{2}}\arctan\frac{x+1}{\sqrt{2}}+C\\=&-\frac{x+2}{2(x^2+2x+3)}-\frac{1}{2\sqrt{2}}\arctan\frac{x+1}{\sqrt{2}}+C.\end{aligned}$$

三、有理函数积分举例

例 4-4-6 求 $\int\frac{x^3+2x^2+1}{(x-1)(x-2)(x-3)^2}\mathrm{d}x$.

解 由例 4-4-2 可知

$$\frac{x^3+2x^2+1}{(x-1)(x-2)(x-3)^2}=-\frac{1}{x-1}+\frac{17}{x-2}+\frac{23}{(x-3)^2}-\frac{15}{x-3},$$

故

$$\int\frac{x^3+2x^2+1}{(x-1)(x-2)(x-3)^2}\mathrm{d}x$$

$$=-\int\frac{1}{x-1}\mathrm{d}x+17\int\frac{1}{x-2}\mathrm{d}x+23\int\frac{1}{(x-3)^2}\mathrm{d}x-15\int\frac{1}{x-3}\mathrm{d}x$$

$$=-\ln|x-1|+17\ln|x-2|-\frac{23}{x-3}-15\ln|x-3|+C$$

$$=\ln\left|\frac{(x-2)^{17}}{(x-1)(x-3)^{15}}\right|-\frac{23}{x-3}+C.$$

例 4-4-7 求$\int\frac{2x+2}{(x-1)(x^2+1)^2}\mathrm{d}x$.

解 由例 4-4-4 知

$$\frac{2x+2}{(x-1)(x^2+1)^2}=\frac{1}{x-1}-\frac{2x}{(x^2+1)^2}-\frac{x+1}{x^2+1},$$

故

$$\int\frac{2x+2}{(x-1)(x^2+1)^2}\mathrm{d}x$$

$$=\int\frac{1}{x-1}\mathrm{d}x-\int\frac{2x}{(x^2+1)^2}\mathrm{d}x-\int\frac{x+1}{x^2+1}\mathrm{d}x$$

$$=\ln|x-1|+\frac{1}{x^2+1}-\frac{1}{2}\ln(x^2+1)-\arctan x+C$$

$$=\ln\frac{|x-1|}{\sqrt{1+x^2}}+\frac{1}{x^2+1}-\arctan x+C.$$

#**例 4-4-8** 求$\int\frac{1}{1+x^4}\mathrm{d}x\quad(x>0)$.

解 因为

$$1=\frac{1}{2}[1+x^2+(1-x^2)],$$

$$\int\frac{1+x^2}{1+x^4}\mathrm{d}x=\int\frac{1+\frac{1}{x^2}}{x^2+\frac{1}{x^2}}\mathrm{d}x=\int\frac{\mathrm{d}\left(x-\frac{1}{x}\right)}{\left(x-\frac{1}{x}\right)^2+2}$$

$$\xlongequal[\mathrm{d}u=\left(1+\frac{1}{x^2}\right)\mathrm{d}x]{u=x-\frac{1}{x}}\int\frac{1}{2+u^2}\mathrm{d}u=\frac{1}{\sqrt{2}}\arctan\frac{u}{\sqrt{2}}+C$$

$$=\frac{1}{\sqrt{2}}\arctan\frac{1}{\sqrt{2}}\left(x-\frac{1}{x}\right)+C.$$

$$\int\frac{1-x^2}{1+x^4}\mathrm{d}x=\int\frac{-\left(1-\frac{1}{x^2}\right)}{x^2+\frac{1}{x^2}}\mathrm{d}x=-\int\frac{\mathrm{d}\left(x+\frac{1}{x}\right)}{\left(x+\frac{1}{x}\right)^2-2}$$

$$\xlongequal[\mathrm{d}u=\left(1-\frac{1}{x^2}\right)\mathrm{d}x]{u=x+\frac{1}{x}}\int\frac{1}{2-u^2}\mathrm{d}u=\frac{1}{2\sqrt{2}}\ln\left|\frac{\sqrt{2}+u}{\sqrt{2}-u}\right|+C$$

$$=\frac{1}{2\sqrt{2}}\ln\left|\frac{\sqrt{2}+x+\frac{1}{x}}{\sqrt{2}-\left(x+\frac{1}{x}\right)}\right|+C,$$

所以

$$\text{原式}=\frac{1}{2\sqrt{2}}\arctan\frac{1}{\sqrt{2}}\left(x-\frac{1}{x}\right)+\frac{1}{4\sqrt{2}}\ln\left|\frac{\sqrt{2}+x+\frac{1}{x}}{\sqrt{2}-\left(x+\frac{1}{x}\right)}\right|+C.$$

练习题 4-4　(见习题四)
(二)8(1)(6).

*第五节　三角函数有理式的积分

三角函数有理式是指由三角函数和常数经过有限次四则运算而构成的函数.由于全部三角函数都可以用 $\sin x$ 和 $\cos x$ 的有理式表示,所以三角函数有理式可以记作$R(\sin x,\cos x)$.下面讨论不定积分 $\int R(\sin x,\cos x)\mathrm{d}x$ 的计算方法.三角函数有理式的积分可通过适当的变量替换化为有理函数的积分,下面讨论这类积分的处理方法.

一、形如 $\int R(\sin x)\cos x\mathrm{d}x$,$\int R(\cos x)\sin x\mathrm{d}x$ 和$\int R(\tan x)\sec^2 x\mathrm{d}x$ 的积分

对所给类型的积分,显然分别令 $\sin x=t$,$\cos x=t$ 和 $\tan x=t$,可化成有理函数的积分 $\int R(t)\mathrm{d}t$.

二、形如 $\int R(\sin^2 x,\cos^2 x)\mathrm{d}x$ 和$\int R(\tan x)\mathrm{d}x$ 的积分

作变换 $u=\tan x$,因为

$$\sin^2 x=\frac{\tan^2 x}{1+\tan^2 x}=\frac{u^2}{1+u^2},$$

$$\cos^2 x=\frac{1}{1+\tan^2 x}=\frac{1}{1+u^2},$$

$$\mathrm{d}x=\frac{1}{1+u^2}\mathrm{d}u,$$

所以

$$\int R(\sin^2 x,\cos^2 x)\mathrm{d}x=\int R\left(\frac{u^2}{1+u^2},\frac{1}{1+u^2}\right)\frac{1}{1+u^2}\mathrm{d}u,$$

$$\int R(\tan x)\mathrm{d}x=\int R(u)\frac{1}{1+u^2}\mathrm{d}u.$$

这些均为有理函数的积分.

例 4-5-1 求 $\int \frac{1}{\sin^4 x\cos^2 x}\mathrm{d}x$.

解 设 $\tan x=u$，则

$$\sin^2 x=\frac{u^2}{1+u^2},\quad \cos^2 x=\frac{1}{1+u^2},\quad \mathrm{d}x=\frac{1}{1+u^2}\mathrm{d}u,$$

所以

$$\begin{aligned}\int \frac{1}{\sin^4 x\cos^2 x}\mathrm{d}x &=\int \frac{1}{\left(\frac{u^2}{1+u^2}\right)^2\frac{1}{1+u^2}}\frac{1}{1+u^2}\mathrm{d}u\\ &=\int \frac{(1+u^2)^2}{u^4}\mathrm{d}u=\int\left(1+\frac{2}{u^2}+\frac{1}{u^4}\right)\mathrm{d}u\\ &=u-\frac{2}{u}-\frac{1}{3u^3}+C=\tan x-2\cot x-\frac{1}{3}\cot^3 x+C.\end{aligned}$$

例 4-5-2 求 $\int \frac{1}{1+2\tan x}\mathrm{d}x$.

解 设 $\tan x=u$，则

$$\begin{aligned}\int \frac{1}{1+2\tan x}\mathrm{d}x &=\int \frac{1}{1+2u}\frac{1}{1+u^2}\mathrm{d}u\\ &=\frac{1}{5}\int\left(\frac{4}{1+2u}+\frac{1-2u}{1+u^2}\right)\mathrm{d}u\\ &=\frac{2}{5}\ln|1+2u|+\frac{1}{5}\arctan u-\frac{1}{5}\ln(1+u^2)+C\\ &=\frac{2}{5}\ln|1+2\tan x|+\frac{1}{5}x-\frac{2}{5}\ln|\sec x|+C\\ &=\frac{2}{5}\ln|\cos x+2\sin x|+\frac{1}{5}x+C.\end{aligned}$$

三、形如 $\int R(\sin x,\cos x)\mathrm{d}x$ 的积分

这是最一般的情形，通过半角置换(亦称万能置换)$u=\tan\frac{x}{2}$可把积分化为有理函数的积分.事实上，因为

$$\sin x=\frac{2\sin\frac{x}{2}\cos\frac{x}{2}}{\sin^2\frac{x}{2}+\cos^2\frac{x}{2}}=\frac{2\tan\frac{x}{2}}{1+\tan^2\frac{x}{2}}=\frac{2u}{1+u^2},$$

$$\cos x=\frac{\cos^2\frac{x}{2}-\sin^2\frac{x}{2}}{\sin^2\frac{x}{2}+\cos^2\frac{x}{2}}=\frac{1-\tan^2\frac{x}{2}}{1+\tan^2\frac{x}{2}}=\frac{1-u^2}{1+u^2},$$

$$\mathrm{d}x=\frac{2}{1+u^2}\mathrm{d}u,$$

所以

$$\int R(\sin x,\cos x)\mathrm{d}x=\int R\left(\frac{2u}{1+u^2},\frac{1-u^2}{1+u^2}\right)\frac{2}{1+u^2}\mathrm{d}u.$$

该式右端已是有理函数积分.

例 4-5-3　求 $\int\frac{1}{5-4\cos x}\mathrm{d}x$.

解　令 $\tan\frac{x}{2}=u$,则有

$$\begin{aligned}\int\frac{1}{5-4\cos x}\mathrm{d}x&=\int\frac{1}{5-4\frac{1-u^2}{1+u^2}}\frac{2}{1+u^2}\mathrm{d}u\\&=\int\frac{2}{1+9u^2}\mathrm{d}u=\frac{2}{3}\arctan 3u+C\\&=\frac{2}{3}\arctan\left(3\tan\frac{x}{2}\right)+C.\end{aligned}$$

例 4-5-4　求 $\int\frac{\cot x}{\sin x+\cos x-1}\mathrm{d}x$.

解　令 $\tan\frac{x}{2}=u$,则有

$$\begin{aligned}\int\frac{\cot x}{\sin x+\cos x-1}\mathrm{d}x&=\int\frac{\frac{1-u^2}{2u}}{\frac{2u}{1+u^2}+\frac{1-u^2}{1+u^2}-1}\frac{2}{1+u^2}\mathrm{d}u\\&=\frac{1}{2}\int\frac{1+u}{u^2}\mathrm{d}u=\frac{1}{2}\left[\ln|u|-\frac{1}{u}\right]+C\\&=\frac{1}{2}\left[\ln\left|\tan\frac{x}{2}\right|-\cot\frac{x}{2}\right]+C.\end{aligned}$$

最后指出,利用万能置换虽然对所有的三角函数有理式都适用,但不一定是最简便的方法,一般说来,还是要针对具体问题,进行具体分析,选择适当的方法.请看下面的例题.

例 4-5-5　求 $\int\frac{1}{1+\cos x}\mathrm{d}x$.

解　这里给出三种解法:

(1) $\int\frac{\mathrm{d}x}{1+\cos x}=\int\frac{\mathrm{d}x}{2\cos^2\frac{x}{2}}=\tan\frac{x}{2}+C$;

(2) $\int\frac{\mathrm{d}x}{1+\cos x}=\int\frac{1-\mathrm{ocs}x}{\sin^2x}\mathrm{d}x=\int\frac{1}{\sin^2x}\mathrm{d}x-\int\frac{\cos x\,\mathrm{d}x}{\sin^2x}$

$$=-\cot x+\frac{1}{\sin x}+C=\frac{1-\cos x}{\sin x}+C=\tan\frac{x}{2}+C;$$

(3)令 $\tan\frac{x}{2}=u$,则

$$\int \frac{dx}{1+\cos x}=\int \frac{1}{1+\frac{1-u^2}{1+u^2}} \frac{2}{1+u^2}du=\int du=u+C=\tan\frac{x}{2}+C.$$

例 4-5-6 求 $I=\int \frac{\sin x}{\sin x+\cos x}dx$.

解 引进辅助积分

$$J=\int \frac{\cos x}{\sin x+\cos x}dx,$$

于是

$$I+J=\int dx=x+C_1,$$

$$I-J=\int \frac{\sin x-\cos x}{\sin x+\cos x}dx=-\int \frac{(\sin x+\cos x)'}{\sin x+\cos x}dx$$
$$=-\ln|\sin x+\cos x|+C_2,$$

故

$$I=\frac{1}{2}[x-\ln|\sin x+\cos x|]+C,$$

$$J=\frac{1}{2}[x+\ln|\sin x+\cos x|]+C.$$

练习题 4-5 （见习题四）
（二）9（2）.

*第六节 简单无理式的积分

在第二节中我们曾通过例题向读者介绍过一些最简单的（也是最常见的）无理式的积分.这里我们在解决了有理函数积分的基础上，再对这类积分进行较系统的研究，但无论如何，这里所介绍的仍还属于简单的无理式的积分.

本节我们仍用 R 表示一个有理函数.

一、形如 $\int R(x,\sqrt[n]{ax+b})dx$ 的积分

作变换 $\sqrt[n]{ax+b}=t$，$x=\frac{t^n-b}{a}$，$dx=\frac{nt^{n-1}}{a}dt$，则

$$\int R(x,\sqrt[n]{ax+b})\ dx=\int R\left(\frac{t^n-b}{a},t\right)\frac{nt^{n-1}}{a}dt.$$

这时已将原无理函数有理式的积分化成了有理函数积分.

二、形如 $\int R\left(x,\sqrt[n]{\frac{ax+b}{cx+d}}\right)dx$ 的积分

作变换

$$\sqrt[n]{\frac{ax+b}{cx+d}}=t,$$

解出

$$x=\frac{b-t^n d}{t^n c-a},\quad \mathrm{d}x=\frac{n(ad-bc)t^{n-1}}{(t^n c-a)^2}\mathrm{d}t,$$

则

$$\int R\left(x,\sqrt[n]{\frac{ax+b}{cx+d}}\right)\mathrm{d}x=\int R\left(\frac{b-t^n d}{t^n c-a},t\right)\frac{n(ad-bc)t^{n-1}}{(t^n c-a)^2}\mathrm{d}t.$$

右端为有理函数的积分.

例 4-6-1　求 $\int \frac{1}{x}\sqrt{\frac{1+x}{x}}\mathrm{d}x$.

解　令 $\sqrt{\frac{1+x}{x}}=t$，则 $x=\frac{1}{t^2-1}$，故

$$\begin{aligned}\int \frac{1}{x}\sqrt{\frac{1+x}{x}}\mathrm{d}x&=\int \frac{-2t^2(t^2-1)}{(t^2-1)^2}\mathrm{d}t=-2\int \frac{t^2}{t^2-1}\mathrm{d}t\\&=-2\int\left[1+\frac{1}{t^2-1}\right]\mathrm{d}t=-2t+\ln\left|\frac{1+t}{1-t}\right|+C\\&=-2\sqrt{\frac{1+x}{x}}+\ln\left|\frac{\sqrt{x}+\sqrt{1+x}}{\sqrt{x}-\sqrt{1+x}}\right|+C\\&=-2\sqrt{\frac{1+x}{x}}+2\ln(\sqrt{x}+\sqrt{1+x})+C.\end{aligned}$$

例 4-6-2　求 $\int \frac{1}{x\sqrt[3]{(x-1)(x+1)^2}}\mathrm{d}x$.

解　将被积函数变形，积分化为

$$\int \frac{1}{x\sqrt[3]{(x-1)(x+1)^2}}\mathrm{d}x=\int \frac{1}{x(x+1)}\sqrt[3]{\frac{x+1}{x-1}}\mathrm{d}x.$$

令

$$\sqrt[3]{\frac{x+1}{x-1}}=t,\quad x=\frac{t^3+1}{t^3-1},\quad \mathrm{d}x=\frac{-6t^2}{(t^3-1)^2}\mathrm{d}t.$$

于是

$$\begin{aligned}\int \frac{1}{x\sqrt[3]{(x-1)(x+1)^2}}\mathrm{d}x&=\int \frac{-3}{t^3+1}\mathrm{d}t=\int\left[\frac{t-2}{t^2-t+1}-\frac{1}{t+1}\right]\mathrm{d}t\\&=\frac{1}{2}\ln|t^2-t+1|-\ln|t+1|-\frac{3}{2}\int \frac{1}{\left(t-\frac{1}{2}\right)^2+\frac{3}{4}}\mathrm{d}t\\&=\frac{1}{2}\ln|t^3+1|-\frac{3}{2}\ln|t+1|-\sqrt{3}\arctan\frac{2t-1}{\sqrt{3}}+C\\&=\frac{1}{2}\ln\left|\frac{2x}{x-1}\right|-\frac{3}{2}\ln\left|\sqrt[3]{\frac{x+1}{x-1}}+1\right|\end{aligned}$$

$$-\sqrt{3}\arctan\left(\frac{2}{\sqrt{3}}\sqrt[3]{\frac{x+1}{x-1}}-\frac{1}{\sqrt{3}}\right)+C.$$

三、形如 $\int R(x,\sqrt{ax^2+bx+c})\mathrm{d}x$ 的积分

这种形式的积分,总可以通过三角函数置换将其化成三角函数有理式的积分,下面仅举几个例子.

例 4-6-3 求 $\int \frac{\mathrm{d}x}{1+\sqrt{x^2+2x+2}}$.

解 原式 $=\int \frac{1}{1+\sqrt{(x+1)^2+1}}\mathrm{d}x$, 令 $x+1=\tan t\left(-\frac{\pi}{2}<t<\frac{\pi}{2}\right)$,则

$$\int \frac{1}{1+\sqrt{x^2+2x+2}}\mathrm{d}x=\int \frac{\sec^2 t}{1+\sec t}\mathrm{d}t=\int \frac{1}{\cos t(1+\cos t)}\mathrm{d}t$$

$$=\int\left[\frac{1}{\cos t}-\frac{1}{1+\cos t}\right]\mathrm{d}t=\ln|\sec t+\tan t|-\tan\frac{t}{2}+C$$

$$=\ln|x+1+\sqrt{x^2+2x+2}|-\frac{\sqrt{x^2+2x+2}-1}{x+1}+C.$$

这里利用了三角公式 $\tan\frac{t}{2}=\frac{1-\cos t}{\sin t}=\frac{\sec t-1}{\tan t}$.

以上讲的是一般方法,有些特殊情况仍可用前面讲过的凑微分法,例如

例 4-6-4 求 $\int \frac{x+2}{\sqrt{x^2+2x-1}}\mathrm{d}x$.

解
$$\text{原式}=\int \frac{\frac{1}{2}(x^2+2x-1)'+1}{\sqrt{x^2+2x-1}}\mathrm{d}x$$

$$=\frac{1}{2}\int (x^2+2x-1)^{-\frac{1}{2}}\mathrm{d}(x^2+2x-1)+\int \frac{1}{\sqrt{(x+1)^2-2}}\mathrm{d}x$$

$$=\sqrt{x^2+2x-1}+\ln|x+1+\sqrt{x^2+2x-1}|+C.$$

在本章结束之前,我们要指出,求导数容易,但求积分有时是比较困难的,不但困难,有时还不可能用有限步骤来表示我们已经知道的一些函数的原函数.

常遇到的有以下一些:

$$\int \mathrm{e}^{-x^2}\mathrm{d}x,\quad \int \sin x^2\mathrm{d}x,\quad \int \cos x^2\mathrm{d}x,$$

$$\int \frac{\sin x}{x}\mathrm{d}x,\quad \int \frac{\cos x}{x}\mathrm{d}x,\quad \int \frac{\mathrm{d}x}{\ln x},$$

$$\int \sqrt{1-k^2\sin^2\varphi}\,\mathrm{d}\varphi,\quad \int \frac{\mathrm{d}\varphi}{\sqrt{1-k^2\sin^2\varphi}},$$

$$\int \frac{\mathrm{d}\varphi}{(1+k\sin^2\varphi)\sqrt{1-k^2\sin^2\varphi}},$$

其中 $|k|<1, k\neq 0$.

如果遇到这样的积分，不要枉费心机地去寻求这些积分的有限表示形式.这类积分通常称为“有限不可积的积分”.但这并不是说，这类积分不可积.这类积分的结果可以用非初等函数表示(用无穷级数表示).本章所讨论过的不定积分，其结果均为初等函数，我们称本章所使用的积分方法为初等积分法.

练习题 4-6 (见习题四)
(二)10(1)(2)(4).

习 题 四

(一)

1.判断是非，说明理由.

(1)若 $f(x)$在区间 I 内有定义，但原函数不存在，则 $f(x)$在 I 内不连续；

(2)若 $f(x)$在区间 I 内有定义但不连续，则 $f(x)$在 I 内的原函数必不存在；

(3)如果 $F(x)$是 $f(x)$在区间 I 上的一个原函数，那么 $F(x)+C$ 便是 $f(x)$在 I 上的全体原函数，这就是说，$f(x)$在 I 上的任何两个原函数之差为一常数.如果改为定义域，上述结论将如何？

2.判断下列运算是否正确？

求 $\int \sin|x|\mathrm{d}x$，因为

$$\sin|x|=\begin{cases}\sin x, & x\geqslant 0,\\ \sin(-x), & x<0,\end{cases}$$

所以

$$\int \sin|x|\mathrm{d}x=\begin{cases}-\cos x+C_1, & x\geqslant 0,\\ \cos x+C_2, & x<0.\end{cases}$$

3.判断正误：

(1)$\left[\int f(x)\mathrm{d}x\right]'=f(x)+C$；　　(2)$\int f'(x)\mathrm{d}x=f(x)$；

(3)$\int f'(x)\mathrm{d}x=\left[\int f(x)\mathrm{d}x\right]'+C$.

4.回答问题，说明理由.

(1)若 $F(x)$是 $f(x)$在区间 I 内的原函数，试问 $F(x)$是否连续？$f(x)$是否连续；

(2)初等函数在定义区间内的不定积分都存在吗？

(3)有一个原函数为常数的函数，必须为 0，对吗？

5.下列命题正确的是(　　).

(A)单调连续函数的原函数必为单调函数

(B)凡连续的奇函数的原函数必为偶函数

(C)凡连续的偶函数的原函数必为奇函数

(D)凡连续的非周期函数的原函数必为非周期函数

6.下列各题中的函数哪些是同一函数的原函数：

(1)$\frac{1}{2}\sin^2 x$，$-\frac{1}{4}\cos 2x$，$-\frac{1}{2}\cos^2 x$；

(2)$\ln x$，$\ln ax$（$a>0$，常数），$\ln|x|$，$\ln x+C$（C 为任意常数）；

(3)$\tan\frac{x}{2}$，$-\cot x+\frac{1}{\sin x}$，$-\cos x+\cot x+5$.

7.下列运算错在何处，试说明理由.

$$\int\frac{\cos x}{\sin x}\mathrm{d}x=\int\frac{1}{\sin x}\mathrm{d}(\sin x)=1-\int\sin x\,\mathrm{d}\left(\frac{1}{\sin x}\right)=1+\int\frac{\cos x}{\sin x}\mathrm{d}x,$$

故有 $0=1$，反复使用分部积分法，则有 $0=1=2=\cdots$.

8.下面这个不定积分的求法有什么问题？

$$\int\frac{x^2+1}{x^4+1}\mathrm{d}x=\int\frac{1+\frac{1}{x^2}}{x^2+\frac{1}{x^2}}\mathrm{d}x=\int\frac{\mathrm{d}\left(x-\frac{1}{x}\right)}{\left(x-\frac{1}{x}\right)^2+2}=\frac{1}{\sqrt{2}}\arctan\frac{x^2-1}{\sqrt{2}x}+C.$$

（二）

1.求下列各题的不定积分：

(1) $\int\left(\frac{1}{x}-\frac{3}{\sqrt{1-x^2}}\right)\mathrm{d}x$；

(2) $\int(\sqrt{x}+1)(x-\sqrt{x}+1)\mathrm{d}x$；

(3) $\int\frac{\sqrt{x}-x^3\mathrm{e}^x+x^2}{x^3}\mathrm{d}x$；

(4) $\int\frac{1+2x^2}{x^2(1+x^2)}\mathrm{d}x$；

(5) $\int\frac{(1-x)^3}{x\sqrt[3]{x}}\mathrm{d}x$；

(6) $\int(2^x+3^x)^2\mathrm{d}x$；

(7) $\int(1+\sin x+\cos x)\mathrm{d}x$；

(8) $\int\cot^2 x\,\mathrm{d}x$；

(9) $\int a^x\mathrm{e}^x\mathrm{d}x$.

2.一曲线通过点$(\mathrm{e}^2,3)$，且在任一点处的切线斜率等于横坐标的倒数，求该曲线的方程.

3.一物体由静止开始运动，经过 t(s)后速度为 $3t^2$(m/s)，问：

(1)在 3s 后，物体离开出发点的距离是多少？

(2)物体走过 360m 需要多少时间？

4.求下列不定积分：

(1)$\int\frac{1}{(2x+3)^9}\mathrm{d}x$；

(2) $\int\sqrt{1-3x}\,\mathrm{d}x$；

(3)$\int\sin(\omega t+\varphi)\mathrm{d}t$；

(4) $\int\mathrm{e}^{-\frac{x}{2}}\mathrm{d}x$；

(5) $\int \frac{1}{1+2x^2}dx$；

(6) $\int \frac{1}{\sin^2\left(\frac{\pi}{4}-2x\right)}dx$；

(7) $\int 10^{2x}dx$；

(8) $\int \frac{1}{\sqrt{2-3x}}dx$；

(9) $\int \frac{1}{\sqrt{2-3x^2}}dx$；

(10) $\int \frac{\sqrt{\ln x}}{x}dx$；

(11) $\int \frac{x}{3-2x^2}dx$；

(12) $\int \frac{1}{x^2+2x+3}dx$；

(13) $\int \frac{1}{1-4x^2}dx$；

(14) $\int \frac{1}{(x+1)(2x+3)}dx$；

(15) $\int e^{1-3x}dx$；

(16) $\int (e^x+1)^3 dx$；

(17) $\int \frac{x}{(1+3x^2)^2}dx$；

(18) $\int \frac{x}{4+x^4}dx$；

(19) $\int \frac{x}{\sqrt{2-4x^4}}dx$；

(20) $\int \frac{\cos 2\theta}{\sin^2 2\theta}d\theta$；

(21) $\int x^2 e^{-x^3}dx$；

(22) $\int \cos^3\theta \sin\theta d\theta$；

(23) $\int \frac{\sin x}{2+\cos^2 x}dx$；

(24) $\int \frac{e^x}{e^{2x}+4}dx$；

(25) $\int \frac{\sqrt{\arctan\varphi}}{1+\varphi^2}d\varphi$；

(26) $\int \frac{1}{\sqrt{4-x^2}\arcsin\frac{x}{2}}dx$；

(27) $\int \left(1-\frac{1}{x^2}\right)e^{\left(x+\frac{1}{x}\right)}dx$；

(28) $\int \frac{1}{\sqrt{x}(1+2x)}dx$；

(29) $\int \sin^4 x dx$；

(30) $\int x^2\cot 2x^3 dx$；

(31) $\int \sec^4 x dx$；

(32) $\int \frac{1}{\ln\sin x}\frac{\cos x}{\sin x}dx$；

(33) $\int \frac{1+x}{\sqrt{1-x^2}}dx$；

(34) $\int \frac{1}{\mathrm{sh}^2 5x}dx$；

(35) $\int \frac{1}{\mathrm{ch}^2 2x}dx$；

(36) $\int [\mathrm{sh}(2x+1)+\mathrm{ch}(2x-1)]dx$；

(37) $\int \mathrm{th}x dx$.

5.求下列不定积分：

(1) $\int \frac{1}{\cos^2 x\sqrt[3]{1+\tan x}}dx$；

(2) $\int \frac{2^x}{\sqrt{1-4^x}}dx$；

(3) $\int \frac{1}{1+\sin x}dx$；

(4) $\int \frac{1}{1-\cos x}dx$；

(5) $\int \frac{x^4}{1-x}\mathrm{d}x$；

(6) $\int \mathrm{e}^{x+\mathrm{e}^x}\mathrm{d}x$；

(7) $\int \mathrm{e}^{2x^2+\ln x}\mathrm{d}x$；

(8) $\int \cos^4 x\sin^3 x\,\mathrm{d}x$；

(9) $\int \frac{\sin x\cos x}{1+\cos 2x}\mathrm{d}x$；

(10) $\int \frac{\arctan\sqrt{x}}{\sqrt{x}(1+x)}\mathrm{d}x$.

6.求下列不定积分：

(1) $\int x^3\sqrt{1-x^2}\,\mathrm{d}x$；

(2) $\int \frac{\sqrt{1+\ln x}}{x\ln x}\mathrm{d}x$；

(3) $\int \frac{x^2}{\sqrt{a^2-x^2}}\mathrm{d}x$；

(4) $\int \frac{\sqrt{x^2-a^2}}{x}\mathrm{d}x$；

(5) $\int \frac{1}{\sqrt{1+\mathrm{e}^x}}\mathrm{d}x$；

(6) $\int \sqrt{(1-x^2)^3}\,\mathrm{d}x$；

(7) $\int \frac{1}{x\sqrt{x^2-1}}\mathrm{d}x$；

(8) $\int \sqrt{1-\mathrm{e}^{2x}}\,\mathrm{d}x$.

7.求下列不定积分：

(1) $\int x\mathrm{e}^{-3x}\mathrm{d}x$；

(2) $\int \frac{1}{\sqrt{x}}\ln x\,\mathrm{d}x$；

(3) $\int \frac{x}{\sin^2 x}\mathrm{d}x$；

(4) $\int \ln(x+\sqrt{1+x^2})\mathrm{d}x$；

(5) $\int \ln(1+x^2)\mathrm{d}x$；

(6) $\int x\sec^2 x\,\mathrm{d}x$；

(7) $\int \frac{1}{\sqrt{x}}\arcsin\sqrt{x}\,\mathrm{d}x$；

(8) $\int x^2\sin 2x\,\mathrm{d}x$；

(9) $\int \mathrm{e}^{-3x}\sin x\,\mathrm{d}x$；

(10) $\int \frac{\ln\cos x}{\cos^2 x}\mathrm{d}x$；

(11) $\int \sin\sqrt{\theta}\,\mathrm{d}\theta$；

(12) $\int \frac{x\mathrm{e}^x}{\sqrt{\mathrm{e}^x-1}}\mathrm{d}x$；

(13) $\int \frac{x\arcsin x}{\sqrt{1-x^2}}\mathrm{d}x$；

(14) $\int \frac{(\ln x)^3}{x^2}\mathrm{d}x$；

(15) $\int \mathrm{e}^x\sin^2 x\,\mathrm{d}x$；

(16) $\int x\tan^2 x\,\mathrm{d}x$.

8.求下列有理函数的积分：

(1) $\int \frac{x}{(x+1)(x+2)(x+3)}\mathrm{d}x$；

(2) $\int \frac{x^5+x^4-8}{x^3-4x}\mathrm{d}x$；

(3) $\int \frac{x}{x^3-1}\mathrm{d}x$；

(4) $\int \frac{x^2+1}{(x+1)^2(x-1)}\mathrm{d}x$；

(5) $\int \frac{1}{1+x^4}\mathrm{d}x$；

(6) $\int \frac{1+x^4}{(1+x^2)^2}\mathrm{d}x$.

9.求下列各积分：

(1) $\int \frac{1}{3+\sin^2 x}\mathrm{d}x$；

(2) $\int \frac{1}{3+\cos x}\mathrm{d}x$；

(3) $\int \frac{1}{2\sin x-\cos x+5}\mathrm{d}x$；

(4) $\int \frac{1}{\sin^4 x\cos^4 x}\mathrm{d}x$.

*10.求下列无理式的积分：

(1) $\int \frac{1}{1+\sqrt[3]{1+x}}\mathrm{d}x$；

(2) $\int \frac{1}{\sqrt{x}(1+\sqrt[4]{x})^3}\mathrm{d}x$；

(3) $\int \frac{1}{\sqrt[3]{(x+1)^2(x-1)^4}}\mathrm{d}x$；

(4) $\int \frac{2x+1}{\sqrt{5-4x+4x^2}}\mathrm{d}x$.

(三)

1.求下列不定积分.

(1) $\int\left(\frac{2}{\sqrt{1-x^2}}+x^2-\sin x\right)\mathrm{d}x$；

(2) $\int\left(\sec^2 x+2^{x-1}-\frac{2}{x}\right)\mathrm{d}x$；

(3) $\int \frac{1}{x^2(x^2+1)}\mathrm{d}x$；

(4) $\int \frac{1}{\sin^2 x(\sin^2 x-1)}\mathrm{d}x$；

(5) $\int \frac{1+3x^2}{x^2(x^2+1)}\mathrm{d}x$；

(6) $\int \frac{\cos 2x}{\sin^2 x\cos^2 x}\mathrm{d}x$；

(7) $\int (x+1)\sqrt{1-2x}\,\mathrm{d}x$；

(8) $\int \frac{2x-3}{x^2-6x+9}\mathrm{d}x$；

(9) $\int \cos 3x\cos 5x\,\mathrm{d}x$；

(10) $\int \sin 2x\cos 4x\,\mathrm{d}x$；

(11) $\int \frac{1}{\sqrt{x}\cos^2\sqrt{x}}\mathrm{d}x$；

(12) $\int \cos^4 x\,\mathrm{d}x$

(13) $\int\left(\frac{\mathrm{e}^x}{2+\mathrm{e}^{2x}}+\frac{x}{\sqrt{1-4x^4}}\right)\mathrm{d}x$；

(14) $\int\left(\frac{\sqrt{\ln x+2}}{x}+\frac{\sqrt{\arctan x}}{1+x^2}\right)\mathrm{d}x$；

(15) $\int \frac{1}{1+\sqrt{3x}}\mathrm{d}x$；

(16) $\int \frac{1}{\sqrt[3]{x}+\sqrt{x}}\mathrm{d}x$；

(17) $\int x^2\sqrt{1-x^2}\,\mathrm{d}x$；

(18) $\int \frac{1}{x\sqrt{4+x^2}}\mathrm{d}x\ (x>0)$；

(19) $\int \frac{1}{x\sqrt{x^2-1}}\mathrm{d}x$；

(20) $\int \frac{1}{\sqrt{5+4x-x^2}}\mathrm{d}x$；

(21) $\int \cos(\ln x)\mathrm{d}x$；

(22) $\int \ln(1+2x^2)\mathrm{d}x$

(23) $\int x^2\mathrm{e}^{-2x}\mathrm{d}x$；

(24) $\int x^2\ln x\,\mathrm{d}x$；

(25) $\int x^2\cos 2x\,\mathrm{d}x$；

(26) $\int \mathrm{e}^{-x}\sin 2x\,\mathrm{d}x$；

(27) $\int \csc^2 x \ln\sin x \,\mathrm{d}x$； (28) $\int \arcsin x \,\mathrm{d}x$；

(29) $\int \frac{x\mathrm{e}^{2x}}{\sqrt{\mathrm{e}^{2x}-1}}\mathrm{d}x$； (30) $\int \frac{x}{(x+1)(x+2)}\mathrm{d}x$；

(31) $\int \frac{x-4}{x^2-2x}\mathrm{d}x$； (32) $\int \frac{1}{1+\sin x}\mathrm{d}x$；

(33) $\int \frac{1}{1+\sin x-\cos x}\mathrm{d}x$； (34) $\int \frac{1}{2-\cos x}\mathrm{d}x$；

(35) $\int \frac{1-x+\ln\arcsin x}{\sqrt{1-x^2}}\mathrm{d}x$； (36) $\int \frac{\cos x}{\sin x-\cos x}\mathrm{d}x$.

2.已知曲线 $y=f(x)$ 过点 $\left(0,-\frac{1}{2}\right)$，且其上任意一点的切线斜率为 $x\ln(1+x^2)$，求此曲线方程.

3.用不少于两种方法计算：

(1) $\int (x+1)\sqrt{1-2x}\,\mathrm{d}x$；

(2) $\int \frac{\sqrt{1+x^2}}{x}\mathrm{d}x$； $\int \frac{\sqrt{1+x^2}}{x^2}\mathrm{d}x$； $\int \frac{\sqrt{1+x^2}}{x^3}\mathrm{d}x$.

(四)

1.求下列不定积分：

(1) $\int \frac{\sqrt{1+x^2}+x^3}{\sqrt{1-x^4}}\mathrm{d}x$； (2) $\int \frac{1}{ax^2+b}\mathrm{d}x \quad (a>0,b\neq 0)$；

(3) $\int x(1-x^4)^{-\frac{3}{2}}\mathrm{d}x$； (4) $\int \frac{\arctan\sqrt{x}+x^{\frac{3}{2}}}{\sqrt{x}(1+x)}\mathrm{d}x$；

(5) $\int \frac{1}{x(\sqrt{\ln x+1}+\sqrt{\ln x-1})}\mathrm{d}x$； (6) $\int \frac{1-\mathrm{e}^x}{\sqrt{1-\mathrm{e}^{2x}}}\mathrm{d}x$；

(7) $\int x^3(1-x^2)^{100}\mathrm{d}x$； (8) $\int \frac{\cos x}{\sqrt{3+\cos 2x}}\mathrm{d}x$；

(9) $\int \frac{1+\ln x+x^2}{(x\ln x)^3}\mathrm{d}x$； (10) $\int \mathrm{e}^x\ln(1-\mathrm{e}^{2x})\mathrm{d}x$；

(11) $\int (x^2+1)\cot x\csc^2 x\,\mathrm{d}x$； (12) $\int \frac{x^2+1}{x^4+x^2+1}\mathrm{d}x$；

(13) $\int \frac{\cos x}{\sin^2 2x}\mathrm{d}x$； (14) $\int x\arctan x\ln(1+x^2)\mathrm{d}x$；

(15) $\int \frac{x^4+1}{(x-1)(x^2+1)}\mathrm{d}x$； (16) $\int \frac{x^2}{\sqrt{2x-x^2}}\mathrm{d}x$.

2.若 $f'(\cos^2 x)=\sin^2 x+\cot^2 x\left(0<x<\frac{\pi}{2}\right)$，求 $f(x)$.

3.求 $\int xf''(x)\mathrm{d}x$.

4.若

$$f(x)=\begin{cases}0, & x<0,\\ x+1, & 0\leqslant x<1,\\ 2x, & x\geqslant 1,\end{cases}$$

求 $\int f(x)\mathrm{d}x$.

5.建立 $I_n=\int(\ln x)^n\mathrm{d}x$ 的递推公式.

6.建立 $I_n=\int\frac{\sqrt{1+x^2}}{x^n}\mathrm{d}x$ 的递推公式,$n\geqslant 2$,并计算 $\int\frac{\sqrt{1+x^2}}{x^4}\mathrm{d}x$.

7.至少用四种不同的解法求积分 $\int\frac{1}{\sqrt{x(1-x)}}\mathrm{d}x$.

本章学习要点

一、基本内容小结

(1)首先要掌握的是原函数与不定积分的概念,注意微分运算与积分运算是互逆的.记住基本积分表的24个公式,是做好积分运算的前提.

(2)第一类换元积分法,又称为“凑微分法”关键在于凑.是在熟练掌握微分运算的基础上,做微分运算的逆运算,然后作变量替换,化为积分表中的积分.为此应该熟练掌握第二节所指出的10个凑微分公式是必要的.

(3)第二类换元积分法,关键在于换,换的方法有:

①三角代换,含$\sqrt{a^2-x^2}$,设 $x=a\sin t$;含$\sqrt{a^2+x^2}$,设 $x=a\tan t$;含$\sqrt{x^2-a^2}$,设 $x=a\sec t$,其目的是达到二次根式有理化.

②倒置换 $x=\frac{1}{t}$(见本章例4-2-36).

③根号下为一次函数的根式有理化,含$\sqrt[n]{ax+b}$,设$\sqrt[n]{ax+b}=t$,如果被积函数中含有几个根指数不同的根式,应取使几个根式同时有理化的代换(见例4-2-32).

(4)分部积分法

$$\int uv'\mathrm{d}x=uv-\int vu'\mathrm{d}x$$

是在左端积分利用换元积分解决有困难的前提下而使用的.分部积分的基本原则是:①$v(x)$易求;② $\int u'v\mathrm{d}x$ 易积.通常适用于两种类型函数之积的积分.分部积分时,按下列次序选择 $u(x)$:对数函数、反三角函数、幂函数(或多项式函数)、三角函数、指数函数(见本章第三节例4-3-1～例4-3-6).复原法也是利用分部积分法解决某些积分的有效方法(见本章第三节例4-3-7～例4-3-9).而在积分计算时,往往是换元积分法和分部积分法同时使用的(例 4-3-10、例 4-3-11).

(5)几种特殊类型函数的积分,应首先掌握有理函数的积分,而掌握有理函数积分应先把有理真分式函数分解为部分分式之和,常用待定系数法确定系数,而几种简单有理分式的积分用换元积分法即可解决.

其他几种类型的积分,都是通过换元积分化为有理函数的积分,这里不一一列举.

(6)求不定积分应注意一题多解,探求简单方法.而对积分法掌握的好坏、熟练程度如何,都直接影响了本课程后面内容的学习,如重积分、曲线和曲面积分、微分方程、级数等.这就需要我们要多做一些练习.

二、重点

(1)原函数与不定积分概念.

(2)换元积分法与分部积分法.

(3)较简单的有理函数的积分.

三、难点

(1)变量代换的技巧.

(2)分部积分法.

第五章　定　积　分

积分学的另一个基本概念是定积分.在这一章中,我们将介绍定积分的定义和计算方法,定积分的应用留在第六章中讨论.除此之外,我们还将介绍沟通微分与积分之间关系的微积分学的基本定理.

第一节　定积分的概念

【学习要求】

(1)理解定积分的概念和几何意义.

(2)应用定积分性质.

【学习目标】

(1)理解定积分的概念和几何意义.

(2)明确定积分与不定积分的不同.

(3)正确应用定积分的性质进行计算.

【学习提示】

(1)定积分定义中的区间分割方式与点的取法有什么特点?

(2)定积分是什么? 由什么确定?

(3)积分中值定理与微分中值定理的表述有什么不同?

(4)借助于定积分的几何解释理解积分中值定理.

本节首先介绍三个实际问题,然后给出定积分的定义.

一、实例

例 5-1-1　求曲边梯形的面积.

由连续曲线 $y=f(x)$($f(x)\geqslant 0$)、x 轴和两条直线 $x=a$、$x=b$ 所围成的平面图形叫做曲边梯形(图 5-1).

在初等几何中,求面积是在定义正方形面积的基础上,解决了各类直边形面积的计算问题,如三角形、矩形、梯形等.

求曲边梯形面积,所遇到的主要困难是它的一条边 $f(x)$ 是一条曲线.如果$f(x)$是平行于 x 的直线段,则是矩形,其面积为矩形面积＝底×高.

如果把 $f(x)$叫曲边梯形的高，由于 $f(x)$是随着 x 的改变而不断地变化，即$f(x)\neq$常数，所以不能用上面的公式来计算曲边梯形的面积.为了解决上面的困难，我们用一组平行于 y 轴的直线将曲边梯形分割成若干个小窄曲边梯形.每个小窄曲边梯形，由于它的底很窄，高 $f(x)$变化不大，可以近似地看做不变，可以用小矩形的面积近似小窄曲边梯形的面积.把这些小窄曲边梯形面积的近似值加起来就得到了原曲边梯形面积的近似值.可以想象，把曲边梯形分得越细，所得到的近似值的精度就越高.因此，当无限细分(即每个小矩形的底边长趋于零)时，所得的近似值如果有极限值，就可定义该极限值为曲边梯形的面积.下面分四步具体讨论如下：

(1)分割.在(a,b)内任意插入 $n-1$ 个分点

$$a=x_0<x_1<x_2<\cdots<x_n=b$$

将区间$[a,b]$分成 n 个子区间$[x_{i-1},x_i](i=1,2,\cdots,n)$，它们的长度为 $\Delta x_i=x_i-x_{i-1}(i=1,2,\cdots,n)$过各分点作 y 轴的平行线，将原曲边梯形分成 n 个小曲边梯形(图 5-2)，记小曲边梯形的面积为 $\Delta A_i(i=1,2,\cdots,n)$，则有

$$A=\Delta A_1+\Delta A_2+\cdots+\Delta A_n=\sum_{i=1}^{n}\Delta A_i.$$

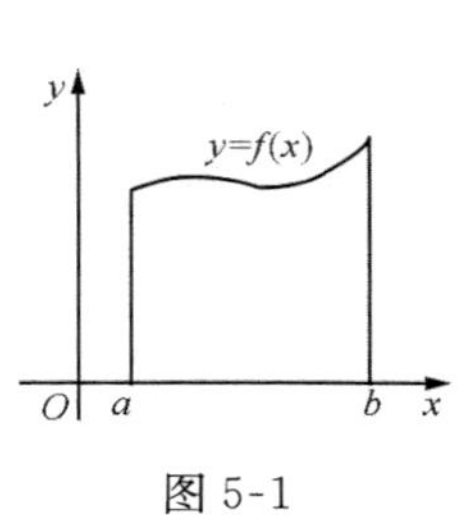

图 5-1

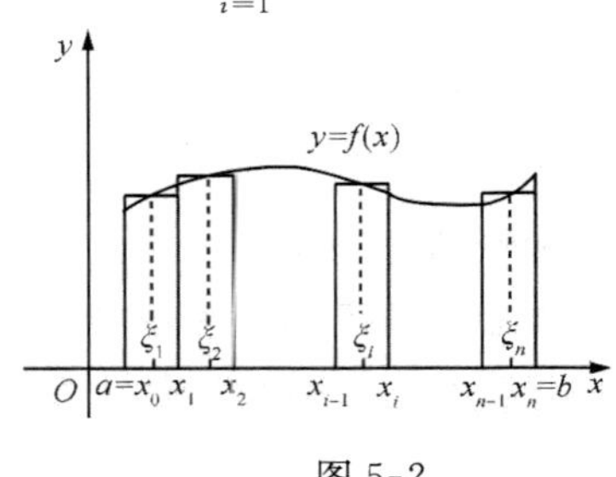

图 5-2

(2)近似.在每个小区间$[x_{i-1},x_i]$上任意取一点 $\xi_i(x_{i-1}\leqslant\xi_i\leqslant x_i)$，以 $f(\xi_i)$为第 i 个小矩形的高，则有

$$\Delta A_i\approx f(\xi_i)\Delta x_i\quad(i=1,2,\cdots,n).$$

(3)求和.把小矩形的面积加起来，得曲边梯形面积的近似值

$$A\approx f(\xi_1)\Delta x_1+f(\xi_2)\Delta x_2+\cdots+f(\xi_n)\Delta x_n=\sum_{i=1}^{n}f(\xi_i)\Delta x_i.$$

(4)取极限.为了保证每个小区间的长度都趋于零，令小区间长度的最大值趋于零，如记 $\lambda=\max\{\Delta x_1,\Delta x_2,\cdots,\Delta x_n\}$，当 $\lambda\to 0$ 时，规定曲边梯形的面积为

$$A=\lim_{\lambda\to 0}\sum_{i=1}^{n}f(\xi_i)\Delta x_i.$$

例 5-1-2 求变速直线运动的路程.

设物体作变速直线运动，已知速度 $v=v(t)$，求由时刻 $t=T_1$ 到时刻 $t=T_2$ 所走的路程 s.

如果是匀速运动，即 $v(t)=$常数，则

路程＝速度×时间.

现在是变速运动，$v(t)$是随时间 t 而变化的，因此不能套用匀速运动下的路程计算公式. 但是，如果时间间隔$[T_1,T_2]$很小时，v 的变化也很微小，因此在很短的一段时间内，变速运动可以近似看成是匀速运动.现在把$[T_1,T_2]$分成若干个小的时间间隔区间，在每个小段时间内，用匀速运动下的路程计算公式求路程的近似值，然后把这些近似值加起来，就得到路程 s 的近似值，最后用取极限的方法可求出路程 s 的精确值.具体地也分四步进行：

(1)分割.用分点

$$T_1=t_0<t_1<t_2<\cdots<t_{n-1}<t_n=T_2$$

分$[T_1,T_2]$为 n 个子区间$[t_{i-1},t_i](i=1,2,\cdots,n)$；记 $\Delta t_i=t_i-t_{i-1}$.相应地，路程 s 也分为 n 段小路程 $\Delta s_i(i=1,2,\cdots,n)$，则

$$s=\Delta s_1+\Delta s_2+\cdots+\Delta s_n=\sum_{i=1}^{n}\Delta s_i.$$

(2)近似.在每小段时间间隔内将变速运动近似地看做匀速运动，在$[t_{i-1},t_i]$上任取一点 $\tau_i(t_{i-1}\leqslant\tau_i\leqslant t_i)(i=1,2,\cdots,n)$，则

$$\Delta s_i\approx v(\tau_i)\Delta t_i\quad(i=1,2,\cdots,n).$$

(3)求和.把每小段路程的近似值加起来，就得到$[T_1,T_2]$内所走过路程 s 的近似值，即

$$s\approx\sum_{i=1}^{n}v(\tau_i)\Delta t_i.$$

(4)取极限.记 $\lambda=\max\{\Delta t_1,\Delta t_2,\cdots,\Delta t_n\}$，当 $\lambda\to0$ 时，上述和式若有极限，该极限就可规定为变速直线运动所走过的路程 s 的精确值

$$s=\lim_{\lambda\to0}\sum_{i=1}^{n}v(\tau_i)\Delta t_i.$$

例 5-1-3　变力所做的功.

设物体在变力作用下沿直线运动，且力的方向与物体的运动方向相一致，已知 $F=F(t)$，物体在力 F 的作用下由 $x=a$ 移动到 $x=b$(图 5-3)求力对物体所做的功 W.

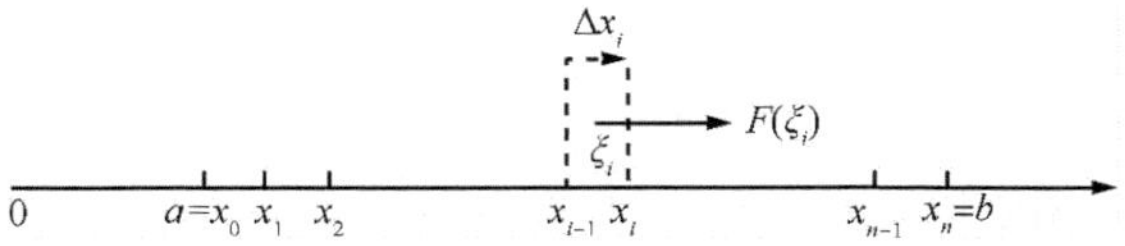

图 5-3

如果是常力，即 $F(x)=$常数，由物理学知

$$\text{功}=\text{力}\times\text{距离}.$$

现在遇到的主要困难是 $F(x)$是随 x 而变化的变力，不能套用常力做功的公式.但是，如果物体所走的距离很小，这时 $F(x)$变化不大，可以近似地看作常力做功，并可按常力做功的计算公式求出功的近似值.于是可将$[a,b]$分成若干个小区间，在每一个小区间上求出功的近似值，然后相加就得到了所求功的近似值，经过取极限，便可求出所求的功的精确值.具体步骤与例 5-1-1 和例 5-1-2 的讨论相同，这里不再重复，只写出结果如下：

$$W=\lim_{\lambda\to 0}\sum_{i=1}^{n}F(\xi_i)\Delta x_i.$$

二、定积分的定义

从以上三个例子中，对所处理的数量关系进行总结、抽象，可给出如下定积分概念.

定义 5-1-1 设 $f(x)$在$[a,b]$上有定义，用分点

$$a=x_0<x_1<x_2<\cdots<x_{i-1}<x_i<\cdots<x_{n-1}<x_n=b$$

分$[a,b]$为 n 个子区间$[x_{i-1},x_i]$$(i=1,2,\cdots,n)$，记 $\Delta x_i=x_i-x_{i-1}(i=1,2,\cdots,n)$.在每个小区间$[x_{i-1},x_i]$上任取一点 ξ_i，作和式

$$S_n=\sum_{i=1}^{n}f(\xi_i)\Delta x_i,$$

该和式称为 $f(x)$在$[a,b]$上的积分和式.记 $\lambda=\max\{\Delta x_1,\Delta x_2,\cdots,\Delta x_n\}$，如果当$\lambda\to 0$时，不论对区间$[a,b]$的分法如何，也不论 ξ_i 的取法如何，积分和式总有确定的极限值 I，则称极限值 I 为 $f(x)$在$[a,b]$上的定积分，记作 $\int_a^b f(x)\mathrm{d}x$，即

$$\int_a^b f(x)\mathrm{d}x=\lim_{\lambda\to 0}\sum_{i=1}^{n}f(\xi_i)\Delta x_i,$$

其中 $f(x)$称为被积函数，x 称为积分变量，$f(x)\mathrm{d}x$ 称为被积表达式，$[a,b]$称为积分区间，a,b 分别称为积分下限、上限，$\int$ 是积分号.

根据定义，上面所讲过的三个例子都可以用定积分表示，即

曲边梯形面积 $A=\int_a^b f(x)\mathrm{d}x.$

变速直线运动路程 $s=\int_{T_1}^{T_2} v(t)\mathrm{d}t.$

变力所做的功 $W=\int_a^b F(x)\mathrm{d}x.$

关于定积分的定义，我们做以下几点说明.

(1)定积分是一个数，它仅与被积函数和积分区间$[a,b]$有关，而与积分变量用哪个字母表示无关，即

$$\int_a^b f(x)\mathrm{d}x=\int_a^b f(t)\mathrm{d}t.$$

(2)在上述定义中，我们实际上限定了上限大于下限，即 $a<b$，但在实际应用及理论分析中，会用到上限小于或等于下限的情形.为此，我们把定积分的定义扩充如下：

当 $a>b$ 时，规定 $\int_a^b f(x)\mathrm{d}x=-\int_b^a f(x)\mathrm{d}x$；

当 $a=b$ 时，规定 $\int_a^a f(x)\mathrm{d}x=0$.

(3)如果定积分 $\int_a^b f(x)\mathrm{d}x$ 存在，我们就称 $f(x)$在$[a,b]$上可积.

一个函数在什么条件下是可积的，我们有下面的结论.

三、定积分的存在条件

若 $f(x)$在$[a,b]$上无界，则 $f(x)$在$[a,b]$上是一定不可积的.这是因为，若$f(x)$在

$[a,b]$上无界，那么不论对$[a,b]$怎样分，至少有一个区间$[x_{i-1},x_i]$，在其上无界.因此，在$[x_{i-1},x_i]$上一定可以取一点ξ_i，使得$f(\xi_i)$因而也就使得和式

$$\sum_{k=1}^{n} f(\xi_k)\Delta x_k$$

可以任意地大.当$\lambda \to 0$时，这个和就不可能趋向任何极限.由此可知，$f(x)$在$[a,b]$上可积的必要条件是$f(x)$在$[a,b]$上有界.

然而，函数$f(x)$在$[a,b]$上有界并不是可积的充分条件，例如

$$f(x)=\begin{cases}1, & x\text{ 为有理数，}\\ 0, & x\text{ 为无理数，}\end{cases}$$

在$[0,1]$上是不可积的，因为不论对$[0,1]$怎样分割，在任意被分割的小区间$[x_{i-1},x_i]$上总能取到ξ_i为有理数，这时，$f(\xi_i)=1$，也总能取到ξ_i为无理数，这时$f(\xi_i)=0$.所以对$[0,1]$的任何一种分法，我们总可以得到

$$\sum_{i=1}^{n} f(\xi_i)\Delta x_i=1 \quad（\text{当 }\xi_i\text{ 均取有理数时}），$$

$$\sum_{i=1}^{n} f(\xi_i)\Delta x_i=0 \quad（\text{当 }\xi_i\text{ 均取无理数时}）.$$

当$\lambda \to 0$时，这两个和式的极限分别为1和0，所以$f(x)$在$[0,1]$上不可积.

下面给出可积的一个充分条件.

定理 5-1-1　如果$f(x)$在$[a,b]$上连续或只具有有限个第一类间断点，则$f(x)$在$[a,b]$上可积.

这个定理的证明，已超出本书的要求，这里略去.

四、定积分的几何意义

根据定义知道，若$f(x)\geqslant 0$，则$\int_a^b f(x)\mathrm{d}x$在几何上表示由曲线$y=f(x)$，直线$x=a$，$x=b$和x轴所围成的曲边梯形的面积.

如果$f(x)\leqslant 0$，这时$f(\xi_i)\leqslant 0$，$\Delta x_i>0$，由定义可知$\int_a^b f(x)\mathrm{d}x\leqslant 0$.由$y=f(x)$，$x=a$，$x=b$和$x$轴所围成的曲边梯形在$x$轴的下方，此时定积分等于负的曲边梯形面积值（图5-4），即$\int_a^b f(x)\mathrm{d}x=-A$.若规定位于$x$轴下方的曲边梯形的面积为负的，则定积分的值也等于曲边梯形的面积.

一般地，$f(x)$在$[a,b]$上有正有负时（图5-5），定积分的几何意义是，它等于介于曲线$y=f(x)$，$x=a$，$x=b$和x轴所围成的横轴上、下图形面积的代数和，即

$$\int_a^b f(x)\mathrm{d}x=A_1-A_2+A_3.$$

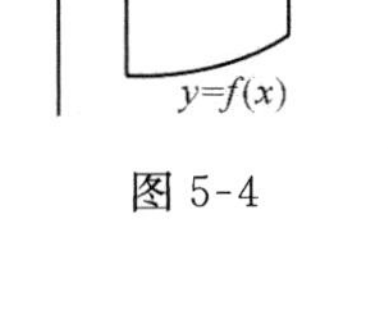

图 5-4

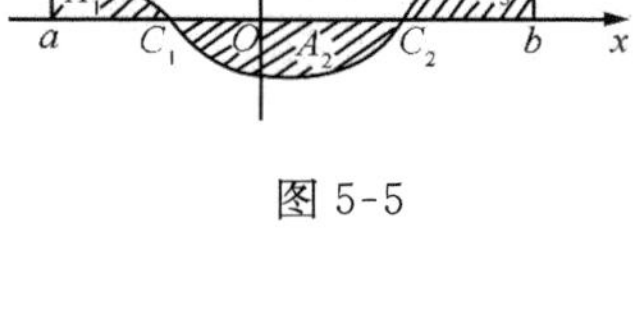

图 5-5

最后，为了帮助读者理解定积分的定义，我们再举一个例子.

例 5-1-4 计算 $\int_0^1 x^2 \mathrm{d}x$.

解 因为 $f(x)=x^2$ 在 $[0,1]$ 上连续，所以该定积分存在.积分值与对 $[0,1]$ 的分法及 ξ_i 的取法无关，即在任何对 $[0,1]$ 的分法及 ξ_i 的取法下来求积分和式极限值时，都是同一极限值.为方便，对 $[0,1]$ 区间 n 等分，分点为 $x_i=\frac{i}{n}(i=0,1,2,\cdots,n-1,n)$，$\Delta x_i=\frac{i}{n}(i=1,2,\cdots,n)$ 取 $\xi_i=x_i(i=1,2,\cdots,n)$.于是

$$\begin{aligned}S_n &= \sum_{i=1}^n f(\xi_i)\Delta x_i=\sum_{i=1}^n x_i^2\Delta x_i=\sum_{i=1}^n\left(\frac{i}{n}\right)\frac{1}{n}=\frac{1}{n^3}\sum_{i=1}^n i^2\\ &=\frac{n(n+1)(2n+1)}{6n^3}=\frac{1}{6}\left(1+\frac{1}{n}\right)\left(2+\frac{1}{n}\right).\end{aligned}$$

从而

$$\int_0^1 x^2\mathrm{d}x=\lim_{n\to\infty}S_n=\frac{1}{3}.$$

练习题 5-1 （见习题五）
（一）3(1).

第二节 定积分的性质

定积分的性质，可通过它的定义直接推出.下面所讨论的积分都假定它们存在，在叙述性质时不再指出.

性质 5-2-1（线性性质） (1) $\int_a^b[f(x)\pm g(x)]\mathrm{d}x=\int_a^b f(x)\mathrm{d}x\pm\int_a^b g(x)\mathrm{d}x$；

(2) $\int_a^b kf(x)\mathrm{d}x=k\int_a^b f(x)\mathrm{d}x$（$k$ 为常数）.

证 (1) $\int_a^b[f(x)\pm g(x)]\mathrm{d}x=\lim\limits_{\lambda\to0}\sum\limits_{i=1}^n[f(\xi_i)\pm g(\xi_i)]\Delta x_i$

$=\lim\limits_{\lambda\to0}\sum\limits_{i=1}^n f(\xi_i)\Delta x_i\pm\lim\limits_{\lambda\to0}\sum\limits_{i=1}^n g(\xi_i)\Delta x_i=\int_a^b f(x)\mathrm{d}x\pm\int_a^b g(x)\mathrm{d}x$；

(2) $\int_a^b kf(x)\mathrm{d}x=\lim\limits_{\lambda\to0}\sum\limits_{i=1}^n kf(\xi_i)\Delta x_i=k\lim\limits_{\lambda\to0}\sum\limits_{i=1}^n f(\xi_i)\Delta x_i=k\int_a^b f(x)\mathrm{d}x$.

性质 5-2-2（路径性质）

$$\int_a^b f(x)\mathrm{d}x=\int_a^c f(x)\mathrm{d}x+\int_c^b f(x)\mathrm{d}x.$$

证 先证 $a<c<b$ 的情形.在积分存在的条件下，积分和式的极限与对区间的分法无关.因此在对 $[a,b]$ 进行分割时，以 c 始终作为分点 x_{n1}，于是 $f(x)$ 在 $[a,b]$ 上的积分和为

$$S_n=\sum_{i=1}^n f(\xi_i)\Delta x_i=\sum_{i=1}^{n1} f(\xi_i)\Delta x_i+\sum_{i=n1}^n f(\xi_i)\Delta x_i.$$

上式后两项分别是 $f(x)$ 在 $[a,c]$ 与 $[c,b]$ 上的积分和，当 $\lambda\to0$ 时，可得

$$\int_a^b f(x)\mathrm{d}x=\int_a^c f(x)\mathrm{d}x+\int_c^b f(x)\mathrm{d}x.$$

当 c 不在 $[a,b]$ 上时，比如 $a<b<c$，由上面已证的结果可知

$$\int_a^c f(x)\mathrm{d}x=\int_a^b f(x)\mathrm{d}x+\int_b^c f(x)\mathrm{d}x=\int_a^b f(x)\mathrm{d}x-\int_c^b f(x)\mathrm{d}x,$$

故

$$\int_a^b f(x)\mathrm{d}x=\int_a^c f(x)\mathrm{d}x+\int_c^b f(x)\mathrm{d}x.$$

利用性质 5-2-2 和图 5-5 所表示的定积分的几何意义，有

$$\int_a^b f(x)\mathrm{d}x=\int_a^{c1} f(x)\mathrm{d}x+\int_{c1}^{c2} f(x)\mathrm{d}x+\int_{c2}^b f(x)\mathrm{d}x=A_1-A_2+A_3.$$

如果要求 $y=f(x)$、x 轴、$x=a$ 和 $x=b$ 所围成图形的面积，应有

$$\begin{aligned}A_1+A_2+A_3&=\int_a^{c1} f(x)\mathrm{d}x+\int_{c1}^{c2}[-f(x)]\mathrm{d}x+\int_{c2}^b f(x)\mathrm{d}x\\&=\int_a^{c1}|f(x)|\mathrm{d}x+\int_{c1}^{c2}|f(x)|\mathrm{d}x+\int_{c2}^b|f(x)|\mathrm{d}x=\int_a^b|f(x)|\mathrm{d}x.\end{aligned}$$

性质 5-2-3　$\int_a^b 1\mathrm{d}x=\int_a^b \mathrm{d}x=b-a.$

证　因为 $f(x)=1$，不论 ξ_i 怎样取，总有 $f(\xi_i)=1$，所以

$$S_n=\sum_{i=1}^n f(\xi_i)\Delta x_i=\sum_{i=1}^n \Delta x_i=b-a,$$

故

$$\int_a^b f(x)\mathrm{d}x=\int_a^b \mathrm{d}x=\lim_{\lambda\to0} S_n=b-a.$$

性质 5-2-4（比较性质）　(1)如果 $f(x)\geqslant0(a\leqslant x\leqslant b)$，则 $\int_a^b f(x)\mathrm{d}x\geqslant0$；

(2)如果 $f(x)\leqslant g(x)(a\leqslant x\leqslant b)$，则

$$\int_a^b f(x)\mathrm{d}x\leqslant\int_a^b g(x)\mathrm{d}x;$$

(3)当 $a\leqslant b$ 时，有

$$\left|\int_a^b f(x)\mathrm{d}x\right|\leqslant\int_a^b|f(x)|\mathrm{d}x.$$

证　(1)由已知得 $f(\xi_i)\geqslant0$，于是

$$S_n=\sum_{i=1}^n f(\xi_i)\Delta x_i\geqslant0\quad(\Delta x_i>0),$$

故

$$\int_a^b f(x)\mathrm{d}x=\lim_{\lambda\to0}\sum_{i=1}^n f(\xi_i)\Delta x_i\geqslant0.$$

(2)因为 $g(x)-f(x)\geqslant0\quad(a\leqslant x\leqslant b)$，所以

$$\int_a^b[g(x)-f(x)]\mathrm{d}x\geqslant0,$$

由性质 5-2-1 得

$$\int_a^b g(x)\mathrm{d}x \geqslant \int_a^b f(x)\mathrm{d}x.$$

(3)因为

$$-|f(x)| \leqslant f(x) \leqslant |f(x)| \quad (a \leqslant x \leqslant b),$$

所以

$$-\int_a^b |f(x)|\mathrm{d}x \leqslant \int_a^b f(x)\mathrm{d}x \leqslant \int_a^b |f(x)|\mathrm{d}x,$$

即

$$\left|\int_a^b f(x)\mathrm{d}x\right| \leqslant \int_a^b |f(x)|\mathrm{d}x.$$

性质 5-2-5(估值定理) 设 m 和 M 分别为 $f(x)$ 在 $[a,b]$ 上的最小值和最大值,则有

$$m(b-a) \leqslant \int_a^b f(x)\mathrm{d}x \leqslant M(b-a).$$

证 因为 $m \leqslant f(x) \leqslant M$,由性质 5-2-4,得

$$\int_a^b m\mathrm{d}x \leqslant \int_a^b f(x)\mathrm{d}x \leqslant \int_a^b M\mathrm{d}x.$$

由于

$$\int_a^b m\mathrm{d}x = m(b-a), \quad \int_a^b M\mathrm{d}x = M(b-a),$$

所以

$$m(b-a) \leqslant \int_a^b f(x)\mathrm{d}x \leqslant M(b-a).$$

性质 5-2-6(积分中值定理) 若 $f(x)$ 在 $[a,b]$ 上连续,则在 $[a,b]$ 上至少存在一点 ξ,使

$$\int_a^b f(x)\mathrm{d}x = f(\xi)(b-a).$$

证 由区间的规定知 $a<b$.因为 $f(x)$ 在 $[a,b]$ 上连续,所以 $f(x)$ 在 $[a,b]$ 上一定存在最小值 m 和最大值 M,由估值定理,得

$$m(b-a) \leqslant \int_a^b f(x)\mathrm{d}x \leqslant M(b-a).$$

由于 $b-a>0$,则有

$$m \leqslant \frac{1}{b-a}\int_a^b f(x)\mathrm{d}x \leqslant M.$$

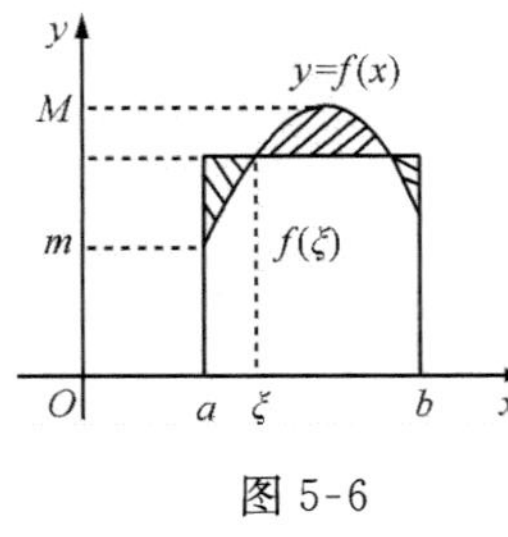

图 5-6

由闭区间上连续函数的介值定理可知,至少存在一点 $\xi \in [a,b]$,使

$$f(\xi) = \frac{1}{b-a}\int_a^b f(x)\mathrm{d}x,$$

即

$$\int_a^b f(x)\mathrm{d}x = f(\xi)(b-a).$$

积分中值定理的几何意义是,以 $[a,b]$ 为底、$f(x)$ 为顶的曲边梯形的面积,等于以

$b-a$为底$f(\xi)$为高的一个矩形面积(图 5-6).

练习题 5-2　(见习题五)
(一)4(1),5(2).

第三节　微积分的基本公式

【学习要求】

(1)应用变上限定积分函数的导数及其应用.

(2)应用牛顿-莱布尼茨公式.

【学习目标】

(1)理解变上限定积分是上限的函数.

(2)具有正确完成变限定积分求导数的运算能力.

(3)理解牛顿-莱布尼茨公式连接不定积分与定积分的计算.

(4)正确代入上下限.

【学习提示】

(1)指出定理 5-3-1 证明方法的思考出发点.

(2)例 5-3-1～5-3-4 的共性是什么?

(3)分析例 5-3-8、例 5-3-9,会得出怎样的认识?

(4)分段函数的变上限定积分应该怎样表示?找出或写出一个问题计算,用于解释你的认识.

利用定积分的定义来计算定积分,一般来说是比较困难的.为此,我们需要找到计算定积分的简便适用的方法.

定积分的计算是与求原函数密切相关的,下面首先从实际问题出发,导出定积分与原函数之间的关系,然后给出计算定积分的基本公式.

一、变速直线运动中路程函数与速度函数的关系

设物体作变速直线运动,已知 $v=v(t)$,如果当 $t=0$ 时,物体位于原点 O,在 t 时刻的位置为 $s=s(t)$.由本章第一节例 5-1-2 可知,物体由 t_1 到 t_2 时刻所走的路程为

$$\int_{t_1}^{t_2} v(t)\mathrm{d}t.$$

另一方面,由位置函数可知路程为 $s(t_2)-s(t_1)$,即

$$\int_{t_1}^{t_2} v(t)\mathrm{d}t=s(t_2)-s(t_1). \tag{5-1}$$

如果把 t_2 看做 t,则有

$$s(t)=s(t_1)+\int_{t_1}^{t} v(t)\mathrm{d}t.$$

由路程函数和速度函数之间的关系，可得

$$\frac{\mathrm{d}s(t)}{\mathrm{d}t}=\frac{\mathrm{d}}{\mathrm{d}t}\left[\int_{t_1}^{t} v(t)\mathrm{d}t\right]=v(t). \tag{5-2}$$

式(5-1)表明，速度函数 $v(t)$在$[t_1,t_2]$上的定积分等于路程函数 $s(t)$在$[t_1,t_2]$上的增量，即 $v(t)$的原函数在$[t_1,t_2]$上的增量.式(5-2)表明，积分上限是变量的函数对上限的导数等于被积函数在上限这点的值.

二、变上限的定积分及其对上限的导数

设 $f(x)$在$[a,b]$上连续，则 $f(x)$在$[a,b]$上可积，对任意的 $x\in[a,b]$，则 $\int_a^x f(t)\mathrm{d}t$ 存在.这个积分是上限 x 的函数，由于积分与变元采用的记号无关，这个积分也常记作 $\int_a^x f(x)\mathrm{d}x$.将这个函数记作 $\Phi(x)$，即

$$\Phi(x)=\int_a^x f(x)\mathrm{d}x. \tag{5-3}$$

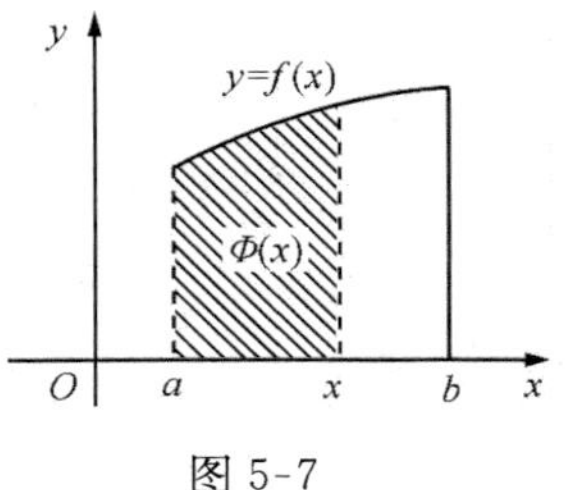

图 5-7

从几何上看，如图 5-7 所示，$\Phi(x)$表示在$[a,x]$上的曲边梯形的面积(即图中的阴影部分)，这个面积随 x 的值而定，关于 $\Phi(x)$有如下定理.

定理 5-3-1 设 $f(x)$在$[a,b]$上连续，则由(5-3)定义的 $\Phi(x)$在$[a,b]$上可导，且有

$$\Phi'(x)=\frac{\mathrm{d}}{\mathrm{d}x}\left[\int_a^x f(x)\mathrm{d}x\right]=f(x). \tag{5-4}$$

证 由导数的定义可知

$$\Phi'(x)=\lim_{\Delta x\to 0}\frac{\Delta\Phi}{\Delta x}.$$

因为

$$\Delta\Phi=\Phi(x+\Delta x)-\Phi(x)=\int_a^{x+\Delta x} f(t)\mathrm{d}t-\int_a^x f(t)\mathrm{d}t=\int_x^{x+\Delta x} f(t)\mathrm{d}t,$$

由积分中值定理又有

$$\Delta\Phi=\int_x^{x+\Delta x} f(t)\mathrm{d}t=f(\xi)\Delta x,\quad \xi\in[x,x+\Delta x]\text{或}[x+\Delta x,x],$$

因此

$$\Phi'(x)=\lim_{\Delta x\to 0}\frac{\Delta\Phi}{\Delta x}=\lim_{\Delta x\to 0}f(\xi)=f(x).$$

最后一步是利用了 $f(x)$的连续性.

例 5-3-1 求 $\frac{\mathrm{d}}{\mathrm{d}x}\left(\int_0^x \sin t\,\mathrm{d}t\right)$.

解 由定理 5-3-1 可得$\frac{\mathrm{d}}{\mathrm{d}x}\left(\int_0^x \sin t\,\mathrm{d}t\right)=\sin x$.

例 5-3-2 求 $\left(\int_{-x}^x \mathrm{e}^{-t}\mathrm{d}t\right)'$.

解 原式$=\left(\int_{-x}^c \mathrm{e}^{-t}\mathrm{d}t+\int_c^x \mathrm{e}^{-t}\mathrm{d}t\right)'=\left(-\int_c^{-x} \mathrm{e}^{-t}\mathrm{d}t+\int_c^x \mathrm{e}^{-t}\mathrm{d}t\right)'$

$$=-\left(\int_c^{-x}\mathrm{e}^{-t}\mathrm{d}t\right)'+\left(\int_c^{x}\mathrm{e}^{-t}\mathrm{d}t\right)'=-\mathrm{e}^{-(-x)}(-x)'+\mathrm{e}^{-x}=\mathrm{e}^{x}+\mathrm{e}^{-x}.$$

例 5-3-3 求$\left(\int_0^{x^2}x\mathrm{e}^{t^2}\mathrm{d}t\right)'\quad(x>0)$.

解 这是复合函数求导问题,定积分是上限 x^2 的函数,x^2 又是 x 的函数.被积函数中 x 与积分变量 t 无关,可视为常数提出,故 $\left(\int_0^{x^2}x\mathrm{e}^{t^2}\mathrm{d}t\right)'=\left(x\int_0^{x^2}\mathrm{e}^{t^2}\mathrm{d}t\right)'$ 利用四则法则、复合函数求导法则和定理 5-3-1 可得

$$\left(\int_0^{x^2}x\mathrm{e}^{t^2}\mathrm{d}t\right)'=\left(x\int_0^{x^2}\mathrm{e}^{t^2}\mathrm{d}t\right)'=\int_0^{x^2}\mathrm{e}^{t^2}\mathrm{d}t+x\cdot\mathrm{e}^{x^4}\cdot 2x.$$

例 5-3-4 求$\lim\limits_{x\to 0}\dfrac{\int_0^x\sin t^2\mathrm{d}t}{x^3}$.

解 当 $x\to 0$ 时,这是“$\dfrac{0}{0}$”型的未定式,利用洛必达法则,有

$$\lim_{x\to 0}\frac{\int_0^x\sin t^2\mathrm{d}t}{x^3}=\lim_{x\to 0}\frac{\sin x^2}{3x^2}=\frac{1}{3}.$$

定理 5-3-1 实际上也给出了如下的原函数存在定理.

定理 5-3-2 如果 $f(x)$在$[a,b]$上连续,则

$$\Phi(x)=\int_a^x f(t)\mathrm{d}t$$

就是 $f(x)$在$[a,b]$上的一个原函数.

定理 5-3-1 和定理 5-3-2 的重要意义在于,一方面肯定了连续函数原函数的存在性,另一方面也揭示了定积分与原函数之间的联系.下面给出定积分的基本公式.

三、牛顿-莱布尼茨公式

定理 5-3-3 设 $f(x)$在$[a,b]$上连续,$F(x)$是 $f(x)$在$[a,b]$上的一个原函数,则

$$\int_a^b f(x)\mathrm{d}x=F(b)-F(a)=F(x)\Big|_a^b. \tag{5-5}$$

证 已知$F(x)$是 $f(x)$的一个原函数,由定理 5-3-2 可知$\Phi(x)$也是 $f(x)$的一个原函数,于是

$$F(x)-\Phi(x)=C(\text{常数}). \tag{5-6}$$

为了确定常数 C,以 $x=a$ 代入式(5-6),得

$$F(a)-\Phi(a)=C,$$

而 $\Phi(a)=0$,故 $C=F(a)$,于是

$$F(x)-\Phi(x)=F(a).$$

再以 $x=b$ 代入上式,得

$$F(b)-\Phi(b)=F(a),$$

即

$$\Phi(b)=\int_a^b f(t)\mathrm{d}t=F(b)-F(a)=F(x)\Big|_a^b. \tag{5-7}$$

式(5-7)就是著名的牛顿(Newton)-莱布尼茨(Leibniz)公式，它是计算定积分的有力工具.式(5-7)进一步揭示了定积分与被积函数的原函数之间的联系，它把求定积分的问题转化为求原函数或不定积分的问题.鉴于式(5-7)的重要性，通常称其为微积分的基本公式.

例 5-3-5 求 $\int_0^{\pi} \sin x \, dx$.

解 $$原式=-\cos x\Big|_0^{\pi}=-(\cos\pi-\cos 0)=2.$$

例 5-3-6 求 $\int_{-1}^{\sqrt{3}} \frac{1}{1+x^2} dx$.

解 $$原式=\arctan x\Big|_{-1}^{\sqrt{3}}=\arctan\sqrt{3}-\arctan(-1)=\frac{\pi}{3}-\left(-\frac{\pi}{4}\right)=\frac{7}{12}\pi.$$

例 5-3-7 求 $\int_{-2}^{-1} \frac{1}{x} dx$.

解 $$原式=\ln|x|\Big|_{-2}^{-1}=\ln 1-\ln 2=-\ln 2.$$

例 5-3-8 求 $\int_{-4}^{3} |x-1| \, dx$.

解 $$\begin{aligned}原式&=\int_{-4}^{1}(1-x)dx+\int_{1}^{3}(x-1)\,dx=\left(x-\frac{x^2}{2}\right)\Big|_{-4}^{1}+\left(\frac{x^2}{2}-x\right)\Big|_{1}^{3}\\&=\frac{1}{2}-(-12)+\frac{3}{2}-\left(-\frac{1}{2}\right)=14\frac{1}{2}.\end{aligned}$$

应用牛顿-莱布尼茨公式，必须注意定理的条件，即 $f(x)$在$[a,b]$上连续.如果这一条件不满足，就不能使用该公式.下面两点应引起注意：

(1)如果 $f(x)$在$[a,b]$上只有有限个第一类间断点，由定积分存在的充分条件可知，定积分 $\int_a^b f(x)dx$ 存在.下面仅以 $f(x)$在$[a,b]$上一个间断点 $x=c$ 为例说明.将$[a,b]$分成两个区间$[a,c]$和$[c,b]$，补充定义 $f(c)=\lim\limits_{x\to c^-} f(x)$使 $f(x)$在$[a,c]$上连续，又补充定义 $f(c)=\lim\limits_{x\to c^+} f(x)$使在$[c,b]$上 $f(x)$也连续，由定积分的性质可得
$$\int_a^b f(x)dx=\int_a^c f(x)dx+\int_c^b f(x)dx.$$
右端每个积分都可以用牛顿-莱布尼茨公式算出.

例 5-3-9 设 $f(x)=\begin{cases}2x, & 0\leqslant x\leqslant 1,\\ 5, & 1<x\leqslant 2,\end{cases}$ 求 $\int_0^2 f(x)dx$.

解 $$原式=\int_0^1 2x\,dx+\int_1^2 5dx=x^2\Big|_0^1+5x\Big|_1^2=1+5(2-1)=6.$$

(2)如果 $f(x)$在$[a,b]$上无界，由积分存在的必要条件可知，定积分 $\int_a^b f(x)dx$ 是不存在的，当然不能使用牛顿-莱布尼茨公式，否则将导致错误的结果.

例 5-3-10 $$\int_{-2}^{2}\frac{1}{x^2}dx\neq\left(-\frac{1}{x}\right)\Big|_{-2}^{2}=-\frac{1}{2}+\left(-\frac{1}{2}\right)=-1.$$

因为 $f(x)=\frac{1}{x^2}$ 在 $x=0$ 不连续，不能用牛顿-莱布尼茨公式.而且 $\lim\limits_{x\to 0}\frac{1}{x^2}=\infty$，故 $f(x)$ 在 $[-2,2]$ 上无界，$\int_{-2}^{2}\frac{1}{x^2}\mathrm{d}x$ 不存在.

练习题 5-3 （见习题五）
（二）1(1)(2)，2，3，5(1).

作业题 5-3 （见习题五）
（三）1，2，3，5.

第四节 定积分的换元积分法

【学习要求】

应用定积分的换元积分法计算定积分.

【学习目标】

(1)正确应用定积分的换元积分法并得出正确结果的能力.

(2)具有正确完成定积分基本等式证明的能力.

$\int_0^{\frac{\pi}{2}}f(\sin x)\mathrm{d}x=\int_0^{\frac{\pi}{2}}f(\cos x)\mathrm{d}x$； $\int_0^{\pi}xf(\sin x)\mathrm{d}x=\frac{\pi}{2}\int_0^{\pi}(\sin x)\mathrm{d}x$；

$\int_0^{\pi}\sin^n x\mathrm{d}x=2\int_0^{\frac{\pi}{2}}\sin^n x\mathrm{d}x$； $\int_0^1 x^m(1-x)^n\mathrm{d}x=\int_0^1 x^n(1-x)^m\mathrm{d}x$；

$\int_{-a}^{a}f(x)\mathrm{d}x=2\int_0^a f(x)\mathrm{d}x$ 若$(f(-x)=f(x))$；

$\int_{-a}^{a}f(x)\mathrm{d}x=0$ （若 $f(-x)=-f(x)$）；

$\int_a^{a+T}f(x)\mathrm{d}x=\int_0^T f(x)\mathrm{d}x$（若 $f(x+T)=f(x)$）.

(3)正确应用对称区间奇偶函数积分的性质完成定积分计算的能力.

【学习提示】

(1)写出定积分的换元积分法与不定积分的换元积分法的不同之处.

(2)从几何直观上，解释对称区间奇偶函数积分结论是正确的.

(3)从几何直观上，解释周期函数在长度为一个周期区间上的积分特征.

(4)借助于 $\int_0^1 x^m(1-x)^n\mathrm{d}x=\int_0^1 x^n(1-x)^m\mathrm{d}x$ 的证明，写出定积分等式证明的特点.

前面我们已将计算定积分的问题转化为求原函数或不定积分的问题，而求不定积分已有现成的换元积分法和分部积分法，对于定积分由于涉及求出的原函数要代上、下限的值的问题，也有相应的定积分的换元积分法和分部积分法.这节讲换元积分法.

一、第一类换元积分法

定理 5-4-1 设 $u=\varphi(x)$ 在$[a,b]$上有连续导数，$y=f(u)$ 在相应的区间上连续，且

$F'(u)=f(u)$，则有

$$\int_a^b f[\varphi(x)]\varphi'(x)\mathrm{d}x=\int_a^b f[\varphi(x)]\mathrm{d}\varphi(x)=F[\varphi(x)]\Big|_a^b$$
$$=F[\varphi(b)]-F[\varphi(a)]. \tag{5-8}$$

这个定理可由不定积分的换元法直接证得.

例 5-4-1 求 $\int_0^{\pi}\frac{\sin x}{1+\cos^2 x}\mathrm{d}x$.

解
$$原式=\int_0^{\pi}\frac{-1}{1+\cos^2 x}\mathrm{d}\cos x=-\arctan(\cos x)\Big|_0^{\pi}$$
$$=-\arctan(\cos\pi)+\arctan(\cos 0)=-\left(-\frac{\pi}{4}\right)+\frac{\pi}{4}=\frac{\pi}{2}.$$

例 5-4-2 求 $\int_0^{\frac{\pi}{2}}\cos^5 x\sin x\,\mathrm{d}x$.

解 $原式=-\int_0^{\frac{\pi}{2}}\cos^5 x\,\mathrm{d}\cos x=-\frac{1}{6}\cos^6 x\Big|_0^{\frac{\pi}{2}}=-\frac{1}{6}(0-1)=\frac{1}{6}.$

例 5-4-3 求 $\int_1^{\mathrm{e}}\frac{1}{x\sqrt[3]{(1+\ln x)^2}}\mathrm{d}x$.

解 $原式=\int_1^{\mathrm{e}}\frac{1}{\sqrt[3]{(1+\ln x)^2}}\mathrm{d}(1+\ln x)=3(1+\ln x)^{\frac{1}{3}}\Big|_1^{\mathrm{e}}=3(2^{\frac{1}{3}}-1).$

例 5-4-4 求 $\int_0^{\pi}\sqrt{\sin^3 x-\sin^5 x}\,\mathrm{d}x$.

解
$$原式=\int_0^{\pi}\sin^{\frac{3}{2}}x\,|\cos x|\,\mathrm{d}x=\int_0^{\frac{\pi}{2}}\sin^{\frac{3}{2}}x\cos x\,\mathrm{d}x-\int_{\frac{\pi}{2}}^{\pi}\sin^{\frac{3}{2}}x\cos x\,\mathrm{d}x$$
$$=\int_0^{\frac{\pi}{2}}\sin^{\frac{3}{2}}x\,\mathrm{d}\sin x-\int_{\frac{\pi}{2}}^{\pi}\sin^{\frac{3}{2}}x\,\mathrm{d}\sin x=\frac{2}{5}\sin^{\frac{5}{2}}x\Big|_0^{\frac{\pi}{2}}-\frac{2}{5}\sin^{\frac{5}{2}}x\Big|_{\frac{\pi}{2}}^{\pi}$$
$$=\frac{2}{5}(1-0)-\frac{2}{5}(0-1)=\frac{4}{5}.$$

本例如果忽略了被积函数化简后不加绝对值将导致错误结果.

例 5-4-5 求 $\int_{-\frac{\pi}{2}}^{\frac{\pi}{2}}\frac{1}{1+\cos x}\mathrm{d}x$.

解
$$原式=\int_{-\frac{\pi}{2}}^{\frac{\pi}{2}}\frac{1}{2\cos^2\frac{x}{2}}\mathrm{d}x=\int_{-\frac{\pi}{2}}^{\frac{\pi}{2}}\sec^2\frac{x}{2}\mathrm{d}\left(\frac{x}{2}\right)$$
$$=\tan\frac{x}{2}\Big|_{-\frac{\pi}{2}}^{\frac{\pi}{2}}=1-(-1)=2.$$

这个例子如果采用被积函数分子和分母同乘以 $1-\cos x$，将会出现什么问题.请读者思考一下，并说明原因.

二、第二类换元积分法

定理 5-4-2 设 $f(x)$在$[a,b]$上连续，$x=\varphi(t)$满足下列条件：

(1)$x=\varphi(t)$在$[\alpha,\beta]$上单调且有连续导数；

(2)$\varphi(\alpha)=a$，$\varphi(\beta)=b$，

则有

$$\int_a^b f(x)\mathrm{d}x = \int_\alpha^\beta f[\varphi(t)]\varphi'(t)\mathrm{d}t. \tag{5-9}$$

证　因为 $f(x)$ 在 $[a,b]$ 上连续，所以存在原函数.设 $F(x)$ 是 $f(x)$ 的一个原函数，由牛顿-莱布尼茨公式可得

$$\int_a^b f(x)\mathrm{d}x = F(x)\Big|_a^b = F(b) - F(a).$$

另一方面，由复合函数微分法可得

$$(F[\varphi(t)])'_t = F'(x)\varphi'(t) = f(x)\varphi'(t) = f[\varphi(t)]\varphi'(t).$$

这说明 $F[\varphi(t)]$ 是 $f[\varphi(t)]\varphi'(t)$ 的一个原函数，故

$$\int_\alpha^\beta f[\varphi(t)]\varphi'(t)\mathrm{d}t = F[\varphi(t)]\Big|_\alpha^\beta = F[\varphi(\beta)] - F[\varphi(\alpha)] = F(b) - F(a).$$

综上所述，应有

$$\int_a^b f(x)\mathrm{d}(x) = \int_\alpha^\beta f[\varphi(t)]\varphi'(t)\mathrm{d}t.$$

利用式(5-9)计算定积分时要注意，积分限应随积分变量改变而改变，并且下限 a 对应的参数值 α 仍应写在下限，上限 b 对应的参数值 β 仍应写在上限，不论 $\alpha > \beta$ 或 $\beta > \alpha$ 皆如此.直接利用定积分的换元积分法，要比用不定积分的换元法简便，因为定积分换元的同时也改变了积分限，而省略了还原的过程.

例 5-4-6　求 $\int_1^4 \frac{1}{1+\sqrt{x}}\mathrm{d}x$.

解　设 $\sqrt{x} = t$，$x = t^2(t \geqslant 0)$.当 $x=1$ 时，$t=1$；当 $x=4$ 时，$t=2$.$x=\varphi(t)=t^2$ 在 $[1,2]$ 上单调且具有连续导数，于是

$$\int_1^4 \frac{1}{1+\sqrt{x}}\mathrm{d}x = \int_1^2 \frac{2t}{1+t}\mathrm{d}t = 2\int_1^2\left(1 - \frac{1}{1+t}\right)\mathrm{d}t = 2(t - \ln|1+t|)\Big|_1^2$$

$$= 2[2 - \ln 3 - (1 - \ln 2)] = 2\left(1 - \ln\frac{3}{2}\right).$$

如果取 $\sqrt{x} = -t(t \leqslant 0)$，则有

$$\int_1^4 \frac{1}{1+\sqrt{x}}\mathrm{d}x = \int_{-1}^{-2} \frac{2t}{1-t}\mathrm{d}t = 2\int_{-1}^{-2}\left(-1 + \frac{1}{1-t}\right)\mathrm{d}t$$

$$= 2(-t - \ln|1-t|)\Big|_{-1}^{-2} = 2(2 - \ln 3 - 1 + \ln 2) = 2\left(1 - \ln\frac{3}{2}\right).$$

例 5-4-7　求 $\int_{-1}^1 \sqrt{1-x^2}\,\mathrm{d}x$.

解　不用计算也知该积分的值为 $\frac{\pi}{2}$，因为由几何意义可知，它等于半径为 1 的半圆的面积.现在用换元积分法求解.

令 $x = \sin t\left(-\frac{\pi}{2} \leqslant t \leqslant \frac{\pi}{2}\right)$，$\mathrm{d}x = \cos t\,\mathrm{d}t$；$x=-1$ 时，$t = -\frac{\pi}{2}$；$x=1$ 对应 $t = \frac{\pi}{2}$.

于是

$$\int_{-1}^1 \sqrt{1-x^2}\,\mathrm{d}x = \int_{-\frac{\pi}{2}}^{\frac{\pi}{2}} \sqrt{1-\sin^2 t}\cos t\,\mathrm{d}t = \int_{-\frac{\pi}{2}}^{\frac{\pi}{2}} \cos^2 t\,\mathrm{d}t$$

$$=\frac{1}{2}\int_{-\frac{\pi}{2}}^{\frac{\pi}{2}}(1+\cos 2t)\mathrm{d}t=\frac{1}{2}\left(t+\frac{1}{2}\sin 2t\right)\Big|_{-\frac{\pi}{2}}^{\frac{\pi}{2}}=\frac{\pi}{2}.$$

例 5-4-8 求 $\int_{-2}^{-\sqrt{2}}\frac{1}{\sqrt{x^2-1}}\mathrm{d}x$.

解 令 $x=\sec t\left(\frac{\pi}{2}<t<\pi\right)$，$\mathrm{d}x=\sec t\tan t\,\mathrm{d}t$，$x=-2$ 对应 $t=\frac{2}{3}\pi$；$x=-\sqrt{2}$ 对应 $t=\frac{3}{4}\pi$. 于是

$$\int_{-2}^{-\sqrt{2}}\frac{1}{\sqrt{x^2-1}}\mathrm{d}x=\int_{\frac{2}{3}\pi}^{\frac{3}{4}\pi}\frac{\sec t\tan t}{\sqrt{\sec^2 t-1}}\mathrm{d}t=\int_{\frac{2}{3}\pi}^{\frac{3}{4}\pi}\frac{\sec t\tan t}{-\tan t}\mathrm{d}t$$

$$=-\int_{\frac{2}{3}\pi}^{\frac{3}{4}\pi}\sec t\,\mathrm{d}t=-\ln|\sec t+\tan t|\Big|_{\frac{2}{3}\pi}^{\frac{3}{4}\pi}=\ln\frac{2+\sqrt{3}}{1+\sqrt{2}}.$$

例 5-4-9 求 $\int_{\frac{1}{2}}^{\frac{3}{5}}\frac{1}{x\sqrt{1-x^2}}\mathrm{d}t$.

解 这个积分可以采用三角函数置换，这里采用倒置换 $x=\frac{1}{t}$，$\mathrm{d}x=\frac{-1}{t^2}\mathrm{d}t$，于是

$$\int_{\frac{1}{2}}^{\frac{3}{5}}\frac{1}{x\sqrt{1-x^2}}\mathrm{d}x=\int_{2}^{\frac{5}{3}}\frac{-1}{\sqrt{t^2-1}}\mathrm{d}t=-\ln|t+\sqrt{t^2-1}|\Big|_{2}^{\frac{5}{3}}$$

$$=-[\ln 3-\ln(2+\sqrt{3})]=\ln\frac{2+\sqrt{3}}{3}.$$

利用定积分的与积分变量采用的记号无关的性质，通过换元积分法，我们可得到奇函数、偶函数和周期函数的定积分的一些重要性质.

例 5-4-10 证明：

(1)若 $f(x)$ 在 $[-a,a]$ 上连续且为偶函数，则

$$\int_{-a}^{a}f(x)\mathrm{d}x=2\int_{0}^{a}f(x)\mathrm{d}x;$$

(2)若 $f(x)$ 在 $[-a,a]$ 上连续且为奇函数，则

$$\int_{-a}^{a}f(x)\mathrm{d}x=0.$$

证 因为

$$\int_{-a}^{a}f(x)\mathrm{d}x=\int_{-a}^{0}f(x)\mathrm{d}x+\int_{0}^{a}f(x)\mathrm{d}x,$$

对于积分 $\int_{-a}^{0}f(x)\mathrm{d}x$，作变换 $x=-t$，则

$$\int_{-a}^{0}f(x)\mathrm{d}x=-\int_{a}^{0}f(-t)\mathrm{d}t=\int_{0}^{a}f(-x)\mathrm{d}t,$$

所以

$$\int_{-a}^{a}f(x)\mathrm{d}x=\int_{0}^{a}[f(x)+f(-x)]\mathrm{d}t.$$

(1)若 $f(x)$ 为偶函数，有 $f(-x)=f(x)$，则

$$\int_{-a}^{a}f(x)\mathrm{d}x=2\int_{0}^{a}f(x)\mathrm{d}x.$$

(2)若 $f(x)$ 为奇函数，有 $f(-x)=-f(x)$，则

$$\int_{-a}^{a} f(x)\mathrm{d}x=0.$$

利用例 5-4-10 的结论，可以简化偶函数和奇函数在关于原点对称区间上的积分，例如

$$\int_{-2}^{2} \sin x^3 \mathrm{d}x=0.$$

注意到上式成立是由于 $\sin x^3$ 在 $[-2,2]$ 上连续且为奇函数.

例 5-4-11 设 $f(x)$ 在 $[0,1]$ 上连续，证明

$$\int_0^{\frac{\pi}{2}} f(\sin x)\mathrm{d}x=\int_0^{\frac{\pi}{2}} f(\cos x)\mathrm{d}x.$$

证 令 $x=\frac{\pi}{2}-t$，则

$$\int_0^{\frac{\pi}{2}} f(\sin x)\mathrm{d}x=-\int_{\frac{\pi}{2}}^{0} f(\cos t)\mathrm{d}t=\int_0^{\frac{\pi}{2}} f(\cos t)\mathrm{d}t=\int_0^{\frac{\pi}{2}} f(\cos x)\mathrm{d}x.$$

利用定积分证明等式时，如何选取变换是很关键的步骤，一般要从等式两边的积分限和被积函数的变化情况去考虑，当然也需要一定的技巧.如例 5-4-11 中，所要作的变换后的积分区间仍是 $\left[0,\frac{\pi}{2}\right]$，被积函数中的 $\sin x$ 应变成 $\cos x$，因此应选取变换 $x=\frac{\pi}{2}-t$.

例 5-4-12 若 $f(x)$ 是以 T 为周期的连续函数，证明

$$\int_a^{a+T} f(x)\mathrm{d}x=\int_0^T f(x)\mathrm{d}x,$$

其中 a 为任意常数.

证 由已知得 $f(x+T)=f(x)$，由积分的性质又得

$$\int_a^{a+T} f(x)\mathrm{d}x=\int_a^0 f(x)\mathrm{d}x+\int_0^T f(x)\mathrm{d}x+\int_T^{T+a} f(x)\mathrm{d}x.$$

对于右端的第三个积分，作变换 $x=t+T$，则有

$$\int_T^{T+a} f(x)\mathrm{d}x=\int_0^a f(t+T)\mathrm{d}t=\int_0^a f(t)\mathrm{d}t=\int_0^a f(x)\mathrm{d}x,$$

所以

$$\int_a^{a+T} f(x)\mathrm{d}x=-\int_0^a f(x)\mathrm{d}x+\int_0^T f(x)\mathrm{d}x+\int_0^a f(x)\mathrm{d}x=\int_0^T f(x)\mathrm{d}x.$$

例 5-4-13 设 $f(x)$ 在 $[0,1]$ 上连续，证明

$$\int_0^{\pi} x f(\sin x)\mathrm{d}x=\frac{\pi}{2}\int_0^{\pi} f(\sin x)\mathrm{d}x,$$

并计算 $\int_0^{\pi} \frac{x\sin x}{1+\cos^2 x}\mathrm{d}x$.

证 令 $x=\pi-t$，$\mathrm{d}x=-\mathrm{d}t$，则

$$\begin{aligned}\int_0^{\pi} x f(\sin x)\mathrm{d}x&=-\int_{\pi}^{0}(\pi-t)f(\sin(\pi-t))\mathrm{d}t\\&=\pi\int_0^{\pi} f(\sin t)\mathrm{d}t-\int_0^{\pi} t f(\sin t)\mathrm{d}t\end{aligned}$$

$$=\pi\int_0^{\pi}f(\sin x)\mathrm{d}x-\int_0^{\pi}xf(\sin x)\mathrm{d}x,$$

所以

$$\int_0^{\pi}xf(\sin x)\mathrm{d}x=\frac{\pi}{2}\int_0^{\pi}f(\sin x)\mathrm{d}x.$$

利用本例结果可得

$$\int_0^{\pi}\frac{x\sin x}{1+\cos^2x}\mathrm{d}x=\frac{\pi}{2}\int_0^{\pi}\frac{\sin x}{1+\cos^2x}\mathrm{d}x=-\frac{\pi}{2}\int_0^{\pi}\frac{1}{1+\cos^2x}\mathrm{d}\cos x$$

$$=-\frac{\pi}{2}\arctan(\cos x)\Big|_0^{\pi}=-\frac{\pi}{2}\left(-\frac{\pi}{4}-\frac{\pi}{4}\right)=\frac{\pi^2}{4}.$$

练习题 5-4 （见习题五）
（二）7(6)(10)(11)(13)，9(1)(4)(6).

作业题 5-4 （见习题五）
（三）4(1)—(7)，6，7，8，9.

第五节 定积分的分部积分法

【学习要求】

应用定积分的分部积分法.

【学习目标】

(1) 正确应用定积分的分部积分法计算定积分.

(2) 具有正确证明等式 $\int_0^{\frac{\pi}{2}}\sin^n x\,\mathrm{d}x=\int_0^{\frac{\pi}{2}}\cos^n x\,\mathrm{d}x=\frac{n-1}{n}\cdot\frac{n-3}{n-2}\cdot\cdots\cdot\begin{cases}\frac{1}{2}\cdot\frac{\pi}{2}, & n\text{ 为偶数},\\ \frac{2}{3}, & n\text{ 为奇数}\end{cases}$ 的能力.

(3) 具有应用等式 $\int_0^{\frac{\pi}{2}}\sin^n x\,\mathrm{d}x=\frac{n-1}{n}\cdot\frac{n-3}{n-2}\cdot\cdots\cdot\begin{cases}\frac{1}{2}\cdot\frac{\pi}{2}, & n\text{ 为偶数},\\ \frac{2}{3}, & n\text{ 为奇数}\end{cases}$ 简化计算的能力.

【学习提示】

参照例 5-5-5 的计算，计算 $\int_0^1 x^m(\sqrt{1-x^2})^{m-1}\mathrm{d}x$.

定理 5-5-1 设 $u=u(x)$，$v=v(x)$ 在 $[a,b]$ 上有连续的导数，则定积分的分部积分公式为

$$\int_a^b u(x)v'(x)\mathrm{d}x=u(x)v(x)\Big|_a^b-\int_a^b v(x)u'(x)\mathrm{d}x, \tag{5-10}$$

或写成

$$\int_a^b u(x)\mathrm{d}v(x)=u(x)v(x)\Big|_a^b-\int_a^b v(x)\mathrm{d}u(x). \tag{5-11}$$

证　由乘积函数的导数公式,得

$$[u(x)v(x)]'=u'(x)v(x)+u(x)v'(x).$$

两边取定积分,积分区间取为$[a,b]$,则有

$$\int_a^b [u(x)v(x)]'\mathrm{d}x=\int_a^b v(x)u'(x)\mathrm{d}x+\int_a^b u(x)v'(x)\mathrm{d}x,$$

所以

$$\int_a^b u(x)v'(x)\mathrm{d}x=[u(x)v(x)]_a^b-\int_a^b v(x)u'(x)\mathrm{d}x.$$

什么时候利用分部积分法及如何选择 u 和 $\mathrm{d}v$,同不定积分一样.下面举例说明.

例 5-5-1　求 $\int_0^{\frac{1}{2}}\arcsin x\,\mathrm{d}x$.

解

$$\begin{aligned}原式&=x\arcsin x\Big|_0^{\frac{1}{2}}-\int_0^{\frac{1}{2}}\frac{x}{\sqrt{1-x^2}}\mathrm{d}x\\&=\frac{1}{2}\arcsin\frac{1}{2}+\sqrt{1-x^2}\Big|_0^{\frac{1}{2}}=\frac{\pi}{12}+\frac{\sqrt{3}}{2}-1.\end{aligned}$$

例 5-5-2　求$\int_0^1 x\mathrm{e}^{2x}\mathrm{d}x$.

解

$$\begin{aligned}原式&=\frac{1}{2}\int_0^1 x\,\mathrm{d}\mathrm{e}^{2x}=\frac{1}{2}\left(x\mathrm{e}^{2x}\Big|_0^1-\int_0^1\mathrm{e}^{2x}\mathrm{d}x\right)\\&=\frac{1}{2}\left(\mathrm{e}^2-\frac{1}{2}\int_0^1\mathrm{e}^{2x}\mathrm{d}(2x)\right)=\frac{1}{2}\left(\mathrm{e}^2-\frac{1}{2}\mathrm{e}^{2x}\Big|_0^1\right)\\&=\frac{1}{2}\left(\mathrm{e}^2-\frac{1}{2}\mathrm{e}^2+\frac{1}{2}\right)=\frac{1}{4}(\mathrm{e}^2+1).\end{aligned}$$

例 5-5-3　求$\int_{\frac{1}{\mathrm{e}}}^{\mathrm{e}}|\ln x|\mathrm{d}x$.

解

$$\begin{aligned}原式&=-\int_{\frac{1}{\mathrm{e}}}^1\ln x\,\mathrm{d}x+\int_1^{\mathrm{e}}\ln x\,\mathrm{d}x\\&=-\left(x\ln x\Big|_{\frac{1}{\mathrm{e}}}^1-\int_{\frac{1}{\mathrm{e}}}^1 x\cdot\frac{1}{x}\mathrm{d}x\right)+x\ln x\Big|_1^{\mathrm{e}}-\int_1^{\mathrm{e}}x\cdot\frac{1}{x}\mathrm{d}x\\&=-\left(\frac{1}{\mathrm{e}}-\int_{\frac{1}{\mathrm{e}}}^1\mathrm{d}x\right)+\mathrm{e}-\int_1^{\mathrm{e}}\mathrm{d}x\\&=-\frac{1}{\mathrm{e}}+1-\frac{1}{\mathrm{e}}+\mathrm{e}-\mathrm{e}+1=2-\frac{2}{\mathrm{e}}.\end{aligned}$$

例 5-5-4　求 $I_n=\int_0^{\frac{\pi}{2}}\sin^n x\,\mathrm{d}x=\int_0^{\frac{\pi}{2}}\cos^n x\,\mathrm{d}x$　(n 为非负整数).

解　由上节例 5-4-11 可知

$$\int_0^{\frac{\pi}{2}}\sin^n x\,\mathrm{d}x=\int_0^{\frac{\pi}{2}}\cos^n x\,\mathrm{d}x,$$

显然

$$I_0=\int_0^{\frac{\pi}{2}}\sin^0 x\,dx=\frac{\pi}{2},\quad I_1=\int_0^{\frac{\pi}{2}}\sin x\,dx=1.$$

当 $n\geqslant 2$ 时,利用分部积公式,得

$$\begin{aligned}I_n&=\int_0^{\frac{\pi}{2}}\sin^n x\,dx=-\int_0^{\frac{\pi}{2}}\sin^{n-1}x\,d\cos x\\&=-\sin^{n-1}x\cos x\Big|_0^{\frac{\pi}{2}}+(n-1)\int_0^{\frac{\pi}{2}}\sin^{n-2}x\cos^2 x\,dx\\&=(n-1)\int_0^{\frac{\pi}{2}}\sin^{n-2}x(1-\sin^2 x)\,dx\\&=(n-1)\int_0^{\frac{\pi}{2}}\sin^{n-2}x\,dx-(n-1)\int_0^{\frac{\pi}{2}}\sin^n x\,dx\\&=(n-1)I_{n-2}-(n-1)I_n,\end{aligned}$$

于是

$$I_n=\frac{n-1}{n}I_{n-2}. \tag{5-12}$$

称式(5-12) 为递推公式.下面分 n 为奇数和偶数两种情形讨论:

(1) 如果 n 为偶数,则有

$$\begin{aligned}I_n&=\frac{n-1}{n}I_{n-2}=\frac{n-1}{n}\,\frac{n-3}{n-2}\cdots\frac{3}{4}\times\frac{1}{2}I_0\\&=\frac{(n-1)(n-3)\cdots 3\times 1}{n(n-2)\cdots 4\times 2}\times\frac{\pi}{2}\quad(n=2,4,\cdots).\end{aligned} \tag{5-13}$$

(2) 如果 n 为奇数,则有

$$\begin{aligned}I_n&=\frac{n-1}{n}I_{n-2}=\frac{n-1}{n}\,\frac{n-3}{n-2}\cdots\frac{4}{5}\times\frac{2}{3}I_1\\&=\frac{(n-1)(n-3)\cdots\times 4\times 2}{n(n-2)\cdots\times 5\times 3}\quad(n=3,\cdots).\end{aligned} \tag{5-14}$$

利用记号

$$\begin{aligned}(2n)!!&=(2n)(2n-2)\cdots\times 4\times 2,\\(2n-1)!!&=(2n-1)(2n-3)\cdots\times 3\times 1,\end{aligned}$$

则有

$$I_{2n}=\frac{(2n-1)!!}{(2n)!!}\cdot\frac{\pi}{2},\quad I_{2n-1}=\frac{(2n-2)!!}{(2n-1)!!}\quad(n=1,2,\cdots), \tag{5-15}$$

式(5-15)应该记住,以后经常用到它.

例 5-5-5 求 $\int_0^1 x^8\sqrt{1-x^2}\,dx$.

解 令 $x=\sin t$, $dx=\cos t\,dt$. $x=0$ 时, $t=0$; $x=1$ 时, $t=\frac{\pi}{2}$,则

$$\int_0^1 x^8\sqrt{1-x^2}\,dx=\int_0^{\frac{\pi}{2}}\sin^8 t\cos^2 t\,dt=\int_0^{\frac{\pi}{2}}\sin^8 t\,dt-\int_0^{\frac{\pi}{2}}\sin^{10}t\,dt$$

$$=\frac{7!!}{8!!}\times\frac{\pi}{2}-\frac{9!!}{10!!}\times\frac{\pi}{2}=\frac{7}{512}\pi.$$

练习题 5-5　(见习题五)
(二)15(1)(2)(4)(5)(7).

作业题 5-5　(见习题五)
(三)4(8)(9).

第六节　定积分的近似计算

利用计算定积分的牛顿-莱布尼茨公式，一般总是要先求出原函数，然后再用公式.但是，并不是所有的连续函数都能求出它的原函数的有限表示形式(如第四章第五节中所提到的那些函数)，所以无法按公式计算.另外在实际问题中，有些函数只能用图形法或表格法给出，这时也不能按公式计算.因此，我们需要考虑定积分的近似计算问题.

由定积分的几何意义可知，当 $f(x)\geqslant 0$ 时，$\int_a^b f(x)\mathrm{d}x$ 在几何上表示曲边梯形的面积.因此不管定积分的实际意义如何，我们都可以用曲边梯形的面积来解释.下面讨论曲边梯形的面积的近似计算方法，这里讲三种近似方法.

一、矩形法

将曲边梯形分成若干个小曲边梯形，然后用小矩形近似代替小曲边梯形，从而求得积分的近似值(图 5-8).具体做法如下：

用分点分 $[a,b]$ 为 n 等分，其分点为

$$x_i=a+\frac{i}{n}(b-a),$$

$$\Delta x_i=\frac{b-a}{n}(i=1,2,\cdots,n),$$

记 $y_i=f(x_i)(i=0,1,\cdots,n)$，取 $\xi_i=x_{i-1}$，则有

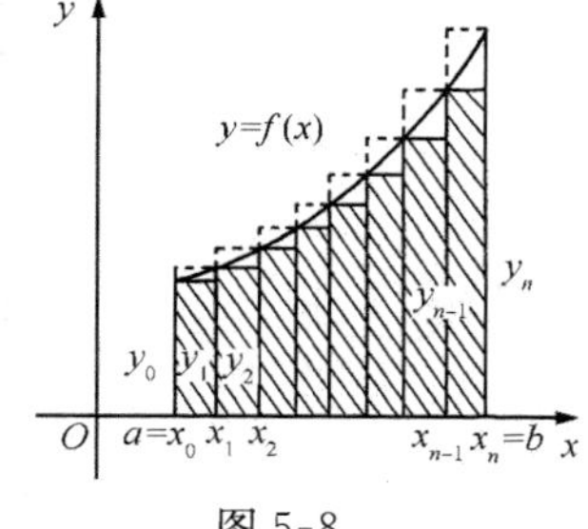

图 5-8

$$\int_a^b f(x)\mathrm{d}x\approx y_0\Delta x_1+y_1\Delta x_2+\cdots+y_{n-1}\Delta x_n$$

$$=\frac{b-a}{n}(y_0+y_1+\cdots+y_{n-1}).\qquad(5\text{-}16)$$

如果取 $\xi_i=x_i$，则有

$$\int_a^b f(x)\mathrm{d}x\approx\frac{b-a}{n}(y_1+y_2+\cdots+y_n).\qquad(5\text{-}17)$$

式(5-16)和式(5-17)称为矩形法公式.

二、梯形法

与矩形法类似，每个小曲边梯形如果用梯形近似代替(图 5-9)，则有近似公式

$$f(x)\mathrm{d}x\approx\frac{1}{2}(y_0+y_1)\Delta x_1+\frac{1}{2}(y_1+y_2)\Delta x_2+\cdots+\frac{1}{2}(y_{n-1}+y_n)\Delta x_n$$

$$=\frac{b-a}{n}\left[\frac{1}{2}(y_0+y_n)+y_1+y_2+\cdots+y_{n-1}\right]. \tag{5-18}$$

式(5-18)称为梯形法近似公式，该公式所得的近似值实际上是由式(5-16)和式(5-17)所得的近似值的算术平均值.

三、抛物线法(辛普森公式)

矩形法和梯形法都是用直线段来近似代替曲线段，从函数的角度来考虑，是用常数或线性函数来代替 $f(x)$.为了提高精确度，能否用曲线弧来代替被积函数.为此，我们考虑用二次函数 $y=px^2+qx+r$ 来代替被积函数 $f(x)$.

悉知，由已知三点 $M_0(x_0,y_0)$，$M_1(x_1,y_1)$ 和 $M_2(x_2,y_2)$ 可唯一确定一条过该三点的抛物线 $y=px^2+qx+r$，其中系数 p,q 和 r 由如下方程所确定：

$$\begin{cases} y_0=px_0^2+qx_0+r, \\ y_1=px_1^2+qx_1+r, \\ y_2=px_2^2+qx_2+r, \end{cases}$$

见图 5-10.

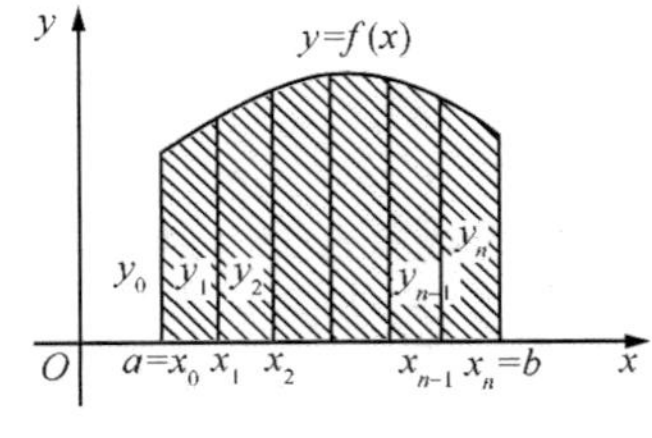

图 5-9

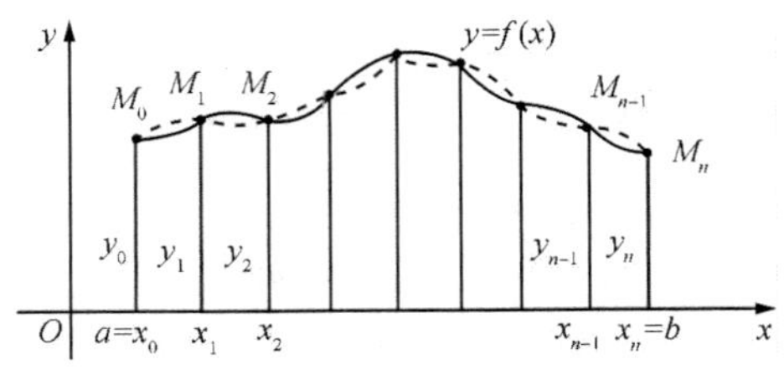

图 5-10

设 $x_1=\frac{x_0+x_2}{2}$，抛物线下的面积为

$$\begin{aligned} &\int_{x_0}^{x_2}(px^2+qx+r)\mathrm{d}x \\ &=\frac{p}{3}(x_2^3-x_0^3)+\frac{q}{2}(x_2^2-x_0^2)+r(x_2-x_0) \\ &=\frac{x_2-x_0}{6}[(px_2^2+qx_2+r)+(px_0^2+qx_0+r) \\ &\quad +p(x_2+x_0)^2+2q(x_2+x_0)+4r] \\ &=\frac{x_2-x_0}{6}(y_2+y_0+4y_1), \end{aligned}$$

即

$$\int_{x_0}^{x_2}(px^2+qx+r)\mathrm{d}x=\frac{x_2-x_0}{6}(y_0+4y_1+y_2). \tag{5-19}$$

如果把$[a,b]$分成 n 等份(n 为偶数)，分点 x_i 处的函数值记为 $y_i(i=0,1,2,\cdots,n)$，曲线上的对应点记为 $M_i(i=0,1,2,\cdots,n)$.用过 M_{2i}，M_{2i+1}，M_{2i+2} 三点的抛物线下的面积来近似$[x_{2i},x_{2i+2}]$上的曲边梯形的面积，由公式(5-19)，可得

$$\int_{x_{2i}}^{x_{2i+2}} f(x)\mathrm{d}x \approx \frac{b-a}{3n}(y_{2i}+4_{y_{2i+1}}+y_{2i+2}) \quad \left(i=0,1,2,\cdots,\frac{n}{2}-1\right),$$

于是

$$\begin{aligned}\int_a^b f(x)\mathrm{d}x &= \sum_{i=0}^{\frac{n}{2}-1}\int_{x_{2i}}^{x_{2i+2}} f(x)\mathrm{d}x \approx \frac{b-a}{3n}\sum_{i=0}^{\frac{n}{2}-1}(y_{2i}+4y_{2i+1}+y_{2i+2}) \\ &= \frac{b-a}{3n}[(y_0+y_n)+2(y_2+y_4+\cdots+y_{n-2}) \\ &\quad +4(y_1+y_3+\cdots+y_{n-1})],\end{aligned}$$

即

$$\begin{aligned}\int_a^b f(x)\mathrm{d}x \approx \frac{b-a}{3n}&[(y_0+y_n)+2(y_2+y_4+\cdots+y_{n-2})] \\ &+4(y_1+y_3+\cdots+y_{n-1})]. \qquad (5\text{-}20)\end{aligned}$$

式(5-20)称为抛物线法公式,又称为 Simpson 公式.

例 5-6-1 求 $\int_0^1 \mathrm{e}^{-x^2}\mathrm{d}x$ 的近似值.

解 取 $n=10$,将[0,1]区间 10 等份,分别用三种方法近似.

分点 $x_0=0, x_1=0.1, x_2=0.2, \cdots, x_{10}=1$,相应的函数值为 $y_0, y_1, y_2, \cdots, y_{10}$,其中 $y_i=\mathrm{e}^{-x_i^2}(i=0,1,\cdots,10)$.列表如下:

i	0	1	2	3	4	5
x_i	0	0.1	0.2	0.3	0.4	0.5
y_i	1.00000	0.99005	0.96079	0.91393	0.85214	0.77880
i	6	7	8	9	10	
x_i	0.6	0.7	0.8	1		
y_i	0.69768	0.61263	0.52729	0.44486	0.36786	

利用矩形法公式(5-16),得

$$\int_0^1 \mathrm{e}^{-x^2}\mathrm{d}x \approx (y_0+y_1+\cdots+y_9)\times 0.1 \approx 0.77782.$$

利用矩形法公式(5-17),得

$$\int_0^1 \mathrm{e}^{-x^2}\mathrm{d}x \approx (y_1+y_2+\cdots+y_{10})\times 0.1 \approx 0.71461.$$

利用梯形法公式(5-18),得

$$\int_0^1 \mathrm{e}^{-x^2}\mathrm{d}x \approx \frac{1}{2}(0.77782+0.71461) \approx 0.74621.$$

利用抛物线法公式(5-19),得

$$\begin{aligned}\int_0^1 \mathrm{e}^{-x^2}\mathrm{d}x &\approx \frac{1}{30}[(y_0+y_1)+2(y_2+y_4+y_6+y_8) \\ &\quad +4(y_1+y_3+y_5+y_7+y_9)] \\ &\approx 0.74683.\end{aligned}$$

例 5-6-2 设有河宽 20m,每隔 2m 测得河深列表如下:

x/m	0	2	4	6	8	10	12	14	16	18	20
y/m	0	1.2	5.4	7.8	8	8.7	7.9	7.4	5.4	4.3	2

试求河床的横截面面积 A 的近似值(图 5-11).

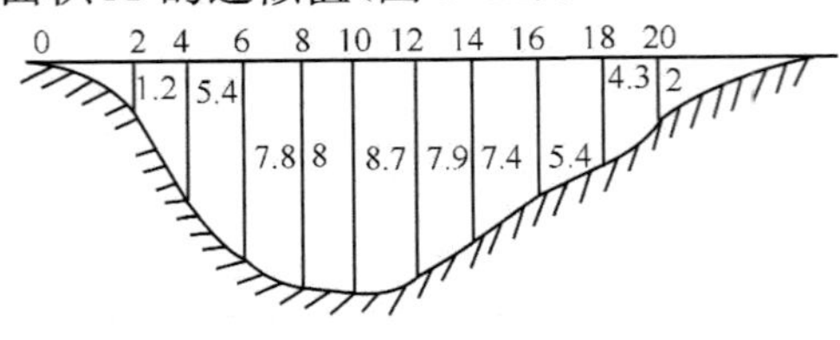

图 5-11

解 河床横截面面积可用定积分表示,即

$$A=\int_0^{20} f(x)\mathrm{d}x.$$

由抛物线法近似公式,则

$$A\approx\frac{20}{30}[0+2+4\times(1.2+7.8+8.7+7.4+4.3)+2\times(5.4+8+7.9+5.4)]\mathrm{m}^2\approx 115.3\mathrm{m}^2.$$

习 题 五

(一)

1.回答下列问题:

(1)定积分与不定积分有什么区别?

(2)定积分 $\int_a^b f(x)\mathrm{d}x$ 与哪些因素有关,与哪些因素无关?

(3) 定积分$\int_0^1 x^2\mathrm{d}x$ 的几何意义是什么?不定积分$\int x^2\mathrm{d}x$ 的几何意义是什么?

2.用定积分的几何意义说明下列等式的正确性?

(1)$\int_a^b k\mathrm{d}x=k(b-a)(a<b,k$ 常数);

(2)$\int_a^b x\mathrm{d}x=\frac{1}{2}(b^2-a^2)(a<b)$;

(3)$\int_0^a\sqrt{a^2-x^2}\mathrm{d}x=\frac{\pi a^2}{4}(a>0)$.

3.将下列和式的极限表示成定积分:

(1) $\lim\limits_{n\to\infty}\left(\frac{1}{n+1}+\frac{1}{n+2}+\cdots+\frac{1}{n+n}\right)$;

(2) $\lim\limits_{n\to\infty}\left(\frac{1}{\sqrt{4n^2-1}}+\frac{1}{\sqrt{4n^2-2^2}}+\cdots+\frac{1}{\sqrt{4n^2-n^2}}\right)$.

4.比较下列各积分的大小：

(1)$\int_0^1 x^2 \mathrm{d}x$ 与$\int_0^1 x^3 \mathrm{d}x$；　　(2)$\int_3^4 \ln x \mathrm{d}x$ 与$\int_3^4 \ln^2 x \mathrm{d}x$.

5.证明下列不等式：

(1) $\frac{1}{2} < \int_{\frac{\pi}{4}}^{\frac{\pi}{2}} \frac{\sin x}{x} \mathrm{d}x < \frac{\sqrt{2}}{2}$；　　(2) $\frac{3}{\mathrm{e}^4} < \int_{-1}^{2} \mathrm{e}^{-x^2} \mathrm{d}x < 3$.

6.指出下列运算中的错误：

(1)$\int_0^\pi \sqrt{\frac{1+\cos 2x}{2}} \mathrm{d}x = \int_0^\pi \sqrt{\cos^2 x} \mathrm{d}x = \int_0^\pi \cos x \mathrm{d}x = \sin x \Big|_0^\pi = 0$；

(2)$\int_{-1}^1 \frac{1}{x^2} \mathrm{d}x = -\frac{1}{x} \Big|_{-1}^1 = -2$；

(3)$I = \int_{-1}^1 \frac{3\mathrm{d}x}{x^2+x+1} \xlongequal{x=\frac{1}{u}} -\int_{-1}^1 \frac{3}{u^2+u+1} \mathrm{d}u = -\int_{-1}^1 \frac{3}{x^2+x+1} \mathrm{d}x = -I$，故$I=0$；

(4)$\int_0^3 x \sqrt[3]{1-x^2} \mathrm{d}x \xlongequal{x=\sin t} -\int_0^{\arcsin 3} \sin t \cos^{\frac{5}{3}} t \mathrm{d}t$；

(5)$\int_0^{\frac{3\pi}{4}} \frac{1}{1+\sin^2 x} \mathrm{d}x \xlongequal{\tan x = t} \int_0^{-1} \left(2 - \frac{1}{1+t^2}\right)^{-1} \frac{1}{1+t^2} \mathrm{d}t = \int_0^{-1} \frac{1}{1+2t^2} \mathrm{d}t$；

(6)$\int_{-\frac{1}{\sqrt{2}}}^{\frac{1}{\sqrt{2}}} \frac{1}{\sqrt{1-x^2}} \mathrm{d}x \xlongequal{x=\sin t} \int_{-\frac{3\pi}{4}}^{\frac{3\pi}{4}} \frac{\cos t}{\cos t} \mathrm{d}t = \frac{3\pi}{2}$；

(7)$\int_{-\frac{\pi}{2}}^{\frac{\pi}{2}} \frac{1}{1+\cos x} \mathrm{d}x = \int_{-\frac{\pi}{2}}^{\frac{\pi}{2}} \frac{1-\cos x}{1-\cos^2 x} \mathrm{d}x = \int_{-\frac{\pi}{2}}^{\frac{\pi}{2}} \frac{1-\cos x}{\sin^2 x} \mathrm{d}t = \int_{-\frac{\pi}{2}}^{\frac{\pi}{2}} \frac{1}{\sin^2 x} \mathrm{d}x - \int_{-\frac{\pi}{2}}^{\frac{\pi}{2}} \frac{\cos x}{\sin^2 x} \mathrm{d}x = \left(-\cot x + \frac{1}{\sin x}\right) \Big|_{-\frac{\pi}{2}}^{\frac{\pi}{2}} = 2$.

(二)

1.求解下列各题：

(1) 设 $f(x) = \int_1^x \frac{\sin t}{t} \mathrm{d}t$，求 $f'(x)$，$f'\left(\frac{\pi}{2}\right)$；

(2) 设 $f(x) = \int_0^{x^2} \sqrt{1+x^2} \mathrm{d}x$，求 $f'(x)$；

(3) $\frac{\mathrm{d}}{\mathrm{d}x}\left(\int_{x^2}^{x^3} \sqrt{\frac{1}{1+t^4}} \mathrm{d}t\right)$；

(4) $\frac{\mathrm{d}}{\mathrm{d}x}\left(\int_{\sin x}^{\cos x} \cos(\pi t^2) \mathrm{d}t\right)$.

2.已知函数 $y=y(x)$由下式

$$\int_0^y \mathrm{e}^{-t^2} \mathrm{d}t + \int_0^x \cos x^2 \mathrm{d}x = 0$$

所确定，求$\frac{\mathrm{d}y}{\mathrm{d}x}$，$\frac{\mathrm{d}y}{\mathrm{d}x}\Big|_{x=0}$.

3. 已知$\begin{cases} x=\int_0^t \sin u\,\mathrm{d}u, \\ y=\int_0^t \cos u\,\mathrm{d}u, \end{cases}$ 求$\dfrac{\mathrm{d}y}{\mathrm{d}x}$.

4.求函数 $I(x)=\int_0^x t\mathrm{e}^{-t^2}\,\mathrm{d}t$ 的极值.

5.求下列各极限：

(1) $\lim\limits_{x\to 0}\dfrac{\int_0^x \sin x^3\,\mathrm{d}x}{x^4}$；　(2) $\lim\limits_{x\to 0}\dfrac{\int_0^{x^2}\sqrt{1+t^2}\,\mathrm{d}t}{x^2}$.

6.设 $f(x)$在任何点 x 连续，且有

$$\int_0^x f(x)\,\mathrm{d}x=x^2(1+x),$$

求 $f(2)$.

7.计算下列定积分：

(1)$\int_1^3(3x-1)\,\mathrm{d}x$；　(2)$\int_{-1}^1\dfrac{1}{(x-3)^2}\,\mathrm{d}x$；

(3)$\int_{\frac{\pi}{3}}^{\pi}\sin\left(x+\dfrac{\pi}{3}\right)\mathrm{d}x$；　(4)$\int_{\frac{1}{\sqrt{3}}}^{\sqrt{3}}\dfrac{1}{1+x^2}\,\mathrm{d}x$；

(5)$\int_{-\frac{1}{2}}^{\frac{1}{2}}\dfrac{1}{\sqrt{1-x^2}}\,\mathrm{d}x$；　(6)$\int_{-1}^1\dfrac{3x^4+3x^2+1}{x^2+1}\,\mathrm{d}x$；

(7)$\int_{-\mathrm{e}-1}^{-2}\dfrac{1}{1+x}\,\mathrm{d}x$；　(8)$\int_1^{\mathrm{e}}\dfrac{1+\ln x}{x}\,\mathrm{d}x$；

(9)$\int_0^{\pi}(1-\sin^3\theta)\,\mathrm{d}\theta$；　(10)$\int_0^{\frac{\pi}{4}}\cos 2x\sqrt{4-\sin 2x}\,\mathrm{d}x$；

(11)$\int_2^3\dfrac{1}{2x^2+3x-2}\,\mathrm{d}x$；　(12)$\int_0^{\frac{\pi}{4}}\dfrac{1+\sin^2 x}{\cos^2 x}\,\mathrm{d}x$；

(13)$\int_0^2|1-x|\sqrt{(x-4)^2}\,\mathrm{d}x$.

8.设

$$f(x)=\begin{cases}1+x^2, & 0\leqslant x\leqslant 1,\\ 2-x, & 1<x\leqslant 2,\end{cases}$$

求 $\int_0^2 f(x)\,\mathrm{d}x$.

9.计算下列定积分：

(1)$\int_3^8\dfrac{x}{\sqrt{1+x}}\,\mathrm{d}x$；　(2)$\int_0^{\ln 2}\sqrt{\mathrm{e}^x-1}\,\mathrm{d}x$；

(3)$\int_0^1(x-1)^{10}x^2\,\mathrm{d}x$；　(4)$\int_1^{\mathrm{e}^2}\dfrac{1}{x\sqrt{1+\ln x}}\,\mathrm{d}x$；

(5)$\int_0^1\sqrt{(1-x^2)^3}\,\mathrm{d}x$；　(6)$\int_1^{\sqrt{3}}\dfrac{1}{x^2\sqrt{1+x^2}}\,\mathrm{d}x$；

(7) $\int_1^3 \frac{1}{x\sqrt{x^2+5x+1}}\mathrm{d}x$； (8) $\int_0^1 \frac{1}{1+\mathrm{e}^x}\mathrm{d}x$.

10.利用函数的奇偶性，计算下列定积分：

(1) $\int_{-\pi}^{\pi} x^4\sin x\,\mathrm{d}x$； (2) $\int_{-\frac{\pi}{2}}^{\frac{\pi}{2}} 4\cos^4\theta\,\mathrm{d}\theta$；

(3) $\int_{-5}^{5} \frac{x^3\sin^2 x+x^2+1}{x^4+2x^2+1}\mathrm{d}x$.

11.证明 $\int_0^a x^3 f(x^2)\mathrm{d}x=\frac{1}{2}\int_0^{a^2} xf(x)\mathrm{d}x\ (a>0)$，其中 $f(x)$ 在所讨论的区间上连续.

12.证明 $\int_x^1 \frac{1}{1+x^2}\mathrm{d}x=\int_1^{\frac{1}{x}} \frac{1}{1+x^2}\mathrm{d}x\quad (x>0)$.

13.证明 $\int_0^1 x^m(1-x)^n\mathrm{d}x=\int_0^1 x^n(1-x)^m\mathrm{d}x$.

14.证明 $\int_0^{\pi} \sin^n x\,\mathrm{d}x=2\int_0^{\frac{\pi}{2}} \sin^n x\,\mathrm{d}x$.

15.计算下列定积分：

(1) $\int_0^1 x\mathrm{e}^{-x}\mathrm{d}x$； (2) $\int_1^{\mathrm{e}} x\ln x\,\mathrm{d}x$； (3) $\int_1^4 \frac{\ln x}{\sqrt{x}}\mathrm{d}x$；

(4) $\int_0^1 x\arctan x\,\mathrm{d}x$； (5) $\int_0^{\frac{\pi}{\omega}} t\sin\omega t\,\mathrm{d}t$； (6) $\int_0^{\pi} x^2\cos 2x\,\mathrm{d}x$；

(7) $\int_0^{\frac{\pi}{2}} \mathrm{e}^{2t}\cos t\,\mathrm{d}t$； (8) $\int_{-\frac{1}{2}}^{\frac{1}{2}} \frac{x\arcsin x}{\sqrt{1-x^2}}\mathrm{d}x$； (9) $\int_0^{\frac{\pi}{2}} \cos^7 x\,\mathrm{d}x$；

(10) $\int_0^{\pi} \cos^8\frac{x}{2}\mathrm{d}x$.

16.设 $I_n=\int_0^{\frac{\pi}{4}} \tan^n x\,\mathrm{d}x$（$n>1$ 正整数），证明 $I_n=\frac{1}{n-1}-I_{n-2}$，并由此推出 $\int_0^{\frac{\pi}{4}} \tan^5 x\,\mathrm{d}x$.

17.计算 $\int_0^1 (1-x^2)^{\frac{m}{2}}\mathrm{d}x$（$m$ 自然数）.

#18.用三种近似计算方法计算

$$s=\int_0^{\frac{\pi}{2}} \sqrt{1-\frac{1}{2}\sin^2 t}\,\mathrm{d}t$$

的近似值（取 $n=6$，取 4 位小数）.

#19.用三种近似计算方法计算 $\int_1^2 \frac{\mathrm{d}x}{x}$ 以求 ln2 的近似值（$n=10$，取 4 位小数）.

（三）

1.计算

(1)设 $\phi(x)=\int_a^x \mathrm{e}^{x^2-t^2}\mathrm{d}t$，求 $\frac{\mathrm{d}\varphi}{\mathrm{d}x}$； (2) $\lim\limits_{x\to 0}\frac{\int_0^x \sqrt{\arcsin x}\,\mathrm{d}x}{\int_0^{\ln(1+x)} \sqrt{\tan x}\,\mathrm{d}x}$；

(3) $\lim\limits_{x\to 0}\dfrac{\int_{-2x}^{x}\ln(1+x)\mathrm{d}x}{\int_{0}^{\sin 2x}(\mathrm{e}^t-1)\mathrm{d}t}$.

2.求 $\phi(x)=\int_0^x \dfrac{2x+1}{x^2-x+2}\mathrm{d}x$ 在[0,2]上的最小值与最大值.

3.已知函数 $y=y(x)$ 由下式 $\int_0^y (t^2+1)\mathrm{e}^t\mathrm{d}t+\int_0^x \ln(2+x^3)\mathrm{d}x=0$ 所确定,求 $\dfrac{\mathrm{d}y}{\mathrm{d}x}$, $\dfrac{\mathrm{d}y}{\mathrm{d}x}\Big|_{x=0}$.

4.计算定积分

(1) $\int_{\frac{1}{\mathrm{e}}}^{\mathrm{e}}|\ln x|\mathrm{d}x$;

(2) $\int_{\frac{\pi}{4}}^{\frac{\pi}{3}}\cot x\cdot\ln\sin x\,\mathrm{d}x$;

(3) $\int_1^{\sqrt{3}}\dfrac{\sqrt{1+x^2}}{x}\mathrm{d}x$;

(4) $\int_{-1}^{1}(x+\sqrt{1-x^2})^2\mathrm{d}x$;

(5) $\int_{-\frac{\pi}{2}}^{\frac{\pi}{2}}(x^2\sin^3 x+x^2\cos x)\mathrm{d}x$;

(6) $\int_0^{\ln 5}\dfrac{\mathrm{e}^x\sqrt{\mathrm{e}^x-1}}{\mathrm{e}^x+1}\mathrm{d}x$;

(7) $\int_{-\frac{1}{2}}^{\frac{1}{2}}\dfrac{(\arccos x)^2}{\sqrt{1-x^2}}\mathrm{d}x$;

(8) $\int_1^{\mathrm{e}}\cos(\ln x)\mathrm{d}x$;

(9) $\int_0^1 x^3\sqrt{1-x^2}\mathrm{d}x$.

5.设 $f(x)=\begin{cases}x^2, & x\in[0,1],\\ x+1, & x\in(1,2],\end{cases}$ 求 $\varphi(x)=\int_0^x f(t)\mathrm{d}t$ 在[0,2]上的表达式,并讨论其在(0,2)内的连续性.

6.设 $f(x)$ 是连续的奇(偶)函数,证明 $\int_0^x f(t)\mathrm{d}t$ 是偶(奇)函数,并讨论 $F(x)=\int_0^x f(t)\mathrm{d}t$ 的奇(偶)性问题.

7.设 $f(x)$ 在$[a,b]$上连续,证明 $\int_a^b f(x)\mathrm{d}x=(b-a)\int_0^1 f[a+(b-a)x]\mathrm{d}x$.

8.证明 $\int_0^{\frac{\pi}{2}}\sin^m x\cos^n x\,\mathrm{d}x=\int_0^{\frac{\pi}{2}}\cos^n x\sin^m x\,\mathrm{d}x$.

9.证明:若函数 $f(x)$ 于闭区间[0,1]上连续,则

(1) $\int_0^{\frac{\pi}{2}}\dfrac{1+\sin x}{\sin^3 x+3}\mathrm{d}x=\int_0^{\frac{\pi}{2}}\dfrac{1+\cos x}{\cos^3 x+3}\mathrm{d}x$; (2) $\int_0^{\pi}\dfrac{x\sin x}{\sin^3 x+3}\mathrm{d}x=\dfrac{\pi}{2}\int_0^{\pi}\dfrac{\sin x}{\sin^3 x+3}\mathrm{d}x$.

选做:求极限, $\lim\limits_{n\to\infty}\left(\dfrac{n}{n^2+1}+\dfrac{n}{n^2+2^2}+\cdots+\dfrac{n}{n^2+n^2}\right)$.

(四)

1.设 $\varphi(x)=\int_{\sqrt{x}}^{\frac{1}{x}}(x-t)\cos t^2\mathrm{d}t$,求 $\dfrac{\mathrm{d}\varphi}{\mathrm{d}x}$.

2.设 $f(x)$ 为连续函数,$\varphi(x)=\int_a^x tf(x-t)\mathrm{d}t$,求 $\dfrac{\mathrm{d}\varphi}{\mathrm{d}x}$.

3.求常数 a,b 使

$$\lim_{x\to 0}\frac{1}{bx-\sin x}\int_0^x \frac{t^2}{\sqrt{a+t}}\mathrm{d}t=1.$$

4.求一个不恒等于零的连续函数 $f(x)$，使它满足

$$f^2(x)=\int_0^x f(t)\frac{\sin t}{2+\cos t}\mathrm{d}t.$$

5.设 $f(x)$ 在 $x>0$ 上可导，且满足下列方程

$$f(x)=1+\frac{1}{x}\int_1^x f(t)\mathrm{d}t,$$

求 $f(x)$.

6.求 $\lim\limits_{n\to\infty}\int_0^1 \frac{x^n}{1+x}\mathrm{d}x$.

7.设 $b>a$，函数 $f(x)$ 在 $[a,b]$ 上连续，在 (a,b) 内可导，且 $f'(x)>0$，证明函数 $F(x)=\frac{1}{x-a}\int_a^x f(t)\mathrm{d}t$ 在 (a,b) 内单调增加.

8.设 $f(x)$ 在 $[a,b]$ 上连续，且 $f(x)>0$，令

$$F(x)=\int_a^x f(t)\mathrm{d}t+\int_b^x \frac{1}{f(t)}\mathrm{d}t,$$

证明：(1) $F'(x)\geqslant 2$；(2) $F(x)=0$ 在 $[a,b]$ 内有且仅有一个根.

9.设 $f(x)$ 是连续函数，分别就下面两种情形求 $f(x)$.

(1) $\int_0^{x^3-1} f(x)\mathrm{d}x=x$；　　(2) $f(x)=x+2\int_0^1 f(x)\mathrm{d}x$.

10.设 $g(x)$ 处处连续，且 $g(1)=5$，$\int_0^1 g(t)\mathrm{d}t=2$，又 $f(x)=\frac{1}{2}\int_0^x (x-t)^2 g(t)\mathrm{d}t$，求证：$f'(x)=x\int_0^x g(t)\mathrm{d}t-\int_0^x t\cdot g(t)\mathrm{d}t$，并计算 $f''(1)$，$f'''(1)$.

11.设 $f(x)=\begin{cases}\cos x, & |x|<\dfrac{\pi}{2},\\ 0, & \dfrac{\pi}{2}\leqslant |x|\leqslant \pi,\end{cases}$ 求 $F(x)=\int_{-\pi}^x f(t)\mathrm{d}t$ 在 $[-\pi,\pi]$ 上的表达式.

12.设 $f(x)$ 在 $[0,+\infty)$ 上连续，在 $(0,+\infty)$ 内可导，如果存在两个正数 k_1,k_2 满足 $k_2 f(0)-\int_{k_1}^{k_1+k_2} f(x)\mathrm{d}x=0$，试证明：存在 ξ 使 $f'(\xi)=0$.

13.计算下列定积分(每题至少用两种方法)：

(1) $\int_{-2}^{-\sqrt{2}} \frac{\mathrm{d}x}{x\sqrt{x^2-1}}$；　　(2) $\int_{\frac{1}{2}}^1 \frac{\arcsin\sqrt{x}}{\sqrt{x(1-x)}}\mathrm{d}x$；

(3) $\int_0^3 \arcsin\sqrt{\frac{x}{1+x}}\mathrm{d}x$；　　(4) $\int_0^a \frac{1}{x+\sqrt{a^2-x^2}}\mathrm{d}x$；

(5) $\int_0^1 \frac{\ln(1+x)}{1+x^2}\mathrm{d}x$；　　(6) $\int_0^{\frac{\sqrt{2}}{2}} \sqrt{\frac{1-r^2}{1+r^2}}\,r\mathrm{d}r$.

14.计算 $I=\int_{-\frac{\pi}{4}}^{\frac{\pi}{4}} e^{\frac{x}{2}} \frac{\cos x-\sin x}{\sqrt{\cos x}} dx$ 的值.

15.设 $f(x)=\int_1^x \frac{\ln t}{1+t} dt$，求 $f(x)+f\left(\frac{1}{x}\right)$ 的值.

16.求证 $\int_0^{\frac{\pi}{2}} \sin^m x \cos^m x\, dx=\frac{1}{2^m}\int_0^{\frac{\pi}{2}} \cos^m x\, dx$ 并计算定积分 $\int_0^{\frac{\pi}{2}} \sin^5 x \cos^5 x\, dx$.

17.导出 $I_n=\int_0^{\frac{\pi}{4}} \tan^{2n} x\, dx$ 的递推公式，并计算 $\int_0^{\frac{\pi}{4}} \tan^8 x\, dx$.

18.设 $f(x)$ 为连续函数，证明：

$$\int_0^x f(t)(x-t) dt=\int_0^x\left(\int_0^t f(u) du\right) dt.$$

19.计算下列定积分：

(1) $\int_0^{100\pi} \sqrt{1-\cos 2x}\, dx$； (2) $\int_0^{\pi} |\cos x| \sqrt{1+\sin^2 x}\, dx$；

(3) $\int_0^{\pi} x \sin^n x\, dx$； (4) $\int_0^{\frac{\pi}{4}} \ln(1+\tan x) dx$.

20.求定积分 $\int_{-1}^1 |x| \ln \frac{4-2x}{2+x} dx$ 的值.

本章学习要点

一、基本内容小结

(1) 要理解定积分定义，定积分 $\int_a^b f(x) dx$ 是微积分的另一类重要极限，即积分和的极限

$$\int_a^b f(x) dx=\lim_{\lambda \to 0} \sum_{i=1}^n f(\xi_i) \Delta x_i.$$

要知道作这个和的极限是通过四步：分割、近似、作和、取极限而得到的，它是一个数，仅与被积函数和积分区间有关，与积分变量无关.

定积分存在的必要条件是 $f(x)$ 在 $[a,b]$ 上有界；定积分存在的一个充分条件是 $f(x)$ 在 $[a,b]$ 上连续.

要熟知定积分的几何意义，为下一章定积分的几何应用打下基础.

(2) 微积分的基本公式：牛顿-莱布尼茨公式是要重点掌握的，因为只有引进了这一公式才真正解决了定积分的计算问题.而使用该公式一定要注意条件，即 $f(x)$ 在 $[a,b]$ 上连续，否则将会得到错误的结果.在计算定积分时，要注意被积函数有绝对值的情形，一般要分积分为几个积分，去掉绝对值符号.

推导微积分的基本公式，主要是利用变上限函数及其导数公式，即

$$\left(\int_a^x f(t) dt\right)'=f(x),$$

该定理的条件也是 $f(x)$ 在 $[a,b]$ 上连续.该定理不仅是推导牛顿-莱布尼茨公式的主要

依据，而且它也是原函数存在定理的依据.

掌握该公式还要注意其他各种各样的情形：

(1) $\int_{x}^{b} f(x)\mathrm{d}t$；　(2) $\int_{a}^{\varphi(x)} f(t)\mathrm{d}t$；　(3) $\int_{\psi(x)}^{\varphi(x)} f(t)\mathrm{d}t$

等的求导公式.

(3) 定积分的换元积分法是计算定积分的一个重要方法.如果采用第一类换元积分(凑微分)法，像做不定积分一样，关键在于变换微分，这时不要改变积分限，但注意所求得的原函数中的变量仍为原来的积分变量.如果采用第二类换元积分法，则要根据被积函数的结构，沿用像不定积分一样所使用变量代换，一般要选择单调可导的函数 $x=\varphi(t)$，$t\in[\alpha,\beta]$，其主要目的是保证反函数是单值的.但要注意的是换元和换积分限要同时进行，并不要把积分限定反了.

(4) 用分部积分法计算不定积分，像用分部积分法计算不定积分一样，只是增加了积分限而已.

(5) 在计算定积分时，还要注意一些特殊函数的积分.比如，当积分的上、下限为相反数时，奇函数和偶函数的积分.由分部积分法所推出的积分 $\int_{0}^{\frac{\pi}{2}} \sin^n x\,\mathrm{d}x=\int_{0}^{\frac{\pi}{2}} \cos^n x\,\mathrm{d}x$ (n 为正整数)的公式，最好把它记住，以备以后应用.

二、重点

(1) 定积分概念，变上限函数求导，微积分基本公式.

(2) 换元积分法和分部积分法.

三、难点

(1) 变上限函数求导.

(2) 换元积分法，尤其是利用换元积分法证明积分等式.

第六章　定积分的应用　广义积分初步

定积分在几何上和物理上的应用是很广泛的,本章将介绍利用定积分求面积、体积、弧长、函数平均值、功、水压力和引力等.在本章的最后,利用定积分给出两种广义积分的定义,并进行初步研讨.

利用定积分来解决实际问题,我们不仅要会解决某一具体问题,更重要的是要掌握用定积分解决问题的基本思想方法.这里着重掌握两个问题:①什么样的问题能用定积分来解;②如何运用微元分析法(元素法)化实际问题为定积分.

第一个问题,由定积分的定义可知,用定积分所表示的量 I 有三个共同特征:

(1)量的大小取决于某个变量 x 的一个变化区间$[a,b]$,以及定义在该区间上的函数 $f(x)$.

(2)所求量 I 对区间$[a,b]$有可加性,即$[a,b]$上的总量 I 等于各子区间$[x_{i-1},x_i]$上的部分量之和,即

$$I=\sum_{i=1}^{n}\Delta I_i.$$

(3)部分量 ΔI_i 可以求近似值,且有 $\Delta I_i\approx f(\xi_i)\Delta x_i$,即部分量 ΔI 的近似值是 Δx 的线性齐次函数(省略下标 i).具有上述特征的量都可归结为定积分,即

$$\int_a^b f(x)\mathrm{d}x=\lim_{\lambda\to 0}\sum_{i=1}^{n}f(\xi_i)\Delta x_i.$$

第二个问题,把一个实际问题化成定积分,关键是以下两点:

(1)根据所求量对区间的可加性,确定是分哪个变量的变化区间,也就是选取一个适当的积分变量及确定积分区间(积分变量和积分区间的选取不是唯一的).

(2)在已确定的区间上,任取一个子区间$[x,x+\Delta x]$,在其上求部分量 ΔI 的近似值,即 $\Delta I\approx f(x)\Delta x$.称 $f(x)\Delta x$ 为所求量 I 的微元,记作 $\mathrm{d}I=f(x)\Delta x=f(x)\mathrm{d}x$,于是

$$I=\int_a^b f(x)\mathrm{d}x,$$

这里借用了微分的记号,将微元写成 $\mathrm{d}I$.

上述规定的微元,当 $f(x)$是连续函数时就是微分.事实上,当 $f(x)$是连续函数时,$I(x)=\int_a^x f(t)\mathrm{d}t$,$x\in[a,b]$ 就是 $f(x)$ 在$[a,b]$上的一个原函数,因为

$$\mathrm{d}I=\left[\int_a^x f(t)\mathrm{d}t\right]'_x\mathrm{d}x=f(x)\mathrm{d}x.$$

总之,要求出在$[a,b]$上的待求量 I,先要求出 I 的微元 $\mathrm{d}I=f(x)\mathrm{d}x$,以它作为子区间

$[x,x+\mathrm{d}x]$上局部量的近似值,然后写出定积分,便得出了所求量 I.这就是微元分析法.

第一节　平面图形的面积

【学习要求】

(1)理解定积分的元素法.

(2)应用定积分的元素法求平面图形面积的方法.

【学习目标】

(1)理解不同坐标系下平面面积的微元表达式形式.

(2)正确选择微元,应用定积分求平面图形面积的方法.

【学习提示】

(1)学习例 6-1-2,正确选择面积元的表达形式.

(2)明确参数方程确定的曲线的面积计算公式与直角坐标系曲线的面积计算公式的联系.

(3)写出常用的参数方程曲线、常用的极坐标曲线的方程.

(4)写出定积分的元素法(微元法)求面积的计算步骤.

一、直角坐标系下平面图形的面积

现在我们用微元分析法来建立面积公式.

(1)由连续曲线 $y=f(x)(y\geqslant 0)$、直线 $x=a,x=b$ 和 x 轴所围成的平面图形(图 6-1).

由于在$[x,x+\Delta x]$上所求量 A 的微元为

$$\Delta A\approx \mathrm{d}A=f(x)\mathrm{d}x,$$

所以

$$A=\int_a^b f(x)\mathrm{d}x.$$

(2)由两条连续曲线 $y=f(x),y=g(x)(f(x)\geqslant g(x))$和直线 $x=a,x=b$ 所围成的平面图形(图 6-2).

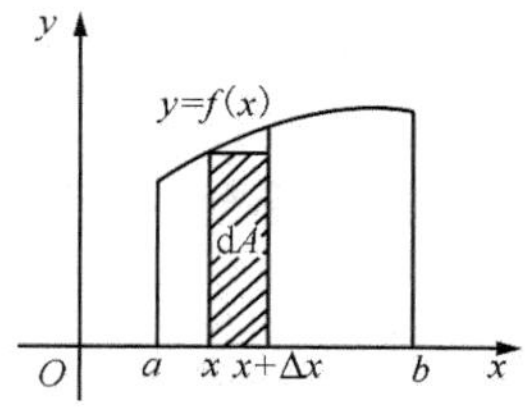

图 6-1

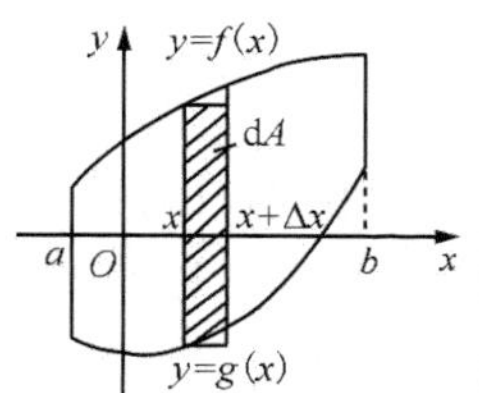

图 6-2

取 x 为积分变量,它的变化区间为$[a,b]$,因为所求面积 A 对区间$[a,b]$具有可加

性.考虑在区间$[x,x+\Delta x]$上所求面积 A 的微元为

$$\Delta A \approx [f(x)-g(x)]\Delta x = \mathrm{d}A,$$

所以

$$A=\int_a^b [f(x)-g(x)]\mathrm{d}x. \tag{6-1}$$

图 6-2 所表示的平面图形具有这样的特点:它在 x 轴上的投影为$[a,b]$,平行于 y 轴的直线与图形的边界曲线最多交于两点,这两点恰在由两个单值函数所表示的曲线上,这样的图形可用如下不等式组表示:

$$\begin{cases} a \leqslant x \leqslant b, \\ g(x) \leqslant y \leqslant f(x). \end{cases} \tag{6-2}$$

(3) 由连续曲线 $x=\varphi(y)\quad(x\geqslant 0)$,$y=c$,$y=d$ 和 y 轴所围成的平面图形(图 6-3).

所求面积 A 关于变量 y 的变化区间$[c,d]$具有可加性,选 y 为积分变量.A 在$[y,y+\Delta y]$上的微元为

$$\Delta A \approx \varphi(y)\Delta y = \mathrm{d}A,$$

所以

$$A=\int_c^d \varphi(y)\mathrm{d}y.$$

(4) 由连续曲线 $x=\varphi(y)$,$x=\psi(y)$($\varphi(y)\geqslant\psi(y)$),$y=c$ 和 $y=d$ 所围成的平面图形(图 6-4)).

图 6-3　　　　图 6-4

与(2) 类似地讨论,可得

$$A=\int_c^d [\varphi(y)-\psi(y)]\mathrm{d}y. \tag{6-3}$$

图 6-4 中的图形在 y 轴上投影为$[c,d]$,平行于 x 轴的直线与图形的边界曲线最多交于两点,它可以用如下不等式组表示:

$$\begin{cases} c \leqslant y \leqslant d, \\ \psi(y) \leqslant x \leqslant \varphi(y). \end{cases} \tag{6-4}$$

一般地,平面图形总可以用平行于 x 轴或 y 轴的直线把图形分成如图 6-2 或图 6-4 中的图形,然后用式(6-1) 或式(6-3) 求出面积.

例 6-1-1　求由曲线 $y=x^2$ 与 $y=\sqrt{x}$ 所围成的平面图形的面积(图 6-5).

解　首先求出两曲线的交点,解方程组

$$\begin{cases} y=x^2, \\ y=\sqrt{x}, \end{cases}$$

求出交点(0,0)和(1,1).图形的不等式表示为

$$\begin{cases}0\leqslant x\leqslant 1,\\ x^2\leqslant y\leqslant \sqrt{x}.\end{cases}$$

由式(6-1)可得

$$A=\int_0^1(\sqrt{x}-x^2)\mathrm{d}x=\left(\frac{2}{3}x^{\frac{3}{2}}-\frac{x^3}{3}\right)\Big|_0^1=\frac{1}{3}.$$

例 6-1-2　求由抛物线 $y^2=2x$ 与直线 $y=x-4$ 所围成的平面图形的面积(图 6-6).

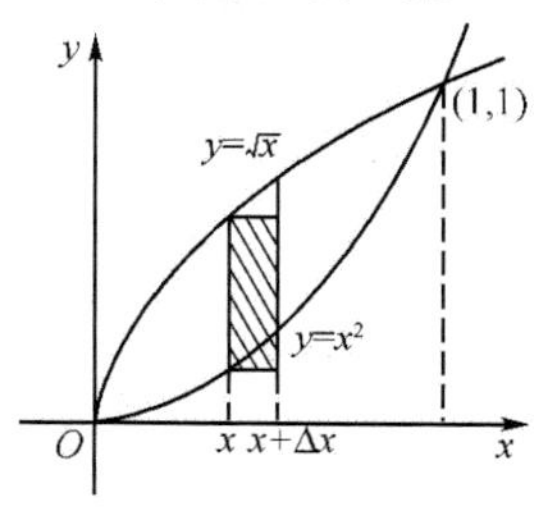

图 6-5

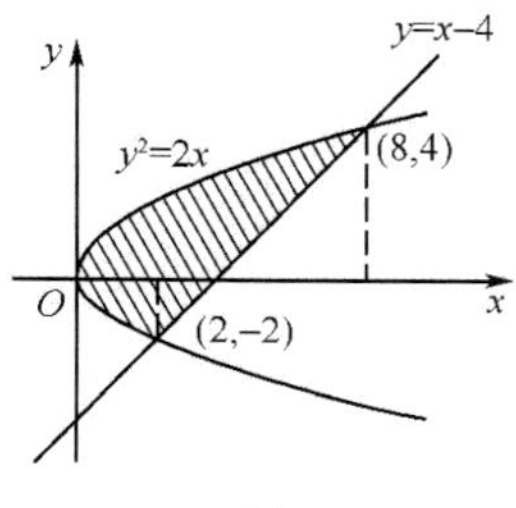

图 6-6

解　先求出两曲线的交点,解方程组

$$\begin{cases}y^2=2x,\\ y=x-4,\end{cases}$$

得交点为(2,−2)和(8,4).

如果选 x 为积分变量,应把图形在 x 轴上的投影区间[0,8]分为[0,2]和[2,8],整个图形分为两部分,用不等式表示为

$$\begin{cases}0\leqslant x\leqslant 2,\\ -\sqrt{2x}\leqslant y\leqslant\sqrt{2x}\end{cases}\quad 和\quad\begin{cases}2\leqslant x\leqslant 8,\\ x-4\leqslant y\leqslant\sqrt{2x}.\end{cases}$$

由式(6-1)可得

$$\begin{aligned}A&=\int_0^2[\sqrt{2x}-(-\sqrt{2x})]\mathrm{d}x+\int_2^8[\sqrt{2x}-(x-4)]\mathrm{d}x\\&=2\sqrt{2}\int_0^2\sqrt{x}\,\mathrm{d}x+\int_2^8(\sqrt{2x}-x+4)\mathrm{d}x\\&=\frac{4\sqrt{2}}{3}x^{\frac{3}{2}}\Big|_0^2+\frac{2\sqrt{2}}{3}x^{\frac{3}{2}}\Big|_2^8-\frac{x^2}{2}\Big|_2^8+4x\Big|_2^8\\&=\frac{16}{3}+\left(\frac{64}{3}-\frac{8}{3}\right)-(32-2)+4(8-2)\\&=24-30+24=18.\end{aligned}$$

如果取 y 为积分变量,平面图形的不等式表示为

$$\begin{cases}-2\leqslant y\leqslant 4,\\ \dfrac{y^2}{2}\leqslant x\leqslant 4+y,\end{cases}$$

所以,由式(6-3)可得

$$A=\int_{-2}^4\left(4+y-\frac{y^2}{2}\right)\mathrm{d}y=\left(4y+\frac{y^2}{2}-\frac{y^3}{6}\right)\Big|_{-2}^4=18.$$

由此例可见，积分变量选择适当，可使计算简便.

例 6-1-3 求椭圆$\frac{x^2}{a^2}+\frac{y^2}{b^2}=1$所围成图形的面积(图 6-7).

解 因为椭圆是关于 x 轴和 y 轴对称的，所以它的面积等于第一象限面积的 4 倍，即

$$A=4\int_0^a y\mathrm{d}x=\frac{4b}{a}\int_0^a\sqrt{a^2-x^2}\,\mathrm{d}x.$$

用换元积分法可以计算上面积分.现在我们利用参数方程，$x=a\cos t$，$y=b\sin t$ 计算，即

$$\begin{aligned}A&=4\int_{\frac{\pi}{2}}^{0}(b\sin t)(-a\sin t)\mathrm{d}t\\&=4ab\int_0^{\frac{\pi}{2}}\sin^2t\,\mathrm{d}t=2ab\int_0^{\frac{\pi}{2}}(1-\cos 2t)\mathrm{d}t\\&=2ab\left(t-\frac{1}{2}\sin 2t\right)\bigg|_0^{\frac{\pi}{2}}=\pi ab.\end{aligned}$$

一般地，若曲边梯形由参数方程

$$\begin{cases}x=\varphi(t),\\y=\psi(t)\end{cases}$$

给出时，曲边梯形的面积为

$$A=\int_\alpha^\beta\psi(t)\varphi'(t)\mathrm{d}t.$$

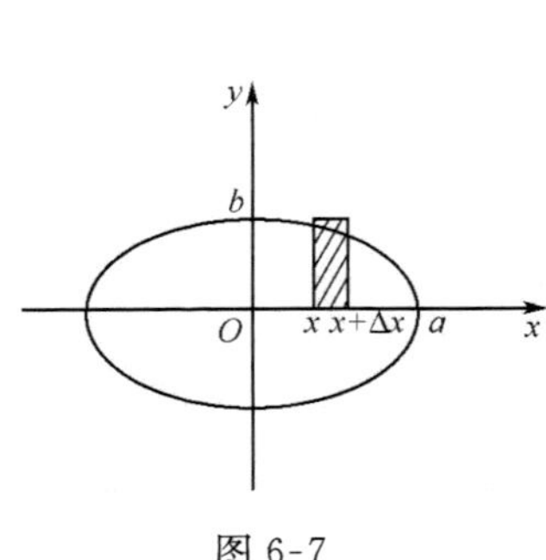

图 6-7

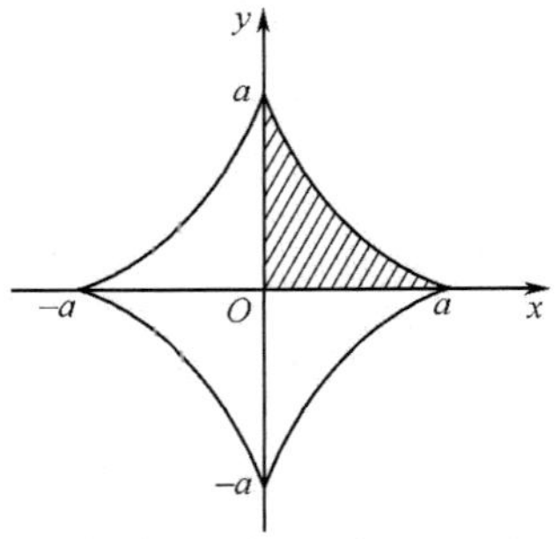

图 6-8

这相当于在直角坐标系下的原积分公式中，用参数方程确定的关系，对 y、x 进行变量代换，同时由 x 的变换来确定积分限.

例 6-1-4 求星形线 $x=a\cos^3t$，$y=a\sin^3t\,(a>0)$所围成图形的面积(图 6-8).

解 由于图形对称于 x 轴和 y 轴，所以

$$\begin{aligned}A&=4\int_0^a y\mathrm{d}x=4\int_{\frac{\pi}{2}}^{0}a\sin^3t(-3a\cos^2t\sin t)\mathrm{d}t\\&=12a^2\int_0^{\frac{\pi}{2}}\sin^4t\cos^2t\,\mathrm{d}t=12a^2\int_0^{\frac{\pi}{2}}(\sin^4t-\sin^6t)\mathrm{d}t\\&=12a^2\left(\frac{3}{4}\times\frac{1}{2}\times\frac{\pi}{2}-\frac{5}{6}\times\frac{3}{4}\times\frac{1}{2}\times\frac{\pi}{2}\right)=\frac{3}{8}\pi a^2.\end{aligned}$$

二、极坐标系下平面图形的面积

图 6-9 是由曲线 $\rho=\rho(\theta)$ 及射线 $\theta=\alpha,\theta=\beta$ 所围成的曲边扇形，求其面积 A.

如果 $\rho=\rho(\theta)$ 是以极点为圆心的圆弧，那么就是圆扇形，$\rho=$常数.关于圆扇形，我们已经有计算面积公式.现在的主要困难是 $\rho\neq$常数，但当 θ 变化不大时，$\rho(\theta)$ 的变化也很微小.一个小曲边扇形可以近似看做圆扇形，从而求出它的面积的近似值.经过这样的分析，我们取 θ 为积分变量，它的变化区间为$[\alpha,\beta]$，A 关于 θ 的变化区间具有可加性.

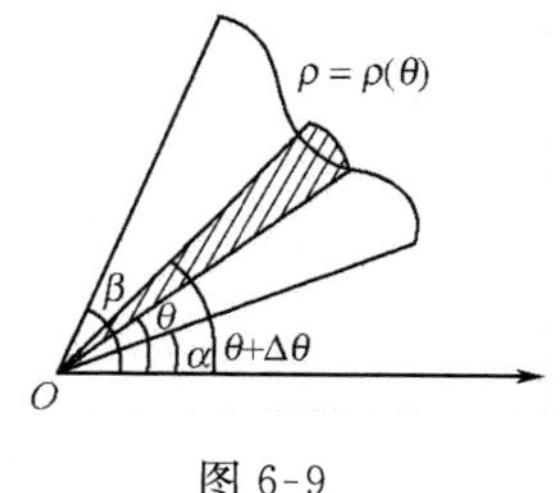

图 6-9

在区间$[\theta,\theta+\Delta\theta]$上求 A 的微元

$$\Delta A\approx\frac{1}{2}\rho^2(\theta)\Delta\theta=\mathrm{d}A,$$

从而有

$$A=\frac{1}{2}\int_\alpha^\beta\rho^2(\theta)\mathrm{d}\theta. \tag{6-5}$$

例 6-1-5 求心形线 $\rho=a(1+\cos\theta)$ 所围成的平面图形的面积($a>0$).

解 心形线对称于极轴，如图 6-10 所示.由式(6-5)可得

$$\begin{aligned}A&=2\times\frac{1}{2}\int_0^\pi a^2(1+\cos\theta)^2\mathrm{d}\theta=a^2\int_0^\pi 4\cos^4\frac{\theta}{2}\mathrm{d}\theta\\&\xlongequal{t=\frac{\theta}{2}}8a^2\int_0^{\frac{\pi}{2}}\cos^4t\,\mathrm{d}t\\&=8a^2\times\frac{3}{4}\times\frac{1}{2}\times\frac{\pi}{2}=\frac{3\pi a^2}{2}.\end{aligned}$$

例 6-1-6 求由圆 $\rho=\sqrt{2}\sin\theta$ 与双纽线 $\rho^2=\cos2\theta$ 所围图形公共部分的面积(图 6-11).

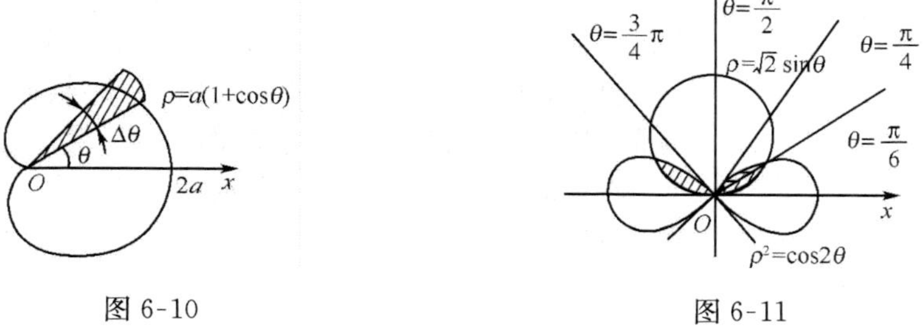

图 6-10　　图 6-11

解 由图可见，图形关于射线 $\theta=\frac{\pi}{2}$ 对称，只需求出它的一半面积然后 2 倍即可.公共部分面积由两部分组成：一部分是由圆 $\rho=\sqrt{2}\sin\theta$ 和射线 $\theta=0,\theta=\frac{\pi}{6}$ 所围成，另一部分由双纽线 $\rho^2=\cos2\theta$ 和射线 $\theta=\frac{\pi}{6},\theta=\frac{\pi}{4}$ 所围成.因此，所求面积为

$$\begin{aligned}A&=2\left(\frac{1}{2}\int_0^{\frac{\pi}{6}}2\sin^2\theta\mathrm{d}\theta+\frac{1}{2}\int_{\frac{\pi}{6}}^{\frac{\pi}{4}}\cos2\theta\mathrm{d}\theta\right)\\&=\int_0^{\frac{\pi}{6}}(1-\cos2\theta)\mathrm{d}\theta+\int_{\frac{\pi}{6}}^{\frac{\pi}{4}}\cos2\theta\mathrm{d}\theta\\&=\left(\theta-\frac{1}{2}\sin2\theta\right)\Bigg|_0^{\frac{\pi}{6}}+\frac{1}{2}\sin2\theta\Bigg|_{\frac{\pi}{6}}^{\frac{\pi}{4}}=\frac{\pi}{6}+\frac{1-\sqrt{3}}{2}\end{aligned}$$

练习题 6-1 （见习题六）
（二）1(3)(6),2.

作业题 6-1 （见习题六）
（三）1,2,3.

第二节 体 积

【学习要求】

应用定积分的元素法，求体积.

【学习目标】

(1)清楚求体积问题的类型.

(2)具有正确应用定积分的元素法求体积的能力.

【学习提示】

写出例 6-2-2 中，平行于转轴选择微元，其微元的体积表达式，会得出什么认识?

一、平行截面面积为已知的立体的体积

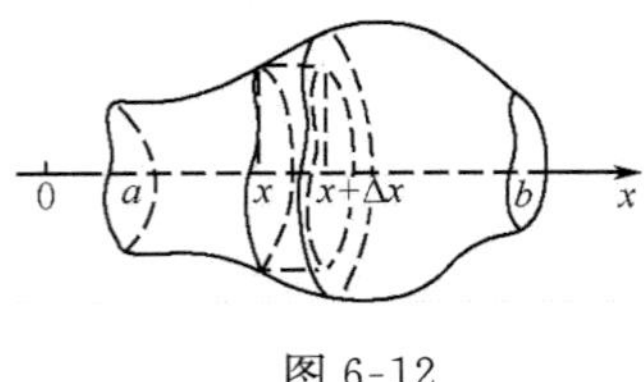

图 6-12

设有图 6-12 所示立体，它在 x 轴上的投影区间为$[a,b]$，对于 $x\in[a,b]$，过点 x 作垂直于 x 轴的平面截该立体所得的截面面积 $A(x)$ 为已知，求该立体的体积 V.

显然，所求的体积 V 关于区间$[a,b]$具有可加性，且局部量可以用小柱体的体积代替，作近似计算.

在区间$[x,x+\Delta x]$上体积的微元为

$$\Delta V\approx A(x)\Delta x=\mathrm{d}V.$$

所以

$$V=\int_a^b A(x)\mathrm{d}x. \tag{6-6}$$

例 6-2-1 设有一半径为 a 的圆柱体，用一个与底面交角为 α 且通过直径的平面去截，求截下部分立体的体积(图 6-13).

解 由式(6-6)可知，只要平行的截面面积为已知，便可由积分求出其体积.为此，需要选择一条合适的轴，取图 6-13(a)所示的坐标系，圆的方程为 $x^2+y^2=a^2$，x 为积分变量，用垂直于 x 轴的平面截该立体，截面为一直角三角形，两个直角边分别为 $y\tan\alpha$ 和 y，从而

$$A(x)=\frac{1}{2}y^2\tan\alpha=\frac{1}{2}(a^2-x^2)\tan\alpha,$$

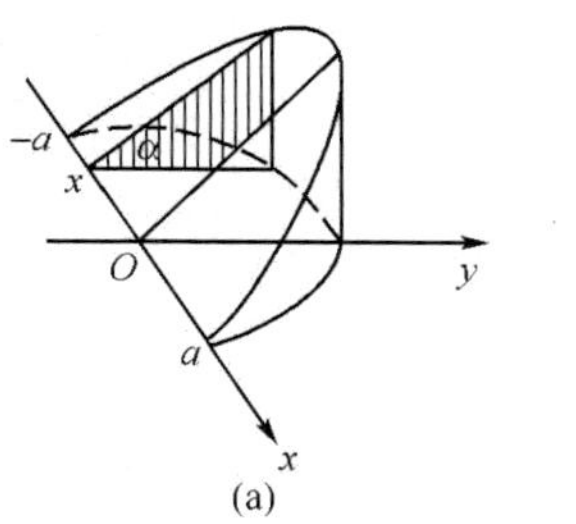

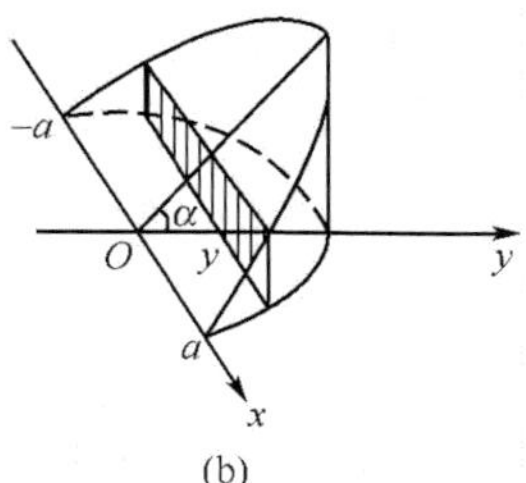

图 6-13

由式(6-6)可得

$$V=\int_{-a}^{a}A(x)\mathrm{d}x=\int_{0}^{a}(a^2-x^2)\tan\alpha\,\mathrm{d}x$$

$$=\tan\alpha\left(a^2x-\frac{1}{3}x^3\right)\bigg|_0^a=\frac{2}{3}a^3\tan\alpha.$$

如果取 y 为积分变量，变化区间为$[0,a]$，用垂直于 y 轴的平面截该立体，截面为一矩形，如图 6-13(b)所示，矩形的宽为 $2x$，高为 $y\tan\alpha$.因此截面面积为

$$A(y)=2xy\tan\alpha=2y\sqrt{a^2-y^2}\tan\alpha,$$

由式(6-6)可得

$$V=\int_0^a A(y)\mathrm{d}y=\int_0^a 2y\sqrt{a^2-y^2}\tan\alpha\,\mathrm{d}y=-\frac{2}{3}\tan\alpha(a^2-y^2)^{\frac{3}{2}}\bigg|_0^a=\frac{2}{3}a^3\tan\alpha.$$

二、旋转体的体积

平面图形绕平面内一条直线旋转一周而成的立体称为旋转体.圆柱、圆锥、圆台和球体等都是旋转体.下面讨论旋转体体积的求法.

考虑曲边梯形绕 x 轴旋转一周所得的旋转体(图 6-14)的体积.

由垂直于 x 轴的平面截旋转体所得的截面为半径等于 y 的圆，故 $A(x)=\pi y^2=\pi f^2(x)$由式(6-6)可得

$$V_x=\pi\int_a^b y^2\mathrm{d}x=\pi\int_a^b f^2(x)\mathrm{d}x. \tag{6-7}$$

同理，由连续曲线 $x=\varphi(y)(x\geqslant 0)$，直线 $y=c$、$y=d$ 和 y 轴所围成的曲边梯形绕 y 轴旋转一周所得的旋转体的体积为

$$V_y=\pi\int_c^d x^2\mathrm{d}y=\pi\int_c^d \varphi^2(y)\mathrm{d}y. \tag{6-8}$$

例 6-2-2 求曲线 $y=x^2$ 和 $y=\sqrt{x}$ 所围成的图形绕 x 轴旋转所得的旋转体的体积.

解 所围成的平面图形如图 6-15 所示，两曲线的交点为(0,0)和(1,1).由图可见，所求的旋转体体积应等于两个旋转体的体积之差，即

$$V_x=\pi\int_0^1 x\,\mathrm{d}x-\pi\int_0^1 x^4\mathrm{d}x=\pi\left(\frac{x^2}{2}-\frac{x^5}{5}\right)\bigg|_0^1=\frac{3\pi}{10}.$$

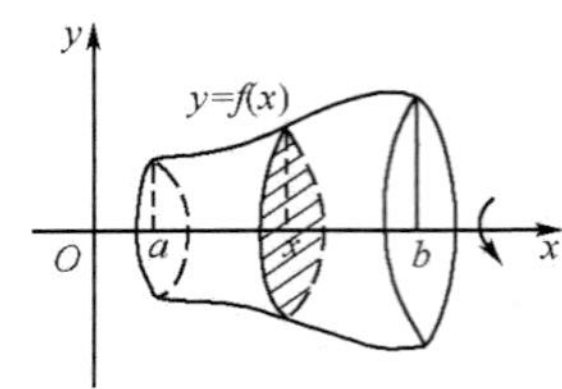

图 6-14

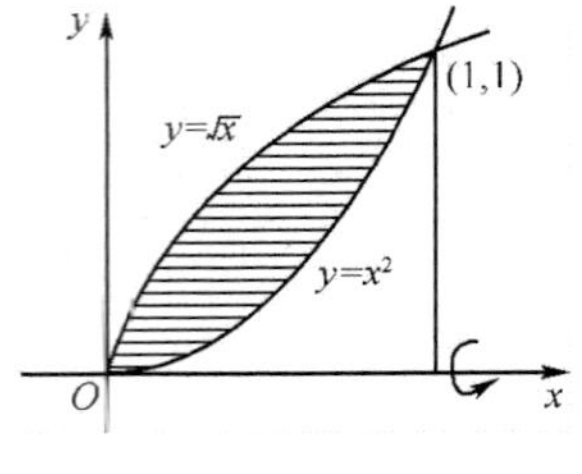

图 6-15

例 6-2-3 求椭圆$\dfrac{x^2}{a^2}+\dfrac{y^2}{b^2}=1$所围的图形分别绕 x 轴和 y 轴所得的旋转体的体积.

解 由式(6-7)可得

$$V_x=\pi\int_{-a}^{a}y^2\mathrm{d}x=2\pi\int_0^a\frac{b^2}{a^2}(a^2-x^2)\mathrm{d}x=\frac{2\pi b^2}{a^2}\left(a^2x-\frac{1}{3}x^3\right)\Big|_0^a=\frac{4}{3}\pi ab^2,$$

由式(6-8)可得

$$V_y=\pi\int_{-b}^{b}x^2\mathrm{d}y=2\pi\int_0^b\frac{a^2}{b^2}(b^2-y^2)\mathrm{d}y=\frac{2\pi a^2}{b^2}\left(b^2y-\frac{1}{3}y^3\right)\Big|_0^b=\frac{4}{3}\pi a^2b,$$

所得的旋转体称为旋转椭球体.

练习题 6-2 （见习题六）
（二）5(1)(2).

作业题 6-2 （见习题六）
（三）4,5,6.

第三节 平面曲线的弧长

【学习要求】

应用计算弧长的公式.

【学习目标】

(1)具有正确写出不同坐标系下曲线的弧微分与自变量关系的能力.

(2)正确计算求曲线弧长的问题.

【学习提示】

弧微分三角形在求平面曲线的弧长中的作用.

严格地说,到此为止,我们并没有给出曲线弧长度的定义.我们知道直线段的长度是通过直接度量来确定的,但一条曲线段的长度却不能直接度量.在初等几何中,圆周的长度是通过圆内接正多边形的周长当边数无限增加时的极限来确定的.现在我们用类似的方法建立平面曲线弧长的概念.

一、弧长的概念

设有一条以 A 和 B 为端点的曲线弧 $\overset{\frown}{AB}$(图 6-16),在$\overset{\frown}{AB}$上任取分点 $A=M_0,M_1,M_2,\cdots,M_{n-1},M_n=B$. 依次连接分点成折线,则折线的长度为

$$L_n=\sum_{i=1}^{n}|M_{i-1}M_i|.$$

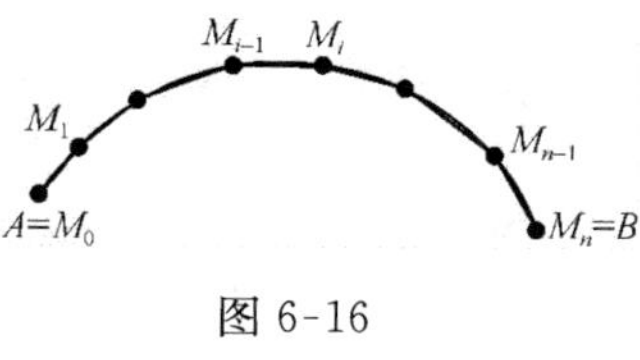

图 6-16

当分点数目无限增加，且 $\mu=\max\{|M_{i-1}M_i|;i=1,2,\cdots,n\}\to 0$ 时，如果 L_n 的极限存在，则称其极限值 s 为曲线弧 $\widehat{AB}$ 的长度，即

$$s=\lim_{\mu\to 0}\sum_{i=1}^{n}|M_{i-1}M_i|. \tag{6-9}$$

二、弧长的计算公式

设曲线弧的方程为 $y=f(x)$，其中 $f(x)$ 在 $[a,b]$ 上有一阶连续导数，求曲线弧的长度 s（图 6-17）.

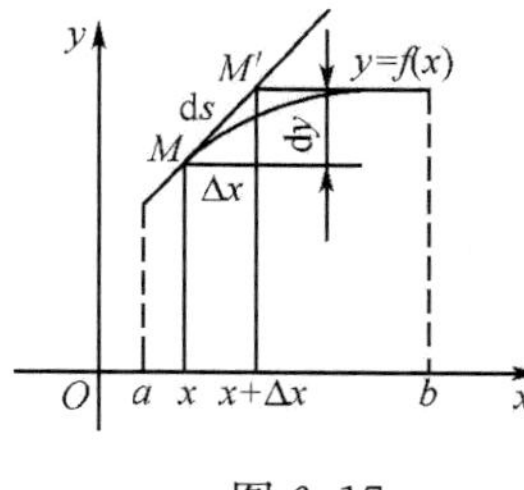

图 6-17

取 x 为积分变量，它的变化区间为 $[a,b]$. s 在 $[x,x+\Delta x]$ 上的弧长可用 M 点处相应的一小段切线长来近似，即用弧微分来近似，所以

$$\Delta s\approx \mathrm{d}s=\sqrt{1+y'^2}\,\mathrm{d}x,$$

从而有

$$s=\int_a^b \mathrm{d}s=\int_a^b\sqrt{1+y'^2}\,\mathrm{d}x\quad (a<b), \tag{6-10}$$

这就是直角坐标系下曲线弧长的计算公式.

如果曲线由参数方程

$$\begin{cases}x=\varphi(t),\\ y=\psi(t)\end{cases}\quad (\alpha\leqslant t\leqslant\beta)$$

给出，其中 $\varphi(t),\psi(t)$ 在 $[\alpha,\beta]$ 上具有连续导数，α 和 β 分别为曲线的两个端点所对应的参数值，这时弧微分公式为

$$\mathrm{d}s=\sqrt{[\varphi'(t)]^2+[\psi'(t)]^2}\,\mathrm{d}t,$$

所以

$$s=\int_\alpha^\beta\sqrt{[\varphi'(t)]^2+[\psi'(t)]^2}\,\mathrm{d}t. \tag{6-11}$$

如果曲线弧由极坐标方程 $\rho=\rho(\theta)(\alpha\leqslant\theta\leqslant\beta)$ 给出，其中 $\rho(\theta)$ 在 $[\alpha,\beta]$ 上具有一阶连续导数，这时弧微分为

$$\mathrm{d}s=\sqrt{\rho^2(\theta)+[\rho'(\theta)]^2}\,\mathrm{d}\theta,$$

所以

$$s=\int_\alpha^\beta\sqrt{\rho^2(\theta)+[\rho'(\theta)]^2}\,\mathrm{d}\theta. \tag{6-12}$$

关于弧长的计算需注意以下两点：

(1) 小弧段的长度必须用弧微分近似，不能用 Δx 或 Δy 来近似，否则将导致错误. 因为用 Δx 或 Δy 来近似忽略的不是比 Δx 高阶的无穷小. 对于与弧长有关的问题（如旋转曲面的面积）也要注意这一点.

(2) 弧长的计算公式中的下限一定要小于上限.

例 6-3-1 求悬链线 $y=a\operatorname{ch}\dfrac{x}{a}=\dfrac{a}{2}(e^{\frac{x}{a}}+e^{-\frac{x}{a}})$在$[-a,a]$上的弧长.

解 因为 $y'=\operatorname{sh}\dfrac{x}{a}$,所以

$$\sqrt{1+y'^2}=\sqrt{1+\operatorname{sh}^2\frac{x}{a}}=\operatorname{ch}\frac{x}{a}.$$

由式(6-10)可得

$$s=\int_{-a}^{a}\sqrt{1+y'^2}\,dx=\int_{-a}^{a}\operatorname{ch}\frac{x}{a}dx=2\int_0^a\operatorname{ch}\frac{x}{a}dx=2a\operatorname{sh}1.$$

例 6-3-2 求摆线

$$\begin{cases}x=a(t-\sin t),\\y=a(1-\cos t)\end{cases}\quad(0\leqslant t\leqslant 2\pi)$$

一拱的长度.

解 因为

$$\sqrt{(x'_t)^2+(y'_t)^2}=\sqrt{a^2(1-\cos t)^2+a^2\sin^2 t}=2a\left|\sin\frac{t}{2}\right|,$$

所以

$$s=\int_0^{2\pi}2a\left|\sin\frac{t}{2}\right|dt=2a\int_0^{2\pi}\sin\frac{t}{2}dt=4a\left(-\cos\frac{t}{2}\right)\Big|_0^{2\pi}=8a.$$

例 6-3-3 求心形线 $\rho=a(1+\cos\theta)$的全长$(a>0)$.

解 因为

$$\sqrt{\rho^2+[\rho'(\theta)]^2}=\sqrt{a^2(1+\cos\theta)^2+a^2\sin^2\theta}=2a\left|\cos\frac{\theta}{2}\right|,$$

所以

$$s=2\int_0^{\pi}2a\left|\cos\frac{\theta}{2}\right|d\theta=4a\int_0^{\pi}\cos\frac{\theta}{2}d\theta=8a\sin\frac{\theta}{2}\Big|_0^{\pi}=8a.$$

练习题 6-3 (见习题六)
(二)7(1)(2)(5).

作业题 6-3 (见习题六)
(三)7,8,9,10,11.

第四节 定积分的其他应用

【学习要求】

应用定积分的元素法(微元法)求变力做功和水压力的方法.

【学习目标】

具有依据问题,正确选择微元,应用定积分的元素法完成计算的能力.

【学习提示】

分析例 6-4-1～6-4-3 坐标系选择的特点,学会选择坐标系.

定积分的应用是十分广泛的.这节我们仅讨论几个简单的物理或电学上的问题,来说明定积分的应用.

一、变力做功问题

这个问题已在第五章第一节例 5-1-3 进行了讨论,我们已得到它的计算公式为

$$W=\int_a^b F(x)\mathrm{d}x. \tag{6-13}$$

下面讲几个具体的例子.

例 6-4-1　设有一弹簧,长为 1m,一端固定,拉伸另一端.用 5N 的力可以把它拉长 0.01m.今要把它拉长 0.1m,求需做多少功(图 6-18)?

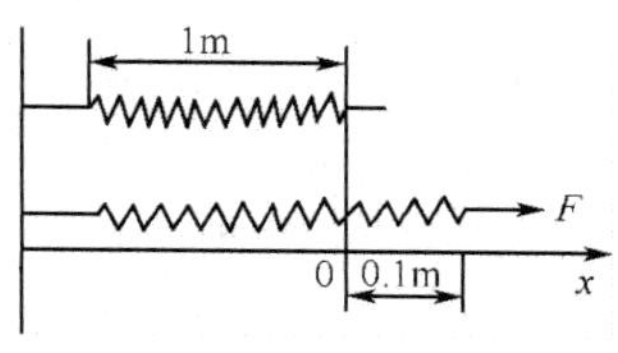

图 6-18

解　由式(6-13)可知,只需求出 $F(x)$.积分变量 x 的变化区间为$[0,0.1]$.

由物理学的虎克定律知:在弹性限度内,拉伸(或压缩)弹簧所需的力与伸长量(或压缩量)成正比.现把弹簧一端拉伸到坐标为 x 的点处所需的力为 $F(x)=kx$(注意在图 6-18 中,坐标 x 即为拉伸的长度).由已知条件可知在 $x=0.01\mathrm{m}$ 时,$F=5\mathrm{N}$,所以 $k=500\mathrm{N/m}$.于是

$$F(x)=500x.$$

由式(6-13)可得

$$W=\int_0^{0.1}500x\,\mathrm{d}x=250x^2\Big|_0^{0.1}=2.5(\mathrm{J}).$$

如果图 6-18 中把坐标原点选在弹簧固定的一端,设另一端的坐标为 x,则有

$$F=500(x-1),$$

于是

$$W=\int_1^{1.1}500(x-1)\mathrm{d}x=250(x-1)^2\Big|_1^{1.1}=2.5(\mathrm{J}).$$

例 6-4-2　有一半径为 10m 的半球形贮水池,池内装满了水,求把池内的水全部抽出所做的功.

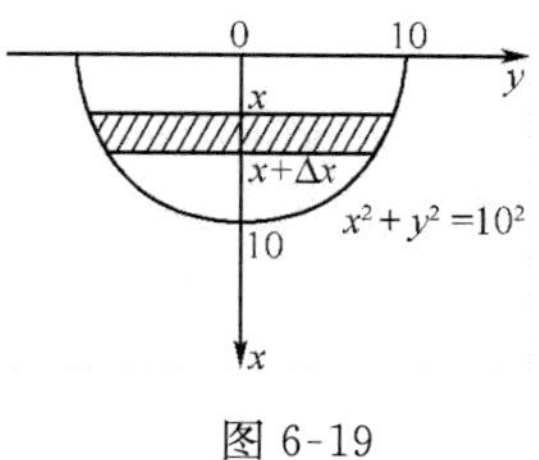

图 6-19

解　取坐标系如图 6-19 所示.这是变力做功问题,不同深度的水所提的距离不同.我们可以把水看成很多层,每层水可以近似看做是在同一深度上,因而可按常力做功求其近似值.

设 x 为积分变量,它的变化区间为$[0,10]$,求功 W 在$[x,x+\Delta x]$上的微元

$$\Delta W\approx 9.8(\pi y^2\Delta x)x=9.8\pi(10^2-x^2)x\Delta x=\mathrm{d}W,$$

所求的功为

$$W=\int_0^{10}9.8\pi(10^2-x^2)x\,\mathrm{d}x=9.8\pi\left(\frac{10^2x^2}{2}-\frac{x^4}{4}\right)\Big|_0^{10}$$

$$=\frac{1}{4}(9.8\times10^4)\pi(\mathrm{kJ})=2.45\times10^4\pi(\mathrm{kJ}).$$

二、水压力问题

由物理学知，如果平板均匀受压，则所受压力为

$$压力=压强\times 面积,$$

此时压强为常数.另外，水深 h 处的压强为

$$p=\rho gh,$$

其中 ρ 为水的密度，g 为重力加速度.

如果把平板垂直放在水中，由于深度不同点处的压强是不同的，所以平板一侧所受水压力就不能用均匀受压的情况去计算.但如果把平板看做是沿深度方向的很多小横条组成的，而每一小横条上各点视为深度近似相等，即将小横条看做水平放置时，在小横条上的压强可近似相等，可用上述公式进行近似计算.现在用微元分析法来解决这个问题.

设有平板如图 6-20 所示，它由 $y=f(x)$，$y=g(x)$，$x=a$ 和 $x=b$ 围成，垂直放在水中，水平面与 y 轴平齐，求所受的水压力 $p(\rho=10^3\text{kg/m}^3)$？

考虑$[x,x+\Delta x]$所对应的小横条上所受压力 Δp 为

$$\Delta p\approx \rho gx[f(x)-g(x)]\Delta x,$$

从而有

$$p=\int_a^b \rho gx[f(x)-g(x)]\mathrm{d}x. \tag{6-14}$$

例 6-4-3 有一等腰梯形闸门，它的两条底边长为 10m 和 6m，高为 10m，较长的底边与水面平齐，求闸门一侧所受的水压力 p.

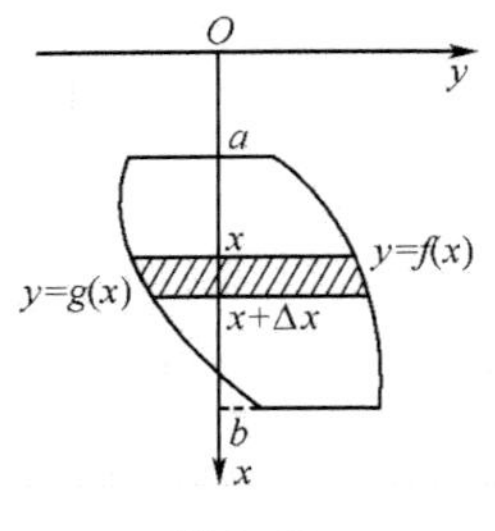

图 6-20

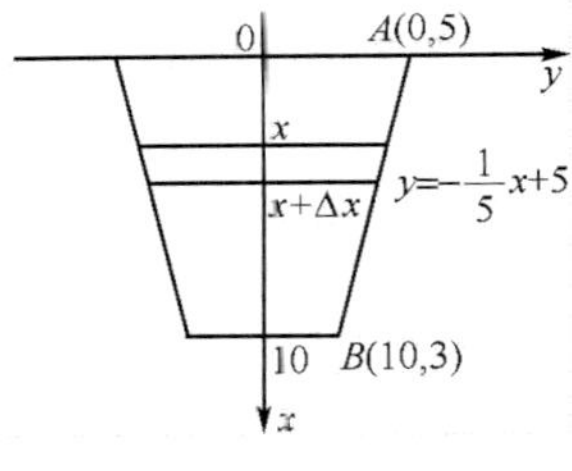

图 6-21

解 选坐标系如图 6-21 所示.AB 边的方程为

$$y-5=-\frac{1}{5}(x-0),$$

$$y=5-\frac{1}{5}x.$$

在小条$[x,x+\Delta x]$上所受的压力 Δp 为

$$\Delta p\approx \rho\, gx2y\Delta x=\rho\, gx\left(10-\frac{2}{5}x\right)\Delta x,$$

所以

$$
\begin{aligned}
p &= \int_0^{10} \rho\, gx\left(10 - \frac{2}{5}x\right)\mathrm{d}x \\
&= \rho\, g\left(5x^2 - \frac{2}{15}x^3\right)\bigg|_0^{10} = \frac{10780}{3}(\mathrm{kN}) = 3593\,\frac{1}{3}(\mathrm{kN}).
\end{aligned}
$$

*三、引力

由物理学知，质量分别为 m_1 和 m_2，相距为 r 的两质点之间的引力大小由公式 $F=k\dfrac{m_1m_2}{r^2}$ 给出，其中 k 为引力常数，引力的方向为两质点的连线方向，如果求一个细棒对一个质点的引力，由于棒上各点到该质点的距离是不同的，且各点对该质点的引力方向也是不同的，因此不能用上面给出的公式计算.如果把细棒看做是很多小段构成的，每一小段上各点到该质点的距离近似相等，引力方向也近似看做相同，因此可用上面公式近似求得引力的大小.引力可以表示成定积分，下面以实例来说明引力的求法.

例 6-4-4　设有一根长为 l，线密度为 ρ 的均匀细杆，另有一质点 M，其质量为 m，试就下列两种情形求杆对质点的引力：(1)M 在杆的延长线上与杆的一端距离为 a；(2)M 在杆的中垂线上与杆的距离为 a.

解　(1)选坐标系如图 6-22 所示.x 为积分变量，积分区间为$[0,l]$.考虑一小段$[x,x+\Delta x]$对质点 M 的引力大小 ΔF，由上述公式

$$
\Delta F \approx \frac{k(\rho\Delta x)m}{(x+a)^2} = \frac{k\rho m\Delta x}{(x+a)^2} = \mathrm{d}F,
$$

引力的方向与 x 轴正向相同(所有小段引力方向都相同)，从而有引力大小为

$$
F = \int_0^l \frac{km\rho}{(x+a)^2}\mathrm{d}x = km\rho\left(\frac{-1}{x+a}\right)_0^l = km\rho\left(\frac{1}{a} - \frac{1}{a+l}\right) = \frac{km\rho l}{a(a+l)}.
$$

图 6-22

(2)选坐标系如图 6-23 所示.考虑一小段$[x,x+\Delta x]$对质点 M 的引力大小为

$$
\Delta F \approx \frac{km\rho\Delta x}{r^2} = \frac{km\rho\Delta x}{x^2+a^2}.
$$

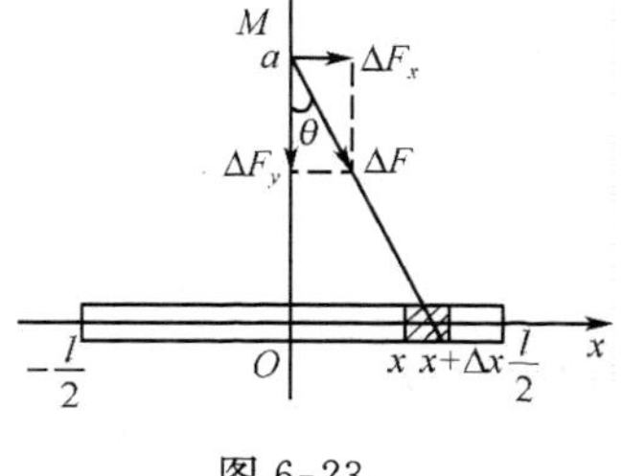

图 6-23

引力的方向在各小段上是不相同的，我们需要考虑水平方向分力大小 ΔF_x 和铅垂方向分力大小 ΔF_y，由于$[x,x+\Delta x]$关于原点 O 对称的小段对质点 M 的引力的水平方向分力相抵消，铅垂方向分力相同，因此杆对质点的引力方向与 y 轴的负方向相同，所以我们只需求 ΔF_y，即

$$
\Delta F_y = \Delta F\cos\theta \approx \frac{km\rho a\Delta x}{(x^2+a^2)^{\frac{3}{2}}} = \mathrm{d}F_y,
$$

从而有

$$F_y=\int_{-\frac{l}{2}}^{\frac{l}{2}}\frac{km\rho a}{(x^2+a^2)^{\frac{3}{2}}}\mathrm{d}x=\frac{2km\rho l}{a\sqrt{4a^2+l^2}}.$$

四、物体的转动惯量

由物理学知道，质量为 m 的质点绕轴转动的转动惯量为

$$J=mr^2,$$

其中 r 为质点到转轴的距离.

对于细杆绕垂直于杆的轴的转动惯量，由于杆上各点到轴的距离不同，所以不能用上面的公式求转动惯量.但如果是杆上一小段，则可以用上面的公式近似求转动惯量，因此可以把转动惯量表示成定积分.下面举例说明.

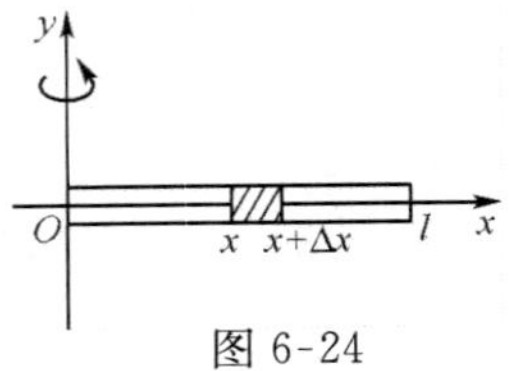

图 6-24

例 6-4-5 求长为 l、线密度为常数 ρ 的均匀细杆绕 y 轴的转动惯量 J.

解 选坐标系如图 6-24 所示.x 为积分变量，它的变化区间为$[0,l]$.考虑其上一小段$[x,x+\Delta x]$绕 y 轴的转动惯量 ΔJ 为

$$\Delta J\approx(\rho\Delta x)x^2=\rho x^2\Delta x=\mathrm{d}J,$$

从而求得杆绕 y 轴的转动惯量为

$$J=\int_0^l\rho x^2\mathrm{d}x=\left.\frac{\rho x^3}{3}\right|_0^l=\frac{\rho l^3}{3}=\frac{1}{3}Ml^2,$$

其中 $M=\rho l$ 为杆的质量.

如果求杆绕过杆的中垂线的轴的转动惯量，则有

$$J=\int_{-\frac{l}{2}}^{\frac{l}{2}}\rho x^2\mathrm{d}x=2\int_0^{\frac{l}{2}}\rho x^2\mathrm{d}x=\frac{\rho l^3}{12}=\frac{1}{12}Ml^2,$$

坐标原点选在杆的中点.

例 6-4-6 求一个底圆半径为 R 高为 H 的圆柱体绕中心轴的转动惯量 J.设体密度为常数 ρ_V.

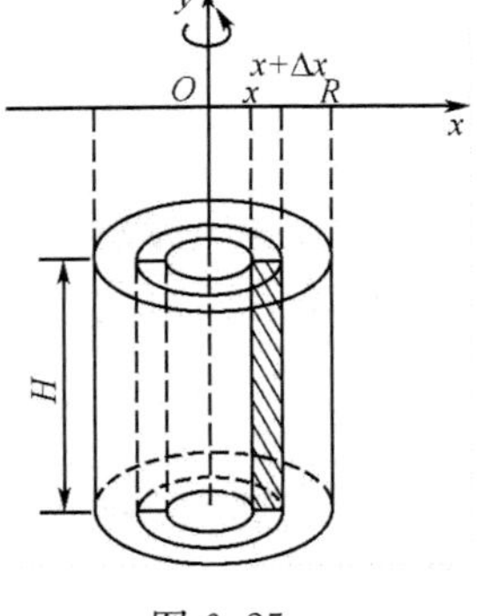

图 6-25

解 选坐标系如图 6-25 所示.x 为积分变量，它的变化区间为$[0,R]$.考虑子区间$[x,x+\Delta x]$所对应的薄壁圆筒绕 y 轴的转动惯量 ΔJ 为

$$\Delta J\approx(\rho_V\Delta V)x^2,$$

$$\begin{aligned}\Delta V&=[\pi(x+\Delta x)^2-\pi x^2]H\\&=\pi[2x\Delta x+(\Delta x)^2]H\approx2\pi Hx\Delta x,\end{aligned}$$

故

$$\Delta J\approx2\rho_V\pi Hx^3\Delta x=\mathrm{d}J.$$

从而求得

$$J=\int_0^R2\rho_V\pi Hx^3\mathrm{d}x=\left.\frac{\rho_V\pi H}{2}x^4\right|_0^R=\frac{1}{2}\rho_V\pi HR^4.$$

*五、平均值问题

由积分中值定理可知：若 $f(x)$在$[a,b]$上连续，则有

$$f(\xi)=\frac{1}{b-a}\int_a^b f(x)\mathrm{d}x,\quad \xi\in[a,b],$$

称$\frac{1}{b-a}\int_a^b f(x)\mathrm{d}x$ 为$f(x)$在$[a,b]$上的平均值.下面利用定积分推出这一结论.

对于 n 个数 $y_1,y_2,\cdots,y_n$ 的算术平均值，有公式

$$\overline{y}=\frac{y_1+y_2+\cdots+y_n}{n}=\frac{1}{n}\sum_{i=1}^n y_i.$$

设 $y=f(x)$在$[a,b]$上连续，为了利用离散性数据的平均值公式，我们把区间$[a,b]$分成 n 个相等长度的小区间，小区间的长度为 $\Delta x=\frac{b-a}{n}$，分点为 $x_i=a+i\,\frac{b-a}{n}(i=0,1,2,\cdots,n)$，其中 $x_0=a,x_n=b$，这样便得到一组函数值

$$f(x_1),\quad f(x_2),\quad \cdots,\quad f(x_n).$$

求它的平均值

$$\overline{y}_n=\frac{1}{n}\sum_{i=1}^n f(x_i).\tag{6-15}$$

容易理解，当 n 越大时 $\overline{y}_n$ 越接近 $f(x)$在$[a,b]$上的平均值.因此，我们称$\lim\limits_{n\to\infty}\overline{y}_n$ 为 $f(x)$在$[a,b]$上的平均值，记作 $\overline{y}$，即

$$\overline{y}=\lim_{n\to\infty}\frac{1}{n}\sum_{i=1}^n f(x_i).\tag{6-16}$$

因为 $n\to\infty$时，$\Delta x\to0$，所以可将式(6-16)化成定积分，即

$$\begin{aligned}\overline{y}&=\lim_{\Delta x\to0}\frac{1}{b-a}\sum_{i=1}^n f(x_i)\frac{b-a}{n}\\&=\frac{1}{b-a}\lim_{\Delta x\to0}\sum_{i=1}^n f(x_i)\Delta x=\frac{1}{b-a}\int_a^b f(x)\mathrm{d}x,\end{aligned}$$

最后一步是因为 $f(x)$在$[a,b]$上连续，定积分存在.总之，有

$$\overline{y}=\frac{1}{b-a}\int_a^b f(x)\mathrm{d}x.\tag{6-17}$$

例 6-4-7 求正弦交流电 $I=I_m\sin\omega t$ 在一个周期$\left[0,\frac{2\pi}{\omega}\right]$和半个周期$\left[0,\frac{\pi}{\omega}\right]$上的平均电流强度.

解 由式(6-17)可得

$$\overline{I}=\frac{\omega}{2\pi}\int_0^{\frac{2\pi}{\omega}}I_m\sin\omega t\,\mathrm{d}t=\frac{\omega I_m}{2\pi}\left(-\frac{1}{\omega}\cos\omega t\right)\Big|_0^{\frac{2\pi}{\omega}}=0.$$

这说明不论 I_m 如何，电流强度在一个周期区间上的平均值总是零，不能说明问题.有时，我们考虑半个周期上的平均值，即

$$\overline{I}=\frac{\omega}{\pi}\int_0^{\frac{\pi}{\omega}}I_m\sin\omega t\,\mathrm{d}t=\frac{\omega I_m}{\pi}\left(-\frac{1}{\omega}\cos\omega t\right)\Big|_0^{\frac{\pi}{\omega}}=\frac{2I_m}{\pi}.\tag{6-18}$$

为了避开求函数在$[a,b]$上的平均值的过程中出现正负相消的麻烦，我们通常求另一种意义下的平均值，即求$f^2(x)$在$[a,b]$上的平均值，然后再把它开方取算术根，称其为均方根值，记作$\widetilde{f}$，即

$$\widetilde{f}=\sqrt{\frac{1}{b-a}\int_a^b f^2(x)\mathrm{d}x}. \tag{6-19}$$

在交流电中，电压、电流都是周期函数，平常我们说电压是 220V 是指电压在一个周期内的均方根值为 220V.在电工学中称均方根值为有效值，在交流电测量仪表上所指的电流、电压等都指的是有效值.

例 6-4-8 求正弦交流电 $I=I_m\sin\omega t$ 的有效值.

解 $\overline{I}=\sqrt{\frac{\omega}{2\pi}\int_0^{\frac{2\pi}{\omega}}I_m^2\sin^2\omega\ t\mathrm{d}t}=I_m\sqrt{\frac{\omega}{2\pi}\int_0^{\frac{2\pi}{\omega}}\frac{1-\cos2\omega\ t}{2}\mathrm{d}t}=\frac{I_m}{\sqrt{2}}\approx0.707I_m.$

由此可见，正弦交流电的有效值等于它的最大值的$\frac{1}{\sqrt{2}}$倍.

练习题 6-4 （见习题六）
（二）8，9.

作业题 6-4 （见习题六）
（三）12，13，14，15.

第五节 广义积分初步

【学习要求】

(1)理解广义积分的概念、广义积分与常义积分的关系.

(2)应用定义判断广义积分.

(3)应用广义积分的计算方法.

【学习目标】

(1)理解广义积分与常义积分的关系.

(2)具有正确判断积分是否为广义积分、广义积分是否收敛的能力.

(3)具有正确计算收敛的广义积分的能力.

【学习提示】

(1)写出$\int_{-\infty}^{+\infty}f(x)\mathrm{d}x$ 收敛的定义并解释.

(2)如何判断$\int_a^b f(x)\mathrm{d}x$ 是否为广义积分.

(3)计算定积分时，遇到哪一类广义积分时容易出现判断错误.

(4)用例 6-5-4 的结论，判断(解释)例 6-5-2、例 6-5-3.

(5)用例 6-5-6 的结论，判断例 6-5-5 的结果并尝试给出一般性的结论.

前面讨论的定积分，一是限定定积分的积分区间是有限的，二是限定被积函数是有界的.但在实际中常常需要考虑，积分区间是无限的或被积函数是无界函数的情形，这需要将定积分概念加以推广，称之为广义积分.

一、无穷区间上的广义积分

定义 6-5-1　设 $f(x)$在$[a,+\infty)$上连续，任取 $b>a$，如果极限

$$\lim_{b\to+\infty}\int_a^b f(x)\mathrm{d}x$$

存在，则称其极限值为 $f(x)$ 在$[a,+\infty)$ 上的广义积分的值，记作$\int_a^{+\infty} f(x)\mathrm{d}x$，即

$$\int_a^{+\infty} f(x)\mathrm{d}x=\lim_{b\to+\infty}\int_a^b f(x)\mathrm{d}x, \tag{6-20}$$

这时也称广义积分收敛.如果上述极限不存在，则称该广义积分发散.这时虽然也用同样的记号表示广义积分，但它已不再表示数了.

类似地，设 $f(x)$在$(-\infty,b]$上连续，任取 $a<b$，如果极限

$$\lim_{a\to-\infty}\int_a^b f(x)\mathrm{d}x$$

存在，则称其极限值为 $f(x)$在$(-\infty,b]$上的广义积分的值，记作$\int_{-\infty}^b f(x)\mathrm{d}x$，即

$$\int_{-\infty}^b f(x)\mathrm{d}x=\lim_{a\to-\infty}\int_a^b f(x)\mathrm{d}x, \tag{6-21}$$

这时也称广义积分收敛，否则称上述广义积分发散.

设 $f(x)$ 在$(-\infty,+\infty)$ 上连续，如果广义积分$\int_{-\infty}^0 f(x)\mathrm{d}x$ 与$\int_0^{+\infty} f(x)\mathrm{d}x$ 都收敛，称广义积分$\int_{-\infty}^{+\infty} f(x)\mathrm{d}x$ 收敛，且有

$$\int_{-\infty}^{+\infty} f(x)\mathrm{d}x=\int_{-\infty}^0 f(x)\mathrm{d}x+\int_0^{+\infty} f(x)\mathrm{d}x. \tag{6-22}$$

如果上式右端的两个广义积分只要有一个发散，则称广义积分$\int_{-\infty}^{+\infty} f(x)\mathrm{d}x$ 发散.

例 6-5-1　计算广义积分$\int_0^{+\infty} x\mathrm{e}^{-x^2}\mathrm{d}x$.

解　原式$=\lim\limits_{b\to+\infty}\int_0^b x\mathrm{e}^{-x^2}\mathrm{d}x=\lim\limits_{b\to+\infty}\left(-\frac{1}{2}\mathrm{e}^{-x^2}\right)\Big|_0^b=\lim\limits_{b\to+\infty}\left(\frac{1}{2}-\frac{1}{2}\mathrm{e}^{-b^2}\right)=\frac{1}{2}$.

例 6-5-2　计算$\int_{-\infty}^0 \frac{x}{1+x^2}\mathrm{d}x$.

解　原式$=\lim\limits_{a\to-\infty}\int_a^0 \frac{x}{1+x^2}\mathrm{d}x$

$$=\lim_{a\to-\infty}\left(\frac{1}{2}\ln(1+x^2)\right)\Big|_a^0=-\lim_{a\to-\infty}\frac{1}{2}\ln(1+a^2)=-\infty,$$

故该广义积分发散.

例 6-5-3　计算$\int_{-\infty}^{+\infty} \frac{1}{1+x^2}\mathrm{d}x$.

解　原式$=\lim\limits_{b\to+\infty}\int_0^b \frac{1}{1+x^2}\mathrm{d}x+\lim\limits_{a\to-\infty}\int_a^0 \frac{1}{1+x^2}\mathrm{d}x$

$$=\lim_{b\to+\infty}\arctan x\,\Big|_0^b+\lim_{a\to-\infty}\arctan x\,\Big|_a^0=\frac{\pi}{2}+\frac{\pi}{2}=\pi.$$

注意:上面计算中第一个等号右端两个积分中不能将 a,b 写成同一个字母,否则有时将导致错误运算.

例 6-5-4 讨论广义积分$\int_1^{+\infty}\frac{1}{x^\alpha}\mathrm{d}x\,(\alpha>0)$的敛散性.

解 当 $\alpha=1$ 时

$$\int_1^{+\infty}\frac{1}{x}\mathrm{d}x=\lim_{b\to+\infty}\int_1^b\frac{1}{x}\mathrm{d}x=\lim_{b\to+\infty}(\ln x)\Big|_1^b=\lim_{b\to+\infty}\ln b=+\infty.$$

当 $\alpha\neq1$ 时

$$\int_1^{+\infty}\frac{1}{x^\alpha}\mathrm{d}x=\lim_{b\to+\infty}\int_1^b\frac{1}{x^\alpha}\mathrm{d}x=\lim_{b\to+\infty}\left(\frac{x^{1-\alpha}}{1-\alpha}\right)\Bigg|_1^b$$

$$=\lim_{b\to+\infty}\frac{1}{1-\alpha}(b^{1-\alpha}-1)=\begin{cases}\dfrac{1}{\alpha-1}, & \alpha>1,\\ +\infty, & \alpha<1.\end{cases}$$

因此,当 $\alpha>1$ 时该广义积分收敛,当 $\alpha\leqslant1$ 时,该广义积分发散.

二、无界函数的广义积分

定义 6-5-2 设 $f(x)$在$[a,b)$上连续,且 $f(x)$在 b 的左邻域内无界.取 $\varepsilon>0$,如果极限

$$\lim_{\varepsilon\to0^+}\int_a^{b-\varepsilon}f(x)\mathrm{d}x$$

存在,则称其极限值为 $f(x)$在$[a,b)$上的广义积分的值,记作$\int_a^b f(x)\mathrm{d}x$,即

$$\int_a^b f(x)\mathrm{d}x=\lim_{\varepsilon\to0^+}\int_a^{b-\varepsilon}f(x)\mathrm{d}x,\tag{6-23}$$

这时,也称该广义积分收敛.如果上述极限不存在,则称该广义积分发散.这种广义积分又称为瑕积分,b 是瑕点.

类似地,设 $f(x)$在$(a,b]$上连续,且 $f(x)$在 a 的右邻域内无界.取 $\varepsilon>0$,如果极限

$$\lim_{\varepsilon\to0^+}\int_{a+\varepsilon}^b f(x)\mathrm{d}x$$

存在,则称其极限值为 $f(x)$ 在$(a,b]$上的广义积分的值,记作$\int_a^b f(x)\mathrm{d}x$,即

$$\int_a^b f(x)\mathrm{d}x=\lim_{\varepsilon\to0^+}\int_{a+\varepsilon}^b f(x)\mathrm{d}x,\tag{6-24}$$

这时也称广义积分$\int_a^b f(x)\mathrm{d}x$ 收敛.如果上述极限不存在,则称该广义积分发散.这是以 a 为瑕点的瑕积分.

设 $f(x)$ 在$[a,b]$上除点 $c\,(a<c<b)$ 外连续,且 $f(x)$ 在点 c 的某个邻域内无界.如果广义积分$\int_a^c f(x)\mathrm{d}x$ 和$\int_c^b f(x)\mathrm{d}x$ 都收敛,则称广义积分$\int_a^b f(x)\mathrm{d}x$ 收敛,且有

$$\int_a^b f(x)\mathrm{d}x=\int_a^c f(x)\mathrm{d}x+\int_c^b f(x)\mathrm{d}(x).\tag{6-25}$$

如果式(6-25)右端的两个广义积分至少有一个发散，则称广义积分$\int_a^b f(x)\mathrm{d}x$ 发散.

例 6-5-5　计算广义积分$\int_0^a \frac{1}{\sqrt{a^2-x^2}}\mathrm{d}x \quad (a>0)$.

解　原式$=\lim\limits_{\varepsilon\to 0^+}\int_0^{a-\varepsilon}\frac{1}{\sqrt{a^2-x^2}}\mathrm{d}x=\lim\limits_{\varepsilon\to 0^+}\arcsin\frac{x}{a}\Big|_0^{a-\varepsilon}=\lim\limits_{\varepsilon\to 0^+}\arcsin\frac{a-\varepsilon}{a}=\frac{\pi}{2}$.

例 6-5-6　讨论$\int_0^1 \frac{1}{x^\alpha}\mathrm{d}x\,(\alpha>0)$的敛散性.

解　当$\alpha=1$时，

$$\int_0^1\frac{1}{x}\mathrm{d}x=\lim_{\varepsilon\to 0^+}\int_\varepsilon^1\frac{1}{x}\mathrm{d}x=\lim_{\varepsilon\to 0^+}(\ln x)\Big|_\varepsilon^1=\lim_{\varepsilon\to 0^+}(-\ln\varepsilon)=+\infty,$$

当$\alpha\neq 1$时，

$$\int_0^1\frac{1}{x^\alpha}\mathrm{d}x=\lim_{\varepsilon\to 0^+}\int_\varepsilon^1\frac{1}{x^\alpha}\mathrm{d}x=\lim_{\varepsilon\to 0^+}\left(\frac{1}{1-\alpha}x^{1-\alpha}\right)\Big|_\varepsilon^1$$

$$=\lim_{\varepsilon\to 0^+}\frac{1}{1-\alpha}(1-\varepsilon^{1-\alpha})=\begin{cases}\dfrac{1}{1-\alpha}, & \alpha<1,\\ +\infty, & \alpha>1,\end{cases}$$

所以，当$\alpha\geqslant 1$时该广义积分发散，当$\alpha<1$时该广义积分收敛.

例 6-5-7　讨论$\int_{-1}^1\frac{1}{x^2}\mathrm{d}x$ 的敛散性.

解　由于$\int_0^1\frac{1}{x^2}\mathrm{d}x$ 发散，故$\int_{-1}^1\frac{1}{x^2}\mathrm{d}x$ 发散.

例 6-5-8　讨论广义积分$\int_0^1\frac{1}{\sqrt{x(1-x)}}\mathrm{d}x$ 的敛散性.

解　被积函数在$[0,1]$上有两个瑕点$x=0$和$x=1$，应考虑两个广义积分$\int_0^{\frac{1}{2}}\frac{\mathrm{d}x}{\sqrt{x(1-x)}}$和$\int_{\frac{1}{2}}^1\frac{\mathrm{d}x}{\sqrt{x(1-x)}}$的敛散性.

因为

$$\int_0^{\frac{1}{2}}\frac{1}{\sqrt{x(1-x)}}\mathrm{d}x=\lim_{\varepsilon\to 0^+}\int_\varepsilon^{\frac{1}{2}}\frac{1}{\sqrt{x(1-x)}}\mathrm{d}x=2\lim_{\varepsilon\to 0^+}\arcsin\sqrt{x}\Big|_\varepsilon^{\frac{1}{2}}$$

$$=2\lim_{\varepsilon\to 0^+}\left(\arcsin\frac{1}{\sqrt{2}}-\arcsin\sqrt{\varepsilon}\right)=\frac{\pi}{2},$$

$$\int_{\frac{1}{2}}^1\frac{1}{\sqrt{x(1-x)}}\mathrm{d}x=\lim_{\varepsilon\to 0^+}\int_{\frac{1}{2}}^{1-\varepsilon}\frac{1}{\sqrt{x(1-x)}}\mathrm{d}x=2\lim_{\varepsilon\to 0^+}\arcsin\sqrt{x}\Big|_{\frac{1}{2}}^{1-\varepsilon}$$

$$=2\lim_{\varepsilon\to 0^+}\left(\arcsin\sqrt{1-\varepsilon}-\arcsin\frac{1}{\sqrt{2}}\right)=2\left(\frac{\pi}{2}-\frac{\pi}{4}\right)=\frac{\pi}{2},$$

所以

$$\int_0^1 \frac{1}{\sqrt{x(1-x)}}\mathrm{d}x=\int_0^{\frac{1}{2}} \frac{1}{\sqrt{x(1-x)}}\mathrm{d}x+\int_{\frac{1}{2}}^1 \frac{1}{\sqrt{x(1-x)}}\mathrm{d}x=\frac{\pi}{2}+\frac{\pi}{2}=\pi.$$

练习题 6-5 （见习题六）
（二）18(1)(5)(7)(9).

作业题 6-5 （见习题六）
（三）16.

习　题　六

（一）

1.回答下列问题：

(1) 微元法(元素法)中关键是哪两点?

(2) 曲边梯形的面积微元 $\mathrm{d}A$ 是什么?

(3) 曲边扇形的面积微元 $\mathrm{d}A$ 是什么?

(4) 曲边梯形绕 x 轴、y 轴旋转所形成的体积微元 $\mathrm{d}V$ 是什么?

(5) 弧长微分 $\mathrm{d}s=$?,几何上表示什么?

(6) 若 $f(x)$ 在$[a,b]$上连续,积分$\int_a^b f(x)\mathrm{d}x$ 和$\int_a^b |f(x)|\mathrm{d}x$ 在几何上各表示什么?

2.指出下列广义积分计算中的错误,并加以纠正：

(1)$\int_{-\infty}^{+\infty} \frac{x}{\sqrt{1+x^2}}\mathrm{d}x=0$;

(2)$\int_0^2 \frac{1}{(x-1)^2}\mathrm{d}x=-\frac{1}{x-1}\Big|_0^2=-2$;

(3)$\int_{-\frac{4}{\pi}}^{+\infty} \frac{1}{x^2}\sin\frac{1}{x}\mathrm{d}x=\cos\frac{1}{x}\Big|_{-\frac{4}{\pi}}^{+\infty}=1-\frac{\sqrt{2}}{2}$;

(4)$\int_{\frac{\pi}{4}}^{\frac{3\pi}{4}} \frac{1}{\cos^2 x}\mathrm{d}x=\tan x\Big|_{\frac{\pi}{4}}^{\frac{3\pi}{4}}=-2$;

(5)$\int_0^{2\pi} \frac{\sec^2 x}{2+\tan^2 x}\mathrm{d}x=\int_0^{2\pi} \frac{\mathrm{d}\tan x}{2+\tan^2 x}=\frac{1}{\sqrt{2}}\arctan\frac{\tan x}{\sqrt{2}}\Big|_0^{2\pi}=0$;

(6) $\int_0^{+\infty} \frac{1}{x^2-4x+3}\mathrm{d}x=\lim\limits_{A\to+\infty}\int_0^A \frac{1}{(x-2)^2-1}\mathrm{d}x$

$$=\lim_{A\to+\infty}\frac{1}{2}\ln\left|\frac{x-3}{x-1}\right|\Bigg|_0^A=\frac{1}{2}\lim_{A\to+\infty}\left(\ln\left|\frac{A-3}{A-1}\right|-\ln 3\right)=-\frac{1}{2}\ln 3.$$

（二）

1.求下列各曲线所围成的平面图形面积：

(1)$y=9-x^2$ 与 $y=x^2$;

(2)$y=\frac{1}{4}x^2-5$ 与 $3x-2y-4=0$;

(3) $y=\frac{1}{x}$ 与 $y=x$ 及 $x=2$；

(4) $y=x^3$，y 轴与 $y=8$；

(5) $y=x^2$，$y=x$ 与 $y=2x$；

(6) $y=\ln x$，y 轴与 $y=\ln a$ 及 $y=\ln b$；

(7) $y=e^x$，$y=e^{2x}$ 与 $y=2$；

(8) $y=x(x-1)(x-2)$ 与 $y=3(x-1)$.

2.求双纽线 $\rho^2=4\sin 2\theta$ 所围成的图形面积.

3.已知一立体的底面为一半径为 5 的圆.垂直于底面某一固定直径的截面都是等边三角形，求立体的体积.

4.一立体的底面由双曲线 $16x^2-9y^2=144$ 与直线 $x=6$ 所围成的平面图形，如果垂直于 x 轴的立体截面分别是：(1) 正方形；(2) 等边三角形；(3) 高为 3 的等腰三角形.求各种情况的立体体积.

5.求下列各题中给出的平面图形绕指定直线旋转所产生的旋转体的体积.

(1) $xy=9$ 与 $x+y=10$ 所围图形在第一象限部分，绕 y 轴旋转；

(2) 在抛物线 $y^2=4x$ 与 $y^2=8x-4$ 之间的平面图形，绕 x 轴旋转；

(3) $x^2+(y-5)^2=16$ 所围成的圆，绕 x 轴旋转.

6.证明：由平面图形 $0\leqslant a\leqslant x\leqslant b$，$0\leqslant y\leqslant f(x)$ 绕 y 轴旋转所成的旋转体体积为

$$V=2\pi\int_a^b xf(x)\mathrm{d}x.$$

7.在下列各题中，求曲线在两指定点之间的弧长.

(1) $y=x^{\frac{3}{2}}$，从 $x=0$ 到 $x=4$；

(2) $x=2t^2$，$y=t^3$，从 $t=1$ 到 $t=2$；

(3) $x=\frac{1}{2}\ln(t^2-1)$，$y=\sqrt{t^2-1}$，从 $t=3$ 到 $t=7$；

(4) $y=\ln\cos x$，从 $x=0$ 到 $x=\frac{\pi}{3}$；

(5) $\rho=2\theta^2$，从 $\theta=0$ 到 $\theta=3$；

(6) $x=\frac{1}{4}y^2-\frac{1}{2}\ln y$，从 $y=1$ 到 $y=e$.

8.有一锥形贮水池，深 15m，口径 20m，盛满了水.今用抽水机将水抽尽，求所做的功.

9.弹性体受压缩，在弹性限度内，压缩力与压缩距离成正比.今有一弹簧长 1m，每压缩 1cm 需力 5g，若自 80cm 压缩至 60cm，需要做功多少？

10.一底为 8cm，高为 6cm 的等腰三角形薄片，铅直地沉没于水中，顶在上底在下，底与水平面平行，顶离水面 3cm.试求一侧所受的水压力.

11.设有一圆柱形贮水桶，底半径为 R(m)，高为 H(m)，其中盛满了水，求：

(1) 将水从桶口抽出一半所做的功；

(2) 将水全部抽出所做的功；

(3) 如果原来只有半桶水，那么将水全部抽出所做的功.

12.有一长为 L 的细杆.均匀带电，电量为 Q，在杆的延长线上距一端为 r_0 处有一单位正电荷 q，求单位正电荷 q 所受的电场力.

13.设有一质量为 M 长为 L 的均匀细杆,现将其折成等边三角形,绕其一边转动,求转动惯量.

14.设有一半径为 R 均匀带电的薄圆板,电量为 $+Q$.在过圆心垂直于圆板的直线上,有一单位负电荷位于距圆板 a 处,试求:

(1) 带电圆板对单位负电荷的吸引力;

(2) 当负电荷由 a 处沿直线移动到 b 处,电场力所做的功($b>a>0$).

15.设有半径为 R 中心角为 φ 的圆弧形细棒,其线密度为常数 ρ_l,在圆心处有一质量为 m 的质点 M,试求这细棒对质点 M 的引力.

16.有一长为 L 的细棒,位于正 x 轴上,它的一端为原点,已知其上任一点 x 处的线密度为 $\rho_l(x)=\ln(x+L)$,求细棒线密度的平均值.

17.求初速度为 v_0 的自由落体的速度从时刻 t_1 到 t_2 的平均值.

18.判断下列各广义积分的敛散性.如果收敛,计算其值:

(1) $\int_1^{+\infty}\frac{1}{x^4}\mathrm{d}x$; (2) $\int_1^{+\infty}\frac{1}{\sqrt{x}}\mathrm{d}x$;

(3) $\int_0^{+\infty}\mathrm{e}^{-ax}\mathrm{d}x\quad(a>0)$; (4) $\int_1^{+\infty}\frac{\arctan x}{x^2}\mathrm{d}x$;

(5) $\int_{-\infty}^{+\infty}\frac{1}{x^2+2x+2}\mathrm{d}x$; (6) $\int_0^{+\infty}x^n\mathrm{e}^{-x}\mathrm{d}x$ (n 为自然数);

(7) $\int_0^1\frac{x}{\sqrt{1-x^2}}\mathrm{d}x$; (8) $\int_1^2\frac{x}{\sqrt{x-1}}\mathrm{d}x$;

(9) $\int_0^2\frac{1}{(1-x)^2}\mathrm{d}x$; (10) $\int_1^{\mathrm{e}}\frac{1}{x\sqrt{1-(\ln x)^2}}\mathrm{d}x$;

(11) $\int_a^{2a}\frac{1}{(x-a)^{\frac{3}{2}}}\mathrm{d}x$; (12) $\int_{-\frac{\pi}{4}}^{\frac{3\pi}{4}}\frac{1}{\cos^2x}\mathrm{d}x$.

19.当 k 为何值时,广义积分 $\int_2^{+\infty}\frac{\mathrm{d}x}{x(\ln x)^k}$ 收敛?当 k 为何值时,这个广义积分发散?又当 k 为何值时,这个广义积分取得最小值?

(三)

1.求曲线 $y=\arccos x$ 与两坐标轴所围成的平面图形面积.

2.求曲线 $\begin{cases}x=a\cos^3t,\\ y=a\sin^3t\end{cases}$ $(0\leqslant t\leqslant 2\pi)$ 所围成的平面图形面积.

3.求曲线 $\rho^2=a^2\cos2\theta$ 所围成的平面图形面积.

4.求曲线 $(x-1)^2+y^2=1$ 所围成的圆绕 x 轴旋转生成的旋转体体积.

5.求抛物线 $y=x^2$ 与直线 $x=0$, $y=1$ 围成的曲边三角形分别绕 x 轴和 y 轴旋转生成的旋转体体积.

6.设有一截锥体,其高为 h,上、下底均为椭圆,椭圆的轴长分别为 $2a$,$2b$ 和 $2A$,$2B$,求这个截锥体的体积.

7.求曲线 $y=\ln\sin x$ 从 $x=\frac{\pi}{4}$ 到 $x=\frac{\pi}{2}$ 的弧长.

8. 求曲线 $x=y^2+1$ 从 $y=0$ 到 $y=4$ 的弧长.

9. 求曲线 $\begin{cases}x=2t^3,\\ y=3t^2\end{cases}(0\leqslant t\leqslant 2)$ 的弧长.

10. 求曲线 $\begin{cases}x=2\cos t,\\ y=2\sin t\end{cases}(0\leqslant t\leqslant \frac{\pi}{2})$ 的弧长.

11. 求曲线 $\rho=2\sin\theta$ 从 $\theta=0$ 到 $\theta=\pi$ 的弧长.

12.有一圆柱形水桶,直径为 $a(m)$,高为 $h(m)$,桶内装满了水. 问:(1)若将水全部抽出,需做多少功?(2)若将水从桶口抽出 $\frac{1}{3}$ 所做的功是多少?

13.若 1kg 的力能使弹簧伸长 1cm,现在要使弹簧伸长 10cm,问需要花费多大的功?

14.一高为 10cm,上底为 8cm,下底为 6cm 的等腰梯形薄片,铅直地沉没水中,上底位于水面下 4cm,求一侧所受的水压力.

15.求水对于垂直壁上的压力,这壁的形状为半圆形,半径为 a 且其直径位于水的表面上.

16.判断下述广义积分的敛散性.若收敛,请计算其值.

(1) $\int_1^{+\infty}\frac{1}{x^3}dx$; (2) $\int_1^{+\infty}\frac{1+x}{\sqrt{x^2+1}}dx$; (3) $\int_0^2\frac{1}{(1-x)^3}dx$; (4) $\int_0^1\frac{x}{\sqrt{1-x}}dx$.

(四)

1.求由曲线 $(x^2+y^2)^2=2a^2xy$ 所围成的图形的面积,其中 $a>0$.

2.求闭曲线 $y^2=(1-x^2)^3$ 所围成的平面图形的面积.

3.求曲线 $y=\sqrt{a^2x^2+b^2}$ 与直线 $y=\sqrt{a^2c^2+b^2}$ 围成的面积.

4.求曲线 $x^4+y^4=x^2+y^2$ 所围成的图形面积.

5.求极坐标系中 $\rho\leqslant 1$ 与 $\rho\leqslant 1+\sin\varphi$ 公共部分的面积.

6.求叶形线 $x^3+y^3-3axy=0$ 所围成图形的面积.

7.求曲线 $x=\ln\sqrt{1+t^2}$, $y=\arctan t(0\leqslant t\leqslant\sqrt{3})$ 之长.

8.在通过(1,1)的直线 $y=f(x)$ 中,求出一条直线,使得平面图形 $0\leqslant x\leqslant 2, 0\leqslant y\leqslant g(x)$ 绕 $0x$ 轴旋转一周时,所得的旋转体体积最小,其中 $g(x)=x^2-f(x)$.

9.求心形线 $\rho=4(1+\cos\theta)$ 和直线 $\theta=0$ 及 $\theta=\frac{\pi}{2}$ 所围图形绕极轴旋转所成旋转体体积.

10.一个以短轴为一边的均匀的半椭圆板,直边落地,顶点在上,铅直的立在地面上. 如果它的长、短半轴分别是 5 和 3,单位面积上具有质量 ρ,问将它上下颠倒一下需做多少功?

11.设有竖直的抛物线弓形板,底边在水面.它的长为 4m,顶点的深度为 4m,求此板所受的水压力.

12.沉没于水中的一平面薄板,由一个高为 4m、底为 6m 的等腰三角形沿底边与一直径为 6m 的半圆拼合而成.如果薄板垂直于水中,等腰三角形的顶点恰在水面,底平行于水面,求它的一侧所受的压力.

13.一个容器,其内侧面是由抛物线绕对称轴旋转而成,其高为 2m,开口直径为 2m,今以 $0.12m^3/h$ 的速度向里注水,求:

(1)灌水时间 t 和深度 h 的变化规律；

(2)水注满后，再把水吸干需做多少功？

14.某体密度为 2.5，半径为 R(m)，高为 H(m)的金属圆柱体，直立沉入水底，水深为 $h+H$(m)现将圆柱体直立捞出水面，需做功多少？

15.计算广义积分：

(1) $\int_0^1 \ln\frac{1}{1-x^2}\mathrm{d}x$；　　(2) $\int_1^2\left[\frac{1}{x\ln^2 x}-\frac{1}{(x-1)^2}\right]\mathrm{d}x$；

(3) $\int_2^3\frac{\mathrm{d}x}{\sqrt{(2-x)(x-3)}}$；　　(4) $\int_0^1\frac{1}{\sqrt{x-x^2}}\mathrm{d}x$；

(5) $\int_0^{\frac{\pi}{2}}\ln\sin x\,\mathrm{d}x$；　　(6) $\int_0^{2\pi}\frac{1}{\sin^4 x+\cos^4 x}\mathrm{d}x$.

*16.推导下列广义积分的递推公式，并求其值.

$$I_n=\int_0^{+\infty}x^n\mathrm{e}^{-x}\mathrm{d}x.$$

本章学习要点

一、基本内容小结

(1)定积分在工程计算中有着广泛的应用，要把实际问题化为定积分，关键要掌握定积分的微元法，其一般步骤如下：

①画出对象的直观图形；

②适当建立数轴(或坐标系)，如在功和水压力的计算中，建立数轴要垂直于水面，原点可根据几何特征适当确定，方向通常向下，这样轴向变量即可确定为积分变量，从而确定积分区间；

③分析所求量的微元，在轴向变量 x 的区间$[x,x+\mathrm{d}x]$上，求所求量增量的近似值，如能表示成 $\mathrm{d}x$ 的一个线性表达式，而 $\mathrm{d}x$ 的系数为轴变量 x 的函数、这个线性表达式即为所求量的微元.由此即可列出定积分.

(2)定积分的几何应用，要记住在各种情况下面积的计算公式、曲边梯形绕 x 轴或 y 轴的旋转体体积公式、弧长的计算公式.

(3)定积分的物理应用，要重点掌握功和水压力的计算.

求变力做功，也是基于常力做功公式：

$$\text{功}=\text{力}\times\text{位移}.$$

在$[x,x+\mathrm{d}x]$上功的微元

$$\mathrm{d}W=F(x)\mathrm{d}x,$$

因此得

$$W=\int_a^b F(x)\mathrm{d}x.$$

求水压力，也是基于均匀受压时的压力公式

$$\text{压力}=\text{压强}\times\text{面积}\quad(\text{压强是常数})$$

在$[x,x+\mathrm{d}x]$上，水压力的微元

$$\mathrm{d}P=p(x)[f(x)-g(x)]\mathrm{d}x \quad (p(x)\text{是压强}),$$

因此得

$$P=\int_a^b p(x)[f(x)-g(x)]\mathrm{d}x.$$

(4)关于两类广义积分,它不是定积分,而是通过定积分定义的.重要的是广义积分敛散性的概念,计算时要先作定积分再取极限.对于无界函数的广义积分要特别注意,因为表面上它与定积分一样,因此一定要检查 $f(x)$ 在 $[a,b]$ 上是否有无穷不连续点,如果有,即是广义积分,否则是定积分.要记住几个广义积分的敛散性.

① $$\int_a^{+\infty}\frac{1}{x^p}\mathrm{d}x\,(a>0)=\begin{cases}\text{收敛}, & p>1,\\ \text{发散}, & p\leqslant 1;\end{cases}$$

② $$\int_a^b\frac{1}{(x-a)^q}\mathrm{d}x=\begin{cases}\text{收敛}, & q<1,\\ \text{发散}, & q\leqslant 1.\end{cases}$$

二、重点

(1)几何应用:求面积、旋转体体积.

(2)物理应用:求水压力、功.

三、难点

(1)微元法把实际问题化为定积分.

(2)无界函数的广义积分.

一元函数积分学总结指导

参考一:

(1)参照不定积分与微分互逆运算关系,找出与微分法对应的积分法.

例如:微分方法——积分方法

复合函数微分法——第一换元法

乘积函数的求导法——分部积分法

(2)表示方法的例题

例如 :恒等变形法 $\displaystyle\int\frac{1+3x^2}{x^2(x^2+1)}\mathrm{d}x=\int\frac{1+x^2+2x^2}{x^2(x^2+1)}\mathrm{d}x=\int\frac{1}{x^2}\mathrm{d}x+2\int\frac{1}{(x^2+1)}\mathrm{d}x.$

又如 :分子有理化法

$$\begin{aligned}\int\frac{\sqrt{1+x^2}}{x^2}\mathrm{d}x&=\int\frac{1+x^2}{x^2\sqrt{1+x^2}}\mathrm{d}x=\int\frac{1}{x^2\sqrt{1+x^2}}\mathrm{d}x+\int\frac{x^2}{x^2\sqrt{1+x^2}}\mathrm{d}x\\&=\int\frac{1}{x^3\sqrt{1+\frac{1}{x^2}}}\mathrm{d}x+\int\frac{1}{\sqrt{1+x^2}}\mathrm{d}x\\&=-\int\frac{t}{\sqrt{1+t^2}}\mathrm{d}t+\int\frac{1}{\sqrt{1+x^2}}\mathrm{d}x.\end{aligned}$$

(3)定积分计算与不定积分计算中不同的问题.

例如: $\int_0^1 x^m (1-x)^n \mathrm{d}x = \int_0^1 x^n (1-x)^m \mathrm{d}x$.

(4)定积分计算的特殊方法.

例如: $\int_1^3 |x-2| \mathrm{d}x$.

(5)应用定积分的元素法解决应用问题.

(6)广义积分的判敛问题.

参考二:

从基本概念、基本理论、基本方法、基本应用四个方面梳理知识.做出结构框图.

参考一、参考二分别从方法的角度和内容的角度思考,是否还可以从其它的角度总结知识,学生可以自己思考.

第三单元(一元函数积分学)检测题

检测题(一)

一、填空题(每题 4 分,共 24 分)

1.设 $f(x)$ 的一个原函数为 $\dfrac{\ln x}{x}$,则 $\int f'(x)\mathrm{d}x=$(　　).

2. $\lim\limits_{n\to\infty}\sum\limits_{i=1}^{n}\dfrac{i^{p}}{n^{p+1}}=$(　　)$(p>0)$.

3. $\dfrac{\mathrm{d}}{\mathrm{d}x}\int_{0}^{x}\sin(x-t)^{2}\mathrm{d}t=$(　　).

4.设 $I=\int_{0}^{\frac{\pi}{4}}\ln\sin x\,\mathrm{d}x$,$J=\int_{0}^{\frac{\pi}{4}}\ln\cot x\,\mathrm{d}x$,$K=\int_{0}^{\frac{\pi}{4}}\ln\cos x\,\mathrm{d}x$,则 I,J,K 的大小关系是(　　).

5.由曲线 $y=x$ 和 $y=x^2$ 围成的平面图形绕 x 轴旋转一周形成的几何体体积 $V=$(　　).

6.曲线 $r=\mathrm{e}^{\theta}$,$\theta\in[0,\pi]$ 的弧长 $l=$(　　).

二、计算题(每题 5 分,共 20 分)

1. $\int\dfrac{2x+1}{x^{2}+x-2}\mathrm{d}x$.

2. $\int\mathrm{e}^{-x}\sin 2x\,\mathrm{d}x$.

3. $\int_{-2}^{2}\left(x^{3}\cos\dfrac{x}{2}+\dfrac{1}{2}\sqrt{4-x^{2}}\right)\mathrm{d}x$.

4.设 $f(x)=\begin{cases}x+1, & x<0,\\ x\sin 2x, & x\geqslant 0.\end{cases}$ 求 $\int_{-1}^{1}f(x)\mathrm{d}x$.

三、计算题(每题 7 分,共 35 分)

1. $\int(\cos^{3}x\sin x+\cos 3x\sin x)\mathrm{d}x$.

2. $\int\dfrac{\sqrt{x^{2}-1}}{x}\mathrm{d}x$.

3. $\int_{1}^{+\infty}\dfrac{\arctan x}{x^{3}}\mathrm{d}x$.

4. $\int_{0}^{1}\dfrac{1-x}{\sqrt{1-x^{2}}}\mathrm{d}x$.

5. $\int_{0}^{2}|x-1|\sqrt{(x-2)^{2}}\,\mathrm{d}x$.

四、应用题(每题 6 分,共 12 分)

1.求 $y=x^2$ 和 $y=2-x^2$ 所围成的面积.

2.由抛物线 $y=x^2$ 及 $y=4x^2$ 绕 y 轴旋转一周构成的抛物面容器,高为 H,现于其中盛水,水位高为 $\frac{H}{2}$,问将水全部抽出,外力需做多少功?

五、证明题(5 分)

证明等式 $\int_0^a x\{f[\varphi(x)]+f[\varphi(a-x)]\}\mathrm{d}x=a\int_0^a f[\varphi(a-x)]\mathrm{d}x$.

六、综合题(4 分)

设函数 $f(x)$ 在 $[0,\pi]$ 上连续,且 $\int_0^\pi f(x)\mathrm{d}x=0$,$\int_0^\pi f(x)\cos x\mathrm{d}x=0$. 试证:在 $(0,\pi)$ 内至少存在两个不同的点 ξ_1,ξ_2,使 $f(\xi_1)=f(\xi_2)=0$.

检测题(二)

一、选择题(每题只有一个正确答案,每题 3 分,共 18 分)

1. $F(x)=\begin{cases}\dfrac{\int_0^x tf(t)\mathrm{d}t}{x^2}, & x\neq 0,\\ C, & x=0,\end{cases}$ 其中 $f(x)$ 是连续函数,且 $f(0)=0$ 若 $F(x)$ 于 $x=0$ 连续,则 C 的值为( ).

(A)0　　(B) $\frac{1}{2}$

(C) 不存在　　(D) -1

2.曲线 $y=4x^2-x^4$ 与 x 轴的正半轴所围图形的面积为( ).

(A)$\int_0^2(4x^2-x^4)\mathrm{d}x$　　(B)$\int_0^2(x^4-4x^2)\mathrm{d}x$

(C)$\int_0^1(4x^2-x^4)\mathrm{d}x$　　(D)$\int_0^4(x^4-4x^2)\mathrm{d}x$

3.若 $f''(x)$ 连续,已知 $n\int_0^1 xf''(2x)\mathrm{d}x=\int_0^2 tf''(t)\mathrm{d}t$,则 n 应是( ).

(A)2　　(B)1　　(C)4　　(D) $\frac{1}{4}$

4.设 $I=\int\frac{\mathrm{e}^x-1}{\mathrm{e}^x+1}\mathrm{d}x$,则 I 为( ).

(A)$\ln(\mathrm{e}^x-1)+C$　　(B)$\ln(\mathrm{e}^x+1)+C$

(C)$2\ln(\mathrm{e}^x+1)-x+C$　　(D)$x-2\ln(\mathrm{e}^x+1)+C$

5.函数 $\phi(x)=\int_0^x\frac{3t}{t^2-t+1}\mathrm{d}t$ 在区间$[0,1]$上的最小值为( ).

(A) $\frac{1}{2}$　　(B) $\frac{1}{3}$　　(C) $\frac{1}{4}$　　(D)0

6.若连续曲线 $y=f_1(x)$ 与 $y=f_2(x)$ 在$[a,b]$上关于 x 轴对称,则$\int_a^b f_1(x)\mathrm{d}x+\int_a^b f_2(x)\mathrm{d}x$ 的值为( ).

(A)$2\int_a^b f_1(x)\mathrm{d}x$　　(B)$2\int_a^b f_2(x)\mathrm{d}x$

(C)0　　(D)$2\int_a^b[f_1(x)-f_2(x)]\mathrm{d}x$

二、填空题(每题 3 分,共 18 分)

1. 已知 $\int f(x)\mathrm{d}x = \sin x + C$,则 $\int f(x)f'(x)\mathrm{d}x =$ ______,$\int \dfrac{f'(x)}{f(x)}\mathrm{d}x =$ ______.

2. $\lim\limits_{n\to\infty}\sqrt[n]{\mathrm{e}^{\frac{1}{n}}\mathrm{e}^{\frac{2}{n}}\cdots\mathrm{e}^{\frac{n-1}{n}}\mathrm{e}} =$ ______.

3. $y=\mathrm{e}^x\ (x\leqslant 0)$,$x=0$,$y=0$ 所围成的平面图形绕 Ox 轴旋转所得旋转体的体积为 ______.

4. 比较 $I_1=\int_0^{\pi}\mathrm{e}^{-x^2}\cos^2 x\mathrm{d}x$ 和 $I_2=\int_{\pi}^{2\pi}\mathrm{e}^{-x^2}\cos^2 x\mathrm{d}x$ 的大小为 I_1 ______ I_2.

5. 已知 $f''(x)$ 在 $[a,b]$ 上连续,$a<b$,则

$$\int_a^b xf''(x)\mathrm{d}x = \_\_\_\_\_\_.$$

6. 设 $f(x)=\begin{cases}x+1 & x<0\\ x^2 & x\geqslant 0\end{cases}$,$F(x)=\int_{-1}^{x}f(x)\mathrm{d}x$,则 $F(x)$ 在 $[-1,1]$ 上的表达式为 ______.

三、解下列各题(每题 6 分,共 36 分)

1. 求 $\int\sin^5 x\mathrm{d}x$.

2. 试证曲线 $y=\sin x\ (0\leqslant x\leqslant 2\pi)$ 的弧长等于椭圆 $x^2+2y^2=2$ 的周长.

3. 求 $\int_1^{+\infty}\dfrac{\arctan x}{x^2}\mathrm{d}x$.

4. 计算 $I=\int_0^{\frac{\pi}{2}}\mathrm{e}^{2x}\sin 2x\mathrm{d}x$.

5. 计算 $\int_0^{\frac{\pi}{4}}\cos^4 x\mathrm{d}x$.

6. 计算 $\int\dfrac{\arccos x}{(1-x^2)^{\frac{3}{2}}}\mathrm{d}x$.

四、计算题(9 分)

已知椭圆 $\dfrac{x^2}{a^2}+\dfrac{y^2}{b^2}=1$ 上两点 $A(a,0)$,$B\left(\dfrac{a}{2},\dfrac{\sqrt{3}b}{2}\right)$,过 B 作切线交 x 轴于点 C,求曲边三角形 ABC 的面积.

五、证明题(10 分)

1. $\int_1^a f\left(t+\dfrac{a^2}{t}\right)\dfrac{1}{t}\mathrm{d}t=\int_a^{a^2} f\left(t+\dfrac{a^2}{t}\right)\dfrac{1}{t}\mathrm{d}t$.

2. $\int_1^a f\left(t+\dfrac{a^2}{t}\right)\dfrac{1}{t}\mathrm{d}t=\int_1^a f\left(t^2+\dfrac{a^2}{t^2}\right)\dfrac{1}{t}\mathrm{d}t\ (a>0)$.

六、计算题(9 分)

求 $\int_0^1\dfrac{\ln(1+x)}{1+x^2}\mathrm{d}x$.

部分习题答案与提示

习　题　一

(一)

1.(1) 不是,定义域不同; (2) 不是,定义域不同; (3) 是; (4) 不是,对应规则不同.

2.不一定,如 $f(x)=\begin{cases}x+1, & 0\leqslant x\leqslant 1,\\ x-1, & 1<x<2.\end{cases}$

4.不一定,如 $g=\sqrt{u}$, $u=-(x^2+1)$.

5.(1) 偶; (2) 非奇非偶; (3) 奇; (4) 偶; (5) 奇; (6) 非奇非偶; (7) 奇.

6.(1) 单减; (2) 非单调; (3) 单增; (4) 单增.

7.(1) 周期 2π; (2) 周期 $\frac{\pi}{2}$; (3) 周期 π; (4) 非周期.

8.(1) 不一定; (2) 不一定; (3) 不一定;一定; (4) 不一定;不一定;

(5) 不一定;不一定;不一定; (6) 不对,如 $a_n=\frac{n}{2^n}$, $\lim\limits_{n\to\infty}\frac{a_{n+1}}{a_n}=\frac{1}{2}$;

(7) 记 $\lim\limits_{n\to\infty}a_n=a$ 无道理,因没有证明极限存在.

9.(1) 不正确;不正确; (2) 正确; (3) 正确.

10.(1) 不一定;不一定;不一定; (2) 是; (3) 不一定; (4) 对;不对.

11.(1)、(2)、(3) 的结果正确,但解法不对,(4)、(5)、(6)、(7) 的解法和结果都不对.

12.(1) 不正确; (2) 正确; (3) 不正确; (4) 正确; (5) 不正确; (6) 不正确.

13.不一定.

14.(1)B; (2)C; (3)B; (4)C; (5)A; (6)B; (7)D; (8)B; (9)B.

(二)

1.(1)$(2,6]$; (2)$[0,+\infty)$; (3)$(-3,3)$; (4)$[-1,7]$.

2.(1)$(-2,8)$; (2)$(-8,-2)$; (3)$(-5,-1)\cup(-1,3)$.

3.(1)$D_f=[-2,-1)\cup(-1,1)\cup(1,+\infty)$; (2)$D_f=(-\infty,-2)\cup(2,+\infty)$;

(3)$D_f=(-\infty,0)\cup(0,2]$; (4)$D_f=[-1,3]$; (5)$D_f\{x\mid x\neq\frac{\pi}{4}+n\pi, n=0,\pm1,\cdots\}$;

(6)$D_f=(-\infty,2]$.

4.$f(\sin x)$ 的定义域为 $D=\{x\mid 2n\pi\leqslant x\leqslant(2n+1)\pi, n=0,\pm1\cdots\}$;$f(\lg x)$ 的定义域为 $D=[1,10]$.

5.$f(0)=0$, $f(1)=2$, $f(a)=a2^a$, $f(a+1)=(a+1)2^{a+1}$, $f(a^2)=a^2 2^{a^2}$, $[f(a)]^2=a^2 2^{2a}$.

6.$f(0)=2, f(1)=f(-1)=\sqrt{5}, f\left(\frac{1}{a}\right)=\sqrt{4+\frac{1}{a^2}}, f(x_0+1)=\sqrt{x_0^2+2x_0+5}$.

7.$\varphi\left(\frac{\pi}{2}\right)=0, \varphi\left(\frac{\pi}{4}\right)=\varphi\left(-\frac{\pi}{4}\right)=\frac{\sqrt{2}}{2}, \varphi(-2)=0$.

8.$f(x-1)=\begin{cases}2x-1, & x\geqslant 1,\\ x^2-2x+5, & x<1,\end{cases}$ $f(x+1)=\begin{cases}2x+3, & x\geqslant -1,\\ x^2+2x+5, & x<-1.\end{cases}$

9.$f[\varphi(x)]=\sin 2x(4\sin^2 2x-3), \varphi[f(x)]=\sin 2x(4x^2-3), f[f(x)]=(4x^3-3x)[4(4x^3-3x)^2-3], \varphi[\varphi(x)]=\sin 2(\sin 2x)$.

11.(1)$y=x^3-1, x\in(-\infty,+\infty)$; (2)$y=10^{x-1}-2, x\in(-\infty,+\infty)$;

(3)$y=\frac{1-x}{1+x}, x\in(-\infty,-1)\cup(1,+\infty)$.

12.$a=-d$.

13.(1)$y=u^3, u=\sin t, t=1-2x$; (2)$y=\sin u, u=\sqrt[3]{t}, t=1-2x$;

(3)$y=\log_2 u, u=\sin t, t=x-1$; (4)$y=\arctan u, u=v^2, v=\tan t, t=x^2+a^2$.

14.$y=\frac{r}{h}(h-x), V=\frac{\pi r^2}{h^2}x(h-x)^2, 0<x<h$.

15.$V=\frac{R^3a^2}{24\pi^2}\sqrt{4\pi^2-a^2}$.

16.当 $0\leqslant x\leqslant 50$ 时，$y=0.15x$；当 $x>50$ 时，$y=7.5+0.25(x-50)$.

17.(1)0； (2)0； (3)不存在； (4)不存在； (5)不存在； (6)0.

20.(1)1； (2)1； (3)0； (4)不存在； (5)不存在($+\infty$)； (6)不存在($-\infty$)；

(7)不存在(∞)； (8)$-\frac{\pi}{2}$； (9)$\frac{\pi}{2}$.

23.左极限=右极限=极限=3.

24.$\lim\limits_{x\to 0^+}f(x)=\lim\limits_{x\to 0^-}f(x)=\lim\limits_{x\to 0}f(x)=1$，$\lim\limits_{x\to 0^+}\varphi(x)=1$，$\lim\limits_{x\to 0^-}\varphi(x)=-1$，$\lim\limits_{x\to 0}\varphi(x)$不存在.

25.无穷小量(1)、(3)、(5)；无穷大量(2)、(4)、(6).

28.(1)3； (2)12； (3)$\frac{1}{8}$； (4)0； (5)$2x$； (6)-1； (7)$\frac{2}{3}$； (8)$\frac{4}{3}$；(9)$\frac{1}{2}$；

(10)0； (11)2； (12)2； (13)$\frac{1}{2}$； (14)-1； (15)0； (16)$\frac{1}{4}$； (17)1.

29.(1)$\frac{\alpha}{\beta}$； (2)5； (3)$\frac{3}{2}$； (4)-1； (5)$\frac{1}{2}$； (6)x； (7)$\frac{\sqrt{2}}{2}$； (8)$\frac{2}{3}$.

30.(1)e^{-1}； (2)e^2； (3)e^{-2}； (4)$e^{-\frac{1}{2}}$； (5)e； (6)$\ln a$； (7)1； (8)e^3.

32.高阶无穷小(3)；同阶无穷小(1)、(2)、(4)、(5)；等价无穷小(1)、(4).

33.当 $x\to+\infty$ 时，$\frac{1}{x^2}$ 是比$\sqrt{x^2+2}-\sqrt{x^2+1}$ 的高阶无穷小.

34.当 $x\to 1$ 时，$\frac{1-x}{1+x}$ 与 $1-\sqrt{x}$ 是等价无穷小.

35.(1) 当 $n>m$ 极限为 0;$n=m$,极限为 1;$n<m$ 极限为 ∞; (2) $\frac{1}{2\sqrt{2}}$;

(3) $\frac{1}{3}$; (4)2.

36.(1)2 阶; (2) $\frac{1}{2}$ 阶; (3) $\frac{1}{2}$ 阶; (4)2 阶.

37. $a=-7,b=6$.

38. $p=5$, $q=\frac{-5}{3}$ 时,$f(x)$ 为无穷小量;$p+3q\neq 0$ 时,$f(x)$ 为无穷大量.

40.(1) 连续区间$[0,2]$; (2) 连续区间$(-\infty,-1)\cup(-1,+\infty)$; (3) 连续区间$[-3,-1)\cup(-1,3]$.

41.(1)$x=\pm 1$ 第二类; (2)$x=0$ 第二类; (3)$x=1$ 第一类、可去; (4)$x=n(n=0,\pm 1,\cdots)$,其中 $x=0$ 是第一类、可去,其余为第二类; (5)$x=0$ 第一类; (6)$x=0$ 第一类、可去.

42.$(-\infty,-3)\cup(-3,2)\cup(2,+\infty)$,$\lim\limits_{x\to 0}f(x)=\frac{1}{2}$,$\lim\limits_{x\to -3}f(x)=-\frac{8}{5}$,$\lim\limits_{x\to 2}f(x)=\infty$.

43. $a=1$.

44.(1) $\sqrt{5}$; (2) $\frac{1}{8}$; (3)2; (4)0; (5) $\frac{1}{a}$; (6) -1; (7)1.

(四)

1.$f(x)=x(x^2+3x+3)$.

2.$f(x)=x^2-2$;$f(x-\frac{1}{x})=x^2+\frac{1}{x^2}-4$.

3.$f(f[\cdots f(x)\cdots])=\frac{x}{\sqrt{1+nx^2}}$(用归纳法证明).

4.(2)$g(x)=\begin{cases}1, & 0\leqslant x\leqslant \frac{1}{2},\\ 2, & \frac{1}{2}<x\leqslant 1;\end{cases}$ (3)$h(x)=\begin{cases}1, & -1\leqslant x\leqslant 0,\\ 2, & 0<x\leqslant 1;\end{cases}$

(4)$R(x)=\begin{cases}2, & x=0,\\ 3, & 0<x\leqslant \frac{1}{2},\\ 4, & \frac{1}{2}<x\leqslant 1.\end{cases}$

5.$f[g(x)]=\begin{cases}1, & x<0,\\ 0, & x=0,\\ -1, & x>0;\end{cases}$ $g[f(x)]=\begin{cases}\mathrm{e}, & |x|<1,\\ 1, & |x|=1,\\ \mathrm{e}^{-1}, & |x|>1.\end{cases}$

6.$f[g(x)]=\begin{cases}0, & x<0,\\ x^2, & x\geqslant 0;\end{cases}$ $g[f(x)]=\begin{cases}0, & x<0,\\ x^2, & x\geqslant 0.\end{cases}$

7.(1) 偶; (2) 偶; (3) 奇; (4) 偶.

8.当 $f(x)$ 与 $g(x)$ 均为单增或单减时,$f[g(x)]$ 为单增;当 $f(x)$ 为单增 $g(x)$ 为单

减或 $f(x)$ 为单减 $g(x)$ 为单增时，$f[g(x)]$ 为单减.

10. $f(x)=\begin{cases}2^x-1, & x>0,\\ 1-2^{-x}, & x<0,\end{cases}$ 反函数 $y=\begin{cases}\log_2(1+x), & x>0,\\ -\log_2(1-x), & x<0.\end{cases}$

11. $f(-x)=\begin{cases}x^2+1, & x\geqslant 0,\\ x^2-x+1, & x<0,\end{cases}$

$f[f(x)]=\begin{cases}(x^2+x+1)^2+(x^2+x+1)+1, & x\geqslant 0,\\ (x^2+1)^2+(x^2+1)+1, & x<0.\end{cases}$

12.(1) $\dfrac{1}{2}$; (2)0; (3)0; (4)0; (5) $\dfrac{1}{2}$; (6) $\dfrac{1}{2}$; (7)$0<q<1$,极限为 0;$q=1$,极限为$\dfrac{1}{2}$;$q>1$,极限为 1; (8)$c=\ln 2$; (9)3; (10)5.

14. $a=4$;$l=10$.

15. $\dfrac{1+\sqrt{5}}{2}$.

16.(1) $\dfrac{1}{9}$;-3;不存在;$\dfrac{1}{9}$;-3; (2)1;-1;不存在;∞.

17. $x=0$,第二类无穷型;$x=1$,第一类跳跃型.

18. $\alpha>0,\beta=-1$ 连续;$\alpha>0,\beta\neq-1$ 第一类跳跃型;$\alpha\leqslant 0$ 第二类.

19. (1)$a=1$; (2)$(-\infty,0)$,$[0,+\infty)$.

20. $x=1$ 连续,$x=-1$ 不连续.

21.(1)$f(x)=\begin{cases}x, & |x|<1,\\ 0, & |x|=1,\\ -x, & |x|>1,\end{cases}$ $x=\pm 1$ 是第一类间断;

(2)$f(x)=\begin{cases}\dfrac{\sin x}{x}, & x\neq 0,\\ 1, & x=0\end{cases}$ 在$(-\infty,+\infty)$上连续;

(3) 除 $x=-1$ 外连续;

(4)$f(x)=\begin{cases}x, & x\leqslant 0,\\ x^2, & x>0.\end{cases}$

22. $a=0,b=1$.

23. $x=0$ 为第一类;$x=1$ 为第一类、可去;$x=-1$ 为第二类.

24.(1) $\dfrac{-1}{2}$; (2)1; (3)1; (4)1; (5)-2.

习　题　二

(一)

1. $\rho=m'(x_0)$.

2.(1)$2f'(x_0)$; (2)$2f'(x_0)$; (3)$f'(x_0)$; (4)$f'(x_0)$.

4.(1) 一定； (2) 不一定； (3) 不一定； (4) 一定.

5.不对.

6.(1)$f'(x_0)=0$； (2)$f'(x_0)=1$； (3)$f'(x_0)=\infty$.

7.(1) 不对； (2) 不对

8.(1)$\alpha>0$； (2)$\alpha>1$； (3)$\alpha>2$.

9.(1) 对； (2) 不对； (3) 对； (4) 不对.

10.(1) 不成立，例如 $u=\varphi(x)=|x|$ 在 $x=0$ 处不可导而 $y=f(u)=u^2$ 在 $u=0$ 处可导，但复合函数 $y=f[\varphi(x)]=x^2$ 却在 $x=0$ 处可导； (2) 不成立，例如 $u=\varphi(x)=x^2$ 在 $x=0$ 处可导，而 $y=f(u)=|u|$ 在 $u=0$ 处不可导，但复合函数 $y=f[\varphi(x)]=x^2$ 在 $x=0$ 处可导； (3) 不成立，例如 $u=\varphi(x)=x+|x|$ 在 $x=0$ 处不可导，而 $y=f(u)=u-|u|$ 在 $u=0$ 处也不可导，但 $y=f[\varphi(x)]=x+|x|-|x+|x||=0$ 却在 $x=0$ 处可导.

11.一定；一定.

12.若 $f'(x_0)\neq 0$，同阶，若 $f'(x_0)=0$，$\mathrm{d}y$ 比 Δy 高阶.

13.二阶导数不对.

14.(1) 对； (2) 不对； (3) 不对； (4) 不对.

15.(1)、(4) 正确；(2)、(3) 不正确.

16.不一定.例如 $f(x)=\begin{cases}x^2, & x\text{ 有理数},\\ -x^2, & x\text{ 无理数}.\end{cases}$

当 x 为有理数时，$\lim\limits_{x\to 0}\dfrac{f(x)-f(0)}{x}=\lim\limits_{x\to 0}\dfrac{x^2}{x}=0$；

当 x 为无理数时，$\lim\limits_{x\to 0}\dfrac{f(x)-f(0)}{x}=\lim\limits_{x\to 0}\dfrac{-x^2}{x}=0$.

所以，$f(x)$ 在 $x=0$ 处可导，从而必连续.但是，容易说明，对每一 $x_0\neq 0$，$\lim\limits_{x\to x_0}f(x)$ 均不存在，从而 $f(x)$ 在每一 $x_0\neq 0$ 处不连续，自然也不可导.这里所提供的例子表明：函数在一点的导数仅仅反映函数在该点处的性质.在该点的邻域内可能处处不可导，甚至可能处处不连续(除该点外).

17.不一定.

(二)

1.(1) $\dfrac{1}{2}$； (2) -1； (3)2； (4) $\dfrac{1}{\mathrm{e}}$.

3.12.

4.(1)$6x^5$； (2) $\dfrac{2}{3}x^{-\frac{1}{3}}$； (3) $\dfrac{13}{6}x^{\frac{7}{6}}$； (4) $-\dfrac{4}{3}x^{-\frac{7}{3}}$.

5.(1) 不可导，连续； (2) 不可导，连续； (3) 连续，不可导.

6.切线方程 $3\sqrt{3}x+6y=3+\sqrt{3}\pi$，法线方程 $y-\dfrac{1}{2}=\dfrac{2}{\sqrt{3}}\left(x-\dfrac{\pi}{3}\right)$.

7.$x=ey$,法线方程为 $y-1=-e(x-e)$.

8.(2,4).

9.$f'(x)=\begin{cases}\cos x, & x<0,\\ 1, & x\geqslant 0.\end{cases}$

10.(1)$6x+4x^{-3}$; (2)$-\frac{1}{2}x^{-\frac{3}{2}}-\frac{1}{2}x^{-\frac{1}{2}}$; (3)$\frac{-2}{(1+x)^2}$; (4)$2x\cos x-x^2\sin x$;

(5)$\sec x(2\sec x+\tan x)$; (6)$a^x\ln a+e^x$; (7)$e^x\left(\ln x+\frac{1}{x}\right)$; (8)$-\frac{1+2x}{(1+x+x^2)^2}$;

(9)$\frac{e^x(x-2)}{x^3}$; (10)$\frac{1+\sin t+\cos t}{(1+\cos t)^2}$; (11)$2e^x\sin x$; (12)$\frac{-2[2x\sin x+(1+x^2)\cos x]}{\sin^2 x(1+x^2)^2}$;

(13)$2\cos x+\sec^2 x$; (14)$1+\ln x+\frac{1-\ln x}{x^2}$.

11.(1)$\frac{4}{9}$; (2)$\frac{\sqrt{2}}{4}\left(1+\frac{\pi}{2}\right)$; (3)0; (4)$-\frac{1}{18}$.

12.$y=2x-2$ 或 $y=2x+2$.

13.(1)$-3e^{-3x}$; (2)$\frac{-1}{\sqrt{3-2x}}$; (3)$6x^3(x^4-1)^{\frac{1}{2}}$; (4)$\frac{4}{(4-x^2)^{\frac{3}{2}}}$;

(5)$\frac{x-\sqrt{1-x^2}\arcsin x}{x^2\sqrt{1-x^2}}$; (6)$\frac{2}{2x-1}$; (7)$3\sin(4-3x)$; (8)$-6xe^{-3x^2}$;

(9)$\sin 2x$; (10)$\sin^2 t(4\cos^2 t-1)$; (11)$\frac{2}{\sin^2 x}$; (12)$a^x\left[\frac{1}{1+x^2}+\ln a\ \arctan x\right]$;

(13)$\frac{e^x}{1+e^{2x}}$; (14)$\frac{2\arcsin x}{\sqrt{1-x^2}}$; (15)$-e^{-\frac{x}{2}}\left(3\sin 3x+\frac{1}{2}\cos 3x\right)$;

(16)$\pm\frac{1}{x\sqrt{x^2-1}}$; (17)$-\sin 2\theta\cos(\cos 2\theta)$; (18)$\frac{1}{\sqrt{x}(1+\sqrt{x})^2}\times\sin\frac{1-\sqrt{x}}{1+\sqrt{x}}$;

(19)$2\theta-6\tan(\tan 3\theta)\sec^2 3\theta$; (20)$\frac{e^a}{1+x^2}$; (21)$\sec x$; (22)$\frac{\ln x}{x\sqrt{1+\ln^2 x}}$;

(23)0; (24)$\frac{-1}{1+x^2}$; (25)$\frac{x^2}{1-x^4}$; (26)$\frac{(2x-\cos x)}{x^2-\sin x}\frac{1}{\ln 3}$;

(27)$\frac{2^\theta\ln 2}{1+2^{2\theta}}+\frac{-2\theta}{1+\theta^4}$; (28)$e^{-x}\left(\frac{2}{x\sqrt{x^2-1}}-\text{arc}\cos\frac{1}{x}\right)\text{arc}\cos\frac{1}{x}$.

14.(1)$2xf'(x^2)$; (2)$\sin 2x[f'(\sin^2 x)-f'(\cos^2 x)]$; (3)$f'(e^x)e^x$;

(4)$f'((x+a)^n)n(x+a)^{n-1}$; (5)$f'(f(f(x)))f'(f(x))f'(x)$.

15.(1)$\text{sh}(\text{sh}x)\text{ch}x$; (2)$e^{\text{ch}x}(\text{sh}^2 x+\text{ch}x)$; (3)$\frac{1}{x\,\text{ch}^2\ln x}$; (4)$3\text{sh}x\,\text{ch}x(\text{sh}x+\text{ch}x)$;

(5)$\frac{-2x}{\text{ch}^2(1-x^2)}$; (6)$\text{th}^3 x$.

16.(1)0; (2)$\frac{4}{e}$;$\frac{8}{e}$; (3)7200,720.

18.$A\omega\cos\omega t$;$-A\omega^2\sin\omega t$.

19.(1)$n!$； (2)$2^{n-1}\sin\left(2x+\frac{n-1}{2}\pi\right)$； (3)$(-1)^{n-2}(n-2)!\ x^{-n+1}$； (4)$(x+n)e^x$；

(5)$2^n\sin\left(2x+\frac{n\pi}{2}\right)x^2+n2^nx\sin\left(2x+\frac{n-1}{2}\pi\right)+2^{n-2}n(n-1)\sin\left(2x+\frac{n-2}{2}\pi\right)$.

20.(1)$4x^2f''(x^2)+2f'(x^2)$； (2)$\frac{f''(x)f(x)-[f'(x)]^2}{f^2(x)}$.

21.(1)$\frac{-\sin(x+y)}{1+\sin(x+y)}$； (2)$-\frac{y^{\frac{1}{3}}}{x^{\frac{1}{3}}}$； (3)$\frac{x^2-ay}{ax-y^2}$； (4)$\frac{1+y^2}{2+y^2}$； (5)$\frac{e^{x+y}-y}{x-e^{x+y}}$.

22.(1)$\frac{(2-xe^y)e^{2y}}{(1-xe^y)^3}$； (2)$-\frac{2\cos^3(x+y)}{\sin^5(x+y)}$.

23.(1)$(\tan2x)^{\cot x}[-\csc^2x\ln\tan2x+4\cot x\csc4x]$；

(2)$y\left[\frac{1}{2(x+2)}-\frac{4}{3-x}-\frac{5}{x+1}\right]$； (3)$\frac{1}{2}y\left[\frac{1}{x}+\cot x-\frac{e^x}{2(1-e^x)}\right]$；

(4)$(\sin x)^{\ln x}\left[\frac{\ln\sin x}{x}+\cot x\ln x\right]$； (5)$\frac{y(x\ln y-y)}{x(y\ln x-x)}$或$\frac{y^2(\ln x-1)}{x^2(\ln y-1)}$.

24.(1)$-\frac{t}{2}(2+t)$； (2)$\frac{3b}{2a}t$； (3)$\frac{\sin t+t\cos t}{\cos t-t\sin t}$.

25.(1)$\frac{1}{t^3}$； (2)0； (3)$\frac{1}{f''(t)}$； (4)$-\frac{2(\pi^2+8)}{a\pi^3}$.

26.$y+x=\frac{\sqrt{2}}{2}a,y=x$.

27.$y=x-e$.

28.$a=-3,b=6$.

29.(1)$2\sqrt{2}x+y-2=0,\sqrt{2}x-4y-1=0$；

(2)$4x+3y-12a=0,3x-4y+6a=0$.

30.40πcm/s.

31.1.5m/s.

32.40m/min.

33.−2.8km/h.

34.0.64cm/min.

35.$\Delta x=1;\Delta y=18,dy=11;\Delta x=0.1,\Delta y=1.161,dy=1.1;\Delta x=0.01,\Delta y=0.110601,dy=0.11$.

36.(1)$\left(-\frac{1}{x^2}+\frac{1}{\sqrt{x}}\right)dx$； (2)$(\sin2x+2x\cos2x)dx$； (3)$(x^2+1)^{-\frac{3}{2}}dx$；

(4)$\frac{2\ln(1-x)}{x-1}dx$； (5)$2x(1+x)e^{2x}dx$；

(6)$e^{-x}[\sin(3-x)-\cos(3-x)]dx$； (7)$\frac{\pm dx}{\sqrt{1-x^2}}$；

(8)$8x\tan(1+2x^2)\sec^2(1+2x^2)dx$； (9)$-\frac{2x}{1+x^4}dx$；

(10) $\left[\dfrac{1+\sin^2 x}{2\cos^3 x}+\dfrac{\sec^2\left(\dfrac{x}{2}+\dfrac{\pi}{4}\right)}{4\tan\left(\dfrac{x}{2}+\dfrac{\pi}{4}\right)}\right]\mathrm{d}x$.

38. (1)0.87476; (2)-0.0100; (3)0.5216; (4)0.7954; (5)-0.5151; (6)9.9933.

39. 约减少 43.63cm^2;约增加 104.72cm^2.

40. $A=5.8081\text{m}^2,\delta_A=0.0241\text{m}^2,\dfrac{\delta_A}{A}=0.4\%$.

41. $V=343000\text{cm}^3,\delta_V=1470\text{cm}^3,\dfrac{\delta_v}{V}=0.4\%$.

42. 3%.

43. $\dfrac{2}{3}\%$.

(四)

1. $a=2,b=-1$.
2. $f'(0)$ 不存在.
4. $f'(a)=\varphi(a)$.
5. 若 $\varphi(a)=0$,则 $f'(a)=0$;若 $\varphi(a)\neq 0$,则 $f'(a)$ 不存在.
7. $f'(1)=-99!$.
8. $f'(x)=\begin{cases}2x, & |x|>\sqrt{3},\\ 0, & |x|<\sqrt{3}.\end{cases}$
9. (1) $\dfrac{6}{x\ln x\ln\ln^3 x}$; (2) $y\left(\ln\dfrac{q}{p}-\dfrac{p-q}{x}\right)$; (3) $\mathrm{e}^{\mathrm{e}}x^{\mathrm{e}^{\mathrm{e}}-1}+\mathrm{e}^{x^{\mathrm{e}}}\mathrm{e}x^{\mathrm{e}-1}+\mathrm{e}^{\mathrm{e}^x}\mathrm{e}^x$;

(4) $-3\cos[\cos^2(\tan^3 x)]\sin(2\tan^3 x)\tan^2 x\sec^2 x$;

(5) $x^{\mathrm{e}^x}\mathrm{e}^x\left(\ln x+\dfrac{1}{x}\right)+\mathrm{e}^{x^x}x^x(1+\ln x)+x^{x^{\mathrm{e}}}x^{\mathrm{e}-1}[\mathrm{e}\ln x+1]$;

(6) $y\left(\ln\ln x+\dfrac{1}{\ln x}-\dfrac{2}{x}\ln x\right)$.

10. $\mathrm{e}^{x+\frac{1}{x}}\left(1-\dfrac{1}{x^2}\right)$.

11. (1) $f'[f(x)]=\cos(\sin x),f[f'(x)]=\sin(\cos x)$; (2) $f'[f(x)]=2x^2$, $f[f'(x)]=4x^2$.

12. $\dfrac{1}{2\sqrt{3}}$.

13. $y=-x,y=-\dfrac{1}{25}x$.

16. $\dfrac{\mathrm{e}^{\sin x}+\cos \mathrm{e}^x}{\sin \mathrm{e}^x+\mathrm{e}^{\cos x}}$.

17. (1) $2^n\sin\left(2x+\dfrac{n-1}{2}\pi\right)$; (2) $b^n\ln^n a\,a^{bx}$; (3) $(-1)^n n!\left[\dfrac{1}{x^{n+1}}-\dfrac{1}{(x+1)^{n+1}}\right]$.

18. m^n.

19. $1-x^2$.

20. $\varphi'(1)=1$.

22. $\varphi'\left(\dfrac{\ln\varphi(x)}{\varphi(x)}\right)\varphi'(x)\dfrac{1-\ln\varphi(x)}{\varphi^2(x)}dx$.

23. $\dfrac{2+x}{3x}e^x$，$(x^2+6x+6)e^x$.

24. (1) $dy=f'[x^3+\psi(x^4)][3x^2+\psi'(x^4)4x^3]dx$；

(2) $dy=-2f'(1-2x)dx+3\cos f(x)f'(x)dx$.

26. (1) $t=0,x=5,x'(0)=-6,x''(0)=0;t=\dfrac{\pi}{2},x=7,x'\left(\dfrac{\pi}{2}\right)=0,x''\left(\dfrac{\pi}{2}\right)=-18$;

(2) 最大速度 6，最大加速度为 18；(3) $x=5$.

27. $-e^{-\pi}$cm/s.

30. $\dfrac{e(2e-3)}{4}$.

习 题 三

(一)

3. (1) 错；(2) 错；(3) 对；(4) 错；(5) 错；(6) 错；(7) 错；(8) 错；(9) 对；(10) 错；(11) 错；(12) 错；(13) 错；(14) 错；(15) 错；(16) 错；(17) 错；(18) 对；(19) 对；(20) 对.

4. (1)B,C,D；(2)(C)；(3)(A),(C)；(4)(B),(C)；(5)(D).

(二)

1. (1) 成立，$\xi=\dfrac{-4+\sqrt{37}}{3}$；(2) 不成立，函数在 $x=0$ 不连续；(3) 不成立，函数在 $x=0$ 不可导.

5. (1) $-\dfrac{3}{5}$；(2)2；(3) $\dfrac{-1}{8}$；(4)2；(5)1；(6)1；(7)0；(8)0；(9) $-\dfrac{1}{2}$；(10) -1；(11)0；(12) $\dfrac{1}{6}\ln a$；(13)1；(14) e^k；(15) $e^{\frac{2}{\pi}}$；(16) $e^{-\frac{2}{\pi}}$.

6. (1) $(-\infty,+\infty)\searrow$；(2) $(-\infty,+\infty)\nearrow$；(3) $(-\infty,-2),\left(-\dfrac{4}{5},+\infty\right)\nearrow$；$\left(-2,-\dfrac{4}{5}\right)\searrow$；(4) $(-\infty,0),\left(0,\dfrac{1}{2}\right),(1,+\infty)\searrow$；$\left(\dfrac{1}{2},1\right)\nearrow$；(5) $(-1,0)\searrow$；$(0,+\infty)\uparrow$；(6) $\left(0,\dfrac{3}{4}a\right)\nearrow,\left(\dfrac{3}{4}a,a\right)\searrow$.

9. (1) $y\left(\dfrac{1}{2}\right)=\dfrac{1}{2}+\ln 2$ 极小值；(2) $y\left(2n\pi+\dfrac{\pi}{3}\right)=2n\pi+\dfrac{\pi}{3}-\sqrt{3}$ 极小值；

$y\left(2n\pi-\frac{\pi}{3}\right)=\left(2n-\frac{1}{3}\right)\pi+\sqrt{3}$ 极大值； (3) 无极值； (4)$y(0)=0$ 极小值；$y(2)=\frac{4}{3}$ 极大值； (5) 无极值； (6)$y\left(\frac{5}{4}\pi+2k\pi\right)=-\frac{\sqrt{2}}{2}e^{\frac{5\pi}{4}+2k\pi}$ 极小值； $y\left(\frac{\pi}{4}+2k\pi\right)=\frac{\sqrt{2}}{2}e^{\frac{\pi}{4}+2k\pi}(k=0,\pm1,\pm2,\cdots)$ 极大值； (7)$y(1)=2$ 极大值； (8)$y(e)=e^{\frac{1}{e}}$ 极大值.

11. $a=2$,极大值.

12. (1) 最大值 13,最小值 4； (2) 最大值$\sqrt[3]{4}$,无最小值； (3) 最大值$\frac{729}{4}$,无最小值； (4) 最大值 8,最小值 0.

14. 两部分相等都等于 4.

15. 另一边长度为 R 时,面积最大,最大值$\frac{3\sqrt{3}}{4}R^2$.

16. 矩形底为$\frac{4P}{8+3\pi}$,高为$\frac{(4+\pi)P}{16+6\pi}$.

17. $\varphi=\frac{2\sqrt{6}}{3}\pi$.

18. 矩形底$\frac{1}{2\sqrt{2}}$,高 2,最大体积$\frac{\pi}{4}$.

19. (1)$(-\infty,+\infty)$ 上凸； (2)$(0,+\infty)$ 上凹；

(3)$(-\infty,2]$ 上凸；$[2,+\infty)$ 上凹；拐点$\left(2,\frac{2}{e^2}\right)$；

(4)$\left(-\infty,\frac{5}{3}\right)$ 上凸；$\left(\frac{5}{3},+\infty\right)$ 上凹；拐点$\left(\frac{5}{3},\frac{20}{27}\right)$；

(5)$(-\infty,-1]$,$[1,+\infty)$ 上凸；$[-1,1]$ 上凹；拐点$(-1,\ln2)$,$(1,\ln2)$；

(6)$(0,1]$ 上凸；$(1,+\infty)$ 上凹；拐点$(1,-7)$.

20. $a=-\frac{3}{2}$,$b=\frac{9}{2}$.

22. (1)$y=0$,$x=5$,$x=-1$； (2)$y=0$,$x=0$； (3)$x=-\frac{1}{e}$,$y=x+\frac{1}{e}$；

(4)$y=2x+\frac{\pi}{2}$,$y=2x-\frac{\pi}{2}$； (5)$x=1$,$y=3x+1$.

24. (1)$ds=\sqrt{1+\sin^2x}\,dx$； (2)$ds=\sqrt{1+\frac{p}{2x}}\,dx$； (3)$ds=\frac{\sqrt{2}}{t^2}dt$.

25. (1) $\frac{3\sqrt{10}}{50}$,$\frac{192}{125}$； (2)1,0； (3) $\frac{a}{b^2}$,$\frac{b}{a^2}$.

26. $\frac{40}{3}\sqrt{10}$.

27. $a=\frac{2\sqrt{3}}{9}$,$b=-\frac{\sqrt{3}}{9}$,$\left(0,\frac{10}{3\sqrt{3}}\right)$.

28.$R=\frac{2}{3}\sqrt{2a\rho}$，$\frac{4}{3}a$.

29.(1) $\xi=\frac{3x^4+1}{2x^3}$，$\eta=\frac{x^4+3}{2x}$； (2)$\xi=-\frac{4}{3}t^3$，$\eta=3t^2-\frac{3}{2}$.

30.$0.18<x_0<0.19$.

31.$-0.20<x_0<-0.19$.

32.$0.32<x_0<0.33$.

33.$2.50<x_0<2.51$.

(四)

11.(1)0； (2)$-\frac{\mathrm{e}}{2}$； (3)0； (4)0； (5)$\frac{1}{24}$； (6)1； (7)$-\frac{\cos 2a}{\cos^2 a}$；

(8)$\frac{1}{24}$； (9)$\frac{1-\ln a}{1+\ln a}$； (10)$[a^a b^b c^c]^{\frac{1}{a+b+c}}$； (11)$\frac{1}{\sqrt{n}}$.

12.$f''(x_0)$.

13.$f(0)=f'(0)=0$，$f''(0)=4$，e^2.

14.连续.

15.$a=-3$，$b=-9$.

18.最大值$(a+c)^2$，最小值$(a-c)^2$.

19.当$b\geqslant 2$时，最短距离为$2\sqrt{b-1}$；当$b<2$时，最短距离为$|b|$.

20.$(a^{\frac{2}{3}}+b^{\frac{2}{3}})^{\frac{3}{2}}$.

21.$-3<a<-2$时，最大值$-a^3$；$-2<a<0$时，最大值$2-3a$；$a=-2$时，最大值8.

22.(1)$k=2$； (2)$y-\frac{1}{4}=\pm\frac{3\sqrt{3}}{8}\left(x\mp\frac{\sqrt{3}}{3}\right)$.

23.(1)$x_3=\frac{9}{8}$； (2)$x_3=\sqrt[3]{3}$.

习 题 四

(一)

1.(1) 对，由原函数存在定理； (2) 不对，如

$$f(x)=\begin{cases}2x\sin\frac{1}{x}-\cos\frac{1}{x}, & x\neq 0,\\ 0, & x=0\end{cases}$$

在$(-\infty,+\infty)$上不连续，但在$(-\infty,+\infty)$上却存在原函数

$$F(x)=\begin{cases}x^2\sin\frac{1}{x}, & x\neq 0,\\ 0, & x=0.\end{cases}$$

(2) 如果改为定义域,上述结论不成立.如 $f(x)=\dfrac{1}{x^2}(x\neq 0)$,则 $F(x)=-\dfrac{1}{x}$ 是它的一个原函数,而 $G(x)=\begin{cases}-\dfrac{1}{x}+1, & 0<x<+\infty,\\ -\dfrac{1}{x}-1, & -\infty<x<0\end{cases}$ 也是 $f(x)$ 的原函数,但 $F(x)-G(x)\neq$ 常数.

2. 不正确.由于 $\sin|x|$ 在 $(-\infty,+\infty)$ 内连续,故原函数存在,所以原函数在 $(-\infty,+\infty)$ 内可导,当然也是连续的.但所求原函数在 $x=0$ 点却不一定连续,除非取 $C_1-1=C_2+1$,即 $C_2=C_1-2$.正确结果为

$$\int\sin|x|\,\mathrm{d}x=\begin{cases}-\cos x+C_1, & x\geqslant 0,\\ \cos x+C_1-2, & x<0.\end{cases}$$

3. (1)错; (2)错; (3)正确.

4. (1)$F(x)$连续,$f(x)$不一定连续; (2)都存在; (3)对.

5. (B),(D).

6. (1)是; (2)除 $\ln|x|$ 外其他三个是; (3)$\tan\dfrac{x}{2}$ 和 $-\cot x+\dfrac{1}{\sin x}$ 是.

7. 产生错误的原因是对不定积分的理解不深入.由于 $\int f(x)\mathrm{d}x$ 是 $f(x)$ 的原函数的一般表达式 $\int f(x)\mathrm{d}x=F(x)+C$,其中 $F(x)$ 是 $f(x)$ 在区间 I 上的一个原函数,当然 $F(x)+1$ 也是 $f(x)$ 的一个原函数,因此,我们有

$$\int f(x)\mathrm{d}x=F(x)+C_1=F(x)+1+C_2.$$

由此可见 $C_1=1+C_2$,如不区分 C_1 和 C_2 都写成同一个 C,则会得出 $0=1$ 的错误结果.

8. 有问题.问题是在求原函数时,用 x 作了除数.从结果看,所求原函数在 $x=0$ 无定义这样解实际上只是分别求出了被积函数在 $(-\infty,+0)$ 和 $(0,+\infty)$ 两个区间内的原函数,应写成下面的分段函数

$$\int\frac{x^2+1}{x^4+1}\mathrm{d}x=\begin{cases}\dfrac{1}{\sqrt{2}}\arctan\dfrac{x^2-1}{\sqrt{2}x}+C_1, & x>0,\\ \dfrac{1}{\sqrt{2}}\arctan\dfrac{x^2-1}{\sqrt{2}x}-\dfrac{\pi}{2\sqrt{2}}+C_2, & x<0.\end{cases}$$

然而所求积分的被积函数在 $(-\infty,+\infty)$ 内连续,因此所求的原函数应在 $(-\infty,+\infty)$ 内连续,为此应对所求原函数于 $x=0$ 点求左、右极限,得

$$\frac{\pi}{2\sqrt{2}}+C_2=C_1-\frac{\pi}{2\sqrt{2}}=C.$$

于是

$$\int\frac{x^2+1}{x^4+1}\mathrm{d}x=\begin{cases}\dfrac{1}{\sqrt2}\arctan\dfrac{x^2-1}{\sqrt2 x}+\dfrac{\pi}{2\sqrt2}+C, & x>0,\\ \dfrac{1}{\sqrt2}\arctan\dfrac{x^2-1}{\sqrt2 x}-\dfrac{\pi}{2\sqrt2}+C, & x>0,\\ C, & x=0.\end{cases}$$

从高等数学的基本要求来说,本题的解法也不能算错,但我们应有正确的理解.而能写出最后的结果,则是作为较高的要求的.

(二)

1.(1) $\ln|x|-3\arcsin x+C$; (2) $\frac{2}{5}x^{\frac{5}{2}}+x+C$; (3) $-\frac{2}{3}x^{-\frac{3}{2}}-\mathrm{e}^x+\ln|x|+C$;

(4) $-\frac{1}{x}+\arctan x+C$; (5) $-\frac{3}{\sqrt[3]{x}}\left(1+\frac{3}{2}x-\frac{3}{5}x^2+\frac{1}{8}x^3\right)+C$; (6) $\frac{4^x}{\ln4}+2\frac{6^x}{\ln6}+\frac{9^x}{\ln9}+C$;

(7) $x-\cos x+\sin x+C$; (8) $-\cot x-x+C$; (9) $\frac{a^x\mathrm{e}^x}{1+\ln a}+C$.

2. $y=\ln x+1$.

3.(1) 27m; (2) $\sqrt[3]{360}\,\mathrm{s}\approx7.11\mathrm{s}$.

4.(1) $-\frac{1}{16}(2x+3)^{-8}+C$; (2) $-\frac{2}{9}(1-3x)^{\frac{3}{2}}+C$;

(3) $-\frac{1}{\omega}\cos(\omega t+\varphi)+C$; (4) $-2\mathrm{e}^{-\frac{x}{2}}+C$; (5) $\frac{1}{\sqrt2}\arctan\sqrt2 x+C$;

(6) $\frac{1}{2}\cot\left(\frac{\pi}{4}-2x\right)+C$; (7) $\frac{10^{2x}}{2\ln10}+C$; (8) $-\frac{2}{3}\sqrt{2-3x}+C$;

(9) $\frac{1}{\sqrt3}\arcsin\sqrt{\frac{3}{2}}x+C$; (10) $\frac{2}{3}(\ln x)^{\frac{3}{2}}+C$; (11) $-\frac{1}{4}\ln|3-2x^2|+C$;

(12) $\frac{1}{\sqrt2}\arctan\frac{x+1}{\sqrt2}+C$; (13) $\frac{1}{4}\ln\left|\frac{1+2x}{1-2x}\right|+C$; (14) $\ln\left|\frac{x+1}{2x+3}\right|+C$;

(15) $-\frac{1}{3}\mathrm{e}^{1-3x}+C$; (16) $\frac{1}{3}\mathrm{e}^{3x}+\frac{3}{2}\mathrm{e}^{2x}+3\mathrm{e}^x+x+C$; (17) $-\frac{1}{6}(1+3x^2)^{-1}+C$;

(18) $\frac{1}{4}\arctan\frac{x^2}{2}+C$; (19) $\frac{1}{4}\arcsin\sqrt2 x^2+C$; (20) $-\frac{1}{4}(\cot\theta+\tan\theta)+C$;

(21) $-\frac{1}{3}\mathrm{e}^{-x^3}+C$; (22) $-\frac{1}{4}\cos^4\theta+C$; (23) $-\frac{1}{\sqrt2}\arctan\frac{\cos x}{\sqrt2}+C$;

(24) $\frac{1}{2}\arctan\frac{\mathrm{e}^x}{2}+C$; (25) $\frac{2}{3}(\arctan\varphi)^{\frac{3}{2}}+C$; (26) $\ln\left|\arcsin\frac{x}{2}\right|+C$;

(27) $\mathrm{e}^{x+\frac{1}{x}}+C$; (28) $\sqrt2\arctan\sqrt{2x}+C$; (29) $\frac{3}{8}x-\frac{1}{4}\sin2x+\frac{1}{32}\sin4x+C$;

(30) $\frac{1}{6}\ln|\sin2x^3|+C$; (31) $\frac{1}{3}\tan^3x+\tan x+C$; (32) $\ln|\ln\sin x|+C$;

(33) $\arcsin x-\sqrt{1-x^2}+C$; (34) $-\frac{1}{5}\frac{1}{\mathrm{th}5x}+C$; (35) $\frac{1}{2}\mathrm{th}2x+C$;

(36) $\frac{1}{2}[\mathrm{ch}(2x+1)+\mathrm{sh}(2x-1)]+C$; (37) $\ln\mathrm{ch}x+C$.

5. (1) $\frac{3}{2}(1+\tan x)^{\frac{2}{3}}+C$； (2) $\frac{1}{\ln 2}\arcsin 2^{x}+C$； (3) $\tan x-\frac{1}{\cos x}+C$；

(4) $-\cot\frac{x}{2}+C$； (5) $-\frac{1}{4}x^{4}-\frac{1}{3}x^{3}-\frac{1}{2}x^{2}-x-\ln|1-x|+C$； (6) $e^{e^{x}}+C$；

(7) $\frac{1}{4}e^{2x^{2}}+C$； (8) $-\frac{1}{5}\cos^{5}x+\frac{1}{7}\cos^{7}x+C$； (9) $-\frac{1}{4}\ln(1+\cos 2x)+C$；

(10) $(\arctan\sqrt{x})^{2}+C$.

6. (1) $\frac{1}{5}(1-x^{2})^{\frac{5}{2}}-\frac{1}{3}(1-x^{2})^{\frac{3}{2}}+C$；

(2) $2\sqrt{1+\ln x}+\ln\left|\frac{\sqrt{1+\ln x}-1}{\sqrt{1+\ln x}+1}\right|+C$； (3) $\frac{a^{2}}{2}\arcsin\frac{x}{a}-\frac{x\sqrt{a^{2}-x^{2}}}{2}+C$；

(4) $\sqrt{x^{2}-a^{2}}+a\arcsin\frac{a}{x}+C$； (5) $\ln\frac{\sqrt{e^{x}+1}-1}{\sqrt{e^{x}+1}+1}+C$；

(6) $\frac{1}{8}[3\arcsin x+(5x-2x^{3})\sqrt{1-x^{2}}]+C$； (7) $\arccos\frac{1}{x}+C$；

(8) $\sqrt{1-e^{2x}}+\frac{1}{2}\ln\left|\frac{\sqrt{1-e^{2x}}-1}{\sqrt{1-e^{2x}}+1}\right|+C$.

7. (1) $-\frac{1}{3}xe^{-3x}-\frac{1}{9}e^{-3x}+C$； (2) $2\sqrt{x}(\ln x-2)+C$；

(3) $-x\cot x+\ln|\sin x|+C$； (4) $x\ln|x+\sqrt{1+x^{2}}|-\sqrt{1+x^{2}}+C$；

(5) $x\ln(1+x^{2})-2x+2\arctan x+C$； (6) $x\tan x+\ln|\cos x|+C$；

(7) $2\sqrt{x}\arcsin\sqrt{x}+2\sqrt{1-x}+C$； (8) $-\frac{1}{2}x^{2}\cos 2x+\frac{1}{2}x\sin 2x+\frac{1}{4}\cos 2x+C$；

(9) $-\frac{1}{10}e^{-3x}(\cos x+3\sin x)+C$； (10) $\tan x\ln\cos x+\tan x-x+C$；

(11) $2[\sin\sqrt{\theta}-\sqrt{\theta}\cos\sqrt{\theta}]+C$； (12) $2\sqrt{e^{x}-1}(x-2)+4\arctan\sqrt{e^{x}-1}+C$；

(13) $x-\sqrt{1-x^{2}}\arcsin x+C$； (14) $-\frac{1}{x}[\ln^{3}x+3\ln^{2}x+6\ln x+6]+C$；

(15) $\frac{1}{2}e^{x}-\frac{e^{x}}{10}(\cos 2x+2\sin 2x)+C$； (16) $x\tan x+\ln|\cos x|-\frac{x^{2}}{2}+C$.

8. (1) $2\ln|x+2|-\frac{1}{2}\ln|x+1|-\frac{3}{2}\ln|x+3|+C$；

(2) $\frac{1}{3}x^{3}+\frac{1}{2}x^{2}+4x+2\ln|x|+5\ln|x-2|-3\ln|x+2|+C$；

(3) $\frac{1}{3}\ln\frac{|x-1|}{\sqrt{x^{2}+x+1}}+\frac{\sqrt{3}}{3}\arctan\frac{2x+1}{\sqrt{3}}+C$； (4) $\frac{1}{x+1}+\frac{1}{2}\ln|x^{2}-1|+C$；

(5) $\frac{\sqrt{2}}{8}\ln\left|\frac{x^{2}+\sqrt{2}x+1}{x^{2}-\sqrt{2}x+1}\right|+\frac{\sqrt{2}}{4}\arctan(\sqrt{2}x+1)+\frac{\sqrt{2}}{4}\arctan(\sqrt{2}x-1)+C$；

(6) $x+\frac{x}{x^{2}+1}-\arctan x+C$.

9. (1) $\frac{1}{2\sqrt{3}}\arctan\frac{2\tan x}{\sqrt{3}}+C$； (2) $\frac{1}{\sqrt{2}}\arctan\left(\frac{1}{\sqrt{2}}\tan\frac{x}{2}\right)+C$；

(3) $\frac{1}{\sqrt{5}}\arctan\frac{1}{\sqrt{5}}\left(3\tan\frac{x}{2}+1\right)+C$； (4) $\frac{(\tan^2x-1)(\tan^4x+10\tan^2x+1)}{3\tan^3x}+C$.

10. (1) $\frac{3}{2}(1+x)^{\frac{2}{3}}-3(1+x)^{\frac{1}{3}}+3\ln|1+\sqrt[3]{1+x}|+C$；

(2) $-2\frac{1+2\sqrt[4]{x}}{(1+\sqrt[4]{x})^2}+C$； (3) $-\frac{3}{2}\sqrt[3]{\frac{x+1}{x-1}}+C$；

(4) $\frac{1}{2}\sqrt{5-4x+4x^2}+\ln|2x-1+\sqrt{5-4x+4x^2}|+C$.

(四)

1. (1) $\arcsin x-\frac{1}{2}\sqrt{1-x^4}+C$；

(2) $b>0$，$\frac{1}{\sqrt{ab}}\arctan\sqrt{\frac{a}{b}}x+C$； $b<0$，$\frac{1}{2\sqrt{-ab}}\ln\left|\frac{\sqrt{a}x-\sqrt{-b}}{\sqrt{a}x+\sqrt{-b}}\right|+C$；

(3) $\frac{x^2}{2\sqrt{1-x^4}}+C$； (4) $x+(\arctan\sqrt{x})^2-\ln|1+x|+C$；

(5) $\frac{1}{3}(\ln x+1)^{\frac{3}{2}}-\frac{1}{3}(\ln x-1)^{\frac{3}{2}}+C$；

(6) $-\ln(e^{-x}+\sqrt{e^{-2x}-1})-\arcsin e^x+C$；

(7) $-\frac{1+101x^2}{20604}(1-x^2)^{101}+C$； (8) $\frac{1}{\sqrt{2}}\arcsin\left(\frac{\sqrt{2}}{2}\sin x\right)+C$；

(9) $-\frac{1+x^2}{2x^2\ln^2x}+C$；

(10) $e^x\ln(1-e^{2x})-2e^x+\ln\left|\frac{1+e^x}{1-e^x}\right|+C$；

(11) $-\frac{1}{2}(x^2+1)\csc^2x-x\cot x+\ln|\sin x|+C$；

(12) $\frac{1}{\sqrt{3}}\arctan\frac{x^2-1}{\sqrt{3}x}+C$ 或 $\frac{1}{\sqrt{3}}\arctan\frac{2x+1}{\sqrt{3}}+\frac{1}{\sqrt{3}}\arctan\frac{2x-1}{\sqrt{3}}+C$；

(13) $-\frac{1}{4}\csc x+\frac{1}{4}\ln|\sec x+\tan x|+C$；

(14) $\frac{1}{2}(x^2+1)\arctan x\ln(1+x^2)-\frac{1}{2}x\ln(1+x^2)+\frac{3}{2}x-\arctan x-\frac{1}{2}(x^2+1)\arctan x+C$；

(15) $\frac{1}{2}x^2+x+\ln|x-1|-\frac{1}{2}\ln(1+x^2)-\text{artan}x+C$；

(16) $\frac{3}{2}\arcsin(x-1)-\frac{1}{2}(x+3)\sqrt{2x-x^2}+C$.

2. $f(x)=-\frac{x^2}{2}-\ln(1-x)+C\quad(0<x<1)$.

3. $xf'(x)-f(x)+C$.

4. 由于 $x=0$ 是 $f(x)$ 的第一类间断点.我们分别在 $(-\infty,0)$ 和 $(0,+\infty)$ 内求原函数,并且要保证在 $x=1$ 点原函数连续,可求得

$$\int f(x)\mathrm{d}x=\begin{cases}C_1, & \text{当 } x<0 \text{ 时},\\ \dfrac{1}{2}x^2+x+C_2, & \text{当 } 0<x\leqslant 1 \text{ 时},\\ x^2+\dfrac{1}{2}+C_2, & \text{当 } x>1 \text{ 时},\end{cases}$$

其中 C_1、C_2 为两个独立的任意常数

5. $I_n=x(\ln x)^n-nI_{n-1}$.

6. $I_n=\dfrac{(1+x^2)^{\frac{3}{2}}}{(1-n)x^{n-1}}+\dfrac{4-n}{n-1}I_{n-2}$;$I_4=-\dfrac{(1+x^2)^{\frac{3}{2}}}{3x^3}+C$.

习　题　五

(一)

3. (1)$\int_0^1\dfrac{1}{1+x}\mathrm{d}x$;　(2)$\int_0^1\dfrac{1}{\sqrt{4-x^2}}\mathrm{d}x$.

4. (1)$\int_0^1 x^2\mathrm{d}x>\int_0^1 x^3\mathrm{d}x$;　(2)$\int_3^4\ln x\,\mathrm{d}x<\int_3^4\ln^2 x\,\mathrm{d}x$.

6. (1)$\int_0^{\pi}\sqrt{\cos^2 x}\,\mathrm{d}x=\int_0^{\pi}|\cos x|\,\mathrm{d}x=\int_0^{\frac{\pi}{2}}\cos x\,\mathrm{d}x-\int_{\frac{\pi}{2}}^{\pi}\cos x\,\mathrm{d}x=2$;

(2) $\dfrac{1}{x^2}$ 在 $[-1,1]$ 上不连续且无界,不是定积分;

(3) 代换 $x=\dfrac{1}{u}$ 在 $[-1,1]$ 上不满足变换条件,正确结果得 $I=\dfrac{4\sqrt{3}}{3}\pi$;

(4) 因 $1\leqslant x\leqslant 3$ 故不能取代换 $x=\sin t$;

(5) 变换 $\tan x=t$ 在 $0\leqslant x\leqslant\dfrac{3\pi}{4}$ 上有无穷间断点 $x=\dfrac{\pi}{2}$,如果作变换 $\tan\dfrac{x}{2}=t$ 是可以的;

(6) 错在积分限应确定为 $-\dfrac{\pi}{4}\leqslant t\leqslant\dfrac{\pi}{4}$ 所以 $\int_{-\frac{1}{\sqrt{2}}}^{\frac{1}{\sqrt{2}}}\dfrac{1}{\sqrt{1-x^2}}\mathrm{d}x=\int_{-\frac{\pi}{4}}^{\frac{\pi}{4}}\dfrac{\cos t}{\cos t}\mathrm{d}t=\dfrac{\pi}{2}$.当然,在定积分的换元积分法中,代换 $x=\varphi(t)$ 要求在 $[\alpha,\beta]$ 上是单调的这一条件不是必要的,有了这一要求使得计算简便函且不易出现错误.如果不加单调条件就比较麻烦,且容易出现题中的那样错误.

(7) 本题积分的被积函数分子和分母用 $1-\cos x$ 乘是不对的,显然 $1-\cos x$ 于 $x=0$ 点值为 0,第 3 步中的积分 $\int_{-\frac{\pi}{2}}^{\frac{\pi}{2}}\dfrac{1}{\sin^2 x}\mathrm{d}x$ 不是定积分,不能用牛顿-莱布尼茨公式,读者不难给出正确作法.

(二)

1. (1)$f'(x)=\dfrac{\sin x}{x}$,$f'\left(\dfrac{2}{\pi}\right)=\dfrac{2}{\pi}$;　(2)$2x\sqrt{1+x^4}$;

(3) $\dfrac{3x^2}{\sqrt{1+x^{12}}}-\dfrac{2x}{\sqrt{1+x^8}}$； (4) $-\cos(\pi\cos^2x)\sin x-\cos(\pi\sin^2x)\cos x$.

2. $-\cos(x^2)e^{y^2}$；-1.

3. $\cot t$.

4. 极小值 $I(0)=0$.

5. (1) $\dfrac{1}{4}$； (2)1.

6. 16.

7. (1)10 (2) $\dfrac{1}{4}$； (3)0； (4) $\dfrac{\pi}{6}$； (5) $\dfrac{\pi}{3}$； (6)$2\left(1+\dfrac{\pi}{4}\right)$； (7)$-1$； (8) $\dfrac{3}{2}$；

(9)$\pi-\dfrac{4}{3}$； (10) $\dfrac{8}{3}-\sqrt{3}$； (11) $\dfrac{1}{5}(2\ln2-\ln3)$； (12)$2-\dfrac{\pi}{4}$； (13)3.

8. $\dfrac{11}{6}$.

9. (1)$10\dfrac{2}{3}$； (2)$2\left(1-\dfrac{\pi}{4}\right)$； (3) $\dfrac{1}{858}$； (4)$2(\sqrt{3}-1)$； (5) $\dfrac{3\pi}{16}$； (6) $\dfrac{3\sqrt{2}-2\sqrt{3}}{3}$；

(7)$\ln\dfrac{7+2\sqrt{7}}{9}$； (8)$\ln\dfrac{2e}{e+1}$.

10. (1)0； (2) $\dfrac{3}{2}\pi$； (3)2arctan5.

15. (1)$1-\dfrac{2}{e}$； (2) $\dfrac{1}{4}(1+e^2)$； (3)$4(2\ln2-1)$； (4) $\dfrac{\pi}{4}-\dfrac{1}{2}$； (5) $\dfrac{\pi}{\omega^2}$；

(6) $\dfrac{\pi}{2}$； (7) $\dfrac{1}{5}(e^{\pi}-2)$； (8)$1-\dfrac{\sqrt{3}}{6}\pi$； (9) $\dfrac{16}{35}$； (10) $\dfrac{35}{128}\pi$.

16. $\dfrac{1}{2}\ln2-\dfrac{1}{4}$.

17. $\begin{cases}\dfrac{1\times3\times5\cdots m}{2\times4\times6\cdots(m+1)}\dfrac{\pi}{2}, & m\text{ 为奇数},\\ \dfrac{2\times4\cdots m}{1\times3\times5\cdots(m+1)}, & m\text{ 为偶数}.\end{cases}$

18. 1.3890；1.3506；1.3506.

19. 0.7188；0.6938；0.6931.

(四)

1. $\displaystyle\int_{\sqrt{x}}^{\frac{1}{x}}\cos t^2\,dt+(1-x^2)x^{-3}\cos x^2+\frac{1}{2}(1-\sqrt{x})\cos x$.

2. $af(x-a)+\displaystyle\int_0^{x-a}f(u)\,du$.

3. $a=4, b=1$.

4. $f(x)=-\dfrac{1}{2}\ln(2+\cos x)+\dfrac{1}{2}\ln3$.

5. $f(x)=1+\ln x$. 6. 0.

9. (1)$f(x)=\dfrac{1}{3}(1+x)^{\frac{-2}{3}}$； (2)$f(x)=x-1$.

10. $f''(1)=2, f'''(1)=5$.

11. $F(x)=\begin{cases}0, & -\pi\leqslant x\leqslant-\dfrac{\pi}{2},\\ \sin x+1, & \dfrac{-\pi}{2}<x<\dfrac{\pi}{2},\\ 2, & \dfrac{\pi}{2}\leqslant x\leqslant\pi.\end{cases}$

13. (1) $-\dfrac{\pi}{12}$； (2) $\dfrac{3\pi^2}{16}$； (3) $\dfrac{4\pi}{3}-\sqrt{3}$； (4) $\dfrac{\pi}{4}$； (5) $\dfrac{\pi}{8}\ln 2$；

(6) $\dfrac{1}{2}\left(\dfrac{\pi}{6}+\dfrac{\sqrt{3}}{2}-1\right)$.

14. $2\sqrt[4]{8}$； $\operatorname{sh}\dfrac{\pi}{8}$. 15. $\dfrac{1}{2}\ln^2 x$. 16. $\dfrac{1}{60}$.

17. $I_n=\dfrac{1}{2n-1}-I_{n-1},I_0=\dfrac{\pi}{4},I_4=-\dfrac{76}{105}+\dfrac{\pi}{4}$.

19. (1)$200\sqrt{2}$； (2) $\sqrt{2}+\ln(1+\sqrt{2})$；

(3)$\begin{cases}\dfrac{n-1}{n}\dfrac{n-3}{n-2}\cdots\dfrac{3}{4}\times\dfrac{1}{2}\times\dfrac{\pi^2}{2}, & n\text{ 正偶数},\\ \dfrac{n-1}{n}\dfrac{n-3}{n-2}\cdots\dfrac{4}{5}\times\dfrac{2}{3}\pi, & n\geqslant 1\text{ 奇数};\end{cases}$ (4) $\dfrac{\pi}{8}\ln 2$.

20. ln2.

习　题　六

(一)

2. (1) 发散； (2) 发散； (3) 发散； (4) 发散； (5) 收敛,积分值为$\sqrt{2}\pi$； (6) 发散.

(二)

1. (1)$18\sqrt{2}$； (2)$7\sqrt{21}$； (3) $\dfrac{3}{2}-\ln 2$； (4)12； (5) $\dfrac{7}{6}$； (6) $|b-a|$；

(7)$\ln 2-\dfrac{1}{2}$； (8)8.

2. 4. 3. $\dfrac{500\sqrt{3}}{3}$.

4. (1)256； (2)$64\sqrt{3}$； (3)$36\sqrt{3}-18\ln(2+\sqrt{3})$.

5. (1) $\dfrac{512}{3}\pi$； (2)π； (3)$160\pi^2$.

7. (1) $\dfrac{8}{27}(10\sqrt{10}-1)$； (2) $\dfrac{1}{27}(104\sqrt{13}-125)$； (3)$4+\dfrac{1}{2}\ln\dfrac{3}{2}$；

(4)$\ln(2+\sqrt{3})$； (5) $\dfrac{2}{3}(13\sqrt{13}-8)$； (6) $\dfrac{1}{4}(e^2+1)$.

8. 57697.5(kJ). 9. 0.294(J). 10. 1.65(N).

11. (1) $\dfrac{1}{8}\times 9.8\pi R^2H^2$(kJ)； (2) $\dfrac{1}{2}\times 9.8\pi R^2H^2$(kJ)； (3) $\dfrac{3}{8}\times 9.8\pi R^2H^2$(kJ).

12. $\dfrac{kQ}{r_0(L+r_0)}$.　　13. $\dfrac{ML^2}{54}$.

14.(1) 引力方向垂直于板，大小为$\dfrac{2kQ}{R^2}\left(1-\dfrac{a}{\sqrt{R^2+a^2}}\right)$；

(2) $\dfrac{2kQ}{R^2}(b+\sqrt{R^2+a^2}-a-\sqrt{R^2+b^2})$.

15.引力大小为$\dfrac{2km\rho l}{R}\sin\dfrac{\varphi}{2}$，方向为 M 指向圆弧中点.

16. $\ln 4L-1$.

17. $\bar{v}=\dfrac{1}{2}(v_1+v_2)$，其中 v_1 和 v_2 分别为 t_1 和 t_2 时刻的速度.

18.(1) $\dfrac{1}{3}$；(2) 发散；(3) $\dfrac{1}{a}$；(4) $\dfrac{\pi}{4}+\dfrac{1}{2}\ln 2$；(5) π；(6) $n!$；(7) 1；(8) $\dfrac{8}{3}$；(9) 发散；(10) $\dfrac{\pi}{2}$；(11) 发散；(12) 发散.

19. $k>1$ 收敛于$\dfrac{1}{(k-1)(\ln 2)^{k-1}}$；$k\leqslant 1$ 发散；$k=1-\dfrac{1}{\ln\ln 2}$ 时取得最小值.

(四)

1. a^2.　　2. $\dfrac{3}{4}\pi$.　　3. $c\sqrt{a^2c^2+b^2}-\dfrac{b^2}{a}\ln\dfrac{\sqrt{a^2c^2+b^2}}{b}$.

4. $\sqrt{2}\pi$.　　5. $\dfrac{5\pi}{4}-2$.　　6. $\dfrac{3}{2}a^2$.　　7. $\ln(2+\sqrt{3})$.

8. $y=2x-1$.　　9. 160π.　　10. $\left(\dfrac{75\pi}{2}-100\right)\rho$.

11. $\dfrac{256}{15}\times 9.8$(kN).　　12. $(50+18\pi)\times 9.8$(kN).　　13. $t=\dfrac{25}{12}\pi h^2$，$\dfrac{19.6}{3}\pi$(kJ).

14. $(1.5\pi R^2Hh+2\pi R^2H^2)\times 9.8$(kN).

15.(1) $2(1-\ln 2)$；(2) $\dfrac{3}{2}-\dfrac{1}{\ln 2}$；(3) π；(4) π；(5) $-\dfrac{\pi}{2}\ln 2$；(6) $2\sqrt{2}\pi$.

16. $I_n=nI_{n-1}$，$I_n=n!$.

单元检测题答案与提示

第 一 单 元

检测题(一)

一、1.A.　2.D.　3.A.　4.C.　5.B.

二、1. $-4+9x$.　2. $a=b=-4$.　3.1.　4. $\frac{1}{4}$.　5.0.

三、1.2.　2.0, $+\infty$.　3.3,0.

4. $x=0,\frac{1}{2}+n(n=\pm1,\pm2,\cdots)$ 是第一类可去型，$x=n(n=\pm1,\pm2,\cdots)$ 是第二类无穷型.

5.考虑函数 $f(x)=x-\sin x-2$ 和区间[0,3]，应用零点定理.

6. $a=-1$.

四、当 $0<\varphi(x)<1$ 时，$\varphi(x)=\frac{1}{3x-x^2-2}$；当 $\varphi(x)\geqslant1$ 时，$\lim\limits_{n\to\infty}f_n(x)$ 不存在.

五、证 $x_n<x_{n+1}(n=1,2,\cdots)$，$1<x_n<2$.应用准则 II. $\lim\limits_{n\to\infty}x_n=\frac{\sqrt{5}+1}{2}$.

六、不能，只说明右连续.

检测题(二)

一、1. $x^2+\frac{1}{x^2}-4$.　2.0.　3.3;2.　4.25;-20.　5. e^3.　6.可去.

二、1. $y=\ln(1+x^2)\quad(x\geqslant0)$.　2. $\left(\frac{a}{b}\right)^{\frac{3}{2}}$.　3. e^{-2}.　4. $\lim\limits_{x\to1}f(x)=1$；$\lim\limits_{x\to2}f(x)$ 不存在.

三、1.20.　2. $x=0$ 是 $f(x)$ 的无穷间断点；$x=-1$ 是 $f(x)$ 的可去间断点.　3. $\frac{3}{2}$.

4. $\lim\limits_{x\to0}f(x)=12$.　5. $a=\frac{1}{\sqrt{2}},b=-1$.

四、1.提示：令 $f(x)=\sin x-x\cos x$，应用闭区间上连续函数的零点定理.

2.提示：指出 $0<x_n\leqslant\frac{3}{2}$，从而 $\{x_n\}$ 有界.计算 $x_{n+1}-x_n\geqslant0$ 推出 $\{x_n\}$ 单调增加，故 $\lim\limits_{n\to\infty}x_n$ 存在.设 $\lim\limits_{n\to\infty}x_n=a$，解得 $\lim\limits_{n\to\infty}x_n=\frac{3}{2}$.

五、提示：分 $[a,b)=[a,b-\delta]\cup(b-\delta,b)$.在 $[a,b-\delta]$ 上由连续性，$(b-\delta,b)$ 内由极限，恒有 $|f(x)|\leqslant M$，故 $f(x)$ 在 $[a,b)$ 内有界.

是否还可以从其他角度思考完成证明?

第二单元

检测题(一)

一、1.B. 2.B. 3.B. 4.C. 5.B. 6.C.

二、1.$f(x_0)$. 2.$x-2y-1+2\ln 2=0$. 3.$a^a x^{a^a-1}+a^{x^a}ax^{a-1}\ln a+a^{a^x}a^x\ln^2 a$.

4.单增$[-1,1]$,单减$(-\infty,1]$和$[1,\infty)$. 5. $y=c,x=b$.

6. $\dfrac{1}{2\sqrt{x}(1+x)}\mathrm{d}x$, $\dfrac{1}{3}\tan 3x+c$.

三、1. $f'(\arctan\sqrt{x})\dfrac{1}{1+x}\dfrac{1}{2\sqrt{x}}$, $\dfrac{1}{4}$. 2. $\cot\dfrac{t}{2}$, $-\dfrac{1}{4a}\csc^4\dfrac{t}{2}$.

3.切线 $y=x-1$,法线 $y=-x+1$. 4.0. 5.最大值$\dfrac{\pi}{2}$,最小值$-\dfrac{\pi}{2}$.

四、$a=b=1$, $f'(0)=1$.

五、$y^{(n)}=(-1)^n n!\left[\dfrac{1}{(1+x)^{n+1}}-\dfrac{1}{(2+x)^{n+1}}\right]+(n+x)\mathrm{e}^x\quad(n=1,2,\cdots)$.

六、$\left(\dfrac{16}{3},\dfrac{256}{9}\right)$.

七、引进辅助函数 $F(x)=f(x)\mathrm{e}^{-x}$,证明 $F(x)$ 在$[0,+\infty)$ 上单调减少.

检测题(二)

一、1. -2. 2.3. 3.2. 4. $f'(x_0)\mathrm{e}^{f(x_0)}$.

5.$w\sin 2(wt+\phi)$, $2w^2\cos 2(wt+\phi)$. 6. $x^x(1+\ln x)\mathrm{d}x$.

二、1. $y'|_{y=0}=\dfrac{1}{2}$. 2.$\dfrac{1}{2}$. 3. $\dfrac{2+\pi}{8}\sqrt{2}$.

4.函数的凹区间为$(-1,1)$,凸区间为$(-\infty,-1)$ 与$(1,+\infty)$,拐点为$(-1,\ln 2)$ 和$(1,\ln 2)$.

三、1. $f(-1)=17$ 为极大值,$f(3)=-47$ 为极小值. 2. $\dfrac{\mathrm{d}^2y}{\mathrm{d}x^2}=\dfrac{1+t^2}{4t}$.

3.$y^{(n)}=(-1)^n\dfrac{1}{6}\left[n!\,(x-4)^{-(n+1)}-n!\,(x+2)^{-(n+1)}\right]$. 4. $y=2x+4$.

5. $M-m=24-(-1)=25$.

四、1. 提示:设 $f(x)=\ln(1+x)$,应用拉格朗日中值定理得到结论.

2. $a=2\cos 1$; $b=1$.

五、(略)

第三单元

检测题(一)

一、1. $\dfrac{1-\ln x}{x^2}+C$. 2.$\dfrac{1}{p+1}$. 3.$\sin x^2$. 4.$I\leqslant K\leqslant J$. 5.$\dfrac{2\pi}{15}$. 6.$\sqrt{2}(\mathrm{e}^\pi-1)$.

二、1. $\ln|x+2|+\ln|x-1|+C$. 2. $-\dfrac{e^x(\sin 2x+2\cos 2x)}{5}+C$.

3. π . 4. $\dfrac{1}{2}(1-\cos 2+\dfrac{\sin 2}{2})$.

三、1. $-\dfrac{1}{4}\cos^4 x-\dfrac{1}{8}\cos 4x+\dfrac{1}{4}\cos 2x+C$. 2. $\sqrt{x^2-1}-\arctan\sqrt{x^2-1}+C$.

3. $\dfrac{1}{2}$. 4. $\dfrac{\pi}{2}-1$. 5. 1.

四、1. $\dfrac{8}{3}$. 2. $\dfrac{1}{16}\pi\rho g H^3$.

五、略.

六、提示:构造函数 $F(x)=\int_0^x f(t)\mathrm{d}t$,$0\leqslant x\leqslant\pi$,由条件 $0=\int_0^\pi f(x)\cos x\,\mathrm{d}x$ 推出

$0=\int_0^\pi \cos x\,\mathrm{d}F(x)=F(x)\cos x\big|_0^\pi+\int_0^\pi F(x)\sin x\,\mathrm{d}x=\int_0^\pi F(x)\sin x\,\mathrm{d}x$,

由积分中值定理推出 $F(\xi)=0$ 进而得出结论.

检测题(二)

一、1. A. 2. A. 3. C. 4. C. 5. D. 6. C.

二、1. $\dfrac{\cos^2 x}{2}+C$,$\ln|\cos x|+C$. 2. $e^{\frac{1}{2}}$. 3. $\dfrac{\pi}{2}$. 4. $I_1>I_2$.

5. $[bf'(b)-af'(a)]-[f(b)-f(a)]$. 6. $F(x)=\begin{cases}\dfrac{(x+1)^2}{2}, & -1\leqslant x<0,\\ \dfrac{1}{2}+\dfrac{x^3}{3}, & 0\leqslant x\leqslant 1.\end{cases}$

三、1. $-\dfrac{1}{5}\cos^5 x+\dfrac{2}{3}\cos^3 x-\cos x+C$.

2. 先求 $s_1=\int_0^{2\pi}\sqrt{1+\cos^2 x}\,\mathrm{d}x$,$s_2=\int_0^{2\pi}\sqrt{1+\sin^2 t}\,\mathrm{d}t$. 先作变换 $x=\dfrac{\pi}{2}+t$ 化 s_1,然后去证 $\int_{2\pi}^{\frac{3\pi}{2}}\sqrt{1+\cos^2 t}\,\mathrm{d}t=\int_0^{-\frac{\pi}{2}}\sqrt{1+\cos^2 u}\,\mathrm{d}u$,从而证 $s_1=s_2$.

3. $\dfrac{\pi}{4}+\dfrac{1}{2}\ln 2$. 4. $I=\dfrac{1}{2}e^{\pi}+\dfrac{1}{4}$.

5. $\dfrac{1}{32}(3\pi+8)$. 6. $\dfrac{x}{\sqrt{1-x^2}}\arccos x-\ln\sqrt{1-x^2}+C$.

四、$\left(\dfrac{3\sqrt{3}}{8}-\dfrac{\pi}{6}\right)ab$.

五、1. 作变换 $u=\dfrac{a^2}{t}$. 2. 将区间分为$[1,a^2]$,$[a^2,a]$,然后对积分$\int_1^{a^2}f\left(t+\dfrac{a^2}{t}\right)\dfrac{1}{t}\mathrm{d}t$作变换 $t=x^2$.

六、作变换 $x=\tan t$ 积分化为$\int_0^{\frac{\pi}{4}}\ln(1+\tan t)\mathrm{d}t$,再作变换 $t=\dfrac{\pi}{4}-u$ 和公式 $\tan\left(\dfrac{\pi}{4}-u\right)=\dfrac{1-\tan u}{1+\tan u}$. 积分值$\dfrac{\pi}{8}\ln 2$.

高等数学期末参考试题(第一学期)

试　题　(一)

一、单项选择题(每题 4 分,共 20 分)

1. $\lim\limits_{x\to 0}(1-2x)^{\frac{1}{x}}$ 的值为(　　).

(A)e^2　　(B)e^{-2}　　(C) $e^{\frac{1}{2}}$　　(D)$e^{-\frac{1}{2}}$

2.设 $f(x)$ 在$[-1,1]$上连续,在$(-1,1)$内可导,且 $|f'(x)|\leqslant M$,$f(0)=0$,则必有(　　).

(A)$|f(x)|\geqslant M$　　(B)$|f(x)|>M$

(C)$|f(x)|\leqslant M$　　(D)$|f(x)|<M$

3. 已知$\int f(x)\mathrm{d}x=F(x)+C$,则$\int e^{-2x}f(e^{-2x})\mathrm{d}x$ 等于(　　).

(A)$F(e^{-2x})+C$　　(B)$-F(e^{-2x})+C$

(C) $\dfrac{1}{2}F(e^{-2x})+C$　　(D)$-\dfrac{1}{2}F(e^{-2x})+C$

4.曲线 $y=\sin x(0\leqslant x\leqslant\pi)$ 和 x 轴所围图形绕 x 轴旋转所得的旋转体体积为(　　).

(A)2π　　(B)$2\pi^2$　　(C) $\dfrac{\pi^2}{2}$　　(D) $\dfrac{\pi^2}{2}+\pi$

5.函数 $f(x)=2x^2-x+1$ 在$[-1,3]$上满足拉格朗日中值定理的 ξ 的值等于(　　).

(A) $-\dfrac{3}{4}$　　(B) $-\dfrac{1}{4}$　　(C) $\dfrac{3}{4}$　　(D)1

二、填空题(每题 4 分,共 20 分)

1. 函数 $y=x^x$ 的微分 $\mathrm{d}y=$________.

2.函数 $y=y(x)$ 由方程 $y=1+xe^y$ 所确定,则$\left.\dfrac{\mathrm{d}y}{\mathrm{d}x}\right|_{x=0}=$________.

3.$\dfrac{\mathrm{d}}{\mathrm{d}x}\left(\int_x^b e^{t^2}\mathrm{d}t\right)=$________.

4.广义积分$\int_{-1}^{1}\dfrac{1}{x^3}\mathrm{d}x$ 的值________.

5. 已知将弹簧由原长拉伸 x(m) 需要的拉力 $F(x)=200x$(N),则将弹簧由原长拉伸 0.1m,所作为功为________ J.

三、解答题(每题 6 分,共 30 分)

1.求极限$\lim\limits_{x\to 0}\dfrac{x-\sin x}{x^2\ln(1+x)}$.

2.已知曲线的参数方程为$\begin{cases}x=t\cdot\cos t,\\ y=t\cdot\sin t,\end{cases}$求曲线上对应于$t=\dfrac{\pi}{2}$的点处的切线方程.

3.计算$\displaystyle\int_{\frac{1}{2}}^{\frac{\sqrt{2}}{2}}\frac{1}{x^2\sqrt{1-x^2}}\mathrm{d}x$.

4.计算$\displaystyle\int x\mathrm{e}^{-2x}\mathrm{d}x$.

5.求极限$\displaystyle\lim_{n\to\infty}\left(\frac{1}{n+1}+\frac{1}{n+2}+\cdots+\frac{1}{n+n}\right)$.

四、应用题(每题 8 分,共 16 分)

1.在半径为R的半圆内作一内接梯形,使梯形的一底是半圆的直径,问梯形的高为何值时梯形的面积最大.

2.求由曲线$y=3x^2$和直线$y=3x$、$y=6x$所围成图形的面积.

五、概念题(本题 8 分)

已知$f(x)=\begin{cases}x^2\sin\dfrac{1}{x}, & x>0,\\ \mathrm{e}^x-1, & x\leqslant 0,\end{cases}$讨论$f(x)$在$x=0$点的连续性与可导性.

六、证明题(本题 6 分)

设$a>0,b>0$,试利用函数的单调性判别法证明不等式:

$$\sqrt[n]{a}+\sqrt[n]{b}>\sqrt[n]{a+b}\text{(用初等数学方法证明不得分)}.$$

试题(二)

一、单项选择题(每题 3 分,共 36 分)

1.设$\alpha(x)=x^3-3x+2$,$\beta(x)=m(x-1)^n$,当$x\to1$时,$\alpha(x)$与$\beta(x)$是等价无穷小,则m和n组成的数组(m,n)为(　　).

(A)(3,2)　　(B)(3,1)　　(C)(2,3)　　(D)(1,3)

2.设$f(x)$与$g(x)$在$(-\infty,+\infty)$上可导,且对任意x都有$f(x)<g(x)$,则必有(　　).

(A)$f(-x)>g(-x)$　　(B)$f'(x)<g'(x)$

(C) 对任意x_0有:$\lim\limits_{x\to x_0}f(x)<\lim\limits_{x\to x_0}g(x)$　　(D) 以上三个都不对

3. 关于函数$y=x+\dfrac{1}{x}$的极值的正确结论是(　　).

(A) 极大值为-2,极小值为 2　　(B) 极大值为-2,无极小值

(C) 极大值为 2,极小值为-2　　(D) 极大值为 2,无极小值

4.$\lim\limits_{x\to\infty}\arctan x\cdot\arcsin\dfrac{1}{x}$等于(　　).

(A)1　　(B)0

(C)∞　　(D) 不存在也不是∞

5.设 $f(x)$ 为可导函数，且满足 $\lim\limits_{x\to0}\dfrac{f(a)-f(a-x)}{2x}=-1$，则 $y=f(x)$ 在点 $(a, f(a))$ 处的切线斜率为(　　).

(A)2　　(B)-1　　(C)1　　(D)-2

6.已知 $f'(x)=g(x)$，则 $\mathrm{d}f(\sin^2 x)$ 等于(　　).

(A)$2g(x)\sin x\,\mathrm{d}x$　　(B)$g(x)\sin 2x\,\mathrm{d}x$

(C)$g(\sin^2 x)\mathrm{d}x$　　(D)$g(\sin^2 x)\sin 2x\,\mathrm{d}x$

7.已知 $\begin{cases}x=t\cos t,\\ y=t\sin t,\end{cases}$ 则 $\left.\dfrac{\mathrm{d}y}{\mathrm{d}x}\right|_{t=\frac{\pi}{2}}$ 等于(　　).

(A)$\dfrac{\pi}{2}$　　(B)$\dfrac{2}{\pi}$　　(C)$-\dfrac{2}{\pi}$　　(D)$-\dfrac{\pi}{2}$

8. 若 $\dfrac{\mathrm{d}}{\mathrm{d}x}\left[\int_0^{e^{-x}} f(t)\mathrm{d}t\right]=e^x$，则 $f(x)$ 等于(　　).

(A)x^{-2}　　(B)$-x^{-2}$　　(C)e^{2x}　　(D)$-e^{2x}$

9.已知 $e^{-x}\cos x$ 是 $f(x)$ 的一个原函数，则 $\int e^x f'(x)\mathrm{d}x$ 等于(　　).

(A)$2\sin x+C$　　(B)$-2\sin x+C$

(C)$2\cos x+C$　　(D)$-2\cos x+C$

10.已知 $\int_0^{+\infty} ax e^{-x^2}\mathrm{d}x=1$（$a$ 为常数），则 a 的值为(　　).

(A)2　　(B)$-\dfrac{1}{2}$　　(C)$\dfrac{1}{2}$　　(D)-2

11.极限 $\lim\limits_{x\to0}\dfrac{\int_0^{-x}\frac{\sin t}{t}\mathrm{d}t}{\int_0^{x}\cos t^2\mathrm{d}t}$ 等于(　　).

(A)1　　(B)-1　　(C)0　　(D)不存在

12.有一个半径为 R(m) 的半球形水池，池口是半径为 R(m) 的圆，装水未满，水平面距池口 $\dfrac{1}{2}R$(m)，现将水由池口全部吸出（单位体积水的重力为 10kN/m^3），所做的功为(　　).

(A)$\dfrac{5\pi R^4}{2}$kJ　　(B)$\dfrac{35\pi R^4}{32}$kJ

(C)$\dfrac{45\pi R^4}{32}$kJ　　(D)$\dfrac{75\pi R^4}{32}$kJ

二、(每题 6 分，共 30 分)

1.求 $\lim\limits_{x\to0^+} x^{\frac{1}{\ln(e^x-1)}}$.

2. 设 $y=y(x)$ 由方程 $\arctan\dfrac{y}{x}=\ln\sqrt{x^2+y^2}$ 所确定，求曲线 $y=y(x)$ 在点(1,0)处的切线方程.

3.计算$\int \frac{1}{\sqrt{(1-x^2)^5}}\mathrm{d}x$.

4.计算$\int_1^{\mathrm{e}} \sin\ln x\,\mathrm{d}x$.

5. 已知$f(x)=\begin{cases}\frac{x}{1+\mathrm{e}^{\frac{1}{x}}}, & x\neq 0,\\ 0, & x=0,\end{cases}$求$f(x)$在点$x=0$处的左、右导数,并指出$f(x)$在该点的导可性.

三、(9分) 已知双曲线$xy=1$在第一象限分支上有一点$P\left(a,\frac{1}{a}\right)$,在该双曲线第三象限分支上有一动点$Q(x,y)$,试求使线段$PQ$长度最短的$Q$点的坐标.

四、(12分) 在抛物线$y=(x-3)^2$上点(2,1)处作法线,试求:

(1) 抛物线的左半支、法线和x轴所围成的平面图形的面积;

(2) 抛物线的左半支($0\leqslant y\leqslant 9$)、法线和y轴所围成的平面图形,绕y轴旋转一周所得旋转体的体积.

五、(7分) 设$f(x),g(x)$在$[a,b]$上连续,在(a,b)内可导,证明存在$\xi\in(a,b)$,使$f(a)g(b)-g(a)f(b)=(b-a)[f(a)g'(\xi)-g(a)f'(\xi)]$.

六、(6分) 设n为正的奇数,$F(x)=\int_0^x \sin^n x\,\mathrm{d}x$,证明:$F(x)$是以$2\pi$为周期的周期函数.

试题(三)

一、填空题(每题4分,满分40分)

1. 函数$y=\arcsin(3x-1)+\lg(1-x)$的定义域是__________.

2. 已知当$x\to 0$时,$(1+ax^2)^{\frac{1}{3}}-1$与$\cos x-1$是等价无穷小,则常数$a=$____.

3. 极限$\lim\limits_{x\to 0}(1+\sin x)^{2\cot x}=$__________.

4、设函数$f(x)=\begin{cases}x+\frac{\sin x}{x}, x<0,\\ 0, x=0,\\ x\cos\frac{1}{x}, x>0,\end{cases}$则$x=0$为函数的__________间断点(无穷、跳跃、可去、振荡).

5. 函数$f(x)=x^4-2x^2+5$在$[-2,2]$上的最大值为____,最小值为____.

6. 设$f'(1)=1$,则$\lim\limits_{x\to 1}\frac{f(x)-f(1)}{x^2-1}=$__________.

7. 曲线$y=x(\ln x-1)$在点$x=\mathrm{e}$处的切线方程是__________.

8. 设$y=x\mathrm{e}^x$,则$y^{(n)}=$__________.

9. 设$f(x)$可导,$y=f(\sin^2 x)$,则$\mathrm{d}y=$__________.

10. 函数$f(x)=x^3+2x$在$[0,1]$上满足拉格朗日定理条件的$\xi=$__________.

二、计算题(每小题6分,满分18分)

1. 求极限$\lim\limits_{x\to 0}\dfrac{x-\sin x}{x^2\ln(1+x)}$.

2. 已知函数$y=y(x)$由方程$e^y+6xy+x^2-1=0$确定,求$y'(0)$.

3. 设$y=\left(\dfrac{x}{1-x}\right)^x$,求$y'$.

三、计算题(每小题7分,满分14分)

1. 求参数方程$\begin{cases}x=\arctan t,\\ y=t-\ln(1+t^2)\end{cases}$所确定函数的导数$\dfrac{dy}{dx},\dfrac{d^2y}{dx^2}$.

2. 求函数$y=2x^3-6x^2-18x-7$的极值.

四、证明题(每小题7分,满分14分)

1. 证明不等式:当$x>0$时,$x-\dfrac{x^2}{2}+\dfrac{x^3}{3}>\ln(1+x)$.

2. 设$f(x)$在$[0,1]$上连续,且$0<f(x)<1$,证明:$f(x)=x$至少有一个实根.并通过变化条件,将结论推广到$[a,b]$.

五、概念题(10分)

讨论函数$f(x)=\begin{cases}x\sin\dfrac{1}{x},x<0,\\ e^x-1,x\geqslant 0\end{cases}$在$x=0$处的可导性与连续性.

六、计算题(4分)

已知函数$f(x)$满足$\lim\limits_{x\to 0}\dfrac{\ln\left[1+\dfrac{f(x)}{1-\cos x}\right]}{2^x-1}=4$,求$\lim\limits_{x\to 0}\dfrac{f(x)}{x^3}$.

试题(四)

一、填空题(每题4分,满分24分)

1. 曲线$y=\dfrac{x}{(x-1)(x+1)}$的铅垂渐近线为__________.

2. 广义积分$\int_{-1}^{1}\dfrac{1}{x^4}dx$是__________(收敛或发散)的.

3. 曲线$\begin{cases}x=3t^2,\\ y=2t^3\end{cases}$在$0\leqslant t\leqslant 1$上的弧长为__________.

4. 已知$\int f(x)dx=2\sin\dfrac{x}{2}+C$,则$f(x)=$______.

5. 已知将弹簧由原长拉伸x(m)需要的拉力$F(x)=200x$(N),则将弹簧由原长拉伸0.1m,所作的功为__________J.

6. 极限$\lim\limits_{x\to 0}\dfrac{\int_0^{x^2}\sin x\,dx}{x^4}=$______.

二、计算题(每题 5 分,满分 20 分)

1.计算定积分$\int_0^1 \sqrt{(1-x^2)^3}\,\mathrm{d}x$.

2. 计算不定积分$\int \sin^3 x\,\mathrm{d}x$.

3.计算定积分$\int_0^2 |x-1|\sqrt{(x-2)^2}\,\mathrm{d}x$.

4. 计算不定积分$\int \ln x\,\mathrm{d}x$.

三、计算题(每题 7 分,满分 35 分)

1.求曲线 $y=x^3-5x^2+3x+5$ 的凹凸区间及拐点.

2. 计算不定积分$\int \frac{1}{1+\sqrt{x}}\mathrm{d}x$.

3.计算不定积分$\int \frac{4}{x^3+4x}\mathrm{d}x$.

4. 计算广义积分$\int_0^{+\infty} x\mathrm{e}^{-x^2}\,\mathrm{d}x$.

5.已知函数 $y=y(x)$ 由下式$\int_0^y \mathrm{e}^{-t^2}\,\mathrm{d}t+\int_0^x \cos t^2\,\mathrm{d}t=0$ 所确定,求$\frac{\mathrm{d}y}{\mathrm{d}x},\left.\frac{\mathrm{d}y}{\mathrm{d}x}\right|_{x=0}$.

四、应用题(每题 6 分,满分 12 分)

1.求由曲线 $y=x^2$,$y=x$ 及 $y=2x$ 所围平面图形的面积.

2.求曲线 $y=x^2$ 及 $y=\sqrt{x}$ 所围成的图形绕 x 轴旋转所得旋转体的体积.

五、证明题(本题 5 分)

证明$\int_x^1 \frac{1}{1+x^2}\mathrm{d}x=\int_1^{\frac{1}{x}} \frac{1}{1+x^2}\mathrm{d}x\ (x>0)$.

六、(4 分)

如图,曲线段的方程为 $y=f(x)$,函数 $f(x)$ 在$[0,a]$上有连续的导数,则定积分$\int_0^a xf'(x)\,\mathrm{d}x$ 表示那部分图形的面积,请在图示上用阴影画出,并说明你的结论.

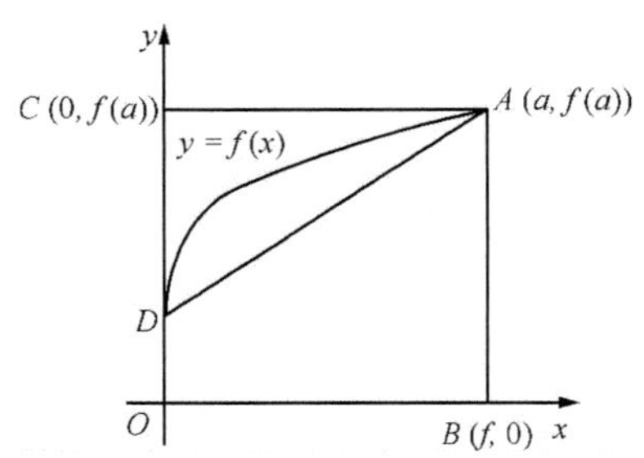

参 考 文 献

李全灿．1993. 单元达标检测．西安:西北工业大学出版社
盛祥耀．1980. 高等数学(上、下册). 第 2 版．北京:高等教育出版社
唐宗贤,陈一鸣．1994. 高等数学(上、下册). 北京:机械工业出版社
同济大学数学教研室．1988. 高等数学(上、下册). 第 3 版．北京:高等教育出版社
张云生．1991. 高等数学习题课讲义．沈阳:辽宁科学技术出版社

附录A 积 分 表

(一) 含有 $ax+b$ 的积分

1. $\int (ax+b)^n \mathrm{d}x = \frac{1}{a(n+1)}(ax+b)^{n+1}+C \quad (n\neq -1)$

2. $\int \frac{1}{ax+b}\mathrm{d}x = \frac{1}{a}\ln|ax+b|+C$

3. $\int \frac{x}{ax+b}\mathrm{d}x = \frac{1}{a^2}(ax+b-b\ln|ax+b|)+C$

4. $\int \frac{x^2}{ax+b}\mathrm{d}x = \frac{1}{a^3}\left[\frac{(ax+b)^2}{2}-2b(ax+b)+b^2\ln|ax+b|\right]+C$

5. $\int \frac{1}{x(ax+b)}\mathrm{d}x = \frac{1}{b}\ln\left|\frac{x}{ax+b}\right|+C$

6. $\int \frac{\mathrm{d}x}{x^2(ax+b)} = -\frac{1}{bx}+\frac{a}{b^2}\ln\left|\frac{ax+b}{x}\right|+C$

7. $\int \frac{x\mathrm{d}x}{(ax+b)^2} = \frac{1}{a^2}\left(\ln|ax+b|+\frac{b}{ax+b}\right)+C$

8. $\int \frac{x^2\mathrm{d}x}{(ax+b)^2} = \frac{1}{a^3}\left(ax+b-\frac{b^2}{ax+b}-2b\ln|ax+b|\right)+C$

9. $\int \frac{\mathrm{d}x}{x(ax+b)^2} = \frac{1}{b(ax+b)}-\frac{1}{b^2}\ln\left|\frac{ax+b}{x}\right|+C$

10. $\int \frac{x\mathrm{d}x}{(ax+b)^3} = \frac{1}{a^2}\left[\frac{-1}{ax+b}+\frac{b}{2(ax+b)^2}\right]+C$

(二)含有 $\sqrt{ax+b}$ 的积分

11. $\int \sqrt{ax+b}\,\mathrm{d}x = \frac{2}{3a}(ax+b)^{\frac{3}{2}}+C$

12. $\int x\sqrt{ax+b}\,\mathrm{d}x = \frac{2}{15a^2}(3ax-2b)(ax+b)^{\frac{3}{2}}+C$

13. $\int x^2\sqrt{ax+b}\,\mathrm{d}x = \frac{2}{105a^3}(15a^2x^2-12abx+8b^2)+(ax+b)^{\frac{3}{2}}+C$

14. $\int \frac{x}{\sqrt{ax+b}}\mathrm{d}x = \frac{2}{3a^2}(ax-2b)+\sqrt{ax+b}+C$

15. $\int \frac{\sqrt{ax+b}}{x}\mathrm{d}x = 2\sqrt{ax+b}+b\int\frac{\mathrm{d}x}{x\sqrt{ax+b}}$

16. $\int \frac{1}{x\sqrt{ax+b}}\mathrm{d}x=\frac{1}{\sqrt{b}}\ln\left|\frac{\sqrt{ax+b}-\sqrt{b}}{\sqrt{ax+b}+\sqrt{b}}\right|+C \quad (b>0)$

17. $\int \frac{1}{x\sqrt{ax+b}}\mathrm{d}x=\frac{2}{\sqrt{-b}}\arctan\sqrt{\frac{ax+b}{-b}}+C \quad (b<0)$

18. $\int \frac{x^2}{\sqrt{ax+b}}\mathrm{d}x=\frac{2}{15a^3}(3a^2x^2-4abx+8b^2)\sqrt{ax+b}+C$

19. $\int \frac{1}{x^2\sqrt{ax+b}}\mathrm{d}x=\frac{\sqrt{ax+b}}{bx}-\frac{a}{2b}\int\frac{\mathrm{d}x}{x\sqrt{ax+b}}$

20. $\int \frac{\sqrt{ax+b}}{x^2}\mathrm{d}x=-\frac{\sqrt{ax+b}}{x}+\frac{a}{2}\int\frac{1}{x\sqrt{ax+b}}\mathrm{d}x$

(三)含有 $x^2\pm a^2$ 的积分

21. $\int \frac{1}{x^2+a^2}\mathrm{d}x=\frac{1}{a}\arctan\frac{x}{a}+C$

22. $\int \frac{\mathrm{d}x}{(x^2+a^2)^n}=\frac{x}{2(n-1)a^2(x^2+a^2)^{n-1}}+\frac{2n-3}{2(n-1)a^2}\int\frac{\mathrm{d}x}{(x^2+a^2)^{n-1}}$

23. $\int \frac{\mathrm{d}x}{x^2-a^2}=\frac{1}{2a}\ln\left|\frac{x-a}{x+a}\right|+C$

(四)含有 $ax^2+b(a>0)$ 的积分

24. $\int \frac{\mathrm{d}x}{ax^2+b}=\begin{cases}\frac{1}{\sqrt{ab}}\arctan\sqrt{\frac{a}{b}}x+C, & b>0\\ \frac{1}{2\sqrt{-ab}}\ln\left|\frac{\sqrt{a}x-\sqrt{-b}}{\sqrt{a}x+\sqrt{-b}}\right|+C, & b<0\end{cases}$

25. $\int \frac{x}{ax^2+b}\mathrm{d}x=\frac{1}{2a}\ln|ax^2+b|+C$

26. $\int \frac{x^2}{ax^2+b}\mathrm{d}x=\frac{x}{a}-\frac{b}{a}\int\frac{\mathrm{d}x}{ax^2+b}$

27. $\int \frac{\mathrm{d}x}{x(ax^2+b)}=\frac{1}{2b}\ln\frac{x^2}{|ax^2+b|}+C$

28. $\int \frac{\mathrm{d}x}{x^2(ax^2+b)}=-\frac{1}{2b}-\frac{b}{a}\int\frac{\mathrm{d}x}{b+ax^2}$

29. $\int \frac{\mathrm{d}x}{x^3(ax^2+b)}=\frac{a}{2b^2}\ln\frac{|ax^2+b|}{x^2}-\frac{1}{2bx^2}+C$

30. $\int \frac{\mathrm{d}x}{(ax^2+b)^2}=\frac{x}{2b(ax^2+b)}+\frac{1}{2b}\int\frac{\mathrm{d}x}{ax^2+b}$

(五)含有$\sqrt{x^2+a^2}\,(a>0)$的积分

31. $\int \frac{1}{\sqrt{x^2+a^2}}\mathrm{d}x=\ln(x+\sqrt{x^2+a^2})+C$

32. $\int \frac{\mathrm{d}x}{\sqrt{(x^2+a^2)^3}}=\frac{x}{a^2\sqrt{x^2+a^2}}+C$

33. $\int \frac{x}{\sqrt{x^2+a^2}}\mathrm{d}x=\sqrt{x^2+a^2}+C$

34. $\int \frac{x}{\sqrt{(x^2+a^2)^3}}\mathrm{d}x=-\frac{1}{\sqrt{x^2+a^2}}+C$

35. $\int \frac{x^2}{\sqrt{(x^2+a^2)}}\mathrm{d}x=\frac{x}{2}\sqrt{x^2+a^2}-\frac{a^2}{2}\ln(x+\sqrt{x^2+a^2})+C$

36. $\int \frac{x^2}{\sqrt{(x^2+a^2)^3}}\mathrm{d}x=-\frac{x}{\sqrt{x^2+a^2}}+\ln(x+\sqrt{x^2+a^2})+C$

37. $\int \frac{\mathrm{d}x}{x\sqrt{x^2+a^2}}=\frac{1}{a}\ln\frac{\sqrt{x^2+a^2}-a}{|x|}+C$

38. $\int \frac{\mathrm{d}x}{x^2\sqrt{x^2+a^2}}=-\frac{\sqrt{x^2+a^2}}{a^2x}+C$

39. $\int \sqrt{x^2+a^2}\,\mathrm{d}x=\frac{x}{2}\sqrt{x^2+a^2}+\frac{a^2}{2}\ln(x+\sqrt{x^2+a^2})+C$

40. $\int \sqrt{(x^2+a^2)^3}\,\mathrm{d}x=\frac{x}{8}(2x^2+5a^2)\sqrt{x^2+a^2}+\frac{3}{8}a^4\ln(x+\sqrt{x^2+a^2})+C$

41. $\int x\sqrt{x^2+a^2}\,\mathrm{d}x=\frac{1}{3}\sqrt{(x^2+a^2)^3}+C$

42. $\int x^2\sqrt{x^2+a^2}\,\mathrm{d}x=\frac{x}{8}(2x^2+a^2)\sqrt{x^2+a^2}-\frac{a^4}{8}\ln(x+\sqrt{x^2+a^2})+C$

43. $\int \frac{\sqrt{x^2+a^2}}{x}\mathrm{d}x=\sqrt{x^2+a^2}+a\ln\frac{\sqrt{x^2+a^2}-a}{|x|}+C$

44. $\int \frac{\sqrt{x^2+a^2}}{x^2}\mathrm{d}x=-\frac{\sqrt{x^2+a^2}}{x}+\ln(x+\sqrt{x^2+a^2})+C$

(六)含有$\sqrt{x^2-a^2}\,(a>0)$的积分

45. $\int \frac{1}{\sqrt{x^2-a^2}}\mathrm{d}x=\ln|x+\sqrt{x^2-a^2}|+C$

46. $\int \frac{1}{\sqrt{(x^2-a^2)^3}}\mathrm{d}x=-\frac{x}{a^2\sqrt{x^2-a^2}}+C$

47. $\int \frac{x}{\sqrt{x^2-a^2}}\mathrm{d}x=\sqrt{x^2-a^2}+C$

48. $\int \frac{x}{\sqrt{(x^2-a^2)^3}}\mathrm{d}x=-\frac{1}{\sqrt{x^2-a^2}}+C$

49. $\int \frac{x^2}{\sqrt{x^2-a^2}}\mathrm{d}x=\frac{x}{2}\sqrt{x^2-a^2}+\frac{a^2}{2}\ln|x+\sqrt{x^2-a^2}|+C$

50. $\int \frac{x^2}{\sqrt{(x^2-a^2)^3}}\mathrm{d}x=-\frac{x}{\sqrt{x^2-a^2}}+\ln|x+\sqrt{x^2-a^2}|+C$

51. $\int \frac{1}{x\sqrt{x^2-a^2}}\mathrm{d}x=\frac{1}{a}\arccos\frac{a}{|x|}+C$

52. $\int \frac{1}{x^2\sqrt{x^2-a^2}}\mathrm{d}x=\frac{\sqrt{x^2-a^2}}{a^2x}+C$

53. $\int \sqrt{x^2-a^2}\,\mathrm{d}x=\frac{x}{2}\sqrt{x^2-a^2}-\frac{a^2}{2}\ln|x+\sqrt{x^2-a^2}|+C$

54. $\int \sqrt{(x^2-a^2)^3}=\frac{x}{8}(2x^2-5a^2)\sqrt{x^2-a^2}+\frac{3}{8}a^4\ln|x+\sqrt{x^2-a^2}|+C$

55. $\int x\sqrt{x^2-a^2}\,\mathrm{d}x=\frac{1}{3}\sqrt{(x^2-a^2)^3}+C$

56. $\int x^2\sqrt{x^2-a^2}\,\mathrm{d}x=\frac{x}{8}(2x^2-a^2)\sqrt{(x^2-a^2)}-\frac{a^4}{8}\ln|x+\sqrt{x^2-a^2}|+C$

57. $\int \frac{\sqrt{x^2-a^2}}{x}\mathrm{d}x=\sqrt{x^2-a^2}-a\ \arccos\frac{a}{|x|}+C$

58. $\int \frac{\sqrt{x^2-a^2}}{x^2}\mathrm{d}x=-\frac{\sqrt{x^2-a^2}}{x}+\ln|x+\sqrt{x^2-a^2}|+C$

(七)含有$\sqrt{a^2-x^2}\,(a>0)$的积分

59. $\int \frac{1}{\sqrt{a^2-x^2}}\mathrm{d}x=\arcsin\frac{x}{a}+C$

60. $\int \frac{\mathrm{d}x}{\sqrt{(a^2-x^2)^3}}=\frac{x}{a^2\sqrt{a^2-x^2}}+C$

61. $\int \frac{x}{\sqrt{a^2-x^2}}\mathrm{d}x=-\sqrt{a^2-x^2}+C$

62. $\int \frac{x}{\sqrt{(a^2-x^2)^3}}\mathrm{d}x=\frac{1}{\sqrt{a^2-x^2}}+C$

63. $\int \frac{x^2}{\sqrt{a^2-x^2}}\mathrm{d}x=-\frac{x}{2}\sqrt{a^2-x^2}+\frac{a^2}{2}\arcsin\frac{x}{a}+C$

64. $\int \frac{x^2}{\sqrt{(a^2-x^2)^3}}\mathrm{d}x=\frac{x}{\sqrt{a^2-x^2}}-\arcsin\frac{x}{a}+C$

65. $\int \frac{\mathrm{d}x}{x\sqrt{a^2-x^2}}=\frac{1}{a}\ln\frac{a-\sqrt{a^2-x^2}}{|x|}+C$

66. $\int \frac{dx}{x^2\sqrt{a^2-x^2}}=-\frac{\sqrt{a^2-x^2}}{a^2x}+C$

67. $\int \sqrt{a^2-x^2}\,dx=\frac{x}{2}\sqrt{a^2-x^2}+\frac{a^2}{2}\arcsin\frac{x}{a}+C$

68. $\int \sqrt{(a^2-x^2)^3}\,dx=\frac{x}{8}(5a^2-2x^2)\sqrt{a^2-x^2}+\frac{3}{8}a^4\arcsin\frac{x}{a}+C$

69. $\int x\sqrt{a^2-x^2}\,dx=-\frac{1}{3}\sqrt{(a^2-x^2)^3}+C$

70. $\int x^2\sqrt{a^2-x^2}\,dx=\frac{x}{8}(2x^2-a^2)\sqrt{a^2-x^2}+\frac{a^4}{8}\arcsin\frac{x}{a}+C$

71. $\int \frac{\sqrt{a^2-x^2}}{x}dx=\sqrt{a^2-x^2}+a\ln\frac{a-\sqrt{a^2-x^2}}{|x|}+C$

72. $\int \frac{\sqrt{a^2-x^2}}{x^2}dx=-\frac{\sqrt{a^2-x^2}}{x}-\arcsin\frac{x}{a}+C$

(八)含有 ax^2+bx+c 的积分

73. $\int \frac{dx}{ax^2+bx+c}=\begin{cases}\frac{2}{\sqrt{4ac-b^2}}\arctan\frac{2ax+b}{\sqrt{4ac-b^2}}+C, & b^2-4ac<0,\\ \frac{1}{\sqrt{b^2-4ac}}\ln\left|\frac{2ax+b-\sqrt{b^2-4ac}}{2ax+b+\sqrt{b^2-4ac}}\right|+C, & b^2-4ac>0\end{cases}$

74. $\int \frac{x}{ax^2+bx+c}dx=\frac{1}{2a}\ln|ax^2+bx+c|-\frac{b}{2a}\int\frac{dx}{ax^2+bx+c}$

75. $\int \frac{x^2dx}{ax^2+bx+c}=\frac{x}{a}-\frac{b}{2a^2}\ln|ax^2+bx+c|+\frac{b^2-2ac}{2a^2}\int\frac{dx}{ax^2+bx+c}$

76. $\int \frac{dx}{(ax^2+bx+c)^n}=\frac{2ax+b}{(n-1)(4ac-b^2)(ax^2+bx+c)^{n-1}}-\frac{2(2n-3)a}{(n-1)(b^2-4ac)}\int\frac{dx}{(ax^2+bx+c)^{n-1}}\ (n\neq 1)$

77. $\int \frac{x\,dx}{(ax^2+bx+c)^n}=\frac{2c+bx}{(n-1)(b^2-4ac)(ax^2+bx+c)^{n-1}}+\frac{b(2n-3)}{(n-1)(b^2-4ac)}\int\frac{dx}{(ax^2+bx+c)^{n-1}}\ (n\neq 1)$

(九)含有 $\sqrt{\pm ax^2+bx+c}$ 的积分 $(a>0)$

78. $\int \frac{dx}{\sqrt{ax^2+bx+c}}=\frac{1}{\sqrt{a}}\ln|2ax+b+2\sqrt{a}\sqrt{ax^2+bx+c}|+C$

79. $\int \sqrt{ax^2+bx+c}\,dx=\frac{2ax+b}{4a}\sqrt{ax^2+bx+c}$

$$+\frac{4ac-b^2}{8\sqrt{a^3}}\ln|2ax+b+2\sqrt{a}\sqrt{ax^2+bx+c}|+C$$

80. $\int\frac{x}{\sqrt{ax^2+bx+c}}dx=\frac{1}{a}\sqrt{ax^2+bx+c}-\frac{b}{2\sqrt{a^3}}\ln|2ax+b+2\sqrt{a}\sqrt{ax^2+bx+c}|+C$

81. $\int\frac{dx}{\sqrt{c+bx-ax^2}}=\frac{1}{\sqrt{a}}\arcsin\frac{2ax-b}{\sqrt{b^2+4ac}}+C$

82. $\int\sqrt{c+bx-ax^2}\,dx=\frac{2ax-b}{4a}\sqrt{c+bx-ax^2}+\frac{b^2+4ac}{8\sqrt{a^3}}\arcsin\frac{2ax-b}{\sqrt{b^2+4ac}}+C$

83. $\int\frac{x}{\sqrt{c+bx-ax^2}}dx=-\frac{1}{a}\sqrt{c+bx-ax^2}+\frac{b}{2\sqrt{a^3}}\arcsin\frac{2ax-b}{\sqrt{b^2+4ac}}+C$

(十)含有$\sqrt{\pm\frac{x-a}{x-b}}$或$\sqrt{(x-a)(x-b)}$的积分

84. $\int\sqrt{\frac{x-a}{x-b}}dx=(x-b)\sqrt{\frac{x-a}{x-b}}+(b-a)\ln(\sqrt{|x-a|}+\sqrt{|x-b|})+C$

85. $\int\sqrt{\frac{x-a}{b-x}}dx=(x-b)\sqrt{\frac{x-a}{b-x}}+(b-a)\arcsin\sqrt{\frac{x-a}{b-a}}+C$

86. $\int\frac{1}{\sqrt{(x-a)(b-x)}}dx=2\arcsin\sqrt{\frac{x-a}{b-a}}+C\quad(a<b)$

87. $\int\sqrt{(x-a)(b-x)}\,dx=\frac{2x-a-b}{4}\sqrt{(x-a)(b-x)}+\frac{(b-a)^2}{4}\arcsin\sqrt{\frac{x-a}{b-a}}+C\quad(a<b)$

(十一)含有三角函数的积分

88. $\int\sin x\,dx=-\cos x+C$

89. $\int\cos x\,dx=\sin x+C$

90. $\int\tan x\,dx=-\ln|\cos x|+C$

91. $\int\cot x\,dx=\ln|\sin x|+C$

92. $\int\sec x\,dx=\ln|\sec x+\tan x|+C$

93. $\int \csc x\,dx=\ln|\csc x-\cot x|+C$

94. $\int \sec^2 x\,dx=\tan x+C$

95. $\int \csc^2 x\,dx=-\cot x+C$

96. $\int \sec x\tan x\,dx=\sec x+C$

97. $\int \csc x\cot x\,dx=-\csc x+C$

98. $\int \sin^2 x\,dx=\frac{x}{2}-\frac{1}{4}\sin 2x+C$

99. $\int \cos^2 x\,dx=\frac{x}{2}+\frac{1}{4}\sin 2x+C$

100. $\int \sin^n x\,dx=-\frac{1}{n}\sin^{n-1}x\cos x+\frac{n-1}{n}\int \sin^{n-2}x\,dx$

101. $\int \cos^n x\,dx=\frac{1}{n}\cos^{n-1}x\sin x+\frac{n-1}{n}\int \cos^{n-2}x\,dx$

102. $\int \frac{1}{\sin^n x}dx=-\frac{1}{n-1}\frac{\cos x}{\sin^{n-1}x}+\frac{n-2}{n-1}\int \frac{dx}{\sin^{n-2}x}$

103. $\int \frac{1}{\cos^n x}dx=\frac{1}{n-1}\frac{\sin x}{\cos^{n-1}x}+\frac{n-2}{n-1}\int \frac{dx}{\cos^{n-2}x}$

104. $$\begin{aligned}\int \cos^m x\sin^n x\,dx&=\frac{1}{m+n}\cos^{m-1}x\sin^{n+1}x+\frac{m-1}{m+n}\int \cos^{m-2}x\sin^n x\,dx\\&=-\frac{1}{m+n}\cos^{m+1}x\sin^{n-1}x+\frac{n-1}{m+n}\int \cos^m x\sin^{n-2}x\,dx\end{aligned}$$

105. $\int \sin ax\cos bx\,dx=\frac{1}{2(a+b)}\cos(a+b)x-\frac{1}{2(a-b)}\cos(a-b)x+C$

106. $\int \sin ax\sin bx\,dx=-\frac{1}{2(a+b)}\sin(a+b)x+\frac{1}{2(a-b)}\sin(a-b)x+C$

107. $\int \cos ax\cos bx\,dx=\frac{1}{2(a+b)}\sin(a+b)x+\frac{1}{2(a-b)}\sin(a-b)x+C$

108. $\int \frac{dx}{a+b\sin x}=\frac{2}{\sqrt{a^2-b^2}}\arctan\frac{\tan\frac{x}{2}+b}{\sqrt{a^2-b^2}}+C\quad(a^2>b^2)$

109. $\int \frac{dx}{a+b\sin x}=\frac{1}{\sqrt{b^2-a^2}}\ln\left|\frac{a\tan\frac{x}{2}+b-\sqrt{b^2-a^2}}{a\tan\frac{x}{2}+b+\sqrt{b^2-a^2}}\right|+C\quad(a^2<b^2)$

110. $\int \frac{dx}{a+b\cos x}=\frac{2}{a+b}\sqrt{\frac{a+b}{a-b}}\arctan\left(\sqrt{\frac{a+b}{a-b}}\tan\frac{x}{2}\right)+C\quad(a^2>b^2)$

111. $\int \frac{dx}{a+b\cos x}=\frac{1}{a+b}\sqrt{\frac{a+b}{a-b}}\ln\left|\frac{\tan\frac{x}{2}+\sqrt{\frac{a+b}{a-b}}}{\tan\frac{x}{2}-\sqrt{\frac{a+b}{a-b}}}\right|+C \quad (a^2<b^2)$

112. $\int \frac{dx}{a^2\cos^2 x+b^2\sin^2 x}=\frac{1}{ab}\arctan\left(\frac{b}{a}\tan x\right)+C$

113. $\int \frac{dx}{a^2\cos^2 x-b^2\sin^2 x}=\frac{1}{2ab}\ln\left|\frac{b\tan x+a}{b\tan x-a}\right|+C$

114. $\int x\sin ax\,dx=\frac{1}{a^2}\sin ax-\frac{1}{a}x\cos ax+C$

115. $\int x^2\sin ax\,dx=-\frac{1}{a}x^2\cos ax+\frac{2}{a^2}x\sin ax+\frac{2}{a^3}\cos ax+C$

116. $\int x\cos ax\,dx=\frac{1}{a^2}\cos ax+\frac{1}{a}x\sin ax+C$

117. $\int x^2\cos ax\,dx=\frac{1}{a}x^2\sin ax+\frac{2}{a^2}x\cos ax-\frac{2}{a^3}x\sin ax+C$

(十二) 含有反三角函数的积分($a>0$)

118. $\int \arcsin\frac{x}{a}dx=x\arcsin\frac{x}{a}+\sqrt{a^2-x^2}+C$

119. $\int x\arcsin\frac{x}{a}dx=\left(\frac{x^2}{2}-\frac{a^2}{4}\right)\arcsin\frac{x}{a}+\frac{x}{4}\sqrt{a^2-x^2}+C$

120. $\int x^2\arcsin\frac{x}{a}dx=\frac{x^3}{3}\arcsin\frac{x}{a}+\frac{1}{9}(x^2+2a^2)\sqrt{a^2-x^2}+C$

121. $\int \arccos\frac{x}{a}dx=x\arccos\frac{x}{a}-\sqrt{a^2-x^2}+C$

122. $\int x\arccos\frac{x}{a}dx=\left(\frac{x^2}{2}-\frac{a^2}{4}\right)\arccos\frac{x}{a}-\frac{x}{4}\sqrt{a^2-x^2}+C$

123. $\int x^2\arccos\frac{x}{a}dx=\frac{x^3}{3}\arccos\frac{x}{a}-\frac{1}{9}(x^2+2a^2)\sqrt{a^2-x^2}+C$

124. $\int \arctan\frac{x}{a}dx=x\arctan\frac{x}{a}-\frac{a}{2}\ln(a^2+x^2)+C$

125. $\int x\arctan\frac{x}{a}dx=\frac{1}{2}(a^2+x^2)\arctan\frac{x}{a}-\frac{a}{2}x+C$

126. $\int x^2\arctan\frac{x}{a}dx=\frac{x^3}{3}\arctan\frac{x}{a}-\frac{a}{6}x^2+\frac{a^3}{6}\ln(a^2+x^2)+C$

(十三)含有指数函数的积分

127. $\int a^x dx=\frac{1}{\ln a}a^x+C$

128. $\int e^{ax}\,dx=\frac{1}{a}e^{ax}+C$

129. $\int xe^{ax}\,dx=\frac{1}{a^2}(ax-1)e^{ax}+C$

130. $\int x^n e^{ax}\,dx=\frac{1}{a}x^n e^{ax}-\frac{n}{a}\int x^{n-1}e^{ax}\,dx$

131. $\int xa^x\,dx=\frac{x}{\ln a}a^x-\frac{1}{(\ln a)^2}a^x+C$

132. $\int x^n a^x\,dx=\frac{a}{\ln a}x^n a^x-\frac{n}{\ln a}\int x^{n-1}a^x\,dx$

133. $\int e^{ax}\sin bx\,dx=\frac{1}{a^2+b^2}e^{ax}(a\sin bx-b\cos bx)+C$

134. $\int e^{ax}\cos bx\,dx=\frac{1}{a^2+b^2}e^{ax}(a\sin bx-b\cos bx)+C$

135. $\int e^{ax}\sin^n bx\,dx=\frac{1}{a^2+b^2n^2}e^{ax}\sin^{n-1}bx(a\sin bx-nb\cos bx)$

$+\frac{n(n-1)b^2}{a^2+b^2n^2}\int e^{ax}\sin^{n-2}bx\,dx$

136. $\int e^{ax}\cos^n bx\,dx=\frac{1}{a^2+b^2n^2}e^{ax}\cos^{n-1}bx(a\cos bx+nb\sin bx)$

$+\frac{n(n-1)b^2}{a^2+b^2n^2}\int e^{ax}\cos^{n-2}bx\,dx$

(十四)含有对数函数的积分

137. $\int \ln x\,dx=x\ln x-x+C$

138. $\int \frac{1}{x\ln x}dx=\ln|\ln x|+C$

139. $\int x^n\ln x\,dx=\frac{1}{n+1}x^{n+1}\left(\ln x-\frac{1}{n+1}\right)+C$

140. $\int (\ln x)^n\,dx=x(\ln x)^n-n\int (\ln x)^{n-1}\,dx$

141. $\int x^m(\ln x)^n\,dx=\frac{1}{m+1}x^{m+1}(\ln x)^n-\frac{n}{m+1}\int x^m(\ln x)^{n-1}\,dx$

(十五)含有双曲函数的积分

142. $\int \mathrm{sh}x\,dx=\mathrm{ch}x+C$

143. $\int \mathrm{ch}x\,dx=\mathrm{sh}x+C$

144. $\int \text{th}x\,\mathrm{d}x=\ln\text{ch}x+C$

145. $\int \text{sh}^2 x\,\mathrm{d}x=-\frac{x}{2}+\frac{1}{4}\text{sh}2x+C$

146. $\int \text{ch}^2 x\,\mathrm{d}x=\frac{x}{2}+\frac{1}{4}\text{sh}2x+C$

(十六)定积分

147. $\int_{-\pi}^{\pi}\cos nx\,\mathrm{d}x=\int_{-\pi}^{\pi}\sin nx\,\mathrm{d}x=0$

148. $\int_{-\pi}^{\pi}\cos m\cos nx\,\mathrm{d}x\begin{cases}0, & m\neq n,\\ \pi, & m=n\end{cases}$

149. $\int_{-\pi}^{\pi}\cos m\sin nx\,\mathrm{d}x=0$

150. $\int_{-\pi}^{\pi}\sin mx\sin nx\,\mathrm{d}x\begin{cases}0, & m\neq n,\\ \pi, & m=n\end{cases}$

151. $\int_{0}^{\pi}\sin m\sin nx\,\mathrm{d}x=\int_{0}^{\pi}\cos m\cos nx\,\mathrm{d}x\begin{cases}0, & m\neq n,\\ \frac{\pi}{2}, & m=n\end{cases}$

152. $I_n=\int_{0}^{\frac{\pi}{2}}\sin^n x\,\mathrm{d}x=\int_{0}^{\frac{\pi}{2}}\cos^n x\,\mathrm{d}x$

$I_n=\frac{n-1}{n}I_{n-2},I_0=\frac{\pi}{2},I_1=1$

n 正偶数,$I_n=\frac{n-1}{n}\frac{n-3}{n-2}\cdots\frac{3}{4}\times\frac{1}{2}\times\frac{\pi}{2}$

n 正奇数,$I_n=\frac{n-1}{n}\frac{n-3}{n-2}\cdots\frac{4}{5}\times\frac{2}{3}\times 1$

附录 B　几种常用的曲线

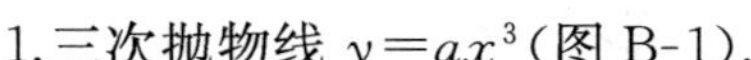

1.三次抛物线 $y=ax^3$(图 B-1).

2.半立方抛物线 $y^2=ax^2$(图 B-2).

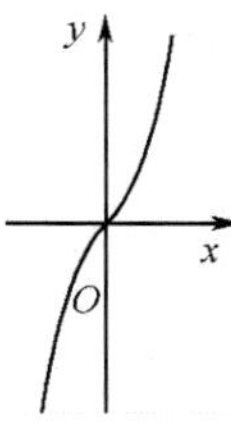

图 B-1

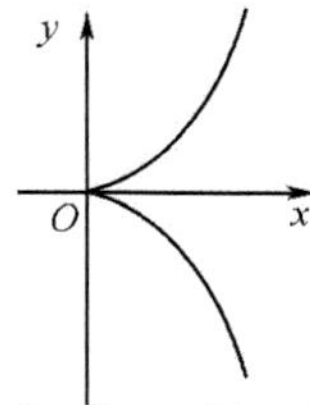

图 B-2

3.概率曲线 $y=\mathrm{e}^{-x^2}$(图 B-3).

4.箕舌线 $y=\dfrac{8a^3}{x^2+4a^2}$(图 B-4).

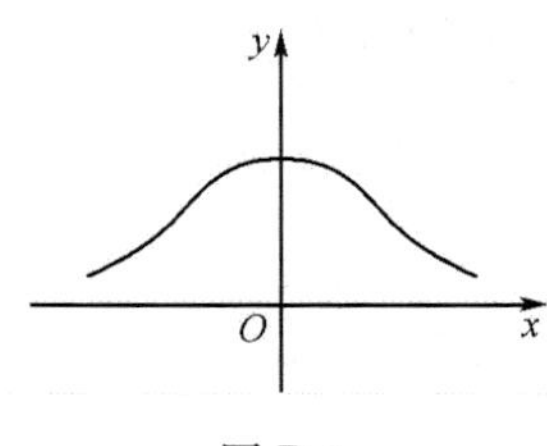

图 B-3

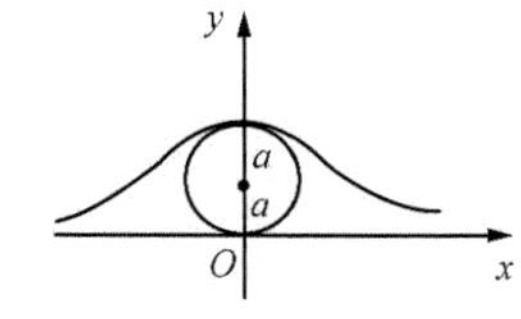

图 B-4

5.蔓叶线 $y^2(2a-x)=x^2$(图 B-5).

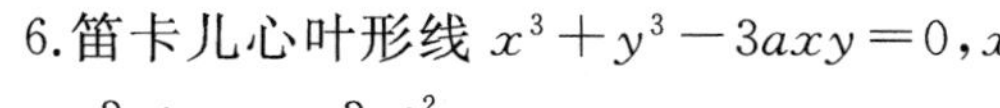

6.笛卡儿心叶形线 $x^3+y^3-3axy=0,x=\dfrac{3at}{1+t^3},y=\dfrac{3at^2}{1+t^3}$(图 B-6).

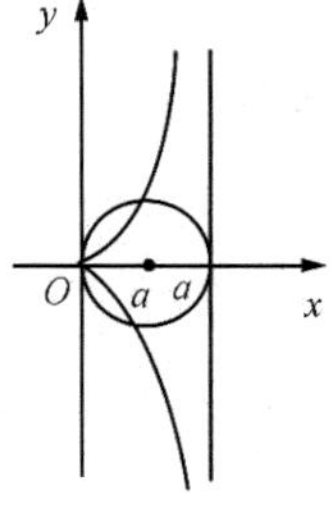

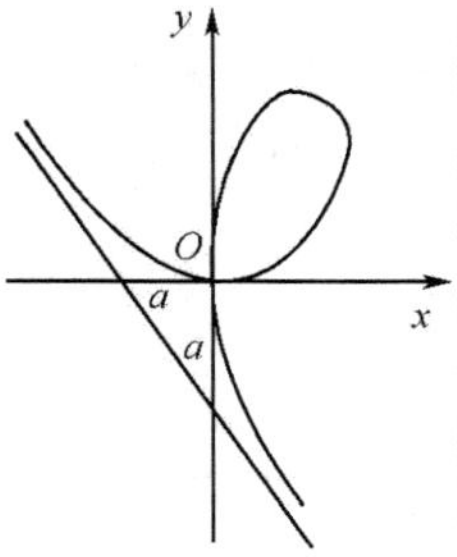

图 B-5

图 B-6

7.星形线 $x^{\frac{2}{3}}+y^{\frac{2}{3}}=a^{\frac{2}{3}}$，$x=a\cos^3\theta$，$y=a\sin^3\theta$（图 B-7）.

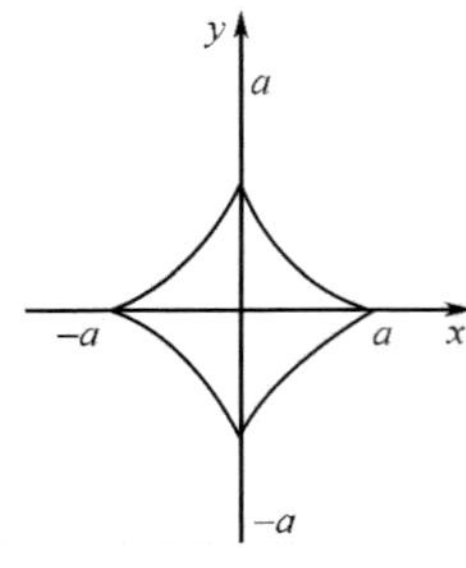

图 B-7

8.摆线 $x=a(\theta-\sin\theta)$，$y=a(1-\cos\theta)$（图 B-8）.

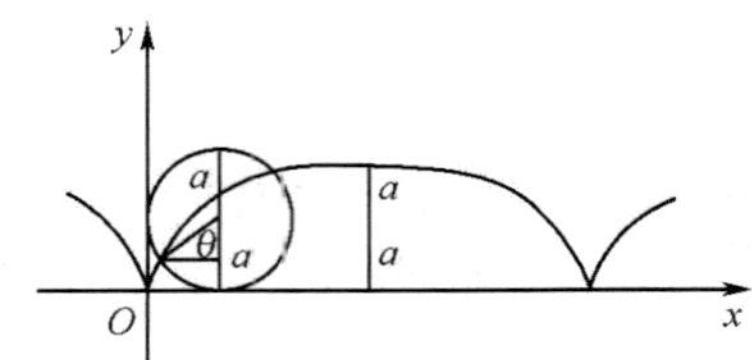

图 B-8

9.心形线 $\rho=a(1+\cos\theta)$（图 B-9）.

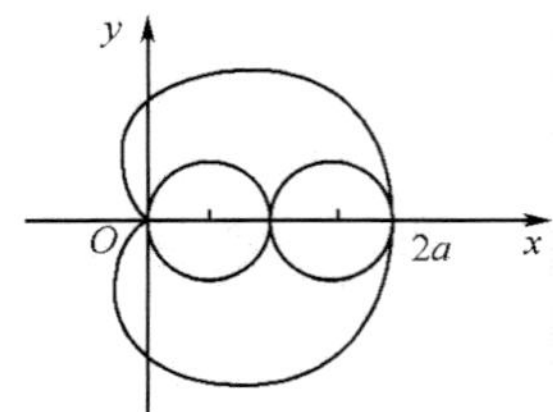

图 B-9

10.阿基米德螺线 $\rho=a\theta$（图 B-10）.

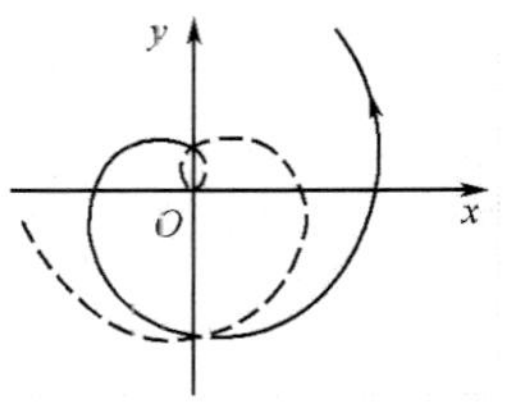

图 B-10

11.对数螺线 $\rho=e^{a\theta}$（图 B-11）.

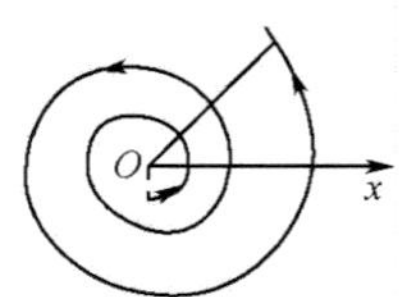

图 B-11

12.双曲螺线 $\rho\theta=a$（图 B-12）.

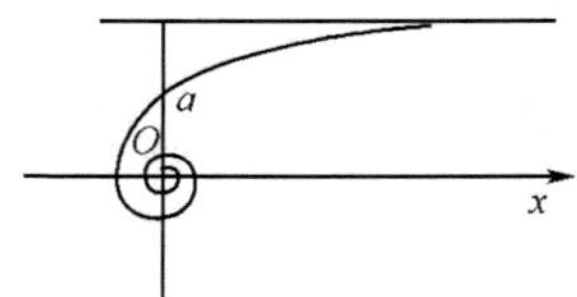

图 B-12

13.伯努利双纽线 $(x^2+y^2)^2=2a^2xy$，$\rho^2=a^2\sin 2\theta$（图 B-13）.

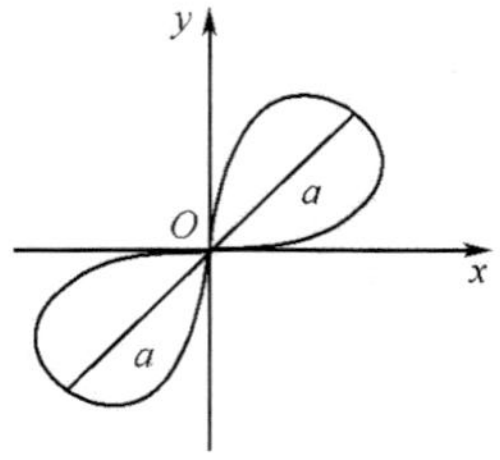

图 B-13

14.伯努利双纽线 $(x^2+y^2)^2=a^2(x^2-y^2)$，$\rho^2=a^2\cos 2\theta$（图 B-14）.

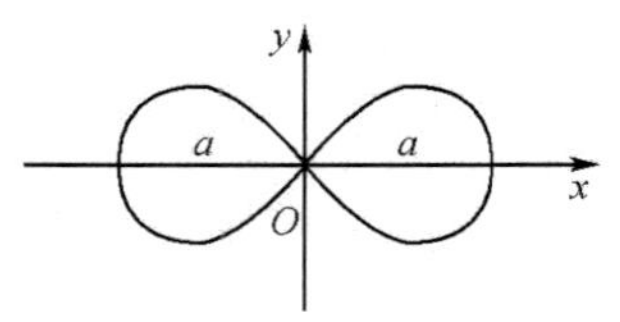

图 B-14

15.三叶玫瑰线 $\rho=a\cos 3\theta$(图 B-15).　16. 三叶玫瑰线 $\rho=a\sin 3\theta$(图 B-16).

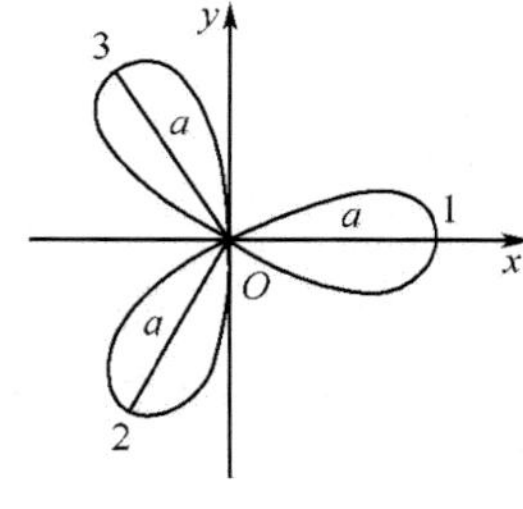

图 B-15

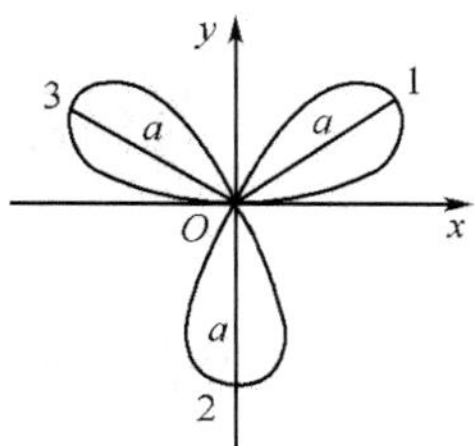

图 B-16

17. 四叶玫瑰线 $\rho=a\sin 2\theta$(图 B-17). 18. 四叶玫瑰线 $\rho=a\cos 2\theta$(图 B-18).

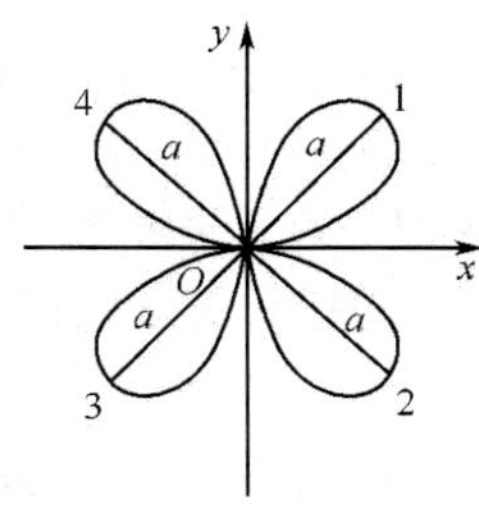

图 B-17

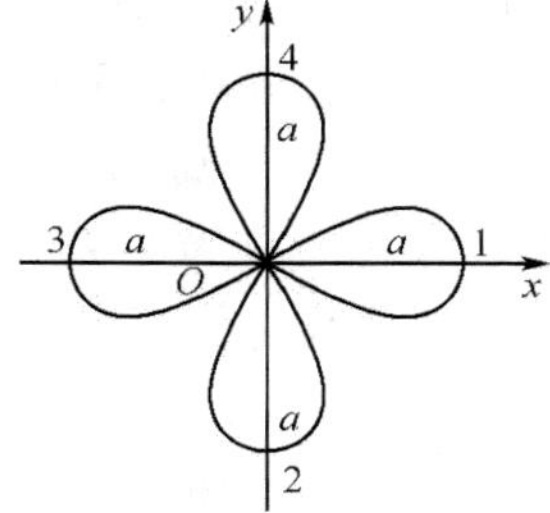

图 B-18

附录C 极 坐 标

平面直角坐标系是常用的一种坐标系，但它并不是表示平面点的唯一方法，下面介绍应用也比较广泛的极坐标系.

一、极坐标系

在平面上取一点 O，从 O 引一条射线 Ox，并取一个长度单位和计算角度的正方向(通常取反时针方向)，这就构成了一个平面极坐标系.对于平面上任一点 M 的位置就可以用 OM 的长度 ρ 和从 Ox 到 OM 的角度 θ 来刻画(图 C-1)，记作(ρ,θ)，称为 M 点的极坐标，O 点称为极点，Ox 称为极轴，ρ 称为 M 点的极径，θ 称为 M 点的极角.

因为 $\rho=|OM|$，所以 $\rho\geqslant 0$.当 $\rho=0$ 时，M 点与极点重合.因此，极点的极径 $\rho=0$，而极角 θ 是不确定的.

在极坐标系中，给定 ρ 和 θ 就唯一确定一点(ρ,θ)；反过来，给定一个点，ρ 是完全确定的，但 θ 可以相差 2π 的任意整数倍，即(ρ,θ)和$(\rho,\theta+2k\pi)$表示同一个点(k 是任意整数).由此可见，平面上点 M 和它的极坐标(ρ,θ)不是一一对应的.但如果限定 $-\pi<\theta\leqslant\pi$ 或 $0\leqslant\theta<2\pi$，那么除极点外，平面上每一点的极坐标都是唯一确定的.

有时也允许 ρ 取负值，当 $\rho<0$ 时，极坐标为(ρ,θ)的点按以下规则确定：把极轴 Ox 绕极点旋转 θ 角得到一条射线，然后沿这条射线反向延长至点 M，使 $|OM|=-\rho>0$，那么点 M 的极坐标为(ρ,θ)，其中 $\rho<0$，也就是

$$(\rho,\theta)=(-\rho,\theta+\pi)\quad(\text{图 C-2}).$$

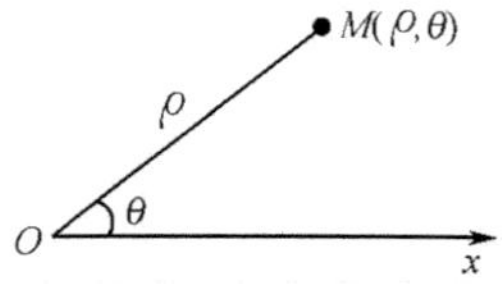

图 C-1

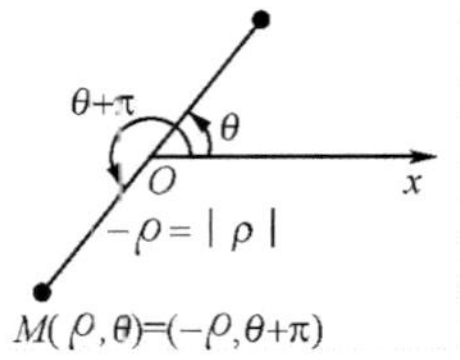

图 C-2

二、极坐标和直角坐标的关系

如果把直角坐标系中的原点 O 和极坐标系中的极点 O 重合，把极轴 Ox 和直角坐标系中 Ox 轴正向重合(图 C-3)，这样平面上一点 M 的极坐标(ρ,θ)和直角坐标(x,y)有如下的关系：

$$x=\rho\cos\theta,\quad y=\rho\sin\theta$$

及

$$\rho=\sqrt{x^2+y^2},\quad \tan\theta=\frac{y}{x}(x\neq 0).$$

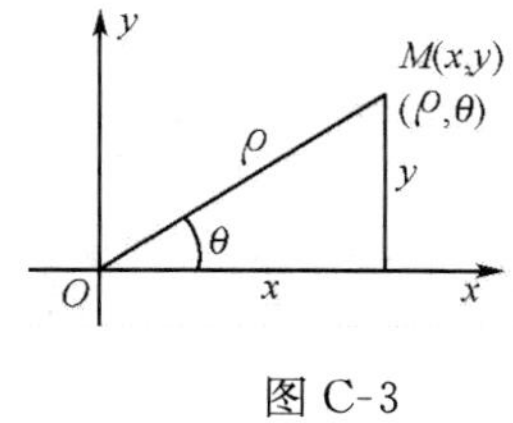

图 C-3

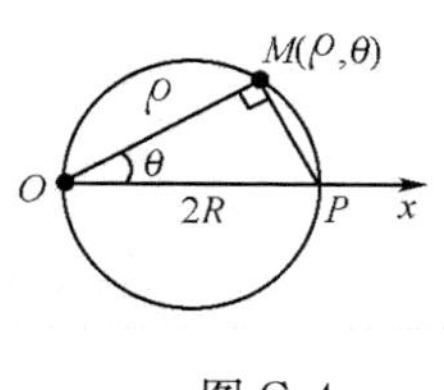

图 C-4

三、曲线的极坐标方程

在直角坐标系中，我们已建立了平面曲线方程的概念，这些概念对极坐标也是成立的.

平面曲线可以用极坐标方程表示，反之极坐标方程一般也表示曲线，可以画出它的图形.一方面，也可以通过直角坐标和极坐标的关系，把直角坐标方程化成极坐标方程，或把极坐标方程化成直角坐标方程.

下面是几个常见曲线的极坐标方程.

(1)圆心在极点半径为 R 的圆的极坐标方程为 $\rho=R$，也可以通过直角坐标方程 $x^2+y^2=R^2$ 和两种坐标的关系化为 $\rho=R$.

(2)过极点且极角为 θ_0 的射线的极坐标方程为 $\theta=\theta_0$.

(3)圆心在极轴上半径为 R 且过极点的圆的极坐标方程是 $\rho=2R\cos\theta$，也可以通过直角坐标方程 $x^2+y^2=2Rx$ 和两种坐标之间的关系推出(图 C-4).

同样 $\rho=2R\sin\theta$ 和 $x^2+y^2=2Ry$ 也是圆的方程，读者不难画出它的图形.

下面几个是通过描点画图的方法，画出极坐标方程的图形.

(4)心形线 $\rho=a(1+\cos\theta)$(图 B-9).

如果点(ρ,θ)在图形上则点$(\rho,-\theta)$也在图形上，这两点关于极轴对称，所以图形关于极轴对称.由于 $\cos\theta$ 是以 2π 为周期的周期函数，且(ρ,θ)和$(\rho,\theta+2k\pi)$是同一个点，我们只需画出$-\pi<\theta\leqslant\pi$ 的图形.

下面利用方程列出 θ 和 ρ 的值表：

θ	0	$\frac{\pi}{6}$	$\frac{\pi}{3}$	$\frac{\pi}{2}$	$\frac{2\pi}{3}$	π
ρ	$2a$	$\left(1+\frac{\sqrt{3}}{2}\right)a$	$\frac{3}{2}a$	a	$\frac{a}{2}$	0

从而得到心形线上的点$(2a,0)$、$\left(\left(1+\frac{\sqrt{3}}{2}\right)a,\frac{\pi}{6}\right)$，$\left(\frac{3}{2}a,\frac{\pi}{3}\right)$，$\left(a,\frac{\pi}{2}\right)$，$(0,\pi)$，描点画出 $0\leqslant\theta\leqslant\pi$ 的图形，再利用图形关于极轴的对称性，画出$-\pi<\theta\leqslant0$ 的图形.

(5)阿基米德螺线 $\rho=a\theta$(图 B-10).

(6)对数螺线 $\rho=e^{a\theta}$(图 B-11).

(7)伯努利双纽线 $\rho^2=a^2\cos2\theta$(图 B-14).

附录 D　三角函数及反三角函数常用公式

1.同角三角函数基本公式

(1)商的关系：

①$tg\theta=\dfrac{\sin\theta}{\cos\theta}=\sin\theta\cdot\sec\theta$

②$ctg\theta=\dfrac{\cos\theta}{\sin\theta}=\cos\theta\cdot\csc\theta$

③$\sec\theta=\dfrac{1}{\cos\theta}=tg\theta\cdot\csc\theta$

④$\csc\theta=\dfrac{1}{\sin\theta}=ctg\theta\cdot\sec\theta$

(2)倒数关系：$\sin\theta\cdot\csc\theta=\cos\theta\cdot\sec\theta=tg\theta\cdot ctg\theta=1$

(3)平方关系：$\sin^2\theta+\cos^2\theta=\sec^2\theta-tg^2\theta=\csc^2\theta-ctg^2\theta=1$

2.两角和与差三角公式

(1)$\sin(\alpha\pm\beta)=\sin\alpha\cos\beta\pm\cos\alpha\sin\beta$　　(2)$\cos(\alpha\pm\beta)=\cos\alpha\cos\beta\ \mu\ \sin\alpha\sin\beta$

(3)$tg(\alpha\pm\beta)=\dfrac{tg\alpha\pm tg\beta}{1\mu\ tg\alpha\cdot tg\beta}$　　(4)$tg\alpha\pm tg\beta=tg(\alpha\pm\beta)(1\mu\ tg\alpha\cdot tg\beta)$

3.二倍角公式

(1)$\sin2\theta=2\sin\theta\cos\theta$

(2)$\cos2\theta=\cos^2\theta-\sin^2\theta=2\cos^2\theta-1=1-2\sin^2\theta$

(3)$tg2\theta=\dfrac{2tg\theta}{1-tg^2\theta}$

4.万能公式

(1)$\sin2\theta=\dfrac{2tg\theta}{1+tg^2\theta}$　　(2)$\cos2\theta=\dfrac{1-tg^2\theta}{1+tg^2\theta}$　　(3)$tg2\theta=\dfrac{2tg\theta}{1-tg^2\theta}$

5. 升降幂公式及半角公式

降幂公式：(1)$\sin^2\theta=\dfrac{1-\cos2\theta}{2}$　　(2)$\cos^2\theta=\dfrac{1+\cos2\theta}{2}$

升幂公式：(1)$1-\cos\theta=2\sin^2\dfrac{\theta}{2}$　(2)$1+\cos\theta=2\cos^2\dfrac{\theta}{2}$

(3)$1\pm\sin\theta=\left(\cos\dfrac{\theta}{2}\pm\sin\dfrac{\theta}{2}\right)^2$

半角公式：(符号的选择由 $\dfrac{\theta}{2}$ 所在的象限确定)

(1) $\sin\dfrac{\theta}{2}=\pm\sqrt{\dfrac{1-\cos\theta}{2}}$　　(2) $\cos\dfrac{\theta}{2}=\pm\sqrt{\dfrac{1+\cos\theta}{2}}$

(3) $\operatorname{tg}\dfrac{\theta}{2}=\pm\sqrt{\dfrac{1-\cos\theta}{1+\cos\theta}}=\dfrac{\sin\theta}{1+\cos\theta}=\dfrac{1-\cos\theta}{\sin\theta}$

6. 积化和差公式

$$\sin\alpha\cos\beta=\frac{1}{2}\left[\sin(\alpha+\beta)+\sin(\alpha-\beta)\right]$$

$$\cos\alpha\sin\beta=\frac{1}{2}\left[\sin(\alpha+\beta)-\sin(\alpha-\beta)\right]$$

$$\cos\alpha\cos\beta=\frac{1}{2}\left[\cos(\alpha+\beta)+\cos(\alpha-\beta)\right]$$

$$\sin\alpha\sin\beta=-\frac{1}{2}\left[\cos(\alpha+\beta)-\cos(\alpha-\beta)\right]$$

7. 和差化积公式

(1) $\sin\alpha+\sin\beta=2\sin\dfrac{\alpha+\beta}{2}\cos\dfrac{\alpha-\beta}{2}$　　(3) $\sin\alpha-\sin\beta=2\cos\dfrac{\alpha+\beta}{2}\sin\dfrac{\alpha-\beta}{2}$

(2) $\cos\alpha+\cos\beta=2\cos\dfrac{\alpha+\beta}{2}\cos\dfrac{\alpha-\beta}{2}$　　(4) $\cos\alpha-\cos\beta=-2\sin\dfrac{\alpha+\beta}{2}\sin\dfrac{\alpha-\beta}{2}$

8. 反三角函数常用公式

(1) $\arcsin x+\arccos x=\dfrac{\pi}{2}$，$\arctan x+\operatorname{arccot}x=\dfrac{\pi}{2}$，$\operatorname{arcsec}x+\operatorname{arccsc}x=\dfrac{\pi}{2}$

(2) $\arcsin(-x)=-\arcsin x$，$\arccos(-x)=\pi-\arccos x$，$\arctan(-x)=-\arctan x$
$\operatorname{arccot}(-x)=\pi-\operatorname{arccot}x$，$\operatorname{arcsec}(-x)=\pi-\operatorname{arcsec}x$，$\operatorname{arccsc}(-x)=-\operatorname{arccsc}x$

(3) $\sin(\arcsin x)=\cos(\arccos x)=x\ (x\in[-1,1])$，

$\tan(\arctan x)=\cot(\operatorname{arccot}x)=x\ (x\in\mathrm{R})$，

$\arcsin(\sin x)=x\left(x\in\left[-\dfrac{\pi}{2},\dfrac{\pi}{2}\right]\right)$，

$\arccos(\cos x)=x\ (x\in[0,\pi])$，

$\arctan(\tan x)=x\left(x\in\left(-\dfrac{\pi}{2},\dfrac{\pi}{2}\right)\right)$，

$\operatorname{arccot}(\cot x)=x\ (x\in(0,\pi))$，

反三角函数：

(1)反正弦函数：在区间 $\left[-\dfrac{\pi}{2},\dfrac{\pi}{2}\right]$ 上，满足 $\sin x=a\ (a\in[-1,1])$ 的角 x 称为 a 的反正弦，记作 $\arcsin a$，即 $x=\arcsin a$，$y=\sin x\left(x\in\left[-\dfrac{\pi}{2},\dfrac{\pi}{2}\right]\right)$ 的反函数称为反正弦函数，记作 $y=\arcsin x$.

(2)反余弦函数：在区间 $[0,\pi]$ 上，满足 $\cos x=a\ (a\in[-1,1])$ 的角 x 称为 a 的反余弦，记作 $\arccos a$，即 $x=\arccos a$；$y=\cos x\ (x\in[0,\pi])$ 的反函数称为反余弦函数，记作 $y=\arccos x$.

(3)反正切函数:在区间 $\left(-\frac{\pi}{2},\frac{\pi}{2}\right)$ 上,满足 $\tan x=a(a\in\mathbf{R})$ 的角 x 称为 a 的反正切,记作 $\arctan a$,即 $x=\arctan a$; $y=\tan x\left(x\in\left(-\frac{\pi}{2},\frac{\pi}{2}\right)\right)$ 的反函数称为反正切函数,记作 $y=\arctan x$.

(4)反余切函数:在区间 $(0,\pi)$ 上,满足 $\cot x=a(a\in\mathbf{R})$ 的角 x 称为 a 的反余切,记作 $\mathrm{arccot}\,a$,即 $x=\mathrm{arccot}\,a$; $y=\cot x(x\in(0,\pi))$ 的反函数称为反余切函数,记作 $y=\mathrm{arccot}\,x$.

现将反三角函数的一些简单性质总结如下:

名称	函数式	定义域	值域	单调性、奇偶性
反正弦	$y=\arcsin x$	$[-1,1]$	$\left[-\frac{\pi}{2},\frac{\pi}{2}\right]$	增、奇
反余弦	$y=\arccos x$	$[-1,1]$	$[0,\pi]$	减、非奇非偶
反正切	$y=\arctan x$	R	$\left(-\frac{\pi}{2},\frac{\pi}{2}\right)$	增、奇
反余切	$y=\mathrm{arccot}\,x$	R	$(0,\pi)$	减、非奇非偶
反正割	$y=\mathrm{arcsec}\,x$	$(-\infty,-1]\cup[1,+\infty)$	$\left[0,\frac{\pi}{2}\right)\cup\left(\frac{\pi}{2},\pi\right]$	非奇非偶
反余割	$y=\mathrm{arccsc}\,x$	$(-\infty,-1]\cup[1,+\infty)$	$\left[-\frac{\pi}{2},0\right)\cup\left(0,\frac{\pi}{2}\right]$	奇